INTRODUCTION

A L'ÉTUDE

DE L'ASTRONOMIE PHYSIQUE.

INTRODUCTION

À L'ÉTUDE

DE L'ASTRONOMIE PHYSIQUE.

PAR M. COUSIN,

Lecteur et Professeur royal, de l'Académie royale
des Sciences.

Non aliud quis aut magnificentius quæsierit, aut didicerit utilius,
quàm de stellarum siderumque natura.
Sen. Nat. Quæst. lib. 7, cap. 1.

DE L'IMPRIMERIE DE DIDOT L'AINÉ.

À PARIS,

Chez la Veuve Dessaint, Libraire, rue du Foin Saint-Jacques.

M. DCC. LXXXVII.

A MONSEIGNEUR

LE BARON DE BRETEUIL,

MINISTRE ET SÉCRETAIRE D'ÉTAT.

Monseigneur,

Moins j'ai cherché de bienfaiteurs, plus je dois de reconnoissance à ceux qui ont voulu être les miens. Un sentiment si juste m'a inspiré le desir et la confiance de faire paroître cet ouvrage sous vos auspices. Ne craignez cependant pas, Monseigneur, que cette liberté soit suivie d'aucune autre ; les faits vous louent assez. Je me

bornerai à un seul vœu : c'est, MONSEIGNEUR, que les
sciences et les lettres, fideles à conserver le souvenir
de ceux qui les ont aimées, célebrent, d'une maniere
digne de la France et de vous, ces établissements où le
pauvre doit trouver un asyle contre tous les genres de
calamités qui peuvent affliger l'homme. Tant de mo-
numents augustes d'une bienfaisance éclairée qui se
reproduit sans cesse attesteront à jamais qu'un prince
vertueux sur le trône est à la fois l'honneur et la conso-
lation de l'humanité. Puissiez-vous, MONSEIGNEUR,
voir jouir long-temps SA MAJESTÉ des jours heureux
qu'assure à ses peuples sa bonté paternelle!

Je suis, avec le plus profond respect,

MONSEIGNEUR,

Votre très humble et très
obéissant serviteur,
COUSIN.

DISCOURS PRÉLIMINAIRE,

Lu à la séance publique du College royal le 11 novembre 1782.

C'est dans l'ouvrage immortel de Newton (*) qu'on trouve la premiere idée de l'application de la géométrie à la physique céleste. Mais on ne pouvoit perfectionner toutes les parties d'une aussi grande entreprise sans étendre les limites du calcul intégral et de la dynamique. Trois géometres, MM. Euler, Clairaut et d'Alembert, en conçurent le projet, et publierent en même temps chacun une solution différente du problême des trois corps. Il n'est question, dans ces solutions, que des mouvements progressifs ; et comme ces corps, en vertu des forces d'attraction qui les animent, peuvent prendre d'autres mouvements autour de leurs centres de gravité, il restoit un problême plus difficile à résoudre : il le fut par M. d'Alembert.

Avant l'époque à jamais célebre dont nous venons de parler, l'académie des sciences avoit proposé la question du flux et reflux de la mer. Entre les pieces qui partagerent ce prix, celles de MM. Maclaurin, Euler et D. Bernoulli, ajouterent beaucoup à la théorie que Newton avoit donnée de ce phénomene. Elle fut encore perfectionnée par M. d'Alembert dans l'ouvrage sur *la cause des vents*, où il fit usage, pour la premiere fois, d'un calcul qui devoit reculer les bornes des sciences physico-mathématiques. Long-temps après, dans les derniers volumes de l'académie des sciences, M. de la Place a traité ce problême tout de nouveau ; il a soumis au calcul les oscillations des eaux de la mer, et

---

(*) *Philosophiae naturalis principia mathematica.*

l'influence qu'elles peuvent avoir sur la précession des équinoxes et sur la nutation de l'axe de la terre.

Ces mouvements de précession et de nutation ne sont point particuliers à la terre. Ceux de la lune furent le sujet du prix donné par l'académie des sciences en 1764. M. de la Grange, auteur de la piece couronnée, reprend le problême général, et sa solution s'accorde parfaitement avec la premiere qui fut donnée : elle explique d'une maniere si heureuse les phénomenes dont il s'agit, qu'on auroit déduit immédiatement de la théorie l'égalité des mouvements rétrogrades des points équinoxiaux lunaires et des nœuds de l'orbite, quand même cette égalité n'eût point été reconnue par l'observation.

La figure des corps qui agissent les uns sur les autres doit nécessairement influer dans tous ces résultats. Ce fut pour déterminer celle de la terre, que les voyages au Nord et au Pérou, où nos académiciens françois montrerent autant de courage que de talents, que la mesure du degré entre Paris et Amiens, et beaucoup d'autres travaux, furent entrepris. Toutes ces opérations font la terre applatie; et si elles ne paroissent pas s'accorder sur la quantité de l'applatissement, c'est que rien n'exige qu'elle soit d'une forme réguliere, comme l'a démontré la théorie sans avoir encore prononcé sur toutes les figures qu'on peut admettre.

La terre, dont une partie est fluide, a un mouvement de rotation autour de son axe : toutes les molécules qui la composent s'attirent mutuellement et sont attirées par les corps qui l'environnent : au milieu de ces actions diverses, comment l'équilibre peut-il subsister ? Le problême, sous ce point de vue, paroît surpasser les forces de l'esprit humain. Mais quand on ajoute que, quelle que soit la figure de la terre, elle est à-peu-près sphérique, qu'en tout lieu la force centrifuge est infiniment

moindre

moindre que la pesanteur, l'analyste exercé ne regarde
plus comme impossible d'en trouver une solution assez
approchée pour qu'elle représente les phénomenes avec
une exactitude suffisante. Nos espérances sont d'autant
mieux fondées, que les recherches qu'on a déja faites
sur cet objet important ont conduit à des théorêmes très
étendus qui sont la base des théories sur le flux et reflux
de la mer dont nous venons de parler.

Tous les problêmes d'astronomie physique avoient
été mis en équations. Mais ces équations ne pouvant
point être résolues exactement, l'accord des résultats
avec l'observation dépendoit uniquement des méthodes
d'approximation. Il fallut beaucoup d'applications différentes pour appercevoir que celles de ces méthodes
dont on avoit fait usage avec succès dans un cas, devenoient insuffisantes dans d'autres. Ainsi la méthode des
coëfficients indéterminés, qui avoit donné les inégalités
de la lune, ne put donner toutes celles de jupiter et
saturne ; et, en reconnoissant tout le mérite des pieces
qui remporterent les deux prix proposés par l'académie
pour 1748 et 1752, on est forcé d'avouer que les difficultés du problême n'ont été senties et résolues que par
M. de la Grange dans le troisieme volume des mémoires
de Turin. MM. d'Alembert, de Condorcet, de la Place, et
d'autres géometres, ont donné depuis des méthodes qui
conduisent aussi sûrement au même but. M. de la Place,
en poussant l'approximation aussi loin qu'il étoit nécessaire, est parvenu à un résultat très remarquable : c'est
que l'action réciproque des planetes n'a pu sensiblement altérer leurs moyens mouvements (*). On trouve

---

(*) L'observation ayant fait appercevoir aux astronomes que le
mouvement de saturne se ralentissoit de siecle en siecle, et que celui
de jupiter s'accéléroit, ils attribuerent à ces deux planetes des inégalités séculaires. Mais M. de la Place, en calculant avec beaucoup de

dans les mémoires de Berlin, pour 1776, une très belle confirmation de cette proposition : elle est une application bien ingénieuse d'une autre théorie de M. de la Grange, qui auroit pu paroître fort étrangere à l'astronomie physique. Nous pourrions citer plusieurs exemples semblables, qui tous tendent à prouver que la perfection de l'analyse est un des objets les plus importants dont on puisse s'occuper. C'est en appliquant l'algebre à la partie de l'astronomie qui a pour but de réduire les observations faites à la surface de la terre à celles qui seroient vues du centre, que M. Duséjour lui a fait atteindre le degré de perfection où nous la voyons aujourd'hui.

Qu'on me permette de remarquer ici que les astronomes à qui l'on doit les découvertes les plus importantes s'étoient d'abord distingués dans l'analyse mathématique. Nous avons vu plus de vingt ans un de nos

---

soin le rapport de leurs moyens mouvements, et son influence dans la théorie de leurs perturbations, est parvenu à plusieurs équations considérables qui expliquent ces dérangements singuliers. Il a reconnu qu'il existe dans la théorie des mouvements de saturne une inégalité de 46′ 49″, dont la période est d'environ 919 ans, et dépend de cinq fois le moyen mouvement de saturne, moins deux fois celui de jupiter ; qu'il existe dans le mouvement de jupiter une inégalité correspondante de 20′ d'un signe contraire, et dont la période est la même. C'est à ces grandes inégalités que sont dus le ralentissement apparent de saturne et l'accélération apparente de jupiter. Ces deux phénomenes ont été à leur *maximum* vers 1580 ; et, depuis cette époque, les mouvements moyens apparents de ces deux planetes se sont rapprochés sans cesse de leurs vrais moyens mouvements. Il existe aussi des conditions auxquelles les moyens mouvements des satellites de jupiter doivent satisfaire. M. de la Place les a renfermées dans ces deux théorêmes. Le moyen mouvement du premier satellite de jupiter, plus deux fois celui du troisieme, est exactement égal à trois fois celui du second satellite. La longitude moyenne du premier satellite, moins trois fois celle du second, plus deux fois celle du troisieme, est constamment égale à 180°.

plus célebres observateurs expliquer, au college royal, les ouvrages des Newton, des Euler, des Maclaurin, des Bernoulli, etc. et devenir, pour ainsi dire, le créateur d'une chaire destinée à perpétuer en France le goût des sciences physico-mathématiques (*). Je reviens à l'astronomie physique, qui, de toutes ces sciences, est celle qui doit le plus à l'analyse et qui en attend d'autres bienfaits.

Après s'être occupé des perturbations mutuelles des planetes et de la lune, on dut être tenté d'examiner les satellites de jupiter. La cause des dérangements qu'ils éprouvent fut le sujet du prix proposé par l'académie des sciences pour 1766. La piece couronnée, infiniment recommandable par l'analyse profonde qui y regne, est de M. de la Grange.

M. Bailly avoit publié précédemment une théorie de ces perturbations. Il étoit entré dès-lors dans une carriere qu'il a parcourue depuis avec le plus grand succès. Je veux parler de l'histoire des découvertes qu'on a faites depuis cinquante ans dans l'une et l'autre astronomie ; découvertes qui sont la gloire de la génération présente, celle sur-tout de l'académie des sciences, qui y a eu la plus grande part (**).

(*) Dans le même temps, M. de la Lande donnoit un nouveau lustre à la chaire d'astronomie, en publiant le traité de cette science le plus complet qui eût encore paru. La premiere édition de cet ouvrage est de 1764, la seconde de 1771 ; elle sera suivie d'une troisieme qui est prête à s'imprimer. On ne doute pas que le public ne l'accueille avec autant d'empressement que les deux autres.

(**) L'*Histoire de l'Astronomie* de M. Bailly est en cinq volumes in-4°. Le premier comprend l'astronomie ancienne, les trois suivants l'astronomie moderne depuis la fondation de l'école d'Alexandrie jusqu'à nos jours, et le cinquieme l'astronomie indienne et orientale. Cet ouvrage, plein de recherches profondes, et dans lequel on trouve réunies les graces du style et la critique la plus saine, est bien digne de tout le succès qu'il a obtenu.

Par les prix qu'elle propose, elle invite tous les savants étrangers à concourir avec elle aux progrès des sciences : c'est de cette maniere qu'elle prend leurs avis sur les questions importantes qui sont agitées dans son sein. Des doutes élevés par plusieurs de ses membres sur quelques équations de la lune l'engagerent à demander de nouveau la théorie de ce satellite pour le sujet du prix qu'elle partagea en 1772 entre MM. Euler et de la Grange. M. Clairaut avoit appliqué très heureusement sa solution du problême des trois corps à la détermination des dérangements que la comete de 1682 pouvoit avoir éprouvés dans son cours de la part des corps célestes connus ; cela n'empêcha pas l'académie de proposer la cause des perturbations que les cometes peuvent éprouver en général, pour le sujet du prix qu'elle donna en 1780 à M. de la Grange.

Cette théorie sert à fixer le temps du retour de celles qui sont déja connues. Lorsqu'une comete se montre une premiere fois, il faut d'autres méthodes pour démêler, dans les observations, les circonstances de son mouvement et les caracteres qui la feront toujours reconnoître. Ce problême, comme le précédent, a occupé les géometres du premier ordre, qui ont donné différents moyens de le résoudre (*).

L'action des cometes peut-elle influer sur les mouvements des planetes éloignées du soleil ? Il est plus que vraisemblable que cette influence ne doit point être sen-

---

(*) Newton a traité le premier cette importante question dans sa *Philosophie naturelle* (liv. III, propositions 41 et 42) ; et sa solution est encore très exacte lorsque la variation du mouvement apparent de la comete en longitude est plus sensible que la variation de son mouvement en latitude. M. de la Place, qui s'est occupé du même problême (*Mémoires de l'académie des sciences*, année 1780), remarque que, pour le cas dont nous venons de parler, ses formules ne sont qu'une traduction analytique de la méthode de Newton.

sible. D'ailleurs M. de la Grange a démontré rigoureusement que l'action mutuelle des planetes ne peut être la cause de l'accélération de leurs moyens mouvements et de la variabilité de leurs moyennes distances ; il faut donc chercher quelque autre explication des inégalités séculaires, s'il est vrai que ce phénomene existe (*). M. l'abbé Bossut la trouve dans la résistance de l'éther. M. de la Place propose une autre hypothese ; c'est de supposer que la gravitation établie par Newton (**)

(*) Les preuves qu'on avoit des équations séculaires des planetes étoient uniquement fondées sur le ralentissement observé dans le moyen mouvement de saturne, et l'accélération dans celui de jupiter. Or, M. de la Place ayant expliqué ces dérangements par des inégalités dont la période est d'environ 919 ans, il ne reste que l'équation séculaire de la lune, dont on n'a d'autres preuves que quelques observations faites dans des siecles fort éloignés, et sur l'exactitude desquelles on ne peut pas compter. Quoi qu'il en soit, les explications qu'on a voulu donner de ces phénomenes n'en seront pas moins regardées comme des hypotheses mathématiques très ingénieuses.

(**) On trouve dans l'antiquité des traces de la gravitation universelle. Au commencement du dernier siecle, cette opinion étoit assez généralement répandue ;. mais Newton, en déterminant la mesure précise de la force qui fait tendre les corps célestes les uns vers les autres, a découvert la loi qui explique toutes les variations de leurs mouvements. Les résultats de cette admirable théorie représentent les phénomenes avec la même exactitude que s'ils étoient donnés par les observations les plus précises. Tant de succès sont dus à la méthode analytique, qui n'exige pas toujours tout l'appareil des calculs qu'on trouve dans les ouvrages sur l'astronomie physique. Un modele en ce genre, c'est le *Traité de Newton sur la Lumiere,* que les physiciens ne peuvent trop méditer. L'analyse nous apprend à combiner nos notions particulieres pour en former des idées abstraites qui embrassent les propriétés générales des corps ; à nous élever, de l'inspection des phénomenes, jusqu'à ces loix immuables auxquelles tout changement est soumis. Elle est l'unique méthode qui puisse nous diriger d'une maniere certaine et assurée dans nos calculs et nos raisonnements. Elle est la vraie métaphysique des sciences, bien différente de cette autre métaphysique qui s'occupe de la recherche

n'agit pas également sur un corps en mouvement et sur un corps en repos, et qu'elle ne dépend pas seulement des distances des corps et de leurs masses, mais encore de leurs vîtesses.

Tel est le précis historique des principales questions que nous avons traitées dans l'ouvrage que nous présentons au public. Les méthodes générales dont nous y avons fait usage nous ont facilité les moyens de déduire de nos formules tous les théorêmes relatifs à l'astronomie physique qui méritent d'être connus. Nous en avons cité les auteurs avec le plus grand scrupule, sur-tout lorsqu'il s'agissoit de ces idées originales qu'on peut appliquer à beaucoup d'objets différents. Celle d'avoir transporté les équations de condition dans la théorie des fluides, comme l'a fait le premier M. Clairaut dans son ouvrage sur la *Figure de la Terre,* est devenue de ce genre par la découverte du calcul intégral aux différences partielles, dont nous devons les premieres applications importantes à M. d'Alembert ; et M. Euler, inventeur de ce calcul, en nous faisant voir toute l'étendue dont ces sortes de solutions sont susceptibles, a ouvert une carriere où il reste encore bien des lauriers à cueillir (*).

Cette partie de l'ouvrage, où nous tâchons de rendre à

---

des causes premieres pour descendre ensuite à l'explication des phénomenes : celle-ci ne peut donner naissance qu'à des systêmes plus ou moins ingénieux, qui éblouissent un instant le vulgaire par leur faux éclat.

(*) M. Euler a donné les équations de condition dont il s'agit ici, dans le 7e volume des anciens mémoires de Pétersbourg. C'est là qu'il se propose ce problême : z étant une fonction de x, a, telle que $dz = P\,dx + Q\,da$, trouver les valeurs les plus générales de P et Q qui puissent satisfaire à l'équation $Q = Fz + PR$, où F est fonction de a, et R fonction de x et a. Pour y parvenir, il cherche le facteur propre à rendre intégrable $dx + R\,da$: soit S ce facteur, et

chacun ce qui lui est dû, n'est pas celle qui nous a offert les moindres difficultés : car avec quelle circonspection et quelle vérité ne doit-on pas parler des hommes qui ont éclairé leur siecle par des découvertes utiles? Altérer les faits qui les concernent, c'est ravir à la nation qui les a produits sa gloire la plus précieuse aux yeux de la raison.

$S\,dx + SR\,da = d\mathrm{T}$; soit aussi $\int F\,da = \log.\mathrm{B}$; il trouve, pour les valeurs demandées,

$$P = BSf' : T, \quad Q = \frac{z\,d\mathrm{B}}{\mathrm{B}\,da} + BRSf' : T.$$

On en tire

$$dz = BS\,(dx + R\,da)f' : T + z\,\frac{d\mathrm{B}}{\mathrm{B}} = B\,df : T + z\,\frac{d\mathrm{B}}{\mathrm{B}},$$

et par conséquent $z = Bf : T$.

Ainsi, dès 1734, M. Euler avoit intégré complètement une équation aux différences partielles : son mémoire est cité par M. d'Alembert dans ses *Réflexions sur la cause générale des vents*, qui est le premier ouvrage de physique-mathématique où l'on se soit servi de ce nouveau genre de calcul. C'est encore M. Euler qui a dit le premier que rien ne devoit limiter la généralité des fonctions arbitraires qui entrent dans les intégrales completes des équations aux différences partielles ; qu'on y devoit comprendre les fonctions irrégulieres et discontinues. M. d'Alembert a combattu cette idée tant qu'il a vécu ; il n'a jamais voulu reconnoître toute l'étendue des solutions qu'il avoit données lui-même dans ses *Réflexions sur la cause des vents*, dans son *Mémoire sur les Cordes vibrantes*, et dans l'*Essai d'une nouvelle théorie sur la résistance des fluides*. Il n'est donc pas possible de mettre en doute lequel de ces deux géometres, MM. Euler et d'Alembert, est l'inventeur du calcul intégral aux différences partielles ; comme on ne peut nier que ce ne soit M. d'Alembert qui, le premier, a introduit ce calcul dans les sciences physico-mathématiques. M. Euler, depuis son mémoire de 1734, a publié plusieurs ouvrages où il a négligé d'employer son nouveau calcul ; ce n'a été qu'après les belles applications qu'en a faites M. d'Alembert qu'il s'est apperçu que les solutions qu'il avoit jusqu'alors regardées comme générales ne l'étoient point : on ne peut donc refuser au géometre françois de partager la gloire de la révolution qui a fait changer de face aux sciences physico-mathématiques (C. I. Disc. prél. p. 26).

ERRATA.

Pages.	lignes.	
2,	16,	Ω , Ω , *lisez* Ω , Ω.
18,	11,	C — a, lisez $c - a$.
21,	7,	Wdt^2, *lisez* — Wdt^2.
34,	27,	x', x', z', lisez x', y', z'.
39,	26,	y', lisez y.
43,	22,	ou, *lisez* où.
68,	33,	voyez l'explication de ces inégalités, première note du discours préliminaire.
98,	9,	PδP, *lisez* Pδp.
177,	21,	du, *lisez* et du.
180,	30,	Bernouilli, *lisez* Bernoulli.
188,	17,	$\frac{d\,W}{d\,x}$, *lisez* $\frac{d\,W}{d\,y}$.
200,	6,	ses, *lisez* ces.
264,	lig. derniere	a et n, lisez e et n.

INTRODUCTION

INTRODUCTION

À L'ÉTUDE

DE L'ASTRONOMIE PHYSIQUE.

CHAPITRE PREMIER.

Exposition abrégée du Systême du Monde.

(1). Les corps célestes qui composent notre systême planétaire se divisent en planetes principales qui ont le Soleil pour centre de leur mouvement, et en planetes secondaires, qu'on appelle *satellites*, qui tournent autour de la planete principale. Il y a six planetes principales :

Mercure (☿), Vénus (♀), la Terre (♁),

Mars (♂), Jupiter (♃), Saturne (♄).

La Terre, Jupiter et Saturne sont les seules auxquelles on ait découvert des satellites : la Terre n'en a qu'un qui est la Lune, Jupiter en a quatre, et Saturne cinq, outre son anneau. On appelle *planetes inférieures* celles qui sont plus près du Soleil que la Terre. Ces planetes sont Mercure et Vénus ; l'orbe de Vénus renferme celui de Mercure, et l'orbe de la Terre est extérieur à ceux de Vénus et de Mercure. Les planetes supérieures, ou celles qui sont plus éloignées du Soleil que la Terre, sont au nombre de trois, Mars, Jupiter et Saturne. L'orbe de Mars renferme celui de la Terre, l'orbe de Jupiter celui de Mars, et l'orbe de Saturne celui de Jupiter. Dans ces derniers temps, M. Herschel a découvert une nouvelle planete plus éloignée du Soleil que Saturne, et dont l'orbe est extérieur à ceux des six planetes dont nous venons de parler.

(2). La révolution des planetes autour du Soleil se fait d'occident en orient dans des ellipses plus ou moins alongées, dont le Soleil

A

occupe un des foyers. Les planetes sont donc tantôt plus près et tantôt
plus loin de lui. Le point de l'orbite le plus éloigné du Soleil s'appelle
l'*aphélie* de la planete; le point qui en est le plus près s'appelle son
périhélie; et la ligne qui passe par ces deux points, ou le grand axe
de l'ellipse, s'appelle *la ligne des absides.* On appelle encore *distance
moyenne,* la distance de la planete au Soleil lorsqu'elle passe par une
des extrémités du petit axe ; et cette distance est toujours égale à la
moitié du grand axe. Le plan de chaque orbite coupe le plan de
l'*écliptique,* ou le plan de l'orbite de la Terre, dans une ligne qu'on
appelle *la ligne des nœuds;* et les points extrêmes de cette commune
section s'appellent *les nœuds de l'orbite,* dont l'un est ascendant, et
l'autre descendant. Le nœud ascendant est celui où passe la planete
lorsqu'elle monte vers le pôle boréal, qui pour nous est le plus élevé;
elle passe par le nœud descendant pour retourner au midi de l'écliptique. Les astronomes marquent ces nœuds par les caracteres ☊, ☋,
dont le premier est pour l'ascendant, et l'autre pour le descendant.
Les plans des orbites des planetes font, avec le plan de l'écliptique,
différents angles qu'on appelle *inclinaisons des orbites.*

(3). Ayant tiré dans le plan de l'écliptique une droite HS♈ (*fig. I*)
qui passe par le soleil et par le premier point d'*aries,* si le plan de
l'orbite d'une planete le coupe dans une droite OS☊, l'angle ♈S☊
sera la *longitude du nœud ascendant :* et la planete étant en P, si de
ce point on abaisse une perpendiculaire PM sur le plan de l'écliptique, et qu'on tire ensuite une droite SM, qui s'appelle *la distance
accourcie de la planete au soleil,* l'angle ♈SM sera la *longitude héliocentrique* de la planete; l'angle PSM, que fait sa distance SP avec
SM, sera sa *latitude héliocentrique.* De cette maniere on distingue la
longitude et la latitude vues du soleil, de la longitude et de la latitude
vues de la terre, et qu'on appelle *géocentriques.* La terre étant en T,
si l'on tire TM, TP, et une droite TU vers le premier point d'*aries,*
l'angle UTM sera la *longitude géocentrique* de la planete, et l'angle
PTM sa *latitude géocentrique.* La latitude soit héliocentrique, soit
géocentrique, est nulle dans le nœud ascendant : elle va en augmentant à mesure que la planete s'avance vers le pôle boréal de l'écliptique : passé ce point, elle décroît jusqu'au nœud descendant, où elle
est nulle, pour devenir australe de boréale qu'elle étoit. Si du point P
on abaisse une perpendiculaire PN sur S☊, et qu'on tire MN qui
sera aussi perpendiculaire sur la même ligne, l'angle PNM mesurera
l'inclinaison de l'orbite sur le plan de l'écliptique. Enfin SA étant la
distance aphélie de la planete, l'angle ASP s'appelle l'*anomalie vraie,*
et la distance SP *le rayon vecteur de l'orbite.* Mais si l'on fait cette

proportion, le temps de toute la révolution est au temps écoulé depuis le dernier passage de la planete par son aphélie, comme la circonférence du cercle décrit sur le grand axe de l'ellipse est à un quatrieme terme ; ce quatrieme terme sera l'*anomalie moyenne* de la planete, qui est immédiatement donné par l'observation.

(4). La grandeur et la position de l'orbite elliptique d'une planete seront parfaitement déterminées par les cinq quantités suivantes : le grand axe de l'ellipse ; la position de ce grand axe sur le plan de l'orbite, ou le lieu des absides ; le rapport de la distance des deux foyers au grand axe, ou l'excentricité ; l'inclinaison de l'orbite sur le plan de l'écliptique ; et la position de la ligne des nœuds sur le même plan. On a donné le nom d'*éléments de l'orbite* à ces cinq quantités, qu'il est essentiel de bien connoître. On trouvera dans la table suivante les éléments des orbites des sept planetes principales, les temps des révolutions autour du soleil, et les plus grandes équations du centre.

	Distance moyenne.	Excentricité.	Inclinaison de l'orbite.	Longitude du nœud ascendant.	Lieu de l'aphélie.	Révolution sidérale.	Plus gr. équat. du centre.
☿	38709	0,20563	7° 0′ 0″	1ˢ 15° 46′ 22″	8ˢ 14° 17′ 44″	87ʲ 23ʰ 16′ 4″	23° 40′ 49″
♀	72333	0,006884	3 23 20	2 14 44 54	10 8 38 42	224 16 49 12	47 20
♁	100000	0,01680	000	000	3 9 17 22	365 6 9 11	1 55 31
♂	152369	0,09328	1 51 0	1 18 0 22	5 2 8 26	686 23 30 43	10 40 20
♃	520097	0,04860	1 19 10	3 8 52 0	6 10 59 43	4332ʲ 9ʰ	5 34 1
♄	953936	0,05577	2 30 20	3 21 50 17	9 0 48 30	10761 15	6 23 19
♅	1908180	0,04758	46 12	2 13 1 0	11 23 22 59	83ᵃ 122ʲ	5 27 11

(5). Les orbites de ces sept planetes sont très peu excentriques et très peu inclinées à l'écliptique : elles se meuvent toutes dans le même sens ; et c'est en quoi elles different des cometes, dont les orbites sont des ellipses extrêmement alongées dont le soleil occupe un des foyers, et qui se meuvent dans toutes les directions et sous toutes les inclinaisons possibles à l'écliptique. Quelquefois on distingue celles-ci par les traînées de lumiere dont elles sont précédées ou suivies. Nous avons ajouté dans la table, aux éléments de l'orbite, les révolutions *sidérales,* ou le temps du retour de la planete à la même étoile. On distingue trois sortes de révolution : la révolution *sidérale ;* la révolution *tropique,* qui est le temps du retour de la planete au même point de l'écliptique ; la révolution *anomalistique,* qui est le temps de son retour à la même abside. Relativement à la terre, la révolution tropique étant de 20' 23" plus courte que la révolution sidérale, il est nécessaire que les points *équinoxiaux*, où le plan de l'*équateur terrestre* coupe l'écliptique, aient un mouvement rétrograde, à l'égard du soleil, d'environ 5o" de degré par an : ce mouvement des points équinoxiaux s'appelle *la précession des équinoxes*. La révolution anomalistique excédant la révolution sidérale de 6' 9", il faut que l'aphélie de la terre avance de 15" de degré par an à l'égard des étoiles, et de 65" à l'égard des points équinoxiaux. Les aphélies des autres planetes ont aussi leur mouvement, qui n'est pas connu avec autant d'exactitude. On trouve encore dans la table la plus grande *équation du centre ou de l'orbite;* on entend par là la plus grande différence entre l'anomalie moyenne, exprimée en degrés, minutes, secondes, et l'anomalie vraie. En général on appelle *équation,* en astronomie, ce qu'il faut ajouter ou soustraire d'une quantité moyenne pour avoir la vraie.

(6). Les planetes ont un mouvement autour de leur axe, qu'on appelle *leur révolution diurne.* On ne connoît la révolution diurne que de quatre planetes, qui sont Vénus, la Terre, Mars et Jupiter.

Vénus	La Terre.	Mars	Jupiter
$23^h\ 20'$	$23^h\ 56'$	$24^h\ 40'$	$9^h\ 56'$

Le Soleil a aussi un mouvement autour de son axe qui s'acheve en 25 jours 14 heures 8' relativement aux équinoxes.

L'axe de la terre sur lequel elle tourne est incliné au plan de l'écliptique de 66° 32'; en sorte que le plan de l'équateur fait, avec celui de l'écliptique, un angle de 23° 28' qui mesure ce qu'on appelle l'*obliquité de l'écliptique.* Cette obliquité paroît aller en diminuant, et depuis deux mille ans elle a diminué d'environ 20 minutes.

(7). La lune décrit autour de la terre une orbite qui fait, avec le plan de l'écliptique, un angle qui varie depuis 4° 58'½ jusqu'à 5° 17'½. On appelle *apogée* le point de l'orbite où elle est le plus éloignée de la terre, et *périgée* celui où elle en est le plus près; ces deux points se meuvent suivant l'ordre des signes, et leur révolution s'acheve dans l'espace d'environ neuf ans. La ligne des nœuds n'a pas non plus toujours la même position; elle se meut contre l'ordre des signes, et sa révolution s'acheve dans l'espace d'environ 18 ans. L'excentricité change aussi continuellement; l'excentricité moyenne est de 0,05505 parties, dont la distance moyenne de la lune à la terre en contient 1,00000 : cette moyenne distance est d'environ 60½ demi-diametres de la terre. La révolution sidérale de la lune, d'occident en orient, est de 27 jours 7^h 43' 11" : elle a, comme sa planete principale, un mouvement autour de son axe qui s'exécute dans le même temps que sa révolution par rapport au nœud qui est de 27 jours $5^h 5' 49''$; en sorte que la lune tourne sur son axe d'occident en orient, de maniere que chaque point de son équateur revient à un des points où cet équateur coupe l'écliptique, et que nous pouvons nommer *nœud de l'équateur,* dans le même temps que la lune revient au nœud de son orbite avec l'écliptique par son mouvement moyen. C'est cette égalité du jour et du mois périodique de la lune qui fait qu'elle nous présente toujours à-peu-près la même face. Elle présenteroit exactement la même face, si elle décrivoit un cercle dont la terre occupât le centre; mais l'inégalité de son mouvement autour de la terre fait qu'elle nous paroît osciller sur son axe tantôt vers l'orient et tantôt vers l'occident. Par ce mouvement, qu'on appelle sa *libration,* elle nous présente des parties qui étoient cachées, et nous en cache qui étoient visibles. Cette libration, aussi-bien que celle qui dépend du mouvement de rotation de la terre, est purement optique; mais il y en a une réelle et physique dont nous parlerons dans un moment. L'inclinaison de l'équateur lunaire sur l'écliptique est d'environ $1° \frac{1}{2}$. La commune section de ces deux plans est à-peu-près parallele à la ligne des nœuds de l'orbite de la lune. Les nœuds de l'équateur lunaire paroissent coïncider avec les nœuds de l'orbite : les mouvements moyens des uns et des autres sont exactement égaux.

(8). Ces phénomenes ne sont pas uniques dans le systême du monde, comme on a cru pouvoir le conclure des observations des taches du premier satellite de Saturne et du quatrieme de Jupiter. Quoi qu'il en soit, on trouvera dans la table suivante, pour les satellites de Jupiter et de Saturne, les temps des révolutions périodiques, les moyennes distances en demi-diametres de la planete, les inclinaisons des orbites sur le plan de l'orbite de la planete.

SATELLITES DE JUPITER.

	Temps de la révolution périodique.	Moyennes distances.	Inclinaisons des orbites.
Premier	$1^j 18^h 27' 33''$	5, 7	$3° 18' 38''$.
Second	3 13 13 42	9	3 18
Troisieme	7 3 42 33	14, 38	3 13 58
Quatrieme	16 16 32 8	25, 3	2 36

SATELLITES DE SATURNE.

Premier	$1^j 21^h 18'$	4, 89	30°
Second	2 17 44	6, 27	30
Troisieme	4 12 25	8, 75	30
Quatrieme	15 22 41	20, 3	30
Cinquieme	79 7 49	59, 15	15 30'

Les orbites des quatre premiers satellites de Saturne sont situées dans le plan de l'anneau qui est incliné à l'écliptique d'environ 31° 20′. Cet anneau est fort mince, presque plan et concentrique à la planete ; son diametre est à celui de la planete comme 3 est à 7. D'ailleurs les mouvements de ces satellites sont assujettis à beaucoup d'irrégularités que l'observation et la théorie ont fait connoître.

(9). Les mouvements des planetes n'éprouveroient aucune altération, si elles n'agissoient pas les unes sur les autres par une force d'attraction dont la loi suit la raison directe des masses et l'inverse du quarré des distances. Si chaque particule d'un corps agit sur un point par une semblable attraction, quelle sera l'action de tout le corps sur le même point? On démontre que si chaque particule de la surface d'une sphere solide homogene agit, comme nous venons de le dire, sur un point A (*fig. II*), la surface entiere agira sur ce point de la même maniere que si elle étoit toute réunie au centre de la sphere ; c'est-à-dire qu'en nommant a la distance du point A au centre de la sphere, et s la surface de ce solide, on aura, la densité étant prise pour l'unité, $\frac{s}{a^2}$ pour la force attractive dont il s'agit. Par le point A et par le centre C de la sphere, nous tirerons la droite AC, et nous couperons ensuite le solide par deux plans infiniment proches, NOQ, *noq*, perpendiculaires à cette droite. Il est clair que le point N agira sur le point A avec une force $\frac{1}{\overline{NA}^2}$, qui, étant décomposée en deux autres dont les directions soient paralleles à AP et au rayon PN de la section NOQ, donne pour celle qui agit dans la direction de AP, et qui est la seule que l'on doive considérer, $\frac{AP}{\overline{AN}^3}$. On multipliera cette expression par πPN, π étant le rapport de la circonférence au rayon, et on aura $\frac{\pi . AP . PN}{\overline{AN}^3}$ pour la force avec laquelle la circonférence de la section agit sur le point A. En multipliant cette derniere quantité par le petit arc N*n*, on aura l'attraction qu'exerce sur le même point toute la zone NOQ *qno* ; il faudra intégrer convenablement cette différentielle pour avoir l'attraction de toute la surface de la sphere. Pour cela, je nomme le rayon CB, r, AP, x, PN, y ; et, à cause de N$n = \frac{r\,dx}{y}$, j'ai la différentielle $\frac{\pi r x\,dx}{(x^2 + y^2)^{\frac{1}{2}}}$ qui devient, en y substituant à y^2 sa valeur $r^2 - a^2 + 2ax - x^2$, $\frac{\pi r x\,dx}{(r^2 - a^2 + 2ax)^{\frac{3}{2}}}$, laquelle a pour intégrale complete $\frac{\pi r\,(ax - a^2 + r^2)}{a^2 \sqrt{(2ax - a^2 + r^2)}}$ plus une constante arbitraire qu'on déterminera, en faisant attention que l'intégrale doit être nulle lorsque $x = a - r$, et on aura $\frac{\pi r^2}{a^2} + \frac{\pi r (ax - a^2 + r^2)}{a^2 \sqrt{(2ax - a^2 + r^2)}}$. On fera $x = a + r$, et on en tirera $\frac{2\pi r^2}{a^2}$ pour la force avec laquelle toute la surface de la sphere agit sur le point A. Mais s étant la surface de la sphere, est égale à $2\pi r^2$; l'expression précédente se réduit donc à $\frac{s}{a^2}$.

(10). Si une sphere est composée de couches sphériques homogenes, dont les densités varient entre elles comme une puissance quelconque de leur distance au centre; en nommant x le rayon d'une des couches, bx^m sa densité, on aura $\frac{2b\pi}{a^2} x^{m+2} \, dx$ pour la différentielle de l'attraction de la sphere dont le rayon est x. Cette différentielle a pour intégrale $\frac{2b\pi x^{m+3}}{a^2.(m+3)}$, et la sphere a pour solidité $\frac{2b\pi x^{m+3}}{m+3}$; il est donc clair qu'en nommant S la solidité de la sphere totale, on a encore $\frac{S}{a^2}$ pour la force avec laquelle elle agit sur le point A. Donc toute sphere homogene, ou qui est composée de couches concentriques homogenes, dont les densités varient comme une puissance quelconque de leurs distances au centre, agira sur un point placé hors d'elle de la même maniere que si toute sa masse étoit réunie au centre. On sait que les corps célestes sont à-peu-près sphériques; qu'ils sont très éloignés les uns des autres relativement à leurs dimensions. Ainsi, dans la recherche de leurs mouvements progressifs, nous pourrons d'abord, comme nous le ferons dans le chapitre suivant, les regarder comme des points pesants qui agissent les uns sur les autres; sauf ensuite à déterminer les inégalités dans ces mouvements qui pourroient provenir de la figure des corps.

(11). Les altérations qu'éprouvent les mouvements des planetes sont, ou *périodiques,* qui se rétablissent après un petit nombre de révolutions; ou *séculaires,* qu'on a nommées ainsi parceque leur effet ne devient sensible qu'après un long espace de temps. Ces dernieres paroissent aller toujours en augmentant, soit qu'effectivement elles doivent toujours augmenter, soit que, leurs périodes étant de plusieurs siecles, il faille des observations beaucoup plus anciennes que celles que nous avons pour déterminer le nombre de révolutions de la planete après lesquelles elles pourront se rétablir. Mais ces variations séculaires sont bien moins sensibles que les autres inégalités, parmi lesquelles celles qui alterent le mouvement dans l'orbite sont les plus considérables. Les inégalités des autres mouvements dépendent sur-tout de la figure des planetes. En supposant même qu'elles

aient été primitivement sphériques, leur rotation a dû élever les ré-
gions de l'équateur, abaisser celle des pôles, et changer la forme primitive en celle d'un sphéroïde applati vers les pôles. Prenons pour
exemple la terre. En la supposant parfaitement sphérique et homogene, et le soleil agissant seul sur les parties qui composent sa masse,
l'axe de la planete demeurera toujours parallele à lui-même durant
toute la révolution. Il n'en sera pas de même, si la terre est un sphéroïde ; dans ce cas l'action du soleil sera différente sur les deux hémispheres, et produira dans l'axe terrestre un mouvement de rotation. En réunissant l'action du soleil et de la lune, ce mouvement de
l'axe sera suffisant pour causer toute la précession des équinoxes.
Mais l'orbite lunaire n'étant pas dans le plan de l'écliptique, toute
l'attraction de la lune n'est pas employée à produire la rétrogradation
des points équinoxiaux. Il y en a une partie qui agit différemment sur
l'axe et cause ce qu'on appelle *la nutation de l'axe de la terre.* Par
cette nutation l'axe s'éleve ou s'abaise sur l'écliptique de 18″ dans
une période de 18 ans, qui est la même que celle du mouvement des
nœuds de l'orbite lunaire. La figure de la lune influe aussi beaucoup
sur ses différents mouvements ; c'est parcequ'elle n'est pas sphérique,
qu'outre sa libration optique, elle en a une réelle et physique.

(12). Nous avons vu que les corps célestes, en agissant sur la terre,
n'agissent pas également sur toutes ses parties. Si nous imaginons
qu'elle soit un globe solide recouvert d'un fluide jusqu'à telle hauteur
qu'on voudra, et que par la pensée nous la partagions en deux hémispheres par un plan perpendiculaire au diametre qui passe par le
centre de l'astre qui agit, et que nous supposons sans mouvement,
les parties de l'hémisphere supérieur, je veux dire de celui qui est
le plus près de l'astre, seront attirées avec plus de force que le centre,
tandis que les parties de l'hémisphere inférieur seront attirées avec
moins de force. Le fluide qui couvre l'hémisphere supérieur tendra à
se mouvoir plus vîte que le centre, et s'élevera avec une force égale
à l'excès de la force qui l'attire sur celle qui attire le centre. Au contraire le fluide qui couvre l'hémisphere inférieur se mouvra moins
vîte que le centre, et s'en éloignera avec une force à-peu-près égale
à celle qui éleve le fluide de l'hémisphere supérieur. Le fluide s'élevera par conséquent aux deux points opposés du diametre qui passe
par l'astre ; les autres parties approcheront de ces points avec d'autant plus de vîtesse qu'elles en seront moins éloignées. La terre con-
serveroit cette figure sans qu'il y eût aucun *flux* et *reflux,* si elle
n'avoit point de mouvement journalier ; ou si, ayant un mouvement
journalier, l'axe de rotation étoit le même que le diametre qui passe

par

par l'astre. Mais comme ces deux lignes font un angle, chaque particule du fluide qui couvre la terre s'approche et s'éloigne alternativement de deux points fixes pris dans le diametre qui passe par l'astre, et cela deux fois pendant une révolution. Ainsi deux fois pendant une révolution de la terre autour de son axe, le fluide qui la couvre s'éleve jusqu'à ce qu'il soit le plus proche des deux points fixes dont nous venons de parler, et s'abaisse ensuite jusqu'à ce qu'il en soit le plus loin. Les phénomenes des *marées* proviennent donc de la différence qu'il y a entre l'action du soleil et de la lune sur le centre de la terre, et leur action sur le fluide des deux hémispheres, que nous avons nommés *supérieur* et *inférieur*. Newton a supposé que l'action qu'exerce la lune est environ quadruple de celle qu'exerce le soleil. On ne sera pas surpris qu'elle soit plus grande, malgré la masse énorme du soleil, quand on considérera que la lune est beaucoup plus proche de la terre, et que les attractions des deux astres suivent la raison réciproque du quarré des distances à la terre et la raison simple de leurs masses.

(13). Un astre est en *conjonction* avec le soleil, lorsqu'il paroît avoir la même longitude ; ce qui ne peut arriver que d'une maniere si l'orbite de l'astre renferme celle de la terre, et de deux si l'orbite de la terre renferme celle de l'astre. Dans ce second cas on peut voir le soleil et l'astre du même côté, l'astre étant au-delà du soleil ; et cette conjonction s'appelle *supérieure :* ou bien l'astre peut être en-deçà, entre la terre et le soleil, et cette conjonction s'appelle *inférieure*. Lorsque le soleil et l'astre paroissent différer de 180° en longitude, alors l'astre est en *opposition* avec le soleil. Mais en général on dit qu'un astre est dans les *syzygies* lorsqu'il est en conjonction ou en opposition. On dit qu'il est en *quadrature* avec le soleil, lorsque l'arc de l'écliptique, compris entre le soleil et le plan de son cercle de latitude, est de 90°. Dans les syzygies les eaux sont élevées ou abaissées en même temps par le soleil et la lune. Mais dans les quadratures les eaux sont élevées par le soleil là où elles s'abaissent à l'égard de la lune ; elles s'abaissent à l'égard du soleil au même moment qu'elles s'élevent à l'égard de la lune. Par ces effets tantôt conspirants, tantôt opposés, il résulte des variations très sensibles tant par rapport à l'heure des marées que par rapport à leur hauteur. L'explication physique de la vraie cause des marées que nous venons d'exposer, approchera d'autant plus d'être confirmée par l'observation, qu'en la soumettant au calcul nous ferons moins d'hypotheses. Celles que nous avons faites, pour ne point embrasser à la fois trop de difficultés, sont trop éloignées de la vérité pour qu'elles puissent conduire à des résultats satisfaisants. Mais il n'est pas question encore de nous occuper d'un problême aussi difficile que l'est celui du flux et reflux de la mer envisagé comme il doit l'être. Nous ne ferons plus qu'une seule remarque : c'est que l'action du soleil et de la lune, pour se transmettre jusqu'à l'océan, doit traverser auparavant la masse d'air dont il est environné, et produire dans les parties qui la composent un flux et reflux que nous appellons *du vent*. Ce problême, du même genre que le précédent, ne mérite pas moins d'intéresser les Géometres.

(14). La parallaxe, dont nous allons donner une idée, est aussi sujette à beaucoup de variations. Si on observoit au centre de la terre, les mêmes phénomenes seroient vus différemment qu'on ne les voit à la surface : c'est cette différence qu'on appelle *la parallaxe du phénomene*. Concevons par le lieu du spectateur un plan qui touche la terre au point A (*fig. III*), et dans ce plan une ligne *méridienne* NS qui va du *nord* au *sud*. Que l'astre observé soit en P ; et de ce point abaissons une perpendiculaire PM sur le plan précédent qui est l'*horizon* de l'observateur. Les angles MAP, MAN seront, l'un la *hauteur observée*, l'autre l'*azimut observé*. Concevons par le centre de la terre un plan parallele à NSM que PM rencontre en *m*, et dans lequel on tirera *n*C*s* parallele à NAS ; les angles *m*CP, *n*C*m* seront, l'un la *hauteur vraie*, l'autre l'*azimut vrai*. Maintenant si du point A on abaisse AK perpendiculaire sur *ns*, et qu'on tire K*m* qui sera égal à AM ; les deux angles NAM, *n*K*m* seront égaux, et C*m*K sera la *parallaxe d'azimut*. Dans l'hypothese de la terre sphérique, les points K et C se confondroient et l'angle C*m*K seroit nul. Quant à la *parallaxe de hauteur*, elle est égale à la différence des deux angles PAM, PC*m*. Si le plan *nsm* étoit celui de l'*équateur*, et *n*C*s* une droite qui passe par le centre de la terre et par le premier point d'*aries*, l'angle *n*C*m* seroit l'*ascension droite vraie*, et l'angle PC*m* la *déclinaison vraie* de l'astre. De plus NS étant parallele à *ns* et le plan NSM au plan *nsm*, l'angle NAM seroit l'*ascension droite observée*, et l'angle PAM la *déclinaison observée*. Ainsi C*m*K seroit la *parallaxe d'ascension droite* ; et la différence des deux angles PC*m*, PAM, la *parallaxe de déclinaison*. On représenteroit de la même maniere les parallaxes de longitude, de latitude, etc. Toutes dépendent de la distance de l'astre et de la figure de la terre, et se ressentent par conséquent des altérations que ces quantités peuvent éprouver.

La cause de ces variations, dues à l'action réciproque des corps qui composent notre système planétaire, est l'objet de l'Astronomie physique. Nous nous proposons d'exposer dans cet ouvrage les connoissances de méchanique et de calcul qui sont les fondements de cette science. Nous ne ferons pas un grand nombre d'applications ; mais nous les choisirons de maniere que chacun puisse ensuite appliquer ces principes généraux à la théorie de chaque planete en particulier.

(15). Nous placerons ici, sans les démontrer, quelques formules de Trigonométrie dont nous ferons un usage fréquent dans la suite. Soient p et q deux arcs quelconques dont p est le plus grand, et π la circonférence qui a l'unité pour rayon ; on a

$$\sin.(p + q) = \sin.p \cos.q + \cos.p \sin.q,$$
$$\cos.(p + q) = \cos.p \cos.q - \sin.p \sin.q,$$
$$\sin.(p - q) = \sin.p \cos.q - \cos.p \sin.q,$$
$$\cos.(p - q) = \cos.p \cos.q + \sin.p \sin.q,$$
$$2\sin.p \cos.q = \sin.(p + q) + \sin.(p - q),$$
$$2\cos.p \cos.q = \cos.(p + q) + \cos.(p - q),$$
$$2\cos.p \sin.q = \sin.(p + q) - \sin.(p - q),$$
$$2\sin.p \sin.q = -\cos.(p + q) + \cos.(p - q);$$

et pour un arc quelconque p,

$$\sin.\left(\tfrac{\pi}{2} + p\right) = -\sin.p, \quad \cos.\left(\tfrac{\pi}{2} + p\right) = -\cos.p,$$
$$\sin.\left(\tfrac{\pi}{2} - p\right) = \sin.p, \quad \cos.\left(\tfrac{\pi}{2} - p\right) = -\cos.p;$$
$$2\sin.p^2 = 1 - \cos.2p,$$
$$4\sin.p^3 = 3\sin.p - \sin.3p,$$
$$8\sin.p^4 = 3 - 4\cos.2p + \cos.4p,$$
$$16\sin.p^5 = 10\sin.p - 5\sin.3p + \sin.5p,$$
$$32\sin.p^6 = 10 - 15\cos.2p + 6\cos.4p - \cos.6p,$$
$$\text{etc.}$$

$$2\cos.p^2 = 1 + \cos.2p,$$
$$4\cos.p^3 = 3\cos.p + \cos.3p,$$
$$8\cos.p^4 = 3 + 4\cos.2p + \cos.4p,$$
$$16\cos.p^5 = 10\cos.p + 5\cos.3p + \cos.5p,$$
$$32\cos.p^6 = 10 + 15\cos.2p + 6\cos.4p + \cos.6p,$$
$$\text{etc.}$$

Enfin lorsque q est une quantité très petite, on peut prendre

$$\sin.(p \pm q) = \sin.p \pm q\cos.p - \tfrac{q^2}{2}\sin.p \mp \tfrac{q^3}{2.3}\cos.p + \text{etc.}$$
$$\cos.(p \pm q) = \cos.p \mp q\sin.p - \tfrac{q^2}{2}\cos.p \pm \tfrac{q^3}{2.3}\sin.p + \text{etc.}$$

(16). Ces formules, excepté les deux dernieres, se trouvent dans presque tous les éléments : quant à celles-ci, on pourra aisément les déduire du théoreme de Taylor (*) (C. I, p. 121), qu'on peut énoncer de la maniere suivante. Pour développer une fonction V de plusieurs quantités t, u, x, y, etc. dans une suite ordonnée par rapport aux puissances de l'une d'elles, de t, par exemple, si on désigne par U la valeur de V qui répond à $t = 0$, et par U', U'', U''', etc. ce que deviennent $\frac{dV}{dt}$, $\frac{d^2V}{dt^2}$, $\frac{d^3V}{dt^3}$, etc. c'est-à-dire les différentielles successives de V prises par rapport à t et divisées par dt, dt^2, dt^3, etc. lorsqu'on fait $t = 0$ et $V = U$; on aura

$$V = U + tU' + \frac{t^2}{1.2} U'' + \frac{t^3}{1.2.3} U''' + \text{etc.}$$

Pour développer la même fonction dans une suite ordonnée par rapport aux puissances de t et de u, on fera usage d'un autre théoreme que voici. Soit U la valeur de V qui répond à $t = 0$ et $u = 0$; désignons aussi par

$$U'_1, U'_2, U''_1, U''_2, U''_3, U'''_1, U'''_2, \text{etc.}$$

ce que deviennent $\frac{dV}{dt}$, $\frac{dV}{du}$, $\frac{d^2V}{dt^2}$, $\frac{d^2V}{dt\,du}$, $\frac{d^2V}{du^2}$, $\frac{d^3V}{dt^3}$, $\frac{d^3V}{dt^2\,du}$, etc.

Lorsqu'on fait $t = 0$, $u = 0$, et $V = U$; on aura (C. I, p. 169),

$$\begin{aligned}
V = U &+ tU'_1 + \frac{t^2}{1.2} U''_1 + \frac{t^3}{1.2.3} U'''_1 + \text{etc.}\\
&+ uU'_2 + \frac{tu}{1.2} 2U''_2 + \frac{t^2u}{1.2.3} 3U'''_2\\
&+ \frac{u^2}{1.2} U''_3 + \frac{tu^2}{1.2.3} 3U'''_3\\
&+ \frac{u^3}{1.2.3} U'''_4.
\end{aligned}$$

Il eût été aussi facile de la développer dans une suite ordonnée par rapport aux puissances de trois, de quatre, etc. des quantités qu'elle renferme.

(17). M. Euler, dans sa belle piece sur les inégalités du mouvement de Saturne et de Jupiter, couronnée par l'académie en 1748, a besoin de développer $(1 - t\cos. u)^{-m}$ en une série de cette forme.

$$A + A_1 \cos. u + A_2 \cos. 2u + A_3 \cos. 3u + A_4 \cos. 4u + \text{etc.}$$

(*) C. I, p. 121. Nous renvoyons de cette maniere aux leçons du calcul différentiel et de calcul intégral que nous avons publiées en 1777.

J'ai exposé (C. I, p. 132) la méthode par laquelle il parvient aux expressions suivantes :

$$A = 1 + m \cdot \frac{m+1}{2} \frac{t^2}{2} + m \frac{m+1}{2} \cdot \frac{m+2}{3} \cdot \frac{m+3}{4} \cdot \frac{3 t^4}{8} + m \cdot \frac{m+1}{2} \cdot$$
$$\frac{m+2}{3} \cdot \frac{m+3}{4} \cdot \frac{m+4}{5} \cdot \frac{m+5}{6} \cdot \frac{5 t^6}{16} + \text{etc.}$$

$$A_1 = m t \left(1 + \frac{m+1}{2} \cdot \frac{m+2}{3} \frac{3 t^2}{4} + \frac{m+1}{2} \cdot \frac{m+2}{3} \cdot \frac{m+3}{4} \cdot \frac{m+4}{5} \right.$$
$$\left. \frac{5 t^4}{8} + \frac{m+1}{2} \cdot \frac{m+2}{3} \cdot \frac{m+3}{4} \cdot \frac{m+4}{5} \cdot \frac{m+5}{6} \frac{m+6}{7} \frac{35 t^6}{64} + \text{etc.} \right)$$

$$A_2 = \frac{2 m t A - 2 A_1}{(m-2) t}, \quad A_3 = \frac{(m+1) t A_1 - 4 A_2}{(m-3) t}, \quad A_4 = \frac{(m+2) t A_2 - 6 A_3}{(m-4) t}, \text{etc.}$$

Soit $t = p + iq$, i étant un coëfficient très petit; on demande d'ordonner les suites A, A_1, etc. relativement aux puissances de i. On aura

$$A = a + a_1 \cdot iq + \frac{a_2}{2} (iq)^2 + \text{etc.} \quad A_1 = b + b_1 \cdot iq + \frac{b_2}{2} (iq^2) + \text{etc.}$$

où a, a_1, a_2, etc. b, b_1, b_2, etc. désignent ce que deviennent A, $\frac{dA}{dt}$, $\frac{d^2 A}{dt^2}$, etc. A_1, $\frac{dA_1}{dt}$, $\frac{d^2 A_1}{dt^2}$, etc. lorsqu'on fait $t = p$.

Or la différentielle de $(1 - t \cos. u)^{-m}$, prise par rapport à t, ou

$$m \cos. u (1 - t \cos. u)^{-m-1} = \frac{dA}{dt} + \frac{dA_1}{dt} \cos. u + \frac{dA_2}{dt} \cos. 2u + \text{etc.}$$

C'est pourquoi, si on multiplie de part et d'autre par $1 - t \cos. u$, on aura $m \cos. u (1 - t \cos. u)^{-m}$, ou

$$m \cos. u (A + A_1 \cos. u + A_2 \cos. 2u + \text{etc.}) = (1 - t \cos. u)$$
$$\left(\frac{dA}{dt} + \frac{dA_1}{dt} \cos. u + \frac{dA_2}{dt} \cos. 2u + \text{etc.} \right)$$

On fera usage d'une des formules du n° 15 pour substituer des cosinus d'angles multiples aux produits de cosinus, et l'équation précédente deviendra

$$\frac{m}{2} A_1 - \frac{dA}{dt} + \frac{t}{2} \frac{dA_1}{dt} + \left(m A + \frac{m}{2} A_2 - \frac{dA_1}{dt} + t \frac{dA}{dt} + \frac{t}{2} \frac{dA_2}{dt} \right)$$
$$\cos. u + \left(\frac{m}{2} A_1 + \frac{m}{2} A_3 - \frac{dA_2}{dt} + \frac{t}{2} \frac{dA_1}{dt} + \frac{t}{2} \frac{dA_3}{dt} \right) \cos. 2u + \text{etc.} = 0,$$

On tirera de celle-ci

$$\frac{dA}{dt} - \frac{t}{2} \frac{dA_1}{dt} - \frac{m}{2} A_1 = 0,$$

$$\frac{dA_1}{dt} - \frac{t}{2}\frac{dA_2}{dt} - t\frac{dA}{dt} - \frac{m}{2}A_2 - mA = 0,$$

$$\frac{dA_2}{dt} - \frac{t}{2}\frac{dA_3}{dt} - \frac{t}{2}\frac{dA_1}{dt} - \frac{m}{2}A_3 - \frac{m}{2}A_1 = 0,$$

$$\frac{dA_3}{dt} - \frac{t}{2}\frac{dA_4}{dt} - \frac{t}{2}\frac{dA_2}{dt} - \frac{m}{2}A_4 - \frac{m}{2}A_2 = 0,$$

etc.

(18). De $A_2 = \dfrac{2mtA - 2A_1}{(m-2)t}$, on tire $\dfrac{dA_2}{dt} = \dfrac{2m}{m-2}\dfrac{dA}{dt} - \dfrac{2}{(m-2)t}\dfrac{dA_1}{dt}$

$+ \dfrac{2A_1}{(m-2)t^2}$.

Ces valeurs étant substituées dans la seconde des équations précédentes, elle devient

$$\frac{dA_1}{dt} - 2t\frac{dA}{dt} + \frac{A_1}{t} - 2mA = 0;$$

avec celle-ci et la premiere des mêmes équations, on trouve

$$\frac{dA}{dt} = \frac{2mtA + (m-1)A_1}{2(1-t^2)}, \quad \frac{dA_1}{dt} = \frac{2mtA + (mt^2-1)A_1}{t(1-t^2)}.$$

Il sera facile d'en tirer les valeurs de $\dfrac{d^2A}{dt^2}$, etc. $\dfrac{d^2A_1}{dt^2}$, etc. et mettant p pour t, celle de a, a_1, a_2, etc. b, b_1, b_2, etc. A cause de $A_3 = \dfrac{(m+1)tA_1 - 4A_2}{(m-3)t}$, $\dfrac{dA_3}{dt} = \dfrac{m+1}{m-3}\dfrac{dA_1}{dt} - \dfrac{4}{(m-3)t}\dfrac{dA_2}{dt} + \dfrac{4A_2}{(m-3)t^2}$, la troisieme équation du n° précédent donnera

$$\frac{dA_2}{dt} = \frac{2mtA + (m-1)A_1}{1-t^2} - \frac{2A_2}{t}.$$

On trouvera de la même maniere

$$\frac{dA_3}{dt} = \frac{2mtA + (m-1)A_1}{1-t^2}t + (m-2)A_2 - \frac{3A_3}{t},$$

$$\frac{dA_4}{dt} = \frac{2mtA + (m-1)A_1}{1-t^2}t^2 + (m-2)tA_2 + (m-3)A_3 - \frac{4A_4}{t},$$

etc. C'est pourquoi si l'on suppose

$$A_2 = e + e_1 \cdot iq + \frac{e_2}{2}(iq)^2 + \text{etc.}$$

$$A_3 = f + f_1 \cdot iq + \frac{f_2}{2}(iq)^2 + \text{etc.}$$

$$A_4 = g + g_1 \cdot iq + \frac{g_2}{2}(iq)^2 + \text{etc.}$$

$$A_5 = h + h_1 \cdot iq + \frac{h_2}{2}(iq)^2 + \text{etc.}$$

etc. il sera bien facile de déterminer e, e_1, etc. f, f_1, etc. etc.

(19). Lorsque $m = \dfrac{3}{2}$,

$$a = 1 + \frac{3.5}{4.4} \, p^2 + \frac{3.5.7.9}{4.4.8.8} \, p^4 + \frac{3.5.7.9.11 \quad 13}{4.4.8.8.12.12} \, p^6 + \text{etc.}$$

$$b = \frac{3}{2} \, p \left(1 + \frac{5.7}{4.8} \, p^2 + \frac{5.7.9.11}{4.8.8.12} \, p^4 + \frac{5.7.9.11.13.15}{4.8.8.12.12.16} \, p^6 + \text{etc.} \right)$$

$$e = \frac{4b}{p} - 6a, \quad 3f = \frac{8e}{p} - 5b, \quad 5g = \frac{12f}{p} - 7e, \quad 7h = \frac{16g}{p} - 9f, \text{ etc.}$$

$$a_1 = \frac{6ap + b}{4(1 - p^2)}, \quad b_1 = \frac{4a_1 - 3b}{2p}, \quad e_1 = 2a_1 - \frac{2e}{p}, \quad f_1 = 2a_1 p - \frac{e}{2} - \frac{3f}{p},$$

$$g_1 = 2a_1 p^2 - \frac{cp}{2} - \frac{3f}{2} - \frac{4g}{p}, \quad h_1 = 2a_1 p^3 - \frac{ep^2}{2} - \frac{3fp}{2} - \frac{5g}{2} - \frac{5h}{p},$$

etc. etc.

Lorsque $m = \dfrac{5}{2}$,

$$a = 1 + \frac{5.7}{4.4} \, p^2 + \frac{5.7.9.11}{4.4.8.8} \, p^4 + \frac{5.7.9.11.13.15}{4.4.8.8.12.12} \, p^6 + \text{etc.}$$

$$b = \frac{5}{2} \, p \left(1 + \frac{7.9}{4.8} \, p^2 + \frac{7.9.11.13}{4.8.8.12} \, p^4 + \frac{7.9.11.13.15.17}{4.8.8.12.12.16} \, p^6 + \text{etc.} \right)$$

$$e = -\frac{4b}{p} + 10a, \quad f = \frac{8e}{p} - 7b, \quad 3g = \frac{12f}{p} - 9e, \quad 5h = \frac{16g}{p} - 11f, \text{ etc.}$$

$$a_1 = \frac{10pa + 3b}{4(1 - p^2)}, \quad b_1 = \frac{4a_1 - 5b}{2p}, \quad e_1 = 2a_1 - \frac{2e}{p}, \quad f_1 = 2a_1 p + \frac{e_2}{2} - \frac{3f}{p},$$

$$g_1 = 2a_1 p^2 + \frac{ep}{2} - \frac{f}{2} - \frac{4g}{p}, \quad h_1 = 2a_1 p^3 + \frac{ep^2}{2} - \frac{fp}{2} - \frac{3g}{2} - \frac{5h}{p},$$

etc. etc.

(20). L'équation $x = u + tX$, où X est une fonction de x, étant proposée, on demande de trouver la valeur de x, et même d'une fonction donnée de x, en u et t, par une suite ordonnée relativement aux puissances de t. Soit s cette fonction de x dont il s'agit de trouver la valeur; en nommant S la valeur de s qui répond à $t = 0$, et S_1, S_2, etc. ce que deviennent $\frac{ds}{dt}$, $\frac{d^2s}{dt^2}$, etc. lorsqu'on fait $t = 0$ et $s = S$, on aura, (n° 16),

$$s = S + tS_1 + \frac{t^2}{1.2} S_2 + \frac{t^3}{1.2.3} S_3 + \frac{t^4}{1.2.3.4} S_4 + \text{etc.}$$

Cela posé, je prendrai l'équation plus générale $x = \varphi : (u + tX)$ qui, étant différentiée deux fois en faisant varier successivement u et t, donne (C. I. p. 295)

$$\frac{dx}{du} = \left(1 + t \frac{dX}{dx} \frac{dx}{du} \right) \varphi' : (u + tX),$$

$$\frac{dx}{dt} = \left(X + t \frac{dX}{dx} \frac{dx}{dt} \right) \varphi' : (u + tX);$$

et, en éliminant la fonction arbitraire, l'équation aux différences partielles,

$$\frac{dx}{dt} = X \frac{dx}{du}.$$ Mais $\frac{ds}{dt} = \frac{ds}{dx}\frac{dx}{dt}$, $\frac{ds}{du} = \frac{ds}{dx}\frac{dx}{du}$. Donc

$$(1) \cdots\cdots \frac{ds}{dt} = X \frac{ds}{du}.$$ On démontrera de la même maniere que $\frac{dX}{dt} = X \frac{dX}{du}$.

En différentiant l'équation (1) par rapport à t, on a $\frac{d^2 s}{dt^2} = X \frac{d^2 s}{du\,dt}$ $+ \frac{dX}{dt}\frac{ds}{du}$; et mettant pour $\frac{d^2 s}{du\,dt}$, $\frac{dX}{dt}$ leurs valeurs $X \frac{d^2 s}{du^2} + \frac{dX}{du}\frac{ds}{du}$, $X \frac{dX}{du}$, il vient $\frac{d^2 s}{dt^2} = X^2 \frac{d^2 s}{du^2}, + 2X \frac{dX}{du}\frac{ds}{du}$. Donc

$$(2) \cdots\cdots \frac{d^2 s}{dt^2} = \frac{d \cdot X^2 \frac{ds}{du}}{du}.$$

Je continue de différentier, et je trouve

$$\frac{d^3 s}{dt^3} = X^2 \frac{d^3 s}{du^2 dt} + 2X \frac{dX}{dt}\frac{d^2 s}{du^2} + 2 \frac{dX}{dt}\frac{dX}{du}\frac{ds}{du} + 2X \frac{d^2 X}{du\,dt}\frac{ds}{du}$$
$$+ 2X \frac{dX}{du}\frac{d^2 s}{du\,dt}.$$

Mais $\frac{d^2 s}{du\,dt} = X \frac{d^2 s}{du^2} + \frac{dX}{du}\frac{ds}{du}$, $\frac{d^3 s}{du^2 dt} = X \frac{d^3 s}{du^3} + 2 \frac{dX}{du}\frac{d^2 s}{du^2} + \frac{d^2 X}{du^2}\frac{ds}{du}$,

$$\frac{dX}{dt} = X \frac{dX}{du}, \quad \frac{d^2 X}{du\,dt} = X \frac{d^2 X}{du^2} + \left(\frac{dX}{du}\right)^2; \text{ donc}$$

$$\frac{d^3 s}{dt^3} = X^3 \frac{d^3 s}{du^3} + 6X^2 \frac{dX}{du}\frac{d^2 s}{du^2} + 6X \left(\frac{dX}{du}\right)^2 \frac{ds}{du} + 3X^2 \frac{d^2 X}{du^2}\frac{ds}{du};$$

et par conséquent

$$(3) \cdots\cdots \frac{d^3 s}{dt^3} = \frac{d^2 \cdot X^3 \frac{ds}{du}}{du^2}.$$

Il ne sera pas plus difficile de parvenir à l'équation

$$(4) \cdots\cdots \frac{d^4 s}{dt^4} = \frac{d^3 \cdot X^4 \frac{ds}{du}}{du^3},$$

et ainsi de suite. C'est pourquoi, si nous nommons s_1, s_2, s_3, s_4, etc.

ce que deviennent $X \frac{ds}{du}$, $\frac{d \cdot X^2 \frac{ds}{du}}{du}$, $\frac{d^2 \cdot X^3 \frac{ds}{du}}{du^2}$, $\frac{d^3 \cdot X^4 \frac{ds}{du}}{du^3}$, etc.

lorsqu'on fait $t = 0$ et $s = S$; à cause des équations $(1), (2), (3),$

(3), (4), etc. on aura $S_1 = s_1$, $S_2 = s_2$, $S_3 = s_3$, $S_4 = s_4$, etc. et par conséquent

$$s = S + t\, s_1 + \frac{t^2}{1.2} s_2 + \frac{t^3}{1.2.3} s_3 + \frac{t^4}{1.2.3.4} s_4 + \text{etc.}$$

pour la valeur de s tirée de l'équation $x = \varphi : (u + tX)$.

(21). Ce beau théorême de M. de la Grange nous offre un moyen bien expéditif de résoudre toutes les questions relatives au problême du retour des suites. Si, par exemple, on demandoit de tirer de l'équation $x = u + t\, (a \sin.mx + b \sin.nx + \text{etc.})$ la valeur de x par une suite ordonnée relativement aux puissances de t; on feroit $X = a \sin.mx + b \sin.nx + \text{etc.}$ $s = x$. Lorsque $t = 0$, $x = u$, $\frac{dx}{du} \left(= \frac{ds}{du} \right) = 1$, $X = a \sin.mu + b \sin.nu + \text{etc.}$ donc $S = u$, et

$$s_1 = a \sin.mu + b \sin.nu + \text{etc.}$$

$$s_2 = 2(a \sin.mu + b \sin.nu + \text{etc.})\,(ma \cos.mu + nb \cos.nu + \text{etc.}) = ma^2 \sin.2\,mu + (m + n)\,ab \sin.(m + n)\,u - (m - n)\,ab \sin.(m - n)\,u + nb^2 \sin.2nu + \text{etc.}$$

$$s_3 = 2.3\,(a \sin.mu + b \sin.nu + \text{etc.})\,(ma \cos.mu + nb \cos.nu + \text{etc.})^2 - 3\,(a \sin.mu + b \sin.nu + \text{etc.})^2$$
$$(m^2 a \sin.mu + n^2 b \sin.nu + \text{etc.}) = - \frac{3am^2}{2} \left(\frac{a^2}{2} + b^2 \right)$$
$$\sin.mu - \frac{3bn^2}{2} \left(\frac{b^2}{2} + a^2 \right) \sin.nu + \frac{3.3m^2 a^3}{4} \sin.3\,mu$$
$$+ \frac{3.3n^2 b^3}{4} \sin.3nu + \frac{3a^2 b}{4} (2m + n)^2 \sin.(2m + n)\,u$$
$$- \frac{3a^2 b}{4} (2m - n)^2 \sin.(2m - n)\,u + \frac{3ab^2}{4} (2n + m)^2$$
$$\sin.(2n + m)\,u - \frac{3ab^2}{4} (2n - m)^2 \sin.(2n - m)\,u + \text{etc.}$$

etc. Il ne reste plus qu'à substituer ces valeurs dans

$$x = u + t\, s_1 + \frac{t^2}{1.2} s_2 + \frac{t^3}{1.2.3} s_3 + \text{etc.}$$

(22). Soit une suite d'ordonnées également distantes A, A_1, A_2, A_3, A_4, etc. et une ordonnée Y de cette même suite qui est à une distance x de la premiere ; si l'on fait $A_1 - A = B$, $A_2 - 2A_1 + A = C$, $A_3 - 3A_2 + 3A_1 - A = D$, $A_4 - 4A_3 + 6A_2 - 4A_1 + A = E$, etc. on aura

$$Y = A + Bx + Cx \cdot \frac{x-1}{2} + Dx \cdot \frac{x-1}{2} \cdot \frac{x-2}{3} + Ex \cdot \frac{x-1}{2} \cdot \frac{x-2}{3} \cdot \frac{x-3}{4} + \text{etc.}$$

C'est le théorême de Taylor présenté d'une autre maniere. Si on vouloit que ces ordonnées ne fussent pas également distantes, on nommeroit $a, b, c, d, e \cdots\cdots x$ leurs distances à un point fixe; on feroit ensuite

$$\frac{A_1 - A}{b - a} = B, \quad \frac{A_2 - A_1}{c - b} = B_1, \quad \frac{A_3 - A_2}{d - c} = B_2, \quad \frac{A_4 - A_3}{e - d} = B_3, \text{ etc.}$$

$$\frac{B_1 - B}{c - a} = C, \quad \frac{B_2 - B_1}{d - b} = C_1, \quad \frac{B_3 - B_2}{e - c} = C_2, \text{ etc.}$$

$$\frac{C_1 - C}{d - a} = D, \quad \frac{C_2 - C_1}{e - b} = D_1, \text{ etc.}$$

$$\frac{D_1 - D}{e - a} = E, \text{ etc.}$$

etc.

On tireroit de la premiere $A_1 = A + B (b - a)$, de la seconde $A_2 = A + B (C - a) + C (c - a) (c - b)$, de la troisieme $A_3 = A + B (d - a) + C (d - a) (d - b) + D (d - a)$ $(d - b) (d - c)$, etc. d'où l'on concluroit facilement qu'en nommant Y l'ordonnée dont la distance au point fixe seroit x, on auroit

$$Y = A + B (x - a) + C (x - a) (x - b) + D (x - a) (x - b)$$
$$(x - c) + E (x - a) (x - b) (x - c) (x - d) + \text{etc.}$$

Cette formule renferme la méthode d'interpolations la plus en usage parmi les astronomes.

CHAPITRE II.

Du mouvement progressif d'un corps sollicité par des forces quelconques.

(23). Nous avons démontré (C. I. p. 70) que si une molécule de matiere, dont la masse est m, animée par une force φ, a parcouru l'espace e dans le temps t, on doit avoir, en regardant dt comme constant, $\varphi = \pm \frac{m \, d^2 e}{2 \, dt^2}$, le signe $+$ étant pour le cas où le mouvement est accéléré, et le signe $-$ pour le cas où il est retardé; et si u est la vîtesse qu'avoit la molécule à la fin du temps t, on aura de plus $u = \frac{de}{dt}$, et par conséquent $2 \varphi \, de = \pm m \, u \, du$. Les calculs précédents ont été faits dans la supposition de la courbe rigoureuse ; si on vouloit calculer dans la supposition de la courbe polygone, on se contenteroit de prendre $\varphi = \pm \frac{m \, d^2 e}{dt^2}$. Maintenant, pour comparer cette force accélératrice, ou retardatrice, avec la gravité que nous nommerons p ; soit θ le temps qu'un corps pesant mettroit à tomber de la hauteur g, on fera cette proportion $\frac{g}{\theta^2} : \pm \frac{m \, d^2 e}{2 \, dt^2} :: p : \varphi = \pm \frac{m p \theta^2}{2 g} \frac{d^2 e}{dt^2}$. D'où il suit qu'en désignant par m le poids de la molécule, ou le produit de sa masse par la gravité, par g la hauteur dont la gravité feroit descendre un corps dans un certain temps pris pour l'unité, on pourra substituer à la formule trouvée plus haut celle-ci $\varphi = \pm \frac{m}{2 g} \frac{d^2 e}{dt^2}$. Ces formules ne suffisent pas pour mettre en équations les problêmes relatifs aux différents mouvements qu'un corps peut prendre en vertu des forces qui l'animent ; il faut les joindre à quelque autre principe de méchanique : tel est celui-ci : Si un nombre quelconque de forces agissent sur une molécule de matiere, on peut toujours les réduire à trois dont les directions soient paralleles chacune à chacun des trois axes (*fig. IV*) AB, AC, AD, perpendiculaires entre eux ; c'est-à-dire que ces trois axes, qui se croisent au point A, sont situés deux à deux dans des plans différents, et font des angles droits BAD, BAC, CAD.

C ij

(24). Nous supposerons que toutes les parties du corps dont nous voulons connoître le mouvement progressif, sont réunies à son centre de gravité ; et pour déterminer la position de ce centre dans l'espace, nous prendrons un plan fixe, et dans ce plan deux axes AB, AD, perpendiculaires entre eux ; nous abaisserons du centre de gravité, que nous imaginerons être en Z, une perpendiculaire ZM sur le plan donné de position, et du point M nous tirerons MP perpendiculaire sur l'axe AD. Ainsi la position du centre de gravité du corps dans l'espace, sera déterminée par les trois co-ordonnées AP (x), PM (y), MZ (z), paralleles aux trois axes AD, AB, AC. Or nous venons de voir que, quels que soient le nombre et les directions des forces qui agissent sur le corps, on pourra toujours les réduire à trois paralleles aux trois axes : c'est pourquoi si nous nommons P celle qui est parallele à AD, Q celle qui est parallele à AB, R celle qui est parallele à AC, et si nous supposons qu'elles tendent à augmenter les trois co-ordonnées x, y, z, nous aurons, en prenant l'élément dt du temps pour constant, les trois équations

$$(1)\ldots\ldots d^2x = P dt^2,\ (2)\ldots\ldots d^2y = Q dt^2,\ (3)\ldots\ldots d^2z = R dt^2.$$

(25). Mais au lieu des deux forces P et Q, concevons-en deux autres V et W, dont l'une agisse dans la direction de MA, et l'autre perpendiculairement à cette direction ; et nommons le rayon vecteur AM, r, l'angle qu'il fait avec l'axe AD, φ. Or le rayon des tables étant 1, si sur MA l'on prend MR pour représenter la force V, et que l'on tire RO parallele à AD ; les lignes MO $=$ V sin.φ, OR $=$ V cos.φ, représenteront, l'une la partie de la force V qui agit dans la direction de MP, l'autre la partie de la même force qui agit dans la direction de PA. De même si sur la perpendiculaire à MA, l'on prend MT pour représenter la force W, et que l'on tire TS parallele à AD ; on aura, en remarquant que TMS $=$ MAP, et MTS $=$ AMP, les lignes MS $=$ W cos.φ, ST $=$ W sin.φ, qui représenteront, l'une la partie de la force W qui agit dans la direction de PM, l'autre la partie de la même force qui agit dans la direction de PA. Donc les forces qui agissent dans la direction de MP sont V sin.φ — W cos.φ, que nous ferons $=$ — Q, puisque Q est supposé agir dans la direction de PM ; et les forces qui agissent dans la direction de PA sont V cos.φ $+$ W sin.φ, que nous ferons $=$ — P, puisque P est supposé agir dans la direction de AP. Nous aurons donc, en substituant à P et Q leurs valeurs dans les équations (1) et (2),

$$d^2x = -(V\cos.\varphi + W\sin.\varphi)\,dt^2,\ d^2y = -(V\sin.\varphi - W\cos.\varphi)\,dt^2.$$

On multipliera la premiere par cos.φ, et la seconde par sin.φ, puis on les ajoutera ensemble; ce qui donnera

$$d^2x \; \cos.\varphi \; + \; d^2y \; \sin.\varphi \; = \; - \; Vdt^2.$$

On multipliera la premiere par sin.φ, et la seconde par cos.φ; on retranchera ensuite la seconde de la premiere, et on aura

$$d^2x \; \sin.\varphi \; - \; d^2y \; \cos.\varphi \; = \; Wdt^2.$$

(26). Le triangle rectangle APM donne $x = r \cos.\varphi$, $y = r \sin.\varphi$; et par conséquent

$$dx = dr \; \cos.\varphi \; - \; rd\varphi \; \sin.\varphi, \quad dy = dr \; \sin.\varphi \; + \; rd\varphi \; \cos.\varphi,$$
$$d^2x = d^2r \; \cos.\varphi \; - \; 2drd\varphi \; \sin.\varphi \; - \; rd\varphi^2 \; \cos.\varphi \; - \; rd^2\varphi \; \sin.\varphi,$$
$$d^2y = d^2r \; \sin.\varphi \; + \; 2drd\varphi \; \cos.\varphi \; - \; rd\varphi^2 \; \sin.\varphi \; + \; rd^2\varphi \; \cos.\varphi.$$

On tire de là

$$d^2x \; \cos.\varphi \; + \; d^2y \; \sin.\varphi \; = \; d^2r \; - \; rd\varphi^2,$$
$$d^2x \; \sin.\varphi \; - \; d^2y \; \cos.\varphi \; = \; - \; 2drd\varphi \; - \; rd^2\varphi.$$

En substituant ces valeurs dans les deux dernieres équations du n° précédent, on les change en celles-ci:

$$(4)\ldots\ldots d^2r \; - \; rd\varphi^2 \; + \; Vdt^2 = 0,$$
$$(5)\ldots\ldots rd^2\varphi \; + \; 2drd\varphi \; - \; Wdt^2 = 0.$$

(27). Ayant tiré la droite AZ, on aura le triangle rectangle AMZ qui donnera $1 : \text{tang.MAZ} :: AM : MZ$; ou, faisant $\text{tang.MAZ} = s$, $z = rs$. Donc, à cause de

$$dz = sdr + rds, \; d^2z = sd^2r + 2drds + rd^2s,$$

l'équation (3) deviendra

$$(6)\ldots\ldots d^2s \; + \; \frac{2drds}{r} \; + \; \frac{sd^2r}{r} \; - \; \frac{Rdt^2}{r} = 0.$$

(28). L'équation (5) pourra être changée en celle-ci $r^2 \frac{d^2\varphi}{dt} +$ $2rdr \frac{d\varphi}{dt} = Wrdt$, qui a pour intégrale complete $r^2 \frac{d\varphi}{dt} = c + \int Wrdt$, c étant une constante arbitraire; on aura donc

$$(7)\ldots\ldots \frac{d\varphi}{dt} = \frac{c + \int Wrdt}{r^2}.$$

On mettra cette valeur de $\frac{d\varphi}{dt}$ dans l'équation (4), qui deviendra par-là

$$(8)\ldots\ldots \frac{d^2r}{dt^2} \; - \; \frac{(c + \int Wrdt)^2}{r^3} \; + \; V = 0.$$

De plus, si dans l'équation (6) on met pour $\frac{d^2r}{dt^2}$ sa valeur tirée de l'équation précédente, on aura

$$(9)\ldots\ldots\ \frac{d^2s}{dt^2} + \frac{2\,dr\,ds}{r\,dt^2} + \frac{s(c + \int W r dt)^2}{r^4} - \frac{sV + R}{r} = 0.$$

(29). Si l'on croyoit plus commode d'éliminer dt, on s'y prendroit de la maniere suivante. On mettroit l'équation (5) sous cette forme $d(r^2\,d\varphi) - W r dt^2 = 0$, laquelle étant multipliée par $\frac{2 r^2 d\varphi}{dt^2}$, et ensuite intégrée, donneroit $\left(\frac{r^2 d\varphi}{dt}\right)^2 - 2\int W r^3\,d\varphi = h^2$, h étant la constante arbitraire ; on auroit donc

$$(10)\ldots\ldots\ dt = \frac{r^2\,d\varphi}{\sqrt{(h^2 + 2\int W r^3 d\varphi)}}.$$

L'équation (4), en y faisant varier dt, devient (C. I. p. 34)

$$\frac{d^2r}{dt^2} - \frac{dr}{dt}\frac{d^2t}{dt^2} - r\left(\frac{d\varphi}{dt}\right)^2 + V = 0.$$

Mais actuellement on peut prendre pour constante toute autre différentielle ; nous prendrons $d\varphi$, et dans cette hypothese nous tirerons de l'équation (10), $d^2t = \frac{2 r dr d\varphi}{\sqrt{(h^2 + 2\int W r^3 d\varphi)}} - \frac{W r^4 d\varphi^2}{(h^2 + 2\int W r^3 d\varphi)^{\frac{1}{2}}}$; et par conséquent

$$\frac{d^2t}{dt^2} = \frac{2 dr}{r^3 d\varphi}\sqrt{(h^2 + 2\int W r^3 d\varphi)} - \frac{r W}{\sqrt{(h^2 + 2\int W r^3 d\varphi)}}.$$

En substituant dans l'équation (4), où nous avons fait varier dt, pour dt et $\frac{d^2t}{dt^2}$ leurs valeurs, elle deviendra

$$\frac{d^2r}{r^2 d\varphi^2} - \frac{2 dr^2}{r^3 d\varphi^2} - \frac{1}{r} + \frac{V r^2 + W r \frac{dr}{d\varphi}}{h^2 + 2\int W r^3 d\varphi} = 0.$$

(30). On fera, pour simplifier, $\frac{1}{r} = u$, d'où l'on tirera $-\frac{dr}{r^2} = du$, $-\frac{d^2r}{r^2} + \frac{2 dr^2}{r^3} = d^2 u$; et, au lieu de l'équation précédente, on aura celle-ci :

$$\frac{d^2u}{d\varphi^2} + u + \frac{W\frac{du}{d\varphi} - V u}{u^3\left(h^2 + 2\int\frac{W}{u^3}\,d\varphi\right)} = 0.$$

Supposons ensuite que la force V soit composée d'une force $K u^2$, inversement proportionnelle au quarré du rayon vecteur, et d'une autre force Ψ; en sorte que

$$\frac{W \frac{du}{d\varphi} - Vu}{u^3 \left(h^2 + 2\int \frac{W}{u^3}\, d\varphi\right)} = -\frac{K}{h^2} + (\Omega)\cdots\frac{W \frac{du}{d\varphi} - \Psi u + \frac{2Ku^3}{h^2}\int \frac{W}{u^3}\, d\varphi}{u^3.\left(h^2 + 2\int \frac{W}{u^3}\, d\varphi\right)},$$

l'équation dont il s'agit sera réduite à

$$(11)\ldots\ldots \frac{d^2 u}{d\varphi^2} + u - \frac{K}{h^2} + \Omega = 0.$$

(31). Ayant changé l'équation (6) en celle-ci

$$\frac{d^2 s}{dt^2} - \frac{ds}{dt}\frac{d^2 t}{dt^2} + \frac{2\,dr\,ds}{r\,dt^2} + \frac{s}{r}\left(\frac{d^2 r}{dt^2} - \frac{dr}{dt}\frac{d^2 t}{dt^2}\right) - \frac{R}{r} = 0,$$

on y mettra pour dt et $\frac{d^2 t}{dt^2}$ leurs valeurs, et on aura

$$\frac{d^2 s}{d\varphi^2} + \frac{s}{r}\left(\frac{d^2 r}{d\varphi^2} - \frac{2\,dr^2}{r\,d\varphi^2}\right) + \frac{r^2 W \frac{d.\,rs}{d\varphi} - R r^3}{h^2 + 2\int W r^3\, d\varphi} = 0;$$

ou, en substituant u à $\frac{1}{r}$,

$$\frac{d^2 s}{d\varphi^2} - \frac{s}{u}\frac{d^2 u}{d\varphi^2} + \frac{W \frac{d.\,\frac{s}{u}}{d\varphi} - \frac{R}{u}}{u^2 \left(h^2 + 2\int \frac{W}{u^3}\, d\varphi\right)} = 0.$$

Cette équation deviendra, en y mettant pour $\frac{d^2 u}{d\varphi^2}$ sa valeur,

$$(12)\ldots\ldots \frac{d^2 s}{d\varphi^2} + s + (\Xi)\ldots\frac{W \frac{ds}{d\varphi} - R - s(Ku^2 + \Psi)}{u^3 \left(h^2 + 2\int \frac{W}{u^3}\, d\varphi\right)} = 0.$$

(32). Si de quelque maniere on pouvoit changer Ω et Ξ en des fonctions de la seule variable φ et de constantes, le problême ne dépendroit plus que d'intégrer deux équations linéaires. Soit donc proposé d'intégrer l'équation linéaire du second ordre $\frac{d^2 y}{dx^2} + m^2 y = X$, où m^2 est un coëfficient constant, et X une fonction de x et de constantes. On aura (C. I. p. 210),

$$y = a \cos. mx + b \sin. mx + \frac{\sin. mx}{m} \int \cos. mx \cdot X\, dx$$
$$- \frac{\cos. mx}{m} \int \sin. mx \cdot X\, dx,$$

a et b étant les constantes arbitraires. Si $-$ X étoit égal à $n + px$

$\cos.px + q1 \cos.qx +$ etc. on auroit à intégrer des quantités de cette forme $\cos.Px \cos.Qx . dx$, $\sin.Px \cos.Qx . dx$, qu'on changeroit en celles-ci $\frac{\cos.(P+Q) . x + \cos.(P-Q) x}{2} dx$, $\frac{\sin.(P+Q).x + \sin.(P-Q).x}{2} dx$, qui ont pour intégrales $\frac{1}{2.(P+Q)} \sin.(P+Q).x + \frac{1}{2(P-Q)} \cdot \sin.(P-Q).x$, $- \frac{1}{2.(P+Q)} \cos.(P+Q).x - \frac{1}{2.(P-Q)} \cos.(P-Q).x$. Ayant multiplié la premiere par $\sin.Px$, on en ôteroit la seconde multipliée par $\cos.Px$, et on trouveroit $\frac{1}{2.(P+Q)} (\sin.Px \sin.(P+Q).x + \cos.Px \cos.(P+Q).x) + \frac{1}{2.(P-Q)} (\sin.Px \sin.(P-Q).x + \cos.Px \cos.(P-Q).x) = \frac{P \cos.Qx}{P^2 - Q^2}$. Dans le cas que nous examinons, on auroit donc

$$y = a \cos.mx + b \sin.mx - \frac{n}{m^2} - \frac{p1 \cos.px}{m^2 - p^2} - \frac{q1 \cos.qx}{m^2 - q^2} - \text{etc.}$$

ou, ce qui seroit précisément la même chose,

$$y = f \cos.mx + \frac{g}{m} \sin.mx + \frac{n}{m^2} (\cos.mx - 1) + \frac{p1}{m^2 - p^2} (\cos.mx - \cos.px) + \frac{q1}{m^2 - q^2} (\cos.mx - \cos.qx) + \text{etc.}$$

car, au lieu des deux arbitraires a et b, on pourroit prendre $f + \frac{n}{m^2} + \frac{p1}{m^2 - p^2} +$ etc. et $\frac{g}{m}$.

(33). Je reprends les équations (1), (2), (3), desquelles je tire

$$\frac{yd^2x - xd^2y}{dt^2} = Py - Qx, \quad \frac{zd^2x - xd^2z}{dt^2} = Pz - Rx,$$
$$\frac{zd^2y - yd^2z}{dt^2} = Qz - Ry;$$

et en intégrant, après les avoir multipliées chacune par dt,

$$\frac{ydx - xdy}{dt} = (M) \ldots \ldots \int(Py - Qx) \, dt,$$
$$\frac{zdx - xdz}{dt} = (N) \ldots \ldots \int(Pz - Rx) \, dt,$$
$$\frac{zdy - ydz}{dt} = (O) \ldots \ldots \int(Qz - Ry) \, dt.$$

On en tirera facilement

$$(13) \ldots \ldots M\dot{z} - Ny + Ox = 0.$$

(34). Maintenant si l'on conçoit qu'il passe par le point A (*fig. IV*), et par deux lieux du corps infiniment près, un plan ZAE qui coupe
le

le plan BAD dans la droite AE, qui est la ligne des nœuds, et que du point M on abaisse MK perpendiculaire sur AE, l'inclinaison du premier plan sur le second sera mesurée par l'angle ZKM que je nommerai γ. Je nommerai aussi ϵ l'angle DAE; et les triangles rectangles APU, MKU, KMZ, donneront PU $= x$ tang. ϵ, et par conséquent MU $= y - x$ tang. ϵ; MK $= y$ cos. $\epsilon - x$ sin. ϵ, et par conséquent

$$(14)\ldots\ldots z = (y \cos.\epsilon - x \sin.\epsilon)\ \text{tang.}\,\gamma.$$

On a aussi KM $= r$ sin.$(\varphi - \epsilon)$, et par conséquent

$$z = r \sin.(\varphi - \epsilon)\ \text{tang.}\ \gamma,\ \text{ou}$$

$$(15)\ldots\ldots s = \sin.(\varphi - \epsilon)\ \text{tang.}\,\gamma.$$

(35). L'équation (14) est celle du plan ZAE; l'équation (13), en y supposant M, N, O constants, ou ayant entre eux des rapports constants, sera aussi celle de ce plan. Lorsque $z = 0$, on tire de l'une et de l'autre $\frac{y}{x} = \frac{\sin.\epsilon}{\cos.\epsilon} = \frac{O}{N}$; donc sin. $\epsilon = \frac{O}{\sqrt{(N^2 + O^2)}}$, cos. $\epsilon = \frac{N}{\sqrt{(N^2 + O^2)}}$. Donc $z = \frac{Ny - Ox}{\sqrt{(N^2 + O^2)}}$ tang.γ; et comme on a aussi $z = \frac{Ny - Ox}{M}$, il en résultera que M tang.$\gamma = \sqrt{(N^2 + O^2)}$. C'est pourquoi si l'on fait, pour simplifier,

tang.γ sin. $\epsilon = p$, tang.γ cos. $\epsilon = q$, on aura M$p = $ O, M$q = $ N.

(36). On tirera encore des équations du n° 33,

$$(16)\ldots\ldots M\,dz - N\,dy + O\,dx = 0,$$

qui est la différentielle de l'équation (13), en y supposant M, N, O constants, ou ayant entre eux des rapports constants. Mais quoique ces rapports ne soient pas constants, ils pourront être regardés comme tels pendant un temps infiniment petit; d'où il suit que le plan représenté par l'équation (13) est celui dans lequel le corps se mouvra pendant le temps dt. La position de ce plan changera à chaque instant, et on aura pour la déterminer les deux équations M$p = $ O, M$q = $ N, qu'il faudra différentier pour faire disparoître les signes d'intégration. On trouvera de cette maniere $\frac{d.Mp}{dt} = Qz - Ry$, $\frac{d.Mq}{dt} = Pz - Rx$, où il faut remarquer que M étant égale à $\frac{y\,dx - x\,dy}{dt}$, ou à $\frac{r^2 d\varphi}{dt}$, peut être regardée comme étant déja connue. Ainsi pour

D

déterminer tant le mouvement des nœuds que la variation de l'inclinaison, on aura, outre l'équation (15), ces deux-ci

$$(17)\ldots\ldots\frac{u\,d.\,\mathrm{M}p}{dt} = \mathrm{W}s\,\cos.\varphi - (\mathrm{R} + s.(\mathrm{K}u^2 + \Psi))\sin.\varphi,$$

$$(18)\ldots\ldots\frac{u\,d.\,\mathrm{M}q}{dt} = -\mathrm{W}s\,\sin.\varphi - (\mathrm{R} + s.(\mathrm{K}u^2 + \Psi))\cos.\varphi.$$

(37). Nous nous proposerons d'abord ce problême. Déterminer le mouvement d'une planete autour du soleil, en ne supposant d'autre force que l'action réciproque de la planete et du soleil. On imaginera la planete en Z (*fig. IV*), le soleil en A, et que le plan BAD est celui de l'écliptique ; alors l'angle MAZ, dont la tangente est s, sera la latitude héliocentrique de la planete. Soit K la somme des masses du soleil et de la planete ; à cause de l'attraction mutuelle des deux astres, on aura $\frac{\mathrm{K}}{\overline{\mathrm{AZ}}^2} = \frac{\mathrm{K}u^2}{1 + s^2}$ pour la force qui pousse la planete vers le soleil ; et on pourra regarder celui-ci comme immobile, puisque nous avons transporté à la planete en sens contraire la force qui agit sur lui. Or si sur ZA je prends ZH pour représenter la force totale, en tirant HI parallele à AM, nous la décomposerons en deux autres, $\mathrm{ZI} = \frac{\mathrm{K}su^2}{(1 + s^2)^{\frac{1}{2}}}$ et $\mathrm{HI} = \frac{\mathrm{K}u^2}{(1 + s^2)^{\frac{1}{2}}}$, dont la premiere est égale à $-\mathrm{R}$, puisque R est supposée agir dans la direction de MZ, et dont l'autre est égale à $\mathrm{K}u^2 + \Psi$; quant à la force W, elle est évidemment nulle. Donc $\Omega = \frac{\mathrm{K}}{h^2}\left(1 - (1 + s^2)^{-\frac{3}{2}}\right)$, $\mathrm{R} + s.(\mathrm{K}u^2 + \Psi) = 0$; et les équations (10), (11) et (12), dans ce cas particulier, seront réduites à

$$(a)\ldots\ldots dt = \frac{r^2 d\varphi}{h},\quad (b)\ldots\ldots\frac{d^2 u}{d\varphi^2} + u = \frac{\mathrm{K}}{h^2}(1 + s^2)^{-\frac{3}{2}},$$

$$(c)\ldots\ldots\frac{d^2 s}{d\varphi^2} + s = 0.$$

(38). On tirera de plus des équations (17) et (18), $dp = 0$ et $dq = 0$, qui font voir que les angles $\mathcal{C}$ et γ doivent être constants. Alors l'équation (15) satisfait à l'équation (c) ; et il résulte de ces quatre dernieres équations, que l'orbite est dans un plan invariable, et que le quotient de la tangente de la latitude héliocentrique de la planete divisée par la tangente de l'inclinaison de son orbite sur l'écliptique, est égal au sinus de la différence entre la longitude héliocentrique de la planete et celle du nœud. On mettra dans l'équation (b) pour s sa valeur, et on aura

$$\frac{d^2 u}{d\varphi^2} + u = (A)\ldots\ldots\frac{\mathrm{K}}{h^2}\left[1 + (\sin.(\varphi - \mathcal{C})\,\tan.\gamma)^2\right]^{-\frac{3}{2}},$$

La lacune est à la fin du volume

équation linéaire qui a pour intégrale complète (n° 32),

$$u = a \cos.(\varphi - \varepsilon) + b \sin.(\varphi - \varepsilon) + \sin.(\varphi - \varepsilon) \int A \cos.(\varphi - \varepsilon) \cdot d\varphi$$
$$- \cos.(\varphi - \varepsilon) \int A \sin.(\varphi - \varepsilon \cdot d\varphi.$$

Mais $\int A \cos.(\varphi - \varepsilon) \cdot d\varphi = \dfrac{K}{h^2} \dfrac{\sin.(\varphi - \varepsilon)}{\sqrt{[1 + (\sin.(\varphi - \varepsilon) \tan g.\gamma)^2]}}$,

$\int A \sin.(\varphi - \varepsilon) \cdot d\varphi = \dfrac{-K}{h^2(1 + \tan g.\gamma^2)} \dfrac{\cos(\varphi - \varepsilon)}{\sqrt{[1 + (\sin.(\varphi - \varepsilon) \tan g.\gamma)^2]}}$.

De plus, au lieu de $a \cos.(\varphi - \varepsilon) + b \sin.(\varphi - \varepsilon)$, on peut écrire $m \cos.(\varphi - n)$, m et n étant deux nouvelles constantes arbitraires ; donc

$$u = m \cos.(\varphi - n) + \frac{K}{h^2} \frac{\sqrt{[1 + (\sin(\varphi - \varepsilon) \tan g.\gamma)^2]}}{1 + \tan g.\gamma^2}.$$

(39). Si nous avions pris pour plan donné de position celui de l'orbite même ; à cause de γ, s, R, W, Ψ, qui auroient été nuls, nous n'aurions eu d'autres équations que celles-ci :

$$dt = \frac{r^2 d\varphi}{h}, \quad \frac{d^2 u}{d\varphi^2} + u = \frac{K}{h^2},$$

où φ est l'anomalie vraie de la planete, si AD est la ligne des absides.

Or $\frac{r^2 d\varphi}{2}$ (C. I. p. 390) étant l'élément d'un secteur de l'orbite, la première équation nous apprend que les aires décrites par le rayon vecteur sont proportionnelles au temps ; ce qui est la premiere loi de Képler. Donc de, de', étant deux arcs décrits dans les temps dt, dt', et p, p', des perpendiculaires sur les tangentes à ces arcs abaissées du foyer, on aura $dt : dt' :: p\,de : p'\,de'$. Mais les vîtesses avec lesquelles ces arcs ont été parcourus sont entre elles $:: \frac{de}{dt} : \frac{de'}{dt'}$; elles sont donc aussi $:: p' : p$. La seconde équation a pour intégrale complète

$$u = m \cos.(\varphi - n) + \frac{K}{h^2},$$

qui est l'équation d'une section conique en général, et démontre la deuxieme loi de Képler. Cette section conique ne pouvant être qu'une ellipse : soit a le demi-grand axe de cette ellipse, ae son excentricité, on aura $u = \frac{1 - e \cos.(\varphi - n)}{a(1 - e^2)}$ qu'il faudra comparer à la précédente ; ce qui donnera $\frac{K}{h^2} = \frac{1}{a(1 - e^2)}$, $m = \frac{-e}{a(1 - e^2)}$. Donc, à cause de $h = \sqrt{a}K\sqrt{(1 - e^2)}$, on aura

$$dt \left(= \frac{d\varphi}{hu^2} \right) = \frac{a\sqrt{a}}{\sqrt{K}} \frac{(1 - e^2)^{\frac{3}{2}} d\varphi}{[1 - e \cos.(\varphi - n)]^2}.$$

(40). Pour intégrer le second membre, on supposera

$$\int \frac{d\varphi}{[1 - e\cos.(\varphi - n)]^2} = \frac{A\sin.(\varphi - n)}{1 - e\cos.(\varphi - n)} + B\int \frac{d\varphi}{1 - e\cos.(\varphi - n)},$$

et on trouvera $A = eB$, $B = \frac{1}{1 - e^2}$.

On fera ensuite $\cos.(\varphi - n) = \frac{1 - \rho^2}{1 + \rho^2}$,

pour avoir $\dfrac{d\varphi}{1 - e\cos.(\varphi - n)} = \dfrac{2}{1 - e}\; \dfrac{d\varphi}{1 + \frac{(1 + e)^2}{1 - e^2}\,\rho^2}$,

dont l'intégrale est $\dfrac{2}{\sqrt{(1 - e^2)}} A \tang. \dfrac{(1 + e)\rho}{\sqrt{(1 - e^2)}}$.

Partant $t = N + \dfrac{2a\sqrt{a}}{\sqrt{K}}\left[\dfrac{\rho\sqrt{(1 - e^2)}}{1 - e + (1 + e)\rho^2} + A\tang.\dfrac{(1 + e)\rho}{\sqrt{(1 - e^2)}}\right].$

Nous trouverons le temps que la planete met à revenir au même point, en cherchant ce dont augmente t lorsque φ croît de 360°. Soit θ cette quantité, et ρ' ce que devient ρ. Comme $\cos.(\varphi - n)$ ne doit pas changer de valeur, on aura $\rho' = \rho$; de plus $\rho = \tang.\frac{\varphi - n}{2}$; ainsi lorsque φ croît de 360°, l'arc qui a pour tangente $\frac{(1 + e)\rho}{\sqrt{(1 - e^2)}}$ ne peut croître que de 180°; donc $\theta = \frac{a\sqrt{a}}{\sqrt{K}} 360°$. C'est pourquoi, si nous prenons deux planetes, et que nous nommions θ' le temps d'une révolution entiere de la seconde, a', K', les quantités correspondantes à a, K, nous aurons $\theta : \theta' :: \frac{a\sqrt{a}}{\sqrt{K}} : \frac{a'\sqrt{a'}}{\sqrt{K'}}$. En négligeant les masses des planetes auprès de celles du soleil, nous aurons $\theta^2 : \theta'^2 :: a^3 : a'^3$; c'est-à-dire que les quarrés des temps des révolutions sont comme les cubes des moyennes distances; ce qui est la troisieme loi de Képler. Dans la même hypothese, de, de', étant des arcs de deux orbites décrits dans les temps dt, dt', et p, p', des perpendiculaires sur les tangentes à ces arcs abaissées du foyer commun, on a $dt : dt' :: \frac{p\,de}{h} : \frac{p'\,de'}{h'} :: \frac{p\,de}{\sqrt{\pi}} : \frac{p'\,de'}{\sqrt{\pi'}}$, en nommant π et π' les parametres principaux des deux courbes. Donc les vîtesses de deux planetes, dans des points quelconques de leurs orbites, sont entre elles en raison composée de la raison directe sous-doublée des parametres principaux, et de la raison inverse des perpendiculaires abaissées du foyer commun sur les tangentes à ces points.

(41). Je ferai n nulle, et, pour avoir le temps que la planete met à aller d'une abside à l'autre, je déterminerai t de maniere qu'il soit nul lorsque $\varphi = 0$, et qu'il ait sa valeur complete lorsque $\varphi = 180°$. Dans le premier cas $\rho = 0$, donc $N = 0$; ρ devient infini dans le second cas, et le temps demandé a pour expression $\frac{a\sqrt{a}}{\sqrt{K}} 180°$. Donc

π étant le rapport de la circonférence au rayon, $\frac{\pi a \sqrt{a}}{\sqrt{K}}$ sera le temps de toute la révolution de la planete. Si l'on fait cette proportion $\frac{\pi a \sqrt{a}}{\sqrt{K}} : t :: $ la circonférence du cercle décrit sur le grand axe de l'ellipse est à un quatrieme terme $a\,T$, $a\,T$ sera l'anomalie moyenne de la planete dont φ est l'anomalie vraie ; et on aura entre ces deux quantités l'équation $dT = \frac{(1 - e^2)^{\frac{3}{2}} d\varphi}{(1 - e \cos.\varphi)^2}$.

(42). On a compté l'anomalie vraie DAM (*fig. V*) de l'abside supérieure, ou de l'aphélie. Maintenant si l'on mene l'ordonnée PM qui rencontre en N la circonférence décrite sur le grand axe BD, et que du centre C on tire CN, l'angle DCN (θ) sera l'*anomalie de l'excentrique*. Mais en supposant que cet angle ait pour rayon l'unité, l'arc DN $= a\theta$, CP $= a\cos.\theta$, PN $= a\sin.\theta$, PM $= a\sin.\theta\sqrt{(1 - e^2)}$; donc sect. DAN $=$ sect. DCN $+$ triang. ACN $= \frac{a^2\theta}{2} + \frac{a^2 e \sin.\theta}{2}$. Par ce qui précede sect. DAN $= \frac{\text{sect. DAM}}{\sqrt{(1 - e^2)}} = \frac{a^2 T}{2}$; on aura donc, entre l'anomalie moyenne et celle de l'excentrique, l'équation $T = \theta + e\sin.\theta$. De plus AM $= a\sqrt{[(e + \cos.\theta)^2 + (1 - e^2)\sin.\theta^2]}$; d'où l'on tire, en mettant $1 - \cos.\theta^2$ pour $\sin.\theta^2$, $\frac{r}{a} = 1 + e\cos.\theta$. Enfin, à cause de $t = \frac{a\sqrt{a}}{\sqrt{K}} T$, on a $dt = \frac{a\sqrt{a}}{\sqrt{K}} (1 + e\cos.\theta)\, d\theta$; donc $d\varphi = \frac{dt}{r^2}\sqrt{aK}\sqrt{(1 - e^2)} = \frac{d\theta\sqrt{(1 - e^2)}}{1 + e\cos.\theta}$. Il ne s'agit plus que de trouver, au moyen de ces équations, θ, φ, et R en T.

(43). La formule du n° 20 donne tout d'un coup

$$\theta = T - e\sin.T + \frac{e^2}{1.2}\frac{d.\sin.T^2}{dT} - \frac{e^3}{1.2.3}\frac{d^2.\sin.T^3}{dT^2} + \frac{e^4}{1.2.3.4}\frac{d^3.\sin.T^4}{dT^3} - \text{etc.}$$

ou, mettant pour $\sin.T^2$, $\sin.T^3$, etc. leurs valeurs (n° 15),

$$\theta = T - e\sin.T + \frac{e^2}{1.2}\sin.2T + \frac{e^3}{2.4}(\sin.T - 3\sin.3T) - \frac{e^4}{2.3}$$
$$(\sin.2T - 2\sin.4T) - \frac{e^5}{2.3.4.16}(2\sin.T - 81\sin.3T + 125\sin.5T)$$
$$+ \frac{e^6}{3.5.16}(5\sin.2T - 64\sin.4T + 81\sin.6T) + \text{etc.}$$

Pour trouver $1 + e\cos.\theta$, θ étant toujours donné par l'équation $T = \theta + e\sin.\theta$, on fera dans la même formule $s = \cos.\theta$, et on en tirera

$$\cos.\theta = \cos.T + e\sin.T^2 - \frac{e^2}{1.2}\frac{d.\sin.T^3}{dT} + \frac{e^3}{1.2.3}\frac{d^2.\sin.T^4}{dT^2} - \frac{e^4}{1.2.3.4}\frac{d^3.\sin.T^5}{dT^3} + \text{etc.}$$

et par conséquent

$$1 + e \cos.\theta = 1 + e \cos.T + \frac{e^2}{2}(1 - \cos.2T) - \frac{3e^3}{2.4}(\cos.T$$
$$- \cos.3T) + \frac{e^4}{3}(\cos.2T - \cos.4T) - \frac{e^5}{2.3.4.16}(10\cos.T -$$
$$135\cos.3T + 125\cos.5T) + \text{etc.}$$

(44). On propose encore de trouver dans la même hypothese $\int \frac{d\theta \sqrt{(1 - e^2)}}{1 + e\cos.\theta}$. On fera, pour abréger, $1 - e^2 = q^2$; et, à cause de

$$\frac{1}{1 + e\cos.\theta} = \frac{1 - e\cos.\theta}{1 - e^2\cos.\theta^2} = \frac{1 - e\cos.\theta}{q^2 + e^2\sin.\theta^2} = \frac{1}{q^2} - \frac{e\cos.\theta}{q^2} - \frac{e^2\sin.\theta^2}{q^4} +$$
$$\frac{e^3\sin.\theta^2\cos.\theta}{q^4} + \frac{e^4\sin.\theta^4}{q^6} - \frac{e^5\sin.\theta^4\cos.\theta}{q^6} - \text{etc.}$$

et de $2\int d\theta \sin.\theta^2 = \theta - \frac{\sin.2\theta}{2}$, $8\int d\theta \sin.\theta^4 = 3\theta - 2\sin.2\theta + \frac{\sin.4\theta}{4}$, etc. on aura

$$\int \frac{q\,d\theta}{1 + e\cos.\theta} = \frac{\theta}{q} - \frac{e\sin.\theta}{q} - \frac{e^2}{4q^3}(2\theta - \sin.2\theta) + \frac{e^3}{3.4q^3}(3\sin.\theta$$
$$- \sin.3\theta) + \frac{e^4}{4.8q^5}(12\theta - 8\sin.2\theta + \sin.4\theta) - \frac{e^5}{5.16q^5}(10\sin.\theta$$
$$- 5\sin.3\theta + \sin.5\theta) - \text{etc.}$$

On mettra dans cette série pour θ, $\sin.\theta$, $\sin.2\theta$, etc. leurs valeurs en e et T. Or nous avons trouvé celle de θ; pour trouver les autres, on fera $s = \sin.n\theta$, et, à cause de $\frac{ds}{dT} = \frac{nd\theta}{dT}\cos.n\theta$, qui devient $n\cos.nT$ lorsque $e = 0$, on aura (n° 20)

$$\sin.n\theta = \sin.nT - ne\sin.T\cos.nT + \frac{ne^2}{1.2}\frac{d.\sin.T^2\cos.nT}{dT} -$$
$$\frac{ne^3}{1.2.3}\frac{d^2.\sin.T^3\cos.nT}{dT^2} + \text{etc.}$$

d'où l'on tirera, par les substitutions convenables tirées du n° 15,

$$\sin.n\theta = \sin.nT - \frac{ne}{2}[\sin.(n+1).T - \sin.(n-1).T] -$$
$$\frac{ne^2}{8}[2n\sin.nT - (n-2)\sin.(n-2).T - (n+2)\sin.(n+2).T]$$
$$+ \frac{ne^3}{2.3.8}[3(n+1)^2\sin.(n+1).T - 3(n-1)^2\sin.(n-1).T$$
$$- (n+3)^2\sin.(n+3).T + (n-3)^2\sin.(n-3).T] + \frac{ne^4}{2.3.8.8}$$
$$[6n^3\sin.nT - 4(n+2)^3\sin.(n+2).T - 4(n-2)^3\sin.(n-2).T$$
$$+ (n+4)^3\sin.(n+4).T + (n-4)^3\sin.(n-4).T] - \frac{ne^5}{2.3.8.5.16}$$
$$[10(n+1)^4\sin.(n+1).T - 10(n-1)^4\sin.(n-1)T$$

$$-5(n+3)^4 \sin.(n+3).\mathrm{T} + 5(n-3)^4 \sin.(n-3)\,\mathrm{T} +$$
$$(n+5)^4 \sin.(n+5).\mathrm{T} - (n-5)^4 \sin.(n-5).\mathrm{T}] - \text{etc.}$$

On aura donc les valeurs de sin.2θ, sin.3θ, etc. qui étant substituées dans l'expression de $\int \frac{q\,d\theta}{1+e\cos.\theta}$ trouvées plus haut, la changera en celle-ci :

$$\frac{\mathrm{T}}{q} - \frac{2e}{q}\sin.\mathrm{T} - \frac{e^2}{2q}\left[\frac{\mathrm{T}}{q^2} - \left(\frac{1}{2q^2}+2\right)\sin.2\mathrm{T}\right] + \frac{e^3}{2q}\left[\left(\frac{2}{q^2}+\frac{1}{2}\right)\right.$$
$$\sin.\mathrm{T} - \left(\frac{2}{3q^2}+\frac{3}{2}\right)\sin.3\,\mathrm{T}\right] + \frac{e^4}{2q}\left[\frac{3\mathrm{T}}{4q^4} - \left(\frac{1}{2q^4}+\frac{3}{2q^2}+\frac{2}{3}\right)\right.$$
$$\sin.2\,\mathrm{T} + \left(\frac{1}{16q^4}+\frac{3}{4q^2}+\frac{4}{3}\right)\sin.4\,\mathrm{T}\right] - \frac{e^5}{4q}\left[\left(\frac{3}{q^4}+\frac{2}{3q^2}+\frac{1}{24}\right)\right.$$
$$\sin.\mathrm{T} - \left(\frac{3}{2q^4}+\frac{3}{q^2}+\frac{27}{16}\right)\sin.3\,\mathrm{T} + \left(\frac{3}{10q^4}+\frac{5}{3q^2}+\frac{125}{48}\right)$$
$$\sin.5\,\mathrm{T}] - \text{etc.}$$

(45). Un problême plus général sera de déterminer les mouvements progressifs de trois corps qui agissent les uns sur les autres par une attraction mutuelle dont la loi suit la raison directe des masses et l'inverse du quarré des distances. Soient M, M′, M″ les masses de ces corps ; on prendra (*fig. VI*) un plan BAD qui passera par l'un d'eux, par celui dont la masse est M, et des deux autres, qu'on supposera être en Z et Z′ ; on abaissera des perpendiculaires ZM, Z′M′ sur ce plan. Des points M, M′ on tirera MP, M′P′ perpendiculaires sur l'axe AD. Ainsi les positions des centres de gravité des corps dont les masses sont M′ et M″ seront déterminées par rapport à celui dont la masse est M par les co-ordonnées

AP (x), PM (y), MZ (z), et AP′ (x'), P′M′ (y'), M′Z′ (z').

Nommons de plus le rayon vecteur AM (r), et l'angle qu'il fait avec l'axe AD (φ) ; le rayon vecteur AM′ (r'), et l'angle qu'il fait avec le même axe (φ') ; tang.MAZ (s), tang.M′AZ′ (s') ; Δ, Δ' et δ les distances AZ, AZ′ et ZZ′ entre les trois corps.

(46). Nous nous occuperons d'abord du mouvement relatif de M′ autour de M. Il est attiré vers M par une force $\frac{M}{\Delta^2}$, et lui-même attire M avec une force $\frac{M'}{\Delta^2}$; donc M′ est poussée vers M par une force $\frac{M+M'}{\Delta^2}$, et nous pourrons regarder M comme immobile, ayant transporté à M′ en sens contraire la force $\frac{M'}{\Delta^2}$. On décomposera $\frac{M+M'}{\Delta^2}$ en deux autres ; l'une $\frac{r.\,M+M'}{\Delta^3}$ parallele à MA, et qui tend à approcher

M' de M; l'autre $\frac{z\,(M+M')}{\Delta^3}$ qui agit dans la direction de ZM et tend à approcher M' du plan BAD. Mais M'' attire M' avec une force $\frac{M''}{\delta^2}$ qu'on décomposera en deux autres, dont l'une $\frac{M''.(z'-z)}{\delta^3}$ agisse dans la direction de MZ, et l'autre $\frac{M''.Zq}{\delta^3}$ agisse dans la direction de Zq parallele à MM'. Ayant transporté celle-ci de Z en M, nous la décomposerons en deux autres, dont l'une $\frac{M''(y'-y)}{\delta^3}$ agisse dans la direction de PM, et l'autre $\frac{M''(x'-x)}{\delta^3}$ agisse dans la direction de MQ parallele à AP. Il faudra décomposer chacune de ces dernieres en deux autres, l'une dans la direction de AM, l'autre perpendiculaire à cette direction. Or ayant pris MR et MT pour représenter les deux forces que nous voulons décomposer, si nous menons SMO perpendiculaire à AM, et que nous formions les triangles rectangles MOR, MST qui seront semblables au triangle APM; nous aurons pour les deux forces qui agissent dans la direction de AM, $OR = \frac{M''y.(y'-y)}{r\delta^3}$, $ST = \frac{M''x.(x'-x)}{r\delta^3}$; et pour les deux forces qui agissent perpendiculairement à cette direction en sens contraire, $MO = \frac{M''x.(y'-y)}{r\delta^3}$, $MS = \frac{M''y.(x'-x)}{r\delta^3}$.

(47). Il faut encore faire attention que M'' attire M avec une force $\frac{M''}{\Delta'^2}$ qu'il faut transporter à M' en sens contraire. Ayant pris sur Z'A la partie Z'u pour représenter cette force, si l'on mene ut parallele à AM', on pourra substituer à Z'u, $Z't = \frac{Z'M''}{\Delta'^3}$, $tu = \frac{t'M''}{\Delta'^3}$. On transportera la seconde en M'H; et ayant mené HI parallele à AP', on la décomposera en $M'I = \frac{y'M''}{\Delta'^3}$, $IH = \frac{x'M''}{\Delta'^3}$, lesquelles il faudra décomposer chacune en deux autres qui agissent l'une dans la direction de AM, l'autre perpendiculairement à cette direction. Pour cela, on prendra sur PM et MQ, parallelos à P'M' et à HI, $MR' = \frac{y'M''}{\Delta'^3}$, $MT' = \frac{x'M''}{\Delta'^3}$; et après avoir formé les triangles rectangles MO'R', MS'T', on aura pour les forces qui agissent dans la direction de AM, $O'R' = \frac{M''y'y'}{r\Delta'^3}$, $S'T' = \frac{M''x'x'}{r\Delta'^3}$; on trouvera ensuite pour les forces qui agissent dans des directions perpendiculaires à ce rayon vecteur, en sens contraires, $MO' = \frac{M'' \, xy'}{r\Delta'^3}$, $MS' = \frac{M'' \, yx'}{r\Delta'^3}$. Ces forces, et $\frac{z' \, M''}{\Delta'^3}$, sont celles qu'il faudra transporter à M' en sens contraire.

(48). On aura donc, pour la somme des forces qui tendent à approcher M' de M,

$$\frac{r.(M + M')}{\Delta^3} - \frac{M''}{r\delta^3} [y.(y' - y) + x.(x' - x)] + \frac{M''}{r\Delta'^3} (yy' + xx');$$

pour la somme des forces qui tendent à éloigner M' du plan BAD,

$$- \frac{z.(M + M')}{\Delta^3} + \frac{M''(z' - z)}{\delta^3} - \frac{z' \, M''}{\Delta'^3};$$

pour la somme des forces perpendiculaires au rayon vecteur dans le sens de MO,

$$\frac{M''}{r\delta^3} [x.(y' - y) - y.(x' - x)] - \frac{M''}{r\Delta'^3} (xy' - x'y).$$

On fera la première $= V$, la seconde $= R$, et la troisieme $= W$.

(49). A cause de

$$x = r \cos.\varphi, \; y = r \sin.\varphi, \; z = rs, \; x' = r' \cos.\varphi', \; y' = r' \sin.\varphi',$$
$$z' = r' s';$$

on aura

$$\Delta = r \sqrt{(1 + s^2)}, \; \Delta' = r' \sqrt{(1 + s'^2)},$$
$$\delta = \sqrt{[r^2 (1 + s^2) + r'^2(1 + s'^2) - 2 rr' (ss' + \cos.(\varphi' - \varphi))]};$$

et faisant, pour abréger,

$$\frac{r'}{\delta^3} - \frac{1}{r'^2 (1 + s'^2)^{\frac{3}{2}}} = \rho',$$

$$V = \frac{M + M'}{r^2 (1 + s^2)^{\frac{1}{2}}} + \frac{M''r}{\delta^3} - M'' \rho' \cos.(\varphi' - \varphi),$$

$$R = \frac{-s.(M + M')}{r^2 (1 + s^2)^{\frac{1}{2}}} - \frac{M''rs}{\delta^3} + M'' s' \rho',$$

$$W = M'' \rho' \sin.(\varphi' - \varphi).$$

Il faudra substituer ces valeurs dans les équations (7), (8), (9), ou (10), (11), (12), et on aura celles qui doivent donner le mouvement relatif de M' autour de M.

(50). On trouvera les équations qui conviennent au mouvement relatif de M'' autour de M, en substituant dans les mêmes que nous

E

venons d'indiquer, r', s', φ' au lieu de r, s, φ; et, au lieu des valeurs précédentes de V, R, W, celles-ci :

$$\frac{M + M''}{r'^2 (1 + s'^2)^{\frac{1}{2}}} + \frac{M' r'}{s^3} - M' \rho \cos.(\varphi - \varphi'),$$

$$\frac{- s'.(M + M'')}{r'^2 (1 + s'^2)^{\frac{1}{2}}} - \frac{M' r' s'}{s^3} + M' s \rho,$$

$$M' \rho \sin.(\varphi - \varphi'), \quad \text{dans lesquelles}$$

$$\rho = \frac{r}{s^3} - \frac{1}{r^2 (1 + s^2)^{\frac{1}{2}}}.$$

(51). Si on avoit plus de trois corps; si, par exemple, M' étoit troublé dans son mouvement autour de M, non seulement par M'', mais encore par un autre corps M''' pour lequel r'' fût le rayon vecteur, φ'' l'angle de ce rayon avec l'axe AD, s'' la tangente de l'angle que la distance entre M et M'' feroit avec r''; il faudroit augmenter

$$V \text{ de } M''' \left[\frac{r}{s^3} - \rho'' \cos.(\varphi'' - \varphi) \right], \quad R \text{ de } M''' \left(\rho'' s'' - \frac{rs}{s^3} \right),$$

$$W \text{ de } M''' \rho'' \sin.(\varphi'' - \varphi),$$

$$\text{où } \rho'' = \frac{r''}{s^3} - \frac{1}{r''^2 (1 + s''^2)^{\frac{1}{2}}},$$

$$s = \sqrt{[r^2 (1 + s^2) + r''^2 (1 + s''^2) - 2rr''(ss'' + \cos.(\varphi'' - \varphi))]}.$$

(52). Les orbites des corps célestes sont à-peu-près circulaires, et leurs mouvements à-peu-près uniformes : les plans de ces orbites ne font que de très petits angles avec celui de l'écliptique. C'est pourquoi, si nous nommons Z et lZ les distances moyennes des deux corps M' et M'' au corps M, U la longitude moyenne du corps M', mU la différence des longitudes moyennes de M' et M'', nous pourrons supposer

$$r = Z (1 + iy), \quad \varphi = U + ix, \quad s = iz, \quad r' = lZ (1 + iy'),$$

$$\varphi' = (m + 1).U + ix', \quad s' = iz';$$

i étant un nombre toujours beaucoup moindre que 1, et x, y, z, x', x', z' de nouvelles variables. En faisant, pour simplifier,

$$r^2 (1 + s^2) + r'^2 (1 + s'^2) - 2rr' ss' = \omega, \quad \frac{2rr'}{\omega} = n, \quad \varphi' - \varphi = \theta,$$

l'expression irrationnelle $\frac{1}{s^3}$ devient $\omega^{-\frac{3}{2}} (1 - n \cos.\theta)^{-\frac{3}{2}}$.

Dans le développement de cette expression, on ne poussera les approximations que jusqu'aux quantités de l'ordre i inclusivement, et on aura

$$\omega = Z^2 \left[1 + l^2 + 2i \cdot (y + l^2 y') \right],$$

$$\omega^{-\frac{3}{2}} = \frac{1}{Z^3} \left[(1 + l^2)^{-\frac{3}{2}} - 3i (1 + l^2)^{-\frac{5}{2}} (y + l^2 y') \right],$$

$$n = \frac{2l \left[1 + i \cdot (y + y') \right]}{1 + l^2 + 2i \cdot (y + l^2 y')} = \frac{2l}{1 + l^2} + \frac{2il(1 - l^2)(y' - y)}{(1 + l^2)^2}.$$

(53). On fera usage de la formule du n° 17, dans laquelle on mettra pour p et q leurs valeurs $\frac{2l}{1 + l^2}$, $\frac{2l(1 - l^2)(y' - y)}{(1 + l^2)^2}$.

Alors si on représente la série, qui est le développement de $\frac{Z^3}{\delta^3}$, par

$$\text{B} + \text{B}_1 \cos.\theta + \text{B}_2 \cos.2\theta + \text{B}3 \cos.3\theta + \text{B}4 \cos.4\theta + \text{etc.}$$
$$+ iy \,(\text{C} + \text{C}_1 \cos.\theta + \text{C}_2 \cos.2\theta + \text{C}3 \cos.3\theta + \text{C}4 \cos.4\theta + \text{etc.})$$
$$+ iy'(\text{D} + \text{D}_1 \cos.\theta + \text{D}_2 \cos.2\theta + \text{D}3 \cos.3\theta + \text{D}4 \cos.4\theta + \text{etc.})$$

à cause de

$$\text{B} + i \,(\text{C}y + \text{D}y') = Z^3 \omega^{-\frac{3}{2}} (a + ia_1 q),$$
$$\text{B}_1 + i \,(\text{C}_1 y + \text{D}_1 y') = Z^3 \omega^{-\frac{3}{2}} (a + ib_1 q),$$

etc. on aura

$$\text{B} = a \,(1 + l^2)^{-\frac{3}{2}},$$
$$\text{C} = - (1 + l^2)^{-\frac{5}{2}} \left(\frac{2l(1 - l^2) a_1}{1 + l^2} + 3a \right),$$
$$\text{D} = (1 + l^2)^{-\frac{5}{2}} \left(\frac{2l(1 - l^2) a_1}{1 + l^2} - 3a l^2 \right).$$

On trouvera B_1, C_1, D_1; B_2, C_2, D_2; etc. en mettant b, b_1; e, e_1; etc. pour a, a_1 dans B, C, D. Quant à ces quantités a, b, e, etc. elles ont été calculées dans le n° 19.

(54). Il suit de là que

$$\frac{Z^3 r}{\delta^3} = \text{B} + \text{B}_1 \cos.\theta + \text{etc.} + iy \left[\text{B} + \text{C} + (\text{B}_1 + \text{C}_1) \cdot \cos.\theta + \text{etc.} \right]$$
$$+ iy' (\text{D} + \text{D}_1 \cos.\theta + \text{etc.})$$

$$\frac{Z^2 r}{l\delta^3} = \text{B} + \text{B}_1 \cos.\theta + \text{etc.} + iy \,(\text{C} + \text{C}_1 \cos.\theta + \text{etc.}) +$$
$$+ iy' \left[\text{B} + \text{D} + (\text{B}_1 + \text{D}_1) \cdot \cos.\theta + \text{etc.} \right]$$

De plus, puisqu'on peut prendre $\dfrac{1}{r'^2 (1 + s'^2)^{\frac{3}{2}}} = \dfrac{1 - 2iy'}{l^2 Z^2}$, on aura

$$\frac{Z^2 \rho' \cos.\theta}{l} = \frac{\text{B}_1}{2} + \left(\text{B} + \frac{\text{B}_2}{2} \right) \cdot \cos.\theta + \frac{\text{B}_1 + \text{B}3}{2} \cos.2\theta + \text{etc.}$$

$$+ iy \left[\frac{C_1}{2} + \left(C + \frac{C_2}{2}\right) \cdot \cos.\theta + \frac{C_1 + C_3}{2} \cdot \cos.2\theta + \text{etc.}\right]$$
$$+ iy' \left[\frac{B_1 + D_1}{2} + \left(B + D + \frac{B_2 + D_2}{2}\right) \cdot \cos.\theta + \frac{B_1 + D_1 + B_3 + D_3}{2}\right.$$
$$\left. \cos.2\theta + \text{etc.}\right] - \frac{1 - 2iy'}{l^3} \cos.\theta,$$

$$\frac{Z^2 f' \sin.\theta}{l} = \left(B - \frac{B_2}{2}\right) \cdot \sin.\theta + \frac{B_1 - B_3}{2} \sin.2\theta + \text{etc.} + iy \left[\left(C - \frac{C_2}{2}\right) \cdot \right.$$
$$\left. \sin.\theta + \frac{C_1 - C_3}{2} \sin.2\theta + \text{etc.}\right] + iy' \left[\left(B + D - \frac{B_2 + D_2}{2}\right) \cdot \sin.\theta \right.$$
$$\left. + \frac{B_1 + D_1 - B_3 - D_3}{2} \sin.2\theta + \text{etc.}\right] - \frac{1 - 2iy'}{l^3} \sin.\theta.$$

(55). Si M est la masse du soleil, M′, M″ seront très petites par rapport à M ; et dans le développement des termes qu'elles n'affectent pas, il faudra pousser l'approximation au-delà des quantités de l'ordre i. On prendra par conséquent

$$\frac{M + M'}{r^2 (1 + s^2)^{\frac{3}{2}}} = \frac{M + M'}{r^2} \left(1 - \frac{3}{2} i^2 z^2\right).$$

Mais on pourra se contenter de faire (n°s 29, 30, 31),

$$\left(h^2 + 2 \int \frac{W}{u^3} d\varphi\right)^{-\frac{1}{2}} = \frac{1}{h} \left(1 - \frac{1}{h^2} \int W r^3 d\varphi\right),$$
$$\Omega = \frac{-1}{h^2} \left(W \frac{r\,dr}{d\varphi} + \Psi r^2 - \frac{2(M + M')}{h^2} \int W r^3 d\varphi\right),$$
$$\Xi = \frac{1}{h^2} \left[W r^3 \frac{ds}{d\varphi} - R r^3 - rs (M + M' + \Psi r^2)\right].$$

Il faudra substituer ces valeurs dans les équations (11) et (12), qu'on mettra d'abord sous cette forme

$$i \frac{d^2 y}{d\varphi^2} - 2 i^2 \left(\frac{dy}{d\varphi}\right)^2 - 1 - iy + Z (1 + 2iy) \left(\frac{M + M'}{h^2} - \Omega\right) = 0,$$
$$i \left(\frac{d^2 z}{d\varphi^2} + z\right) + \Xi = 0.$$

Il est donc nécessaire, premièrement, que Ω et Ξ soient l'un et l'autre des quantités très petites de l'ordre i ; ce qui est toujours vrai dans notre système solaire, où les masses des planetes sont très petites par rapport à celle du soleil. Secondement, que $- 1 + \frac{Z.(M+M')}{h^2}$ soit du même ordre : or en négligeant les quantités de l'ordre i, l'équation (10) devient $h\,dt = r^2 d\varphi = Z^2 d\,U$; donc $\frac{M + M'}{Z^3}$ doit être presque égale à $\left(\frac{dU}{dt}\right)^2$. Nous remarquerons encore que les valeurs de y, y', $\frac{dx}{dt}$, $\frac{dx'}{dt}$ ne doivent renfermer aucun terme tout constant ;

autrement Z, lZ, U, $(m + 1) \cdot U$ ne seroient pas les valeurs moyennes de r, r', φ, φ'.

(56). Nous ferons $\frac{M''}{M + M'} = iH$, $\frac{Z.(M + M')}{h^2} - 1 = iI$, $\frac{2Z.(M + M')}{h^2} - 1 = n^2$;

et, pour abréger,

$$Z^2 \left(\frac{r}{\delta^3} - \rho' \cos.\theta\right) = E + E_1 \cos.\theta + E_2 \cos.2\theta + \text{etc.} + iy (E' + E'_1 \cos.\theta + E'_2 \cos.2\theta + \text{etc.}) + iy' (E'' + E''_1 \cos.\theta + E''_2 \cos.2\theta + \text{etc.})$$

$$Z^2 \rho' \sin.\theta = F_1 \sin.\theta + F_2 \sin.2\theta + \text{etc.} + iy (F'_1 \sin.\theta + F'_2 \sin.2\theta + \text{etc.}) + iy' (F''_1 \sin.\theta + F''_2 \sin.2\theta + \text{etc.})$$

$$Z^2 \rho' \cos.\theta = G + G_1 \cos.\theta + G_2 \cos.2\theta + \text{etc.} + iy (G' + G'_1 \cos.\theta + G'_2 \cos.2\theta + \text{etc.}) + iy' (G'' + G''_1 \cos.\theta + G''_2 \cos.2\theta + \text{etc.})$$

$$P = (1 + iI) [H (1 + 2iy) (E + E_1 \cos.\theta + \text{etc.} + iy (E' + E'_1 \cos.\theta + \text{etc.}) + iy' (E'' + E''_1 \cos.\theta + \text{etc.})) - 2H (1 + iI) \int (1 + 3iy) (F_1 \sin.\theta + \text{etc.} + iy (F'_1 \sin.\theta + \text{etc.}) + iy' (F''_1 \sin.\theta + \text{etc.})) d\varphi + iH (F_1 \sin.\theta + \text{etc.}) \frac{dy}{d\varphi} - \frac{3}{2} iz^2],$$

$$Q = iH [G + G_1 \cos.\theta + \text{etc.} + (F_1 \sin.\theta + \text{etc.}) \frac{dz}{d\varphi} - lz' (B + B_1 \cos.\theta + \text{etc.} - \frac{1}{l^3})] :$$

alors nos deux équations pourront être changées en celles-ci :

$$(A). \ldots\ldots + \frac{d^2y}{d\varphi^2} + n^2 y - 2i \left(\frac{dy}{d\varphi}\right)^2 + I + P = 0,$$

$$(B). \ldots\ldots \frac{d^2z}{d\varphi^2} + z + Q = 0.$$

Pour avoir x, on se servira de l'équation (7)

$$\frac{dU}{dt} + i \frac{dx}{dt} = \frac{c}{Z^2} (1 - 2iy + 3i^2y^2) + \frac{1 - 2iy}{Z^2} \int W r \, dt,$$

qui devient, lorsqu'on fait $\frac{c}{Z^2} - \frac{dU}{dt} = iK$,

$$(C). \ldots\ldots \frac{dx}{dt} = K - \frac{c}{Z^2} (2y - 3iy^2) + \frac{H (M + M')}{Z^3} (1 - 2iy) \int [F_1 \sin.\theta + \text{etc.} + iy ((F'_1 + F_1) \cdot \sin.\theta + \text{etc.}) + iy' (F''_1 \sin.\theta + \text{etc.})] dt;$$

mais avant de l'intégrer, il faudra égaler à zéro les termes constants, comme nous l'avons déja remarqué.

(57). Nous prendrons pour exemple le dérangement que l'action de vénus doit produire dans le mouvement de la terre ; et comme cette action est infiniment foible pour éloigner la terre du plan de l'écliptique, nous supposerons que les deux planetes se meuvent dans ce plan, et même que l'orbite de vénus est assez peu excentrique pour pouvoir supposer

$$r' = lZ, \quad \varphi' = (m+1) \cdot U \cdot \text{ Alors } \theta = mU - ix,$$

$$\sin.\theta = \sin.mU - ix\cos.mU - \frac{i^2 x^2}{2}\sin.mU + \text{etc.}$$

$$\cos.\theta = \cos.mU + ix\sin.mU - \frac{i^2 x^2}{2}\cos.mU - \text{etc.}$$

Or P renferme un terme tout constant $(1+iI)\,HE$, et un terme $2iHEy$ que nous en séparerons ; en sorte que dans la suite du calcul, P sera supposé ne plus contenir ces deux termes, n^2 égalera $\frac{2Z(M+M')}{h^2}$ $-1+2iHE$; nous ferons aussi $I+(1+iI)\,HE = I'$. C'est pourquoi, en n'ayant d'abord aucun égard aux termes affectés du très petit coëfficient i, d'où

$$P = H(E_1\cos.mU + E_2\cos.2mU + \text{etc.}) - 2H\int(F_1\sin.mU$$
$$+ F_2\sin.2mU + \text{etc.})\,dU = \frac{H}{m}\left[(mE_1 + 2F_1)\cdot\cos.mU\right.$$
$$\left. + (mE_2 + F_2)\cdot\cos.2mU + \text{etc.}\right],$$

on tirera de l'équation (A) (n° 32)

$$y = \Gamma\cos.nU + \frac{\Delta}{n}\sin.nU - \frac{H}{m}\left[\frac{mE_1+2F_1}{n^2-m^2}\cos.mU + \frac{mE_2+F_2}{n^2-4m^2}\right.$$
$$\left.\cos.2mU + \text{etc.}\right];$$

on n'a point écrit le terme tout constant $-\frac{I'}{n^2}$, parcequ'il ne doit point entrer dans la valeur de y, et I' est nul aux quantités près de l'ordre i^2. On mettra cette valeur de y dans l'équation (C), où l'on fera i nul ; et on aura, en mettant $\frac{Z^2}{h}\,dU$ pour dt ; et négligeant le terme constant $\frac{KZ^2}{h}$,

$$dx = -\frac{2c}{h}y\,dU - \frac{ZH(M+M')}{h^2 m}(F_1\cos.mU + \frac{F_2}{2}\cos.2mU + \text{etc.})\,dU.$$

Partant

$$x = \Lambda - \frac{2c}{hn}(\Gamma\sin.nU - \frac{\Delta}{n}\cos.nU) + \frac{2cH}{hm^2}\frac{mE_1+2F_1}{n^2-m^2}\sin.mU$$
$$+ \frac{mE_2+F_2}{2(n^2-4m^2)}\sin.2mU + \text{etc.}) - \frac{HZ(M+M')}{m^2 h^2}(F_1\sin.mU$$
$$+ \frac{F_2}{4}\sin.2mU + \text{etc.})$$

(58). Soit iY la correction qu'il faut faire à la première valeur de y, et iP′ la partie correspondante de P qu'on trouvera en mettant dans les termes de P qui sont multipliés par i, mU pour $θ$; et dans les autres termes $+ ix$ sin.mU, $— ix$ cos.mU, etc. pour cos.$θ$, sin.$θ$, etc. on aura, en divisant par i,

$$\frac{d^2Y}{dU^2} + n^2Y - 2\left(\frac{dy}{dU}\right)^2 + P' = 0:$$

et parceque P′ $- 2\left(\frac{dy}{dU}\right)^2$, que nous ferons $=$ P″, ne renferme que les sinus et cosinus des angles $2n$U, mU, $2m$U, etc.

$(n+m)\cdot$U, $(n+2m)\cdot$U, etc. $(n-m)\cdot$U, $(n-2m)\cdot$U, etc.

avec des coëfficients constants qu'il sera facile de déterminer, on tirera aisément la valeur de Y de

$$Y = - \frac{\sin.n U}{n} \int\cos.n U \cdot P'' \, dU + \frac{\cos.n U}{n} \int\sin.n U \cdot P'' \, dU,$$

où on n'a pas ajouté de constantes arbitraires parcequ'elles sont déja renfermées dans la première partie de la valeur de y. Pour avoir la correction qu'il faut faire à $\frac{dx}{dt}$, on mettra dans les termes de cette quantité, qui sont multipliés par i, mU pour $θ$, pour y sa valeur non corrigée; et dans les autres termes, $+ ix$ sin.mU, $— ix$ cos.mU, etc. pour cos.$θ$, sin.$θ$, etc. pour y sa valeur corrigée, pour x sa valeur trouvée précédemment. Mais on n'intégrera qu'après avoir supprimé le terme constant; la somme de ce terme et de $\frac{KZ^2}{h}$ sera nulle aux quantités près de l'ordre i^2. On demandera sans doute pourquoi nous avons commencé par séparer le terme $2i$HEy. Je réponds que ce terme auroit introduit dans P′, sin.nU, cos.nU avec des coëfficients constants; et à cause de

$$\int(\cos.n U)^2 \, dU = \frac{U}{2} + \frac{\sin.2n U}{4n}, \quad \int(\sin.n U)^2 \, dU = \frac{U}{2} - \frac{\sin.2n U}{4n},$$

il auroit introduit dans la valeur de y' des arcs de cercle. Il est certain que cela ne doit pas être : autrement, après un certain nombre de révolutions la valeur de y pourroit devenir extrêmement grande; ce qui seroit contre l'hypothese que nous avons faite, la seule conforme à l'observation.

(59). Nommons a le demi grand axe de l'ellipse que la terre décrit à peu de chose près, iac l'excentricité, p l'anomalie vraie; on aura (n° 39)

$$\frac{a(1 - i^2c^2)}{r} = 1 - ie \cos.p;$$

et mettant $\frac{1-iy}{Z}$ pour $\frac{1}{r}$, on en tirera

$$Z = a\,(1 - i^2\,e^2),\ y = e\,\cos.p.$$

Cette valeur ne peut satisfaire à $\frac{d^2y}{d\varphi^2} + n^2 y = 0$, que l'on n'ait $\left(\frac{dp}{d\varphi}\right)^2 = n^2$; donc $n - 1$ est, aux quantités près de l'ordre i, le rapport du mouvement de l'aphélie de la terre à son mouvement moyen en longitude ; et si on donne aux deux premiers termes de la valeur de y la forme $\Gamma\,\cos.(n\mathrm{U} - \mathcal{C}')$, on verra que $ia\Gamma$, ou $iZ\Gamma$, est l'excentricité, et $\mathcal{C}'$ le lieu de l'aphélie. Puisque i est de l'ordre de l'excentricité de l'orbite terrestre, et que celle de vénus est beaucoup plus petite, nous avons pu regarder iy' comme étant de l'ordre i^2, et négliger dans la valeur de P les termes qui ont pour facteur cette quantité. Dans la théorie de jupiter et saturne, où les.excentricités des deux orbites sont à-peu-près du même ordre, cette supposition ne seroit pas admissible. Supposons que dans ce cas le premier terme de la valeur de y' eût été $\Gamma'\,\cos.n'\mathrm{U}$, le terme $i\mathrm{E}''_1\,y'\,\cos.m\mathrm{U}$ de la valeur de P auroit introduit dans celle de Y un terme de cette forme

$$\frac{i}{n}\,\Gamma'\,\mathrm{E}''_1\,(\cos.n\mathrm{U}\,\textstyle\int\sin.n\mathrm{U}\,\cos.n'\mathrm{U}\,\cos.m\mathrm{U}\,d\mathrm{U} - \sin.n\mathrm{U}\,\textstyle\int\cos.n\mathrm{U}$$

$$\cos.n'\mathrm{U}\,\cos.m\mathrm{U}\,d\mathrm{U}) = \frac{i}{2}\,\Gamma'\,\mathrm{E}''_1\,\left(\frac{\cos.(n'+m)\,\mathrm{U}}{n^2-(n'+m)^2}\right) + \frac{\cos.(n'-m)\,\mathrm{U}}{n^2-(n'-m)^2}.$$

Si, de plus, on avoit n égale à $\frac{d\mathrm{U}}{dt}$, n' à $(m+1)\cdot\frac{d\mathrm{U}}{dt}$, aux quantités près de l'ordre i, le diviseur $n^2 - (n'+m)^2$ seroit de l'ordre i, et le terme qu'il affecteroit appartiendroit à la première valeur de y ; on auroit eu tort de n'y avoir point égard dans la première approximation. Dans la théorie dont il s'agit, et dans celle des satellites de jupiter, les substitutions successives des valeurs de y, y', etc. y donnent des termes qui peuvent augmenter, à cause des diviseurs de la forme $n^2 - q^2$ que l'intégration introduit nécessairement ; il y faut recourir à d'autres méthodes d'approximation. Comme cette matiere est très importante, nous en ferons un chapitre particulier. Si on n'est pas arrêté par de tels obstacles dans le calcul des dérangements causés à la terre par l'action de vénus, c'est que dans ce cas les excentricités des deux orbites sont très différentes, et que n étant presque égal à 1, on a m plus grand que $\frac{3}{5}$

(60). La méthode d'approximation, fondée sur les substitutions successives des valeurs de y, y', etc. suffit pour calculer les dérangements causés à la lune, dans son mouvement autour de la terre, par l'action du soleil. Alors dans les équations (10), (11) et (12), M'' représente

représente la masse du soleil, M' celle de la lune, et M celle de la terre. Les masses M' et M sont très petites par rapport à M''; difficulté d'un autre genre qui arrêteroit infailliblement, si la distance de la terre au soleil n'étoit beaucoup plus grande que celle de la lune à la terre. Mais la premiere de ces distances étant à-peu-près deux cent fois plus grande que l'autre, on peut prendre

$$\frac{1}{s^3} = \frac{1}{r'^3} + \frac{3r}{r'^4} \cos.\theta + \frac{15 r^2 \cos.\theta^2 - 3 r^2 (1 + s^2)}{2 r'^5},$$

en regardant le plan BAD comme celui de l'écliptique, ou de l'orbite apparente du soleil, et faisant en conséquence s' nul. On aura aussi, après avoir substitué des sinus et cosinus d'angles multiples aux produits de sinus et cosinus,

$$\Psi = \frac{M + M'}{r^2} \left((1 + s^2)^{-\frac{3}{2}} - 1 \right) - \frac{M'' r}{2 r'^3} \left[1 + \frac{9r}{4r'} \cos.\theta + 3\cos.2\theta \right.$$
$$\left. + \frac{15r}{4r'} \cos.3\theta - \frac{3r}{r'} s^2 \cos.\theta - \frac{r^2}{2 r'^2} (9 + 15 \cos.2\theta - 6 s^2) \right],$$

$$W = \frac{3 M'' r}{2 r'^3} \left(\frac{r}{4r'} \sin.\theta + \sin.2\theta + \frac{5r}{4r'}, \sin.3\theta - \frac{r s^2}{r'} \sin.\theta \right),$$

$$R = - \frac{M + M'}{r^2} s (1 + s^2)^{-\frac{3}{2}} - \frac{M'' r s}{r'^3} \left[1 + \frac{3r}{r'} \cos.\theta \right.$$
$$\left. + \frac{r^2}{4 r'^2} (9 + 15 \cos.2\theta - 6 s^2) \right].$$

(61). En calculant l'orbite apparente du soleil, nous n'aurons point égard aux dérangements causés par la lune, ni à aucun autre ; c'est-à-dire que nous supposerons cette orbite une ellipse dont nous nommerons le demi-grand axe a, le demi-parametre de cet axe b, ac l'excentricité. Alors p étant l'anomalie vraie qui répond au temps t, on aura (n° 39)

$$d t = \frac{a \sqrt{a}}{\sqrt{(M'' + M)}} \frac{(1 + c^2)^{\frac{1}{2}} dp}{(1 + c \cos.p)^2}, \quad \frac{b}{r'} = 1 + c \cos.p.$$

Si on pouvoit regarder l'orbite de la lune comme une ellipse dont f fût le demi-parametre du grand axe $2g$, ge l'excentricité, et q l'anomalie vraie, on auroit $\frac{f}{r} = 1 + e \cos.q$.

Nous supposerons $\frac{f}{r} = 1 + e \cos.q + y$,

et la variable y sera une quantité très petite qui dépendra uniquement des forces perturbatrices. Nous remarquerons aussi que s, ou la tangente de la latitude géocentrique de la lune, est à-peu-près de l'ordre e, et ec à-peu-près de l'ordre e^3. Ainsi, en ne poussant pas les approximations au-delà des quatriemes puissances de e et de s, on s'arrêtera à la seconde puissance de c.

(62)..D'après ces remarques nous pouvons prendre

$$\frac{b^3}{r'^3} = 1 + \tfrac{3}{2}c^2 + 3c\ \cos.p + \tfrac{3}{2}c^2\cos.2p,$$

$$\frac{b^4}{r'^4} = 1 + 3c^2 + 4c\ \cos.p + 3c^2\cos.2p,$$

$$\frac{b^5}{r'^5} = 1 + 5c^2 + 5c\ \cos.p + 5c^2\cos.2p.$$

Mais, à cause de

$$\frac{r^3}{f^3} = (1 + e\cos.q)^{-3} - 3(1 + e\cos.q)^{-4}y + 2.3(1 + e\cos.q)^{-5}y^2 - \text{etc.}$$

$$\frac{r^4}{f^4} = (1 + e\cos.q)^{-4} - 4(1 + e\cos.q)^{-5}y + 2.5(1 + e\cos.q)^{-6}y^2 - \text{etc.}$$

$$\frac{r^5}{f^5} = (1 + e\cos.q)^{-5} - 5(1 + e\cos.q)^{-6}y + 3.5(1 + e\cos.q)^{-7}y^2 - \text{etc.}$$

et de

$$(1 + e\cos.q)^{-3} = 1 + 3e^2 + \frac{3.3.5}{2.4}e^4 - \left(1 + \frac{5}{2}e^2\right)3e\cos.q + \left(1 + \frac{5}{2}e^2\right)3e^2\cos.2q - \frac{5}{2}e^3\cos.3q + \frac{3.5}{2.4}e^4\cos.4q,$$

$$(1 + e\cos.q)^{-4} = 1 + 5e^2 + \frac{3.5.7}{2.4}e^4 - \left(1 + \frac{3.5}{4}e^2\right)4e\cos.q + \left(1 + \frac{7}{2}e^2\right)5e^2\cos.2q - 5e^3\cos.3q + \frac{5.7}{2.4}e^4\cos.4q,$$

$$(1 + e\cos.q)^{-5} = 1 + \frac{3.5}{2}e^2 + \frac{3.5.7}{4}e^4 - \left(1 + \frac{3.7}{4}e^2\right)5e\cos.q + \left(1 + \frac{2.7}{3}e^2\right)\frac{3.5}{2}e^2\cos.2q - \frac{5.7}{4}e^3\cos.3q + \frac{5.7}{4}e^4\cos.4q,$$

$$(1 + e\cos.q)^{-6} = 1 + \frac{3.7}{2}e^2 + \frac{3.7.9}{4}e^4 - (1 + 7e^2)6e\cos.q + (1 + 6e^2)\frac{3.7}{2}e^2\cos.2q - 2.7\,e^3\cos.3q + \frac{3.3.7}{4}e^4\cos.4q,$$

$$(1 + e\cos.q)^{-7} = 1 + 2.7\,e^2 + \frac{3\ 3.5.7}{4}e^4 - (1 + 9e^2)7e\cos.q + \left(1 + \frac{3.5}{2}e^2\right)2.7\,e^2\cos.2q - 3.7\,e^3\cos.3q + \frac{3.5.7}{4}e^4\cos.4q;$$

si on fait, pour abréger,

$$1 + 3c^2 + \frac{3.3.5}{2.4}e^4 = e1,\quad 1 + 5e^2 + \frac{3.5.7}{2.4}e^4 = e2,\quad 1 + \frac{3.5}{2}e^2 + \frac{3.5.7}{4}e^4 = e3,$$

$$1 + \frac{3.7}{2}e^2 + \frac{3.7.9}{4}e^4 = e4,\quad 1 + 2.7\,e^2 + \frac{3\ 3.5.7}{4}e^4 = e5;$$

$$3e\left(1 + \tfrac{5}{2}e^2\right) = e'1,\ 4e\left(1 + \tfrac{3.5}{4}e^2\right) = e'2,\ 5e\left(1 + \tfrac{3.7}{4}e^2\right) = e'3,$$
$$6e\left(1 + 7e^2\right) = e'4,\ 7e\left(1 + 9e^2\right) = e'5;$$

$$3e^2\left(1 + \tfrac{5}{2}e^2\right) = e''1,\ 5e^2\left(1 + \tfrac{7}{2}e^2\right) = e''2,\ \tfrac{3.5}{2}e^2\left(1 + \tfrac{2.7}{3}e^2\right) = e''3,$$
$$\tfrac{3.7}{2}e^2\left(1 + 6e^2\right) = e''4,\ 2.7\,e^2\left(1 + \tfrac{3.5}{2}e^2\right) = e''5;$$

on a

$$\frac{r^3}{f^3} = e1 - e'1\cos.q + e''1\cos.2q - \tfrac{5}{2}e^3\cos.3q + \tfrac{3.5}{2.4}e^4\cos.4q$$
$$- 3y\left(e2 - e'2\cos.q + e''2\cos.2q - 5e^3\cos.3q + \tfrac{5.7}{2.4}e^4\cos.4q\right)$$
$$+ 6y^2\left(e3 - e'3\cos.q + e''3\cos.2q - \tfrac{5.7}{4}e^3\cos.3q\right.$$
$$\left. + \tfrac{5.7}{4}e^4\cos.4q\right),$$

$$\frac{r^4}{f^4} = e2 - e'2\cos.q + e''2\cos.2q - 5e^3\cos.3q + \tfrac{5.7}{2.4}e^4\cos.4q$$
$$- 4y\left(e3 - e'3\cos.q + e''3\cos.2q - \tfrac{5.7}{4}e^3\cos.3q + \tfrac{5.7}{4}e^4\cos.4q\right)$$
$$+ 10y^2\left(e4 - e'4\cos.q + e''4\cos.2q - 2.7\,e^3\cos.3q\right.$$
$$\left. + \tfrac{3.3.7}{4}e^4\cos.4q\right),$$

$$\frac{r^5}{f^5} = e3 - e'3\cos.q + e''3\cos.2q - \tfrac{5.7}{4}e^3\cos.3q + \tfrac{5.7}{4}e^4\cos.4q$$
$$- 5y\left(e4 - e'4\cos.q + e''4\cos.2q - 2.7\,e^3\cos.3q + \right.$$
$$\left. \tfrac{3.3.7}{4}e^4\cos.4q\right) + 15y^2\left(e5 - e'5\cos.q + e''5\cos.2q - \right.$$
$$\left. 3.7\,e^3\cos.3q + \tfrac{3.5.7}{4}e^4\cos.4q\right),$$

et ces expressions sont suffisamment approchées.

(63). On donnera ensuite à l'équation (11) la forme

$$\frac{d^2y}{d\varphi^2} + y + 1 - \frac{\int M + M'}{h^2} + e\left(1 - \left(\tfrac{dq}{d\varphi}\right)^2\right)\cos.q + f\Omega = 0,$$
$$\text{ou}\ \Omega = \frac{1}{h^2}\left[\frac{W r^3}{f}\left(\frac{dy}{d\varphi} - e\frac{dq}{d\varphi}\sin.q\right) - \Psi r^2 + \frac{2(M + M')}{h^2}\int W r^3\,d\varphi\right].$$

L'équation précédente ne doit pas renfermer de termes tous constants qui en introduiroient de semblables dans la valeur de y ; nous
ferons donc la somme de tous ces termes nulle, et cette première
équation donnera la valeur de h. Elle ne doit pas renfermer de termes
constants affectés de cos. q, parceque la substitution de la valeur de r
introduiroit dans celle de y des termes de cette forme $\int\cos.q^2\,dq$,
d'où il résulteroit des arcs de cercle ; nous égalerons donc à zéro la

somme de tous ces coëfficients de cos. q, et cette seconde équation donnera la valeur de $\frac{dq}{d\varphi}$. Enfin ayant fait une somme des termes constants qui ont pour facteur y, nous représenterons ces termes par $n^2 y$, et par P tous les termes restants de Ω. Cela fait, l'équation (11) deviendra

$$\frac{d^2 y}{d\varphi^2} + n^2 y + P = 0,$$

qui a pour intégrale complete

$$y = \Gamma \cos. n\varphi + \frac{\Delta}{n} \sin. n\varphi - \frac{\sin. n\varphi}{n} \int \cos. n\varphi\, P\, d\varphi + \frac{\cos. n\varphi}{n} \int \sin. n\varphi\, P\, d\varphi.$$

(64). Dans une premiere approximation, on n'ira pas au-delà de la premiere puissance de c, ni des secondes puissances de e et s, en se contentant même de prendre $s = \tang. \gamma \sin.(\varphi - \epsilon)$, où γ et ϵ sont supposés des angles constants. On trouvera de cette maniere

$$1 - \frac{f(M + M')}{h^2} + \frac{3f}{4h^2}(M + M')\tang. \gamma^2 + \frac{M'' f^4 e_1}{2h^2 b^3} = 0,$$

pour l'équation qui doit donner h^2 dans cette premiere approximation ;

$$e\left(1 - \left(\frac{dq}{d\varphi}\right)^2\right) - \frac{M''}{2h^2}\frac{f^4 e'_1}{b^3} = 0, \text{ pour celle qui doit donner } \frac{dq}{d\varphi} ;$$

puis $n^2 = 1 - \frac{3 M''}{2h^2}\frac{f^4 e_2}{b^3}.$

Cette premiere valeur de n^2 est donc égale à la valeur de $\left(\frac{dq}{d\varphi}\right)^2$, donnée par l'équation qui précede, aux quantités de l'ordre e^2 près; et comme $\frac{dq}{d\varphi} - 1$ et $n - 1$ approcheront toujours plus du rapport donné par l'observation, du mouvement de l'apogée de la lune à son mouvement moyen en longitude, nous ferons toujours dans la suite $\frac{dq}{d\varphi} = n$. Mais, aux quantités de l'ordre e^2 près,

$$n^2 = 1 - \frac{3}{2}\frac{M''}{M + M'}\frac{f^3}{b^3} : \left(1 - \frac{1}{2}\frac{M''}{M + M'}\frac{f^3}{b^3}\right);$$

il suit de là qu'en nommant τ le rapport du temps périodique de la lune au temps périodique de la terre autour du soleil, si on fait $\frac{g^3}{M + M'} : \frac{a^3}{M''} :: \tau^2 : 1$, d'où $\frac{M''}{M + M'}\cdot\frac{f^3}{b^3} = \tau^2$, on·aura $n^2 = 1 - \frac{3}{2}\tau^2 : (1 - \frac{1}{2}\tau^2)$. Or τ^2 est à-peu-près $\frac{1}{178}$; si donc on se contentoit de prendre $n^2 = 1 - \frac{3}{2}\tau^2$ et $\frac{1}{n} = 1 + \frac{3}{4}\tau^2$, on ne trouveroit pour le mouvement de l'apogée que $\frac{3}{4}\frac{360°}{178} =$ environ $1°31'$, au lieu de $3°$ à chaque révolution, comme le donne l'observation. Les géometres qui les premiers ont résolu le problême des trois corps, MM. Euler, Clairaut et d'Alembert, se sont empressés d'en conclure que la simple force, en raison inverse du quarré des distances, ne suffisoit pas pour produire le mouvement dont il s'agit ; et c'est M. Clairaut qui s'est apperçu le premier, en calculant plus exactement la valeur de n^2, que ce n'étoit point assez de s'en tenir au premier terme de la série. En effet, il faut la pousser jusqu'au troisieme au moins pour s'assurer que ceux qui sont au-delà peuvent être négligés sans crainte, et pour pouvoir affirmer que le mouvement de l'apogée, calculé d'après la loi de l'attraction en raison inverse du quarré des distances, est absolument conforme aux observations.

(65). Nous ne devons point aller au-delà des quantités de l'ordre e^2 dans cette premiere approximation : cependant nous écrirons indistinctement tous les termes affectés de e^3, à cause de certains coëfficients qui peuvent considérablement augmenter par l'intégration ; mais nous négligerons les termes qui sont multipliés par y et ses différentes puissances, et ceux qui sont multipliés par $\frac{f^4}{b^5}$. La valeur de P, que nous trouverons de cette maniere, sera

$$- \frac{3}{4}\frac{f(M+M')}{h^2}\ \text{tang.}\,\gamma^2\ \cos.2\,(\varphi - \varsigma) + \frac{3f^5 M''}{2h^2 b^3}\ [e^2\ \cos.2\,n\varphi$$
$$+ (1 + 3e^2 - e'1\ \cos.n\varphi + 3e^2\ \cos.2n\varphi - \tfrac{5}{2}e^3\ \cos.3n\varphi)$$
$$\cos.2\,\theta + c\ \cos.p\,(1 - 3e\ \cos.n\varphi)\,(1 + 3\ \cos.2\,\theta) - (1 + 5e^2$$
$$- 4e\ \cos.n\varphi + 5e^2\ \cos.2n\varphi + 3c\ \cos.p)\ en\ \sin.n\varphi\ \sin.2\,\theta]$$
$$+ \frac{3f^5}{h^2 b^3} \cdot \frac{M+M'}{h^2}\ M''\int[(1 + 5e^2 - e'2\ \cos.n\varphi + 5e^2\ \cos.2n\varphi$$
$$- 5e^3\ \cos.3n\varphi + 3c\ \cos.p\,(1 - 4e\ \cos.n\varphi))\ \sin.2\,\theta]\ d\varphi.$$

(66). Si nous représentons par $m - 1$ le rapport du mouvement de l'apogée du soleil au mouvement moyen de la lune en longitude, nous aurons $dp - d\theta = md\varphi$; et il ne sera plus question que de trouver p. Mais en négligeant W, qui est du même ordre que y, on a (n° 29)

$$dt = \frac{r^2 d\varphi}{h}\ ;\ \text{laquelle, si on prend}$$

$$\frac{r^2}{f^2} = (1 + \tfrac{3}{2}e^2)\,(1 - 2e\ \cos.n\varphi + \tfrac{3}{2}e^2\ \cos.2n\varphi - e^3\ \cos.3n\varphi),$$

donne

$$t = \frac{f^2}{h}\,(1 + \tfrac{3}{2}e^2)\,(\varphi - \tfrac{2e}{n}\ \sin.n\varphi + \tfrac{3e^2}{4n}\ \sin.2n\varphi - \tfrac{e^3}{3n}\ \sin.3n\varphi).$$

De $dt = \dfrac{a\sqrt{a}}{\sqrt{(M''+M)}}\,\dfrac{dp}{1+2c\cos p}$ (n° 61), on tire une autre valeur de t, savoir $\dfrac{a\sqrt{a}}{\sqrt{(M''+M)}}\,(p - 2c\sin.p)$.

Partant si l'on fait, pour abréger,

$$\frac{f'\sqrt{(M''+M)}}{ha\sqrt{a}}\left(1 + \frac{3}{2}e^2\right) = i,\ \text{on aura}$$

$$p - 2c\sin.p = (B)\ldots\ldots i\varphi - \frac{2ei}{n}\sin.n\varphi + \frac{3e^2i}{4n}\sin.2n\varphi - \frac{e^3i}{3n}\sin.3n\varphi).$$

Il sera facile d'en tirer (n° 15 et 16)

$$p = B + 2c\sin.B,\quad \sin.p = \sin.B + c\sin.2B,$$
$$\cos.p = \cos.B - c(1 - \cos.2B);$$

puis, prenant $\alpha\theta$ pour désigner un multiple quelconque de θ,

$$\begin{aligned}
\cos.\alpha\theta = {}& \left[1 - \left(\frac{\alpha ic}{n}\right)^2\right]\cos.\alpha\,(m-i)\,\varphi - \frac{\alpha ic}{2n}\left[\left[2 - \frac{\alpha i}{n}e^2\cdot\left(\frac{\alpha i}{n}+\frac{3}{4}\right)\right]\cos.[n-\alpha\cdot(m-i)]\varphi\right.\\
& - \left[2 - \frac{\alpha i}{n}e^2\cdot\left(\frac{\alpha i}{n}-\frac{3}{4}\right)\right]\cos.[n+\alpha\cdot(m-i)]\varphi - e\left(\frac{\alpha i}{n}+\frac{3}{4}\right)\cos.[2n-\alpha\cdot(m-i)]\varphi\\
& - e\left(\frac{\alpha i}{n}-\frac{3}{4}\right)\cos.[2n+\alpha\cdot(m-i)]\varphi + e^2\left[\frac{1}{3}+\frac{\alpha i}{n}\cdot\left(\frac{\alpha i}{3n}+\frac{3}{4}\right)\right]\cos.[3n-\alpha\cdot(m-i)]\varphi\\
& \left. - e^2\left[\frac{1}{3}+\frac{\alpha i}{n}\cdot\left(\frac{\alpha i}{3n}-\frac{3}{4}\right)\right]\cos.[3n+\alpha\cdot(m-i)]\varphi\right] + \alpha c\,[\cos.[i-\alpha\cdot(m-i)]\varphi - \cos.[i+\alpha\cdot(m-i)]\varphi]\\
& - \frac{\alpha i}{n}ec\,[(\alpha+1)[\cos.[n+i-\alpha\cdot(m-i)]\varphi - \cos.[n-i+\alpha\cdot(m-i)]\varphi] - (\alpha-1)[\cos.[n-i-\alpha\cdot(m-i)]\varphi\\
& - \cos.[n+i+\alpha\cdot(m-i)]\varphi]],
\end{aligned}$$

$$\begin{aligned}
\sin.\alpha\theta = {}& -\left[1 - \left(\frac{\alpha ic}{n}\right)^2\right]\sin.\alpha\,(m-i)\,\varphi - \frac{\alpha ie}{2n}\left[\left[2 - \frac{\alpha i}{n}e^2\cdot\left(\frac{\alpha i}{n}+\frac{3}{4}\right)\right]\sin.[n-\alpha\cdot(m-i)]\varphi\right.\\
& + \left[2 - \frac{\alpha i}{n}e^2\cdot\left(\frac{\alpha i}{n}-\frac{3}{4}\right)\right]\sin.[n+\alpha\cdot(m-i)]\varphi - e\left(\frac{\alpha i}{n}+\frac{3}{4}\right)\sin.[2n-\alpha\cdot(m-i)]\varphi\\
& + c\left(\frac{\alpha i}{n}-\frac{3}{4}\right)\sin.[2n+\alpha\cdot(m-i)]\varphi + e^2\left[\frac{1}{3}+\frac{\alpha i}{n}\cdot\left(\frac{\alpha i}{3n}+\frac{3}{4}\right)\right]\sin.[3n-\alpha\cdot(m-i)]\varphi\\
& \left. + e^2\left[\frac{1}{3}+\frac{\alpha i}{n}\cdot\left(\frac{\alpha i}{3n}-\frac{3}{4}\right)\right]\sin.[3n+\alpha\cdot(m-i)]\varphi\right] + \alpha c\,[\sin.[i+\alpha\cdot(m-i)]\varphi + \sin.[i-\alpha\cdot(m-i)]\varphi]\\
& - \frac{\alpha i}{n}ec\,[(\alpha+1)[\sin.[n+i-\alpha\cdot(m-i)]\varphi + \sin.[n-i+\alpha\cdot(m-i)]\varphi] - (\alpha-1)[\sin.[n+i+\alpha\cdot(m-i)]\varphi\\
& + \sin.[n-i-\alpha\cdot(m-i)]\varphi]]:
\end{aligned}$$

ces formules nous serviront à faire les substitutions qui vont suivre.

(67). Par ces substitutions, P, outre les termes

$$-\frac{3}{4}\frac{f(M+M')}{h^2}\tang.\gamma^2\cos.2(\varphi-\theta)+\frac{3f^4 M''}{2h^2 b^3}[e^2\cos.2n\varphi+c$$

$$\cos.i\varphi-ce\left(\frac{3}{4}+\frac{i}{n}\right)\cos.(n+i)\varphi-ce\left(\frac{3}{4}-\frac{i}{n}\right)\cos.(n-i)\varphi],$$

renfermera deux séries de cosinus, dont la premiere sera multipliée par $\frac{3f^4 M''}{2h^2 b^3}$.

Angles dont les cosinus   ont pour coëfficients dans la premiere série

$$2(m-i)\varphi \quad (a1)\ldots\ 1+e^2\left(3+2i-\frac{4i^2}{n^2}\right)$$

$$(2m-3i)\varphi \quad (a2)\ldots\ \frac{7c}{2}$$

$$(2m-i)\varphi \quad (a3)\ldots\ \frac{-c}{2}$$

$$(n+2m-2i)\varphi \quad (b1)\ldots\ e\left(\frac{2i}{n}-\frac{3+n}{2}\right)+e^3\left[\frac{3i}{2n}\cdot\left(\frac{3i}{n}+\frac{11}{4}\right)\right.$$
$$\left.-\frac{4i^3}{n^3}-\frac{5}{4}\cdot(3+n)+i\cdot\left(\frac{3i}{n}-\frac{19}{8}\right)\right]$$

$$(n-2m+2i)\varphi \quad (b2)\ldots\ -e\left(\frac{2i}{n}+\frac{3-n}{2}\right)+e^3\left[\frac{3i}{2n}\cdot\left(\frac{3i}{n}-\frac{11}{4}\right)\right.$$
$$\left.+\frac{4i^3}{n^3}-\frac{5}{4}\cdot(3-n)-i\cdot\left(\frac{3i}{n}+\frac{19}{8}\right)\right]$$

$$2(n+m-i)\varphi \quad (c1)\ldots\ e^2\left[\frac{i}{n}\cdot\left(\frac{2i}{n}-\frac{3}{4}\right)+\frac{3}{2}+n-i\right]$$
$$-\frac{i}{n}c\,e'1$$

$$2(n-m+i)\varphi \quad (c2)\ldots\ e^2\left[\frac{i}{n}\cdot\left(\frac{2i}{n}+\frac{3}{4}\right)+\frac{3}{2}-n-i\right]$$
$$+\frac{i}{n}c\,e'1$$

$$(3n+2m-2i)\varphi \quad (d1)\ldots\ e^3\left[\frac{4i^3}{3n^3}-\frac{9i^2}{2n^2}+\frac{107i}{24n}-i\cdot\left(\frac{i}{n}-\frac{19}{8}\right)\right.$$
$$\left.-\frac{5}{4}\cdot(1+n)\right]$$

$$(3n-2m+2i)\varphi \quad (d2)\ldots\ -e^3\left[\frac{4i^3}{3n^3}+\frac{9i^2}{2n^2}+\frac{107i}{24n}-i\cdot\left(\frac{i}{n}+\frac{19}{8}\right)\right.$$
$$\left.+\frac{5}{4}\cdot(1-n)\right]$$

$$(n+2m-3i)\varphi \quad (f1)\ldots\ 3ec\left(\frac{7i}{n}-\frac{3+n}{4}\right)$$

$$(n-2m+3i)\varphi \quad (f2)\ldots\ -3ec\left(\frac{7i}{n}+\frac{3-n}{4}\right)$$

$$(n+2m-i)\varphi \quad (f3)\ldots\ -\frac{ec}{2}\left[\frac{i}{n}+\frac{3}{2}\cdot(3+n)\right]$$

$$(n-2m+i)\varphi \quad (f4)\ldots\ \frac{ec}{2}\left[\frac{i}{n}-\frac{3}{2}\cdot(3-n)\right].$$

(68). L'autre série, qu'on trouvera en effectuant l'intégration indiquée, sera multipliée par $\frac{3 f^3}{h^2 b^3} \cdot \frac{M + M'}{h^2} M''$; et si nous nous servons des mêmes lettres accentuées pour désigner les coëfficients des mêmes cosinus ; c'est-à-dire, si nous nous servons de $a'1$, $a'2$, etc. pour désigner les coëfficients de cos. $2\,(m - i)\,\varphi$, cos. $(2\,m - 3\,i)\,\varphi$, etc. dans cette série, nous aurons

$$a'1 = \left[1 + e^2\left(5 - \frac{4\,i^2}{n^2}\right)\right] : 2\,(m - i),$$

$$a'2 = 7c : 2\,(2\,m - 3\,i), \quad a'3 = - c : 2\,(2\,m - i),$$

$$b'1 = \left[2\,e\left(\frac{i}{n} - 1\right) + e^3\left(\frac{13\,i}{2\,n} + \frac{11\,i^2}{2\,n^2} - \frac{4\,i^3}{n^3} - \frac{15}{2}\right)\right] : (n + 2\,m - 2\,i),$$

$$b'2 = \left[2\,e\left(\frac{i}{n} + 1\right) + e^3\left(\frac{13\,i}{2\,n} - \frac{11\,i^2}{2\,n^2} - \frac{4\,i^3}{n^3} + \frac{15}{2}\right)\right] : (n - 2\,m + 2\,i),$$

$$c'1 = \left[e^2\left(\frac{2\,i^2}{n^2} - \frac{3\,i}{4\,n} + \frac{5}{2}\right) - \frac{i}{n}\,e\,e'2\right] : 2\,(n + m - i),$$

$$c'2 = - \left[e^2\left(\frac{2\,i^2}{n^2} + \frac{3\,i}{4\,n} + \frac{5}{2}\right) + \frac{i}{n}\,e\,e'2\right] : 2\,(n - m + 1),$$

$$d'1 = e^3\left(\frac{4\,i^3}{3\,n^3} - \frac{11\,i^2}{2\,n^2} + \frac{41\,i}{6\,n} - \frac{5}{2}\right) : (3\,n + 2\,m - 2\,i),$$

$$d'2 = e^3\left(\frac{4\,i^3}{3\,n^3} + \frac{11\,i^2}{2\,n^2} + \frac{41\,i}{6\,n} + \frac{5}{2}\right) : (3\,n - 2\,m + 2\,i),$$

$$f'1 = 7ec\left(\frac{3\,i}{2\,n} - 1\right) : (n + 2\,m - 3\,i),$$

$$f'2 = 7ec\left(\frac{3\,i}{2\,n} + 1\right) : (n - 2\,m + 3\,i),$$

$$f'3 = - ec\left(\frac{i}{2\,n} - 1\right) : (n + 2\,m - i),$$

$$f'4 = - ec\left(\frac{i}{2\,n} + 1\right) : (n - 2\,m + i).$$

(69). Cela posé, il sera facile de trouver y ; car $A \cos. \pi \varphi$ étant un des termes de P, le terme correspondant de y doit être

$$\frac{- A}{n^2 - \pi^2} \cos. \pi \varphi.$$

Mais de tous nos coëfficients, quels sont ceux que nous pouvons négliger dans une première approximation? Et d'abord $n - 1$, $m - 1$, $e\,i$ étant des quantités à-peu-près de l'ordre e^2, nous pouvons négliger les termes qui ont pour facteur quelque puissance ou quelque produit de ces quantités. On voit ensuite que $n^2 - (n \pm i)^2$ étant de l'ordre i, les termes où $c\,e$ aura ce diviseur ne pourront être négligés. Dans le coëfficient $b\,1$, on pourra négliger tous les termes qui ont pour facteur e^3 ; on ne le fera pas dans le coëfficient $b\,2$, qui doit

doit être divisé par $n^2 - (n - 2m + 2i)^2$, quantité de l'ordre i. On négligera $d1$; on négligera $d2$ quoiqu'il doive être divisé par $n^2 - (3n - 2m + 2i)^2$, quantité de l'ordre i, parcequ'il est lui-même de l'ordre $e^3 i$. On négligera $f1, f3$, en conservant $f2, f4$, qui auront pour diviseurs $n^2 - (n - 2m + 3i)^2$, $n^2 - (n - 2m + i)^2$, quantités de l'ordre i. Je passe à la seconde série. On pourra négliger dans $b'1$ les termes affectés de e^3 : on les conservera dans $b'2$. On négligera tout-à-fait $d'1, f'1, f'3$, et on conservera $d'2, f'2, f'4$.

Quant à $\Gamma \cos. n\varphi + \frac{\Delta}{n} \sin. n\varphi$, nous les supprimerons dans la valeur de y pour les joindre à $e \cos. q$, ou $e \cos. n\varphi$; et au lieu de ces trois termes, nous écrirons $e \cos.(n\varphi - \mathcal{C}')$, en entendant par e l'excentricité de l'orbite actuelle de la lune, et par $\mathcal{C}'$ le lieu de l'apogée.

(70). Nous ferons, pour abréger,

$$\frac{f.(M + M')}{h^2} = g', \quad \frac{3 f^4 M''}{2 h^2 b^3} = h'. \quad \text{tang.}\gamma = i'$$

$$- c e h'\left(\frac{3}{4} + \frac{i}{n}\right) : (2n + i) i = D1, \quad c e h'\left(\frac{3}{4} - \frac{i}{n}\right) : (2n - i) i = E1,$$

$$- h'\left[1 + e^2(3 + 2i) + g' \cdot \frac{1 + 5e^2}{m - i}\right] : [n^2 - 4(m - i)^2] = A1,$$

$$- 7 h'c \left[\frac{1}{2} + \frac{cg'}{2m - 3i}\right] : [n^2 - (2m - 3i)^2] = A2,$$

$$h'c \left[\frac{1}{2} + \frac{g'}{2m - i}\right] : [n^2 - (2m - i)^2] = A3,$$

$$- h'e \left[\frac{2i}{n} - \frac{3 + n}{2} + \frac{4g'}{n} \cdot \frac{i - n}{n + 2m - 2i}\right] : [n^2 - (n + 2m - 2i)^2] = B1,$$

$$h'e. \left[\frac{2i}{n} + \frac{3 - n}{2} + 5e^2 \cdot \frac{3 - n}{4} - \frac{g'}{n} \cdot \frac{4.(i + n) + 15 n e^2}{n - 2m + 2i}\right] : [n^2 - $$
$$(n - 2m + 2i)^2] = B2,$$

$$- h'e^2 \left[\frac{3}{2} + n + \frac{5g'}{2(n + m - i)}\right] : [n^2 - 4(n + m - i)^2] = C1,$$

$$- h'e^2 \left[\frac{3}{2} - n - \frac{g'}{4n} \cdot \frac{19i + 10n}{n - m + i}\right] : [n^2 - 4(n - m + i)^2] = C2,$$

$$- 5 g'h'e^3 : (3n - 2m + 2i)(n^2 - (3n - 2m + 2i)^2) = D2,$$

$$h'e c \left[3 \frac{3 - n}{4} - \frac{14 g'}{n - 2m + 3i}\right] : [n^2 - (n - 2m + 3i)^2] = F2,$$

$$h'e c \left[3 \frac{3 - n}{4} + \frac{2g'}{n - 2m + i}\right] : [n^2 - (n - 2m + i)^2] = F4;$$

et nous aurons

$$y = \frac{3 g' i'^2}{4(n^2 - 4)} \cos. 2(\varphi - \mathcal{C}) + \frac{h' e^2}{3 n^2} \cos. 2 n\varphi - \frac{h'c}{n^2 - i^2} \cos. i\varphi +$$
$$D1 \cos.(n + i) \varphi + E1 \cos.(n - i) \varphi + A1 \cos. 2(m - i) \varphi$$

$$+ \mathrm{A}2 \cos.(2m - 3i)\,\varphi + \mathrm{A}3 \cos.(2m - i)\,\varphi + \mathrm{B}1 \cos.(n + 2m - 2i)\,\varphi + \mathrm{B}2 \cos.(n - 2m + 2i)\,\varphi + \mathrm{C}1 \cos.2(n + m - i)\,\varphi$$
$$+ \mathrm{C}2 \cos.2(n - m + i)\,\varphi + \mathrm{D}2 \cos.(3n - 2m + 2i)\,\varphi$$
$$+ \mathrm{F}2 \cos.(n - 2m + 3i)\,\varphi + \mathrm{F}4 \cos.(n - 2m + i)\,\varphi.$$

(71). On trouvera l'expression du temps au moyen de l'équation

$$dt = \frac{r^2 d\varphi}{h}\left(1 - \frac{1}{h^2}\int W r^3 d\varphi\right), \text{ (n}^{os}\text{ 29 et 55), dans laquelle on fera}$$

$$\frac{r^2}{f^2} = (1 + \tfrac{3}{2}e^2)\,(1 - 2e\cos.n\varphi + \tfrac{3}{2}e^2\cos.2n\varphi - e^3\cos.3n\varphi)$$

$$- 2e_1 y + 2e'_1 y\cos.n\varphi, \quad \frac{1}{h^2}\int W r^3 d\varphi = \frac{3}{2}\frac{f^4 \mathrm{M}''}{h^2 b^3}\,(a'_1 \cos.2(m - i)\,\varphi$$

$$+ a'_2 \cos.(2m - 3i)\,\varphi + \text{etc.})$$

Soit $1 + \tfrac{3}{2}e^2 = \varepsilon$, $\dfrac{3 g' i'^2}{4(n^2 - 4)} = a'$, $\dfrac{h' e^2}{3 n^2} = b'$, $\dfrac{h' c}{n^2 - i^2} = c'$; on aura

$\dfrac{h dt}{f^2 d\varphi}$ égal à ε plus cette suite de cosinus :

Angles dont les cosinus	ont pour coëfficients
$n\,\varphi$	$-2e\varepsilon + e'_1 b'$
$2n\varphi$	$\tfrac{3}{2}e^2 - 2e_1 b'$
$3n\varphi$	$-e^3\varepsilon + e'_1 b'$
$2(\varphi - \mathfrak{E})$	$-2e_1 a'$
$i\varphi$	$-2e_1 c' + e'_1 . (\mathrm{D}1 + \mathrm{E}1)$
$(n + i)\,\varphi$	$-e'_1 c' - 2e_1 \mathrm{D}1$
$(n - i)\,\varphi$	$-e'_1 c' - 2e_1 \mathrm{E}1$
$2(m - i)\,\varphi$	$-2e_1 \mathrm{A}1 + e'_1 . (\mathrm{B}1 + \mathrm{B}2) - h'\varepsilon\, a'_1 + e\varepsilon h' . (b'_1 + b'_2)$
$(2m - 3i)\,\varphi$	$-2e_1 \mathrm{A}2 + e'_1 \mathrm{F}2 - h'\varepsilon\, a'_2 + e\varepsilon h' . (f'_1 + f'_2)$
$(2m - i)\,\varphi$	$-2e_1 \mathrm{A}3 + e'_1 \mathrm{F}4 - h'\varepsilon\, a'_3 + e\varepsilon h' . (f'_3 + f'_4)$
$(n + 2m - 2i)\,\varphi$	$-2e_1 \mathrm{B}1 + e'_1 . (\mathrm{A}1 + \mathrm{C}1) - h'\varepsilon\, b'_1 + e\varepsilon h' . (a'_1 + c'_1)$
$(n - 2m + 2i)\,\varphi$	$-2e_1 \mathrm{B}2 + e'_1 . (\mathrm{A}1 + \mathrm{C}2) - h'\varepsilon\, b'_2 + e\varepsilon h' . (a'_1 + c'_2)$
$2(n + m - i)\,\varphi$	$-2e_1 \mathrm{C}1 + e'_1 \mathrm{B}1 - h'\varepsilon\, c'_1 + e\varepsilon h' . (b'_1 + d'_1)$
$2(n - m + i)\,\varphi$	$-2e_1 \mathrm{C}2 + e'_1 . (\mathrm{B}2 + \mathrm{D}2) - h'\varepsilon\, c'_2 + e\varepsilon h' . (b'_2 + d'_2)$
$(3n + 2m - 2i)\,\varphi$	$e'_1 \mathrm{C}1 - h'\varepsilon . (d'_1 - e\, c'_1)$
$(3n - 2m + 2i)\,\varphi$	$-2e_1 \mathrm{D}2 + e'_1 \mathrm{C}2 - h'\varepsilon . (d'_2 - e c'_2)$
$(n + 2m - 3i)\,\varphi$	$e'_1 \mathrm{A}2 - h'\varepsilon . (f'_1 - e\, a'_2)$

Angles dont les cosinus	ont pour coëfficients
$(n - 2m + 3i)\,\varphi$	$- 2e_1\,F_2 + c'_1\,A_2 - h'_\varepsilon.(f'_2 - c\,a'_2)$
$(n + 2m - i)\,\varphi$	$c'_1\,A_3 - h'_\varepsilon.(f'_3 - \acute{e}a'_3)$
$(n - 2m + i)\,\varphi$	$- 2c_1\,F_4 + c'_1\,A_3 - h'_\varepsilon.(f'_4 - e a'_3)$
$(2n + i)\,\varphi$	$c'_1\,D_1$
$(2n - i)\,\varphi$	$c'_1\,E_1$
$(4n - 2m + 2i)\,\varphi$	$c'_1\,D_2 + c\varepsilon h'\,d'_2$
$(4n + 2m - 2i)\,\varphi$	$e\varepsilon h'\,d'_1$
$(2n - 2m + 3i)\,\varphi$	$c'_1\,F_2 + c\varepsilon h'\,f'_2$
$(2n + 2m - 3i)\,\varphi$	$c\varepsilon h'\,f'_1$
$(2n - 2m + i)\,\varphi$	$c'_1\,F_4 + c\varepsilon h'\,f'_4$
$(2n + 2m - i)\,\varphi$	$c\varepsilon h'\,f'_3$
$[(n + 2).\varphi - 2\mathcal{C}]$	$e'_1\,a'$
$[(n - 2).\varphi + 2\mathcal{C}]$	$c'_1\,a'$

On en tirera facilement $\frac{h\,t}{f^2}$, et dans cette valeur on pourra négliger plusieurs termes qui sont suffisamment indiqués par ce que nous avons dit plus haut.

(72). Dans l'équation $\frac{d^2 s}{d\varphi^2} + s + \Xi = 0$ (n° 31), on prendra

$$\Xi = \frac{3\,M''\,r^4}{2\,h^2\,r'^3}\left(1 - \frac{2}{h^2}\int W r^3\,d\varphi\right)\left[\frac{ds}{d\varphi}\left[\sin.2\theta + \frac{r}{4\,r'}\cdot(\sin.\theta + 5\sin.3\theta)\right]\right.$$
$$\left.+ s\left[1 + \cos.2\theta + \frac{r}{4\,r'}\cdot(11\cos.\theta + 5\cos.3\theta)\right]\right];$$

et ayant développé cette quantité comme nous avons fait P (n° 67), l'équation s'intégrera comme celle qui a donné y. On calculera avec la même étendue, au moyen des équations (17) et (18), (n° 36), les valeurs de $\mathcal{C}$ et γ, que jusqu'ici nous avons regardées comme constantes. On pourra passer ensuite à une seconde approximation sans craindre d'avoir négligé des termes qui ne doivent pas l'être. Dans cette seconde approximation, on ira jusqu'aux quantités de l'ordre e^5 et ec^2 inclusivement, en distinguant, si l'on pense abréger par-là, les termes qui n'exigent pas ce degré d'exactitude. On cherchera d'abord une valeur plus exacte de p (n° 66); on ajoutera un terme à celle de Ω (n° 55), et, l'ayant développée ensuite comme elle doit l'être, on en séparera (n° 63) les termes tous constants, les termes constants affectés de cos.q, les termes constants qui ont pour facteur y; ce qui donnera des valeurs plus exactes de h^2, de $\frac{d\sigma}{d\varphi}$, de n^2, et une valeur du rapport du mouvement de l'apogée de la lune à son

mouvement moyen en longitude, qui ne différera presque point de
celui que donne l'observation. Il en résultera une valeur de P
(n°ˢ 67, 68) aussi exacte qu'on peut la desirer. En intégrant l'équation on aura y : après quoi on cherchera t (n° 71); et pour cela on prendra un terme de plus, en développant $(h^2 + 2 \int W r^3 d\varphi)^{-\frac{1}{2}}$ (n° 55).
Ayant t, et par conséquent la longitude moyenne de la lune, il sera
facile d'en conclure la longitude vraie par les formules des n°ˢ 20 et 21.
Il ne s'agira plus que de calculer la latitude, le mouvement des nœuds,
la variation de l'inclinaison. Toutes ces valeurs trouvées, on les com-
binera pour bien s'assurer qu'elles ne peuvent plus influer les unes
sur les autres. Telle est la méthode que MM. d'Alembert et Clairaut
ont constamment suivie dans la théorie de la lune. Celui-ci en a tiré
des tables dont l'exactitude est reconnue de tous les astronomes. Les
nouvelles tables de M. Euler ont été construites d'après une théorie
différente dont nous allons donner une idée.

(73). Nous reprendrons les équations du n° 24

$$d^2 x = P dt^2, \quad d^2 y = Q dt^2, \quad d^2 z = R dt^2,$$

où nous mettrons pour P, Q, R, leurs valeurs (n°ˢ 25 et 48)

$$- \frac{M + M'}{\Delta^3} x + \frac{M''}{\delta^3} (x' - x) - \frac{M''}{\Delta'^3} x',$$

$$- \frac{M + M'}{\Delta^3} y + \frac{M''}{\delta^3} (y' - y) - \frac{M''}{\Delta'^3} y',$$

$$- \frac{M + M'}{\Delta^3} z - \frac{M''}{\delta^3} z.$$

Cela posé, le soleil étant en S, la terre en T, la lune en L, si l'on
prend (*fig. VII*) l'angle DTd pour représenter la longitude moyenne
géocentrique de la lune, et qu'on abaisse la perpendiculaire MO sur
Td; en nommant TO, X, OM, Y, l'angle DTd, φ, on tirera des
triangles rectangles TPH, MOH,

$x = $ X cos.φ — Y sin.φ, $y = $ X sin.φ + Y cos.φ. Donc

$$d^2 x \cos.\varphi + d^2 y \sin.\varphi = d^2 X - X d\varphi^2 - 2 dY d\varphi - Y d^2\varphi,$$

$$d^2 y \cos.\varphi - d^2 x \sin.\varphi = d^2 Y - Y d\varphi^2 + 2 dX d\varphi + X d^2\varphi.$$

A cause de $\Delta' = r'$, si l'on fait, pour simplifier, $\varphi - \varphi' = \theta$,
on aura aussi

$$\text{P cos.}\varphi + \text{Q sin.}\varphi = - \frac{M + M'}{\Delta^3} X + \frac{M''}{\delta^3} (r' \cos.\theta - X) - \frac{M''}{r'^3} \cos.\varphi,$$

$$\text{Q cos.}\varphi - \text{P sin.}\varphi = - \frac{M + M'}{\Delta^3} Y - \frac{M''}{\delta^3} (r' \sin.\theta + Y) + \frac{M''}{r'^3} \sin.\theta.$$

(74). En prenant pour l'unité la distance moyenne de la terre au soleil, on aura les valeurs moyennes de t et p entre elles $\because 1 \because \sqrt{(M'' + M)}$. C'est pourquoi, si nous voulons que t signifie l'anomalie moyenne du soleil qui convient au temps proposé, il faudra diviser $M + M'$, et M'' par $M'' + M$; nous n'entendrons dans la suite par M et M' que ces deux rapports. Mais en négligeant la seconde puissance de l'excentricité de l'orbite apparente du soleil, on a

$$r' = 1 + c \cos.t, \quad d\varphi' = \frac{dt}{1 + 2c \cos.t};$$

et τ étant la longitude moyenne du soleil,

$\varphi' = \tau - 2c \sin.t$, à très peu près. On a aussi $\frac{d\tau}{dt} = 1$, puisqu'on peut n'avoir aucun égard au mouvement très lent de l'apogée du soleil; et, nommant m le rapport $\frac{d(\varphi - \tau)}{dt}$, $\frac{d\varphi}{dt} = m + 1$, $\frac{d^2\varphi}{dt^2} = 0$. Les trois équations du n° précédent pourront donc être changées en celles-ci :

$$(A) \cdots \frac{d^2X}{dt^2} - (m + 2)^2 X - 2 (m + 1) \frac{dY}{dt} = (\Delta') \cdots - \frac{\dot{M}}{\Delta^3} X + \frac{M'}{\delta^3} (r' \cos.\theta - X) - \frac{M'}{r'^2} \cos.\theta,$$

$$(B) \cdots \frac{d^2Y}{dt^2} - (m + 1)^2 Y + 2 (m + 1) \frac{dX}{dt} = (E') \cdots - \frac{M}{\Delta^3} Y - \frac{M'}{\delta^3} (r' \sin.\theta + Y) + \frac{M'}{r'^2} \sin.\theta,$$

$$(C) \cdots \frac{d^2Z}{dt^2} = (\Lambda') \cdots - Z \left(\frac{M}{\Delta^3} + \frac{M'}{\delta^3} \right).$$

(75). Nous avons

$$\Delta^2 = x^2 + y^2 + z^2 = X^2 + Y^2 + Z^2,$$
$$\delta^2 = (x' - x)^2 + (y' - y)^2 + z^2 = \Delta^2 + r'^2 + 2r'(X \cos.\theta - Y \sin.\theta);$$

et comme r' est beaucoup plus grand que Δ, il sera bien suffisant de prendre

$$\frac{1}{\delta^3} = \frac{1}{r'^3} + 3 \frac{X \cos.\theta - Y \sin.\theta}{r'^4} + \frac{3}{2r'^5} [X^2 (5 \cos.\theta^2 - 1) + Y^2 (5 \sin.\theta^2 - 1) - 10 XY \cos.\theta \sin.\theta - Z^2].$$

Nous pourrons aussi nous contenter de

$$\frac{1}{r'} = 1 - c \cos.t, \quad \frac{1}{r'^2} = 1 - 2c \cos.t,$$
$$\frac{1}{r'^3} = 1 - 3c \cos.t; \quad \frac{1}{r'^4} = 1 - 4c \cos.t,$$
$$\sin.\theta = \sin.mt + 2c \sin.t \cos.mt,$$
$$\cos.\theta = \cos.mt - 2c \sin.t \sin.mt.$$

Voilà les substitutions qu'il faut faire dans Δ', E', Λ'; et en nous arrêtant aux termes qui ont pour facteurs les produits de deux dimensions de X, Y, Z, affectés de l'excentricité c, nous aurons

$$\Delta' = -\frac{M}{\Delta^3} X + \tfrac{1}{2} X (1 + 3 \cos. 2\, m\, t) - \tfrac{3}{2} Y \sin. 2\, m\, t + \tfrac{3}{8} X^2$$
$$(3 \cos. m\, t + 5 \cos. 3\, m\, t) - \tfrac{3}{4} XY (\sin. m\, t + 5 \sin. 3\, m\, t)$$
$$+ \tfrac{3}{8} Y^2 (\cos. m\, t - 5 \cos. 3\, m\, t) - \tfrac{3}{2} Z^2 \cos. m\, t - \tfrac{3}{4} c\, X [2 \cos. t$$
$$+ 7 \cos. (2\, m - 1)\, t - \cos. (2m + 1)\, t] + \tfrac{3}{4} c\, Y [7 \sin. (2m - 1)\, t$$
$$- \sin. (2\, m + 1)\, t],$$

$$E' = -\frac{M}{\Delta^3} Y - \tfrac{3}{2} X \sin. 2\, m\, t + \tfrac{1}{2} Y (1 - 3 \cos. 2\, m\, t) - \tfrac{3}{8} X^2$$
$$(\sin. m\, t + 5 \sin. 3\, m\, t) + \tfrac{3}{4} XY (\cos. m\, t - 5 \cos. 3\, m\, t) - \tfrac{3}{8} Y^2$$
$$(3 \sin. m\, t - 5 \sin. 3\, m\, t) + \tfrac{3}{2} Z^2 \sin. m\, t + \tfrac{3}{4} c\, X [7 \sin. (2\, m - 1)\, t$$
$$- \sin. (2\, m + 1)\, t] - \tfrac{3}{4} c\, Y [2 \cos. t - 7 \cos. (2\, m - 1)\, t +$$
$$\cos. (2\, m + 1)\, t],$$

$$\Lambda' = -\frac{M}{\Delta^3} Z - Z - 3XZ \cos. m\, t + 3YZ \sin. m\, t + 3 c\, Z \cos. t.$$

Nous avons mis 1 pour M' qui en diffère infiniment peu. Quant à M, c'est une très petite quantité qui dépend du rapport des masses de la lune, de la terre et du soleil.

(76). Nous changerons encore nos co-ordonnées; et g étant la valeur moyenne de X, nous supposerons $X = g (1 + x)$, $Y = gy$, $Z = gz$. À cause de l'extrême petitesse de ces variables, qu'on ne confondra pas avec celles du n° 73, si l'on prend

$$\frac{M}{\Delta^3}, \text{ ou } \frac{M}{g^3} \left[(1 + x)^2 + y^2 + z^2\right]^{-\frac{3}{2}} \text{ égal à}$$
$$\frac{M}{g^3} \left[\frac{1}{(1 + x)^3} - \frac{3(y^2 + z^2)}{2(1 + x)^5} + \frac{3.5(y^2 + z^2)^2}{2.4(1 + x)^7} + \text{etc.}\right],$$

la série sera très convergente. On en tirera, en mettant i au lieu de $\frac{M}{g^3}$, et en ne poussant pas l'approximation au-delà des quatriemes puissances des nouvelles co-ordonnées,

$$\frac{MX}{\Delta^3} = ig \left[1 - 2x + 3x^2 - 4x^3 + 5x^4 - \tfrac{3}{2}(1 - 4x + 10x^2)(y^2 + z^2)\right.$$
$$\left. + \tfrac{15}{8}(y^2 + z^2)^2\right],$$
$$\frac{MY}{\Delta^3} = ig \left[y - 3xy + 6x^2y - 10x^3y - \tfrac{3}{2}(y - 5xy)(y^2 + z^2)\right],$$
$$\frac{MZ}{\Delta^3} = ig \left[z - 3xz + 6x^2z - 10x^3z - \tfrac{3}{2}(z - 5xz)(y^2 + z^2)\right].$$

Mais la substitution des valeurs de X et $\frac{MX}{\Delta^3}$ introduit dans l'équation (A) un terme tout constant qui ne doit point y entrer, comme

nous l'avons déja remarqué plusieurs fois. On fera ce terme nul, et
on aura l'équation $i = (m + 1)^2 + \frac{1}{2}$. Elle peut avoir lieu, puisqu'il
est permis de prendre pour g telle valeur de X qu'on voudra, pourvu
qu'elle ne diffère que très peu de la moyenne arithmétique entre la
plus grande et la moyenne valeur. Enfin si l'on fait

$$\frac{\Delta'}{g} - 2ix - \frac{x}{2} = \text{P}, \quad \frac{\text{E}'}{g} + iy - \frac{y}{2} = \text{Q}, \quad \frac{\Delta'}{g} + (i + 1)z = \text{R};$$

les trois équations prendront les formes suivantes :

$$(\text{A}) \ldots \ldots \frac{d^2 x}{dt^2} - 3ix - 2(m + 1)\frac{dy}{dt} = \text{P},$$

$$(\text{B}) \ldots \ldots \frac{d^2 y}{dt^2} + 2(m + 1)\frac{dx}{dt} = \text{Q},$$

$$(\text{C}) \ldots \ldots \frac{d^2 z}{dt^2} + (i + 1)z = \text{R}.$$

(77). La valeur complete de x renfermeroit un terme $e\cos.nt$
(n° 69), e étant l'excentricité de l'orbite actuelle de la lune, et n le
rapport de l'anomalie moyenne de la lune à l'anomalie moyenne du
soleil. Ce terme en introduiroit dans la valeur de y un de cette forme
$\varepsilon \sin.nt$. Car, en ne prenant de P que les termes de la forme K $\cos.nt$,
et de Q que les termes de la forme H $\sin.nt$, ces valeurs $x = e\cos.nt$,
$y = \varepsilon \sin.nt$, satisferoient aux équations (A) et (B), pourvu que
ε et n fussent donnés par les équations

$$e(n^2 + 3i) + 2(m + 1)n\varepsilon + \text{K} = 0, \quad \varepsilon n^2 + 2(m + 1)ne + \text{H} = 0.$$

Mais cette manière de déterminer n étant impraticable, pour la difficulté de rassembler tous les termes qui doivent former K et H, il
faudra se contenter de la valeur que lui donne l'observation. Quoi
qu'il en soit, voilà un nouvel angle nt que nous sommes forcés d'introduire dans les équations (A) et (B). Nous serons de même forcés
d'introduire dans l'équation (C) un nouvel angle (n° 34), qui est la
différence de la longitude moyenne de la lune et de celle du nœud
ascendant; angle que les astronomes ont coutume de nommer *argument moyen de la latitude*. Soit cet angle $= lt$; alors si, pour satisfaire à $\frac{d^2 z}{dt^2} + (i + 1)z = \text{G}\sin.lt$, où G $\sin.lt$ est la somme de
tous les termes de la même forme qui peuvent entrer dans R, on fait
$z = \text{L}\sin.lt$, L sera donné par l'équation

$$\text{L}(1 + i - l^2) = \text{G}.$$

(78). Les valeurs de nos co-ordonnées seront composées de différents termes ayant pour facteurs e, c, i'^2 (n° 70), g (n° 76), et les

produits de ces quantités. Nous les distinguerons en supposant que x est la somme de

$x_1,\ e\,x_2,\ e^2\,x_3,\ g\,x_4,\ ge\,x_5,\ c\,x_6,\ ce\,x_7,\ cg\,x_8,\ i'^2\,x_9$, etc.

y la somme de

$y_1,\ e\,y_2,\ e^2\,y_3,\ g\,y_4,\ ge\,y_5,\ c\,y_6,\ ce\,y_7,\ cg\,y_8,\ i'^2\,y_9$, etc.

z la somme de

$i'z_1,\ i'e\,z_2,\ i'e^2\,z_3,\ i'c\,z_4,\ i'^3\,z_5$, etc.

tous les termes de z sont affectés de i', parceque, cette quantité étant nulle, l'autre doit l'être. Ayant substitué ces valeurs de x, y, z dans les équations (A), (B), (C), on égalera à zéro les termes de même dénomination. De cette maniere, en négligeant les produits de plus de deux dimensions des premiers termes x_1, y_1, z_1, on trouvera

$$\frac{d^2x_1}{dt^2} - 3i\,x_1 - 2\,(m+1)\,\frac{dy_1}{dt} = (P_1)\ldots \tfrac{3}{2}\big[(1+x_1)\,.\cos.2mt$$
$$- y_1 \sin.2mt - i\,.\big(2\overline{x_1}^2 - \overline{y_1}^2\big)\big],$$

$$\frac{d^2y_1}{dt^2} + 2\,(m+1)\,\frac{dx_1}{dt} = (Q_1)\ldots -\tfrac{3}{2}\big[(1+x_1)\,.\sin.2mt +$$
$$y_1 \cos.2mt - 2i\,.\,x_1 y_1\big],$$

$$\frac{d^2z_1}{dt^2} + (i+1)\,z_1 = (R_1)\ldots 3i\,z_1\,\big(x_1 - 2\overline{x_1}^2 + \tfrac{1}{2}\overline{y_1}^2\big);$$

$$\frac{d^2x_2}{dt^2} - 3i\,x_2 - 2\,(m+1)\,\frac{dy_2}{dt} = (P_2)\ldots 3x_2\,\big[\tfrac{1}{2}\cos.2mt -$$
$$-2i\,.(x_1 - 2\overline{x_1}^2 + \overline{y_1}^2)\big] - 3y_2\,\big[\tfrac{1}{2}\sin.2mt - i\,.(y_1 - 4x_1 y_1)\big],$$

$$\frac{d^2y_2}{dt^2} + 2\,(m+1)\,\frac{dx_1}{dt} = (Q_2)\ldots - 3x_2\,\big[\tfrac{1}{2}\sin.2mt -$$
$$i\,.(y_1 - 4x_1 y_1)\big] - 3y_2\,\big[\tfrac{1}{2}\cos.2mt - i\,.(x_1 - 2\overline{x_1}^2 + \tfrac{3}{2}\overline{y_1}^2)\big],$$

$$\frac{d^2z_2}{dt^2} + (i+1)\,z_2 = (R_2)\ldots 3i\,z_2\,\big(x_1 - 2\overline{x_1}^2 + \tfrac{1}{2}\overline{y_1}^2\big) +$$
$$3i\,x_2 z_1\,\big(1 - 4x_1 + 10\,\overline{x_1}^2 - \tfrac{5}{2}\overline{y_1}^2\big) + 3i\,y_2 z_1\,(y_1 - 5y_1 x_1);$$

et des équations analogues pour déterminer x_3, y_3, z_3, etc.

(79). Si P_1, Q_1 ne renfermoient d'autres termes, l'un que $a \cos.\mu t$, l'autre que $b \sin.\mu t$, on satisferoit aux deux premieres équations en supposant $x_1 = A \cos.\mu t$, $y_1 = B \sin.\mu t$, où A et B seroient donnés par

$$(\mu^2 + 3i)\,A + 2\,(m+1)\,\mu B + a = 0,$$
$$\mu^2 B + 2\,(m+1)\,\mu A + b = 0,$$

desquelles

desquelles on tireroit, à cause de $i = (m + 1)^2 + \frac{1}{2}$,

$$A = \frac{a - \frac{2(m+1)}{\mu} b}{i - 2 - \mu^2}, \quad B = - \frac{b}{\mu^2} - \frac{2(m+1)}{\mu} A.$$

Outre les termes précédents, si P_1, Q_1 renfermoient, l'un $c \cos.\mu' t$, l'autre $d \sin.\mu' t$, on satisferoit, en supposant

$$x_1 = A \cos.\mu t + C \cos.\mu' t, \quad y_1 = B \sin.\mu t + D \sin.\mu' t;$$

et A, B ayant les mêmes valeurs que ci-dessus, C, D seroient donnés par ces équations

$$(\mu'^2 + 3i) C + 2 (m + 1) \mu' D + c = 0,$$
$$\mu'^2 D + 2 (m + 1) \mu' C + d = 0.$$

D'où suit cette regle générale : P_1 étant une suite de cosinus, et Q_1 une suite de sinus d'angles multiples de t, si un des termes de la premiere suite est $a \cos.\mu t$, et un des termes de l'autre $b \sin.\mu t$, le terme correspondant de x_1 sera $A \cos.\mu t$, et le terme correspondant de y_1, $B \sin.\mu t$, A et B étant tels que nous les avons définis plus haut.

(80). Ainsi, en ne faisant d'abord aucune attention aux termes de P_1, Q_1 affectés de x_1, y_1, on satisfera aux deux premieres équations, en supposant

$$x_1 = A \cos.2mt, \quad y_1 = B \sin.2mt, \quad \text{où } A = \frac{3}{2m} \cdot \frac{2m+1}{i - 2 - 4m^2},$$
$$B = \frac{3}{8m^2} - \frac{m+1}{m} A.$$

On mettra ces valeurs de x_1, y_1 dans P_1, Q_1, qui deviendront par-là

$$\tfrac{3}{2} \cos.2mt - a + a_1 \cos.4mt, \quad -\tfrac{3}{2} \sin.2mt - b_1 \sin.4mt, \quad \text{où}$$
$$a = - \frac{B - A}{2} + \frac{i}{2} \cdot (2A^2 - B^2), \quad a_1 = \frac{B + A}{2} - \frac{i}{2} \cdot (2A^2 + B^2),$$
$$b_1 = \frac{B + A}{2} - i AB.$$

On remarquera que dans P_1 il y a un terme tout constant a. Mais ayant $c \cos.\mu' t$, si μ' fût devenu nul, la regle précédente auroit donné $C = - \frac{c}{3i}$. Elle donne donc dans ce cas-ci, pour le terme de x_1 correspondant à a, $\frac{a}{3i}$, et n'en introduit aucun dans y_1. Il suit de là que si l'on fait $A_1 = \frac{a_1 - \frac{m+1}{2m} b_1}{i - 2 - 16m^2}$, $B_1 = - \frac{b}{16m^2} - \frac{m+1}{2m} A_1$, on aura

$$x_1 = \frac{a}{3i} + A \cos.2mt + A_1 \cos.4mt, \quad y_1 = B \sin.2mt + B_1 \sin.4mt.$$

H

(81). Passons à la troisieme équation, et représentons R_1 par z_1 $(\mathcal{C} + \gamma \cos.2mt + \delta \cos.4mt)$. Ces coëfficients $\mathcal{C}$, γ, δ, sont faciles à déterminer ; il n'en est pas de même de toute la quantité, puisque nous n'avons pas de valeur approchée de z_1 que nous puissions lui substituer. Nous ne savons autre chose, sinon que $i'\sin.lt$ (n°s 70 et 77) est une valeur approchée de z, et que par conséquent $\sin.lt$ doit être un des termes de la valeur de z_1. Soit

$$z_1 = \sin.lt + C \sin.(2m - l)t + D \sin.(2m + l)t$$
$$+ E \sin.(4m - l)t + F \sin.(4m + l)t,$$

on aura

$$R_1 = a \sin.lt + c \sin.(2m - l)t + d \sin.(2m + l)t$$
$$+ e \sin.(4m - l)t + f \sin.(4m + l)t,$$

où $a = \mathcal{C} - \gamma \dfrac{C - D}{2} - \delta \dfrac{E - F}{2},$

$\quad c = \mathcal{C}C - \gamma \dfrac{1 - E}{2} - \dfrac{\delta D}{2},$

$\quad d = \mathcal{C}D + \gamma \dfrac{1 + F}{2} - \dfrac{\delta C}{2},$

$\quad e = \mathcal{C}E + \dfrac{\gamma C}{2} - \dfrac{\delta}{2},$

$\quad f = \mathcal{C}F + \dfrac{\gamma D}{2} + \dfrac{\delta}{2};$

on a rejetté les termes dans lesquels entrent les sinus de $(6m - l)t$, $(6m + l)t$, $(8m - l)t$, $(8m + l)t$, sauf ensuite à examiner jusqu'à quel point ils peuvent influer sur les équations qui serviront à compléter la valeur de z. Or un des termes de R_1 étant $K\sin.\lambda t$, le terme correspondant de z_1 doit être $\dfrac{K}{i - 1 - \lambda^2}$; on aura donc les équations suivantes :

$$a = i + 1 - l^2, \quad c = (i + 1 - (2m - l)^2)C, \quad d = (i + 1 - (2m + l)^2)D,$$
$$e = (i + 1 - (4m - l)^2) E, \quad f = (i + 1 - (4m + l)^2) F,$$

dont quatre serviront à déterminer C, D, E, F, et ces valeurs devront satisfaire à la cinquieme ; ce qui dépendra de la valeur qu'on pourra donner à l.

(82). On mettra dans P_2 et Q_2, de la quatrieme et cinquieme équations, (n° 78), pour x_1, y_1, leurs valeurs, et ces quantités deviendront par-là

$$P_2 = x_2 (b + c \cos.2mt + d \cos.4mt) + y_2 (b' \sin.2mt +$$
$$c' \sin.4mt),$$

$$Q_2 = x_2 (\mathcal{C}'\sin.2mt + \gamma'\sin.4mt) + y_2 (\mathcal{C} + \gamma\cos.2mt + \delta\cos.4mt);$$

b, c, d, etc. étant faciles à déterminer. On supposera ensuite

$$x_2 = \mathrm{B}\cos.nt + \mathrm{C}\cos.(2m-n)t + \mathrm{D}\cos.(2m+n)t$$
$$+ \mathrm{E}\cos.(4m-n)t + \mathrm{F}\cos.(4m+n)t,$$
$$y_2 = \mathrm{B}'\sin.nt + \mathrm{C}'\sin.(2m-n)t + \mathrm{D}'\sin.(2m+n)t$$
$$+ \mathrm{E}'\sin.(4m-n)t + \mathrm{F}'\sin.(4m+n)t.$$

On mettra ces valeurs dans P_2, Q_2; et si l'on fait, pour abréger,

$$b\mathrm{B} + \tfrac{c}{2}\cdot(\mathrm{C+D}) + \tfrac{d}{2}\cdot(\mathrm{E+F}) + \tfrac{b'}{2}\cdot(\mathrm{C'+D'}) + \tfrac{c'}{2}\cdot(\mathrm{E'+F'}) = a_1,$$
$$b\mathrm{C} + \tfrac{c}{2}\cdot(\mathrm{B+E}) + \tfrac{d}{2}\mathrm{D} + \tfrac{b'}{2}\cdot(\mathrm{B'+E'}) + \tfrac{c'}{2}\mathrm{D'} = b_1,$$
$$b\mathrm{D} + \tfrac{c}{2}\cdot(\mathrm{B+F}) + \tfrac{d}{2}\mathrm{C} - \tfrac{b'}{2}\cdot(\mathrm{B'-F'}) + \tfrac{c'}{2}\mathrm{C'} = c_1,$$
$$b\mathrm{E} + \tfrac{c}{2}\mathrm{C} + \tfrac{d}{2}\mathrm{B} - \tfrac{b'}{2}\mathrm{C'} + \tfrac{c'}{2}\mathrm{B'} = d_1,$$
$$b\mathrm{F} + \tfrac{c}{2}\mathrm{D} + \tfrac{d}{2}\mathrm{B} - \tfrac{b'}{2}\mathrm{D'} - \tfrac{c'}{2}\mathrm{B'} = e_1,$$
$$\beta\mathrm{B}' - \tfrac{\gamma}{2}\cdot(\mathrm{C'-D'}) - \tfrac{\delta}{2}\mathrm{E'} + \tfrac{c'}{2}\cdot(\mathrm{C-D}) + \tfrac{\gamma'}{2}\cdot(\mathrm{E-F}) = \mathrm{A}_1,$$
$$\beta\mathrm{C}' - \tfrac{\gamma}{2}\cdot(\mathrm{B'-E'}) - \tfrac{\delta}{2}\mathrm{D'} + \tfrac{c'}{2}\cdot(\mathrm{B-E}) + \tfrac{\gamma'}{2}\mathrm{D} = \mathrm{B}_1,$$
$$\beta\mathrm{D}' + \tfrac{\gamma}{2}\cdot(\mathrm{B'+F'}) - \tfrac{\delta}{2}\mathrm{C'} + \tfrac{c'}{2}\cdot(\mathrm{B-F}) + \tfrac{\gamma'}{2}\mathrm{C} = \mathrm{C}_1,$$
$$\beta\mathrm{E}' + \tfrac{\gamma}{2}\mathrm{C'} - \tfrac{\delta}{2}\mathrm{B'} + \tfrac{c'}{2}\mathrm{C} + \tfrac{\gamma'}{2}\mathrm{B} = \mathrm{D}_1,$$
$$\beta\mathrm{F}' + \tfrac{\gamma}{2}\mathrm{D'} + \tfrac{\delta}{2}\mathrm{B'} + \tfrac{c'}{2}\mathrm{D} + \tfrac{\gamma'}{2}\mathrm{B} = \mathrm{E}_1,$$

ils deviendront par-là,

$$\mathrm{P}_2 = a_1\cos.nt + b_1\cos.(2m-n)t + c_1\cos.(2m+n)t$$
$$+ d_1\cos.(4m-n)t + e_1\cos.(4m+n)t,$$
$$\mathrm{Q}_2 = \mathrm{A}_1\sin.nt + \mathrm{B}_1\sin.(2m-n)t + \mathrm{C}_1\sin.(2m+n)t$$
$$+ \mathrm{D}_1\sin.(4m-n)t + \mathrm{E}_1\sin.(4m+n)t,$$

Cela posé, la regle générale du n° 79 donnera les équations suivantes:

$$(i-2-n^2)\,\mathrm{B} = a_1 - \frac{2(m+1)}{n}\,\mathrm{A}_1,$$
$$[i-2-(2m-n)^2]\,\mathrm{C} = b_1 - \frac{2(m+1)}{2m-n}\,\mathrm{B}_1,$$
$$[i-2-(2m+n)^2]\,\mathrm{D} = c_1 - \frac{2(m+1)}{2m+n}\,\mathrm{C}_1,$$
$$[i-2-(4m-n)^2]\,\mathrm{E} = d_1 - \frac{2(m+1)}{4m-n}\,\mathrm{D}_1,$$
$$[i-2-(4m+n)^2]\,\mathrm{F} = e_1 - \frac{2(m+1)}{4m+n}\,\mathrm{E}_1,$$

H ij

$$n^2 \, \mathrm{B}' = - \mathrm{A}_1 - 2n \, (m + 1) \, a_1,$$
$$(2m - n)^2 \, \mathrm{C}' = - \mathrm{B}_1 - 2 \, (2m - n) \, (m + 1) \, b_1,$$
$$(2m + n)^2 \, \mathrm{D}' = - \mathrm{C}_1 - 2 \, (2m + n) \, (m + 1) \, c_1,$$
$$(4m - n)^2 \, \mathrm{E}' = - \mathrm{D}_1 - 2 \, (4m - n) \, (m + 1) \, d_1,$$
$$(4m + n)^2 \, \mathrm{F}' = - \mathrm{E}_1 - 2 \, (4m + n) \, (m + 1) \, e_1.$$

On verra aisément qu'une des lettres B, C, etc. B′, C′, etc. reste arbitraire : car ayant divisé tous les termes des équations précédentes par
une de ces lettres, par B, par exemple, on n'en pourra tirer que les
rapports $\frac{C}{B}$, $\frac{D}{B}$, $\frac{E}{B}$, $\frac{F}{B}$, $\frac{B'}{B}$, $\frac{C'}{B}$, $\frac{D'}{B}$, $\frac{E'}{B}$, $\frac{F'}{B}$, et une équation de
condition. Mais on peut prendre B $= 1$, puisque $e \cos. nt$ doit être
un des termes de la valeur de x, et que x_2 est déja multiplié par e.
Il ne restera donc que l'équation de condition qui dépendra de la valeur de n; et elle approchera d'autant plus d'être identique, que cette
valeur sera plus près de la vraie.

(83). Les équations de condition, que ce genre d'analyse introduit
nécessairement, approcheront d'autant plus d'être identiques, que
les nombres à substituer auront été mieux choisis. M. Euler fait

$$g = \tfrac{1}{3yo}, \; c = 0,01678, \; e = 0,0545, \; n = 13,25604, \; m = 12,36892,$$
$$l = 13,42263, \; i = 179,22892, \; i' = 0,08964;$$

et, par une suite de calculs analogues à ceux que nous venons d'exposer, il trouve les valeurs de x, y, z, dont nous ne transcrirons que
les principaux termes :

$$x = - 0,0035871 + 0,0002928 \cos. mt - 0,0063746 \cos. 2mt$$
$$+ 0,0545000 \cos. nt + 0,0015139 \cos. 2nt - 0,0005994$$
$$\cos.(2m - n) t - 0,0001875 \cos.(2m + n) t + 0,0101675$$
$$\cos.(2m - n) t + 0,0019870 \cos. 2lt,$$

$$y = - 0,0006162 \sin. mt + 0,0103304 \sin. 2mt - 0,1094678$$
$$\sin. nt + 0,0007488 \sin. 2nt + 0,0009255 \sin. 2 \, (m - n) \, t$$
$$- 0,0222601 \sin.(2m - n) t - 0,0001766 \sin.(2m + n) t$$
$$+ 0,0031643 \sin. t - 0,0019803 \sin. 2lt,$$

$$z = 0,0896400 \sin. lt + 0,0033265 \sin.(2m - l) t - 0,0024669$$
$$\sin.(m + l) t - 0,0072460 \sin.(m - l) t - 0,0011787$$
$$\sin.(2m - n - l) t.$$

(84). En mettant dans ces formules, pour chacune des indéterminées, mt, nt, lt, etc. tous les angles, depuis o degré jusqu'à 360°, on formera des tables dont ces indéterminées seront les arguments : il y en aura autant que de termes dans les valeurs de x, y, z. Ces tables en supposent d'autres où l'on cherchera d'abord la longitude moyenne de la lune, φ; celle de son apogée, ω; la longitude moyenne du nœud ascendant, $\mathcal{C}$; la longitude moyenne du soleil, τ; celle de son apogée, π. On réduira le temps donné en temps moyen; et ayant trouvé pour ce temps les éléments précédents, on en conclura l'élongation moyenne de la lune au soleil, où $\varphi - \tau = mt$; l'anomalie moyenne de la lune, où $\varphi - \omega = nt$; l'argument moyen de la latitude, où $\varphi - \mathcal{C} = lt$; l'anomalie moyenne du soleil, où $\tau - \pi = t$; puis $2(m - n)t$, $(2m + n)t$, etc. On fera ces substitutions dans les formules dont il s'agit; et les valeurs des co-ordonnées x, y, z qu'on en tirera approcheront d'autant plus d'être vraies, que les termes qu'on aura négligés seront moins considérables. Ayant $1 + x$ et y, il sera facile d'en tirer l'angle dTM (*fig. VII*) par cette proportion $1 + x : y :: 1 : \tang. d$TM. On ajoutera à cet angle, que nous nommerons Ψ, la longitude moyenne DTd, et on aura la longitude vraie de la lune. Le même triangle rectangle TOM donnera TM $= \frac{\text{TO}}{\cos.\Psi}$; et le triangle rectangle TML, $\tang.\text{MTL} = \frac{\text{ML}}{\text{TM}} = \frac{z\cos.\Psi}{1 + x}$. Selon que cet angle, que nous nommerons L, sera positif ou négatif, la latitude de la lune sera boréale ou australe. Mais on a aussi $\cos.\text{L} : 1 :: \text{TM} : \text{TL}$; donc la distance de la lune à la terre a pour expression $\frac{\text{X}}{\cos.\text{L}\,\cos.\Psi}$. Il faudra multiplier le rapport $\frac{\cos.\text{L}\,\cos.\Psi}{\text{X}}$ par la quantité constante $56' \, 48''$ pour avoir la parallaxe horizontale équatoriale de la lune.

(85). Les constantes arbitraires, que l'intégration des équations différentielles introduit nécessairement, se déterminent au moyen des éléments de l'orbite (n° 4), ou plutôt elles ne sont que ces éléments eux-mêmes. Ils seroient invariables si les planètes étoient simplement attirées par le soleil; mais comme elles agissent les unes sur les autres, ils sont sujets à de petites variations qu'il s'agit de déterminer. Si M$'$ étoit troublé dans son mouvement autour de M, non seulement par M$''$ (n° 51), mais par d'autres corps M$'''$, etc. dont les positions par rapport à M fussent déterminées par les co-ordonnées x'', y'', z'', etc. les équations du n° 73 prendroient la forme suivante :

$$\frac{d^2x}{dt^2} + \frac{Kx}{\Delta^3} + X = 0, \quad \frac{d^2y}{dt^2} + \frac{Ky}{\Delta^3} + Y = 0, \quad \frac{d^2z}{dt^2} + \frac{Kz}{\Delta^3} + Z = 0,$$

où $K = M + M'$,

$$X = M'' \left(\frac{x - x'}{\delta^3} + \frac{x}{\Delta'^3} \right) + M''' \left(\frac{x - x''}{\delta'^3} + \frac{x''}{\Delta''^3} \right) + \text{etc.}$$

$$Y = M'' \left(\frac{y - y'}{\delta^3} + \frac{y}{\Delta'^3} \right) + M''' \left(\frac{y'' - y}{\delta'^3} + \frac{y''}{\Delta''^3} \right) + \text{etc.}$$

$$Z = M'' \left(\frac{z - z'}{\delta^3} + \frac{z'}{\Delta'^3} \right) + M''' \left(\frac{z'' - z}{\delta'^3} + \frac{z''}{\Delta''^3} \right) + \text{etc.}$$

$$\Delta = \sqrt{(x^2 + y^2 + z^2)}, \quad \Delta' = \sqrt{(x'^2 + y'^2 + z'^2)}, \text{ etc.}$$

$$\delta = \sqrt{[(x - x')^2 + (y - y')^2 + (z - z')^2]},$$

$$\delta'' = \sqrt{[(x - x'')^2 + (y - y'')^2 + (z - z'')^2]},$$

etc. Une remarque intéressante, c'est qu'en intégrant $X dx$, $Y dy$, $Z dz$, la premiere en ne faisant varier que x, la seconde en ne faisant varier que y, la troisieme en ne faisant varier que z, on a la même quantité

$$(V) \ldots \ldots M'' \left(\frac{xx' + yy' + zz'}{\Delta'^3} - \frac{1}{\delta} \right) + M''' \left(\frac{xx'' + yy'' + zz''}{\Delta''^3} - \frac{1}{\delta'} \right) + \text{etc.}$$

on pourra donc substituer à X, Y, Z ces quantités $\frac{dV}{dx}$, $\frac{dV}{dy}$, $\frac{dV}{dz}$.

(86). A cause des équations (n° 33),

$$y dx - x dy = M dt, \quad z dx - x dz = N dt, \quad z dy - y dz = O dt,$$

que nous désignerons dans la suite par les équations (α), on a

$$d \cdot \frac{x}{\Delta} = \frac{y(y dx - x dy) + z(z dx - x dz)}{\Delta^3} = \frac{My + Nz}{\Delta^3} dt,$$

$$d \cdot \frac{y}{\Delta} = \frac{x(x dy - y dx) + z(z dy - y dz)}{\Delta^3} = - \frac{Mx - Oz}{\Delta^3} dt,$$

$$d \cdot \frac{z}{\Delta} = \frac{x(x dz - z dx) + y(y dz - z dy)}{\Delta^3} = - \frac{Nx + Oy}{\Delta^3} dt.$$

On a aussi

$$- \frac{Kx}{\Delta^3} = \frac{d^2 x}{dt^2} + X, \quad - \frac{Ky}{\Delta^3} = \frac{d^2 y}{dt^2} + Y, \quad - \frac{Kz}{\Delta^3} = \frac{d^2 z}{dt^2} + Z;$$

donc

$$K d \cdot \frac{x}{\Delta} = - M \frac{d^2 y}{dt} - N \frac{d^2 z}{dt} - (MY + NZ)\, dt,$$

$$K d \cdot \frac{y}{\Delta} = M \frac{d^2 x}{dt} - O \frac{d^2 z}{dt} + (MX - OZ)\, dt,$$

$$K d \cdot \frac{z}{\Delta} = N \frac{d^2 x}{dt} + O \frac{d^2 y}{dt} + (NX + OY)\, dt.$$

En intégrant, on en tire les trois suivantes, que nous désignerons dans la suite par les équations (6) :

$$\frac{Kx}{\Delta} = - \frac{M dy + N dz}{dt} + (A) \ldots \int \left[\frac{dM\, dy + dN\, dz}{dt} - (MY + NZ)\, dt \right],$$

$$\frac{Ky}{\Delta} = \frac{M dx - O dz}{dt} - (B) \ldots \int \left[\frac{dM\, dx - dO\, dz}{dt} - (MX - OZ)\, dt \right],$$

$$\frac{Kz}{\Delta} = \frac{N dx + O dy}{dt} - (C) \ldots \int \left[\frac{dN\, dx + dO\, dy}{dt} - (NX + OY)\, dt \right]:$$

les constantes arbitraires sont renfermées dans les quantités A, B, C, qui seroient ces constantes mêmes si les forces perturbatrices devenoient nulles; car alors on auroit aussi M, N, O constants.

(87). Je multiplie la première de ces équations par x, la seconde par y, et la troisieme par z; je les ajoute ensemble, et je trouve

$$K\Delta = M\,(ydx - xdy) + N\,(zdx - xdz) + O\,(zdy - ydz) + Ax - By - Cz,$$

ou, à cause des équations (α),

$$(18).\ldots K\Delta = Ax - By - Cz + M^2 + N^2 + O^2.$$

Au lieu de multiplier ces équations (6) par x, y, z, multiplions-les respectivement par dx, dy, dz, puis ajoutons-les ensemble; ce qui nous donnera

$$(19).\ldots Kd\Delta = Adx - Bdy - Cdz,$$

qui est la différentielle de la précédente, en y supposant A, B, C, M, N, O constants. À ces équations nous joindrons les suivantes des n°ˢ 33 et 36:

$$(13).\ldots Mz - Ny + Ox = 0,$$
$$(16).\ldots Mdz - Ndy + Odx = 0.$$

De plus si, dans l'équation (13), nous mettons pour x, y, z, leurs valeurs tirées des équations (6), nous formerons celle-ci,

$$(20).\ldots OA + NB - MC = 0,$$

qui doit avoir lieu généralement entre ces six quantités.

(88). Ayant fait, pour abréger,

$$M^2 + N^2 + O^2 = \Pi^2,\quad A^2 + B^2 + C^2 = \Lambda^2,$$

on tirera des équations (13) et (18),

$$y = \frac{AM + CO}{AN - BO}\,z + O\,\frac{K\Delta - \Pi^2}{AN - BO},\quad x = \frac{BM + CN}{AN - BO}\,z + N\,\frac{K\Delta - \Pi^2}{AN - BO};$$

et, à cause de

$$(AM + CO)^2 + (BM + CN)^2 + (AN - OB)^2 = \Pi^2\Lambda^2 - (CM - BN - AO)^2 = \Pi^2\Lambda^2,$$

$$O\,(AM + CO) + N\,(BM + CN) = C\Pi^2 + M\,(AO + BN - CM) = C\Pi^2,$$

si l'on met ces valeurs de y, x dans l'équation $\Delta^2 = x^2 + y^2 + z^2$, on aura

$$(AN - OB)^2 \Delta^2 = \Pi^2 \Lambda^2 z^2 + 2C\Pi^2 (K\Delta - \Pi^2) z + (O^2 + N^2)$$
$$(K\Delta - \Pi^2)^2.$$

Mais $(O^2 + N^2) \Lambda^2 - C^2 \Pi^2 = (AN - BO)^2$;

en faisant donc, pour abréger,

$$\frac{K^2 - \Lambda^2}{\Pi^2} = \Gamma, \quad \pm \sqrt{(2K\Delta - \Pi^2 - \Gamma\Delta^2)} = \Omega,$$

on conclura de ce qui précède les valeurs suivantes de x, y, z :

$$x = A\,\frac{K\Delta - \Pi^2}{\Lambda^2} + \frac{BM + CN}{\Lambda^2}\,\Omega,$$
$$y = -B\,\frac{K\Delta - \Pi^2}{\Lambda^2} + \frac{AM + CO}{\Lambda^2}\,\Omega;$$
$$z = -C\,\frac{K\Delta - \Pi^2}{\Lambda^2} + \frac{AN - BO}{\Lambda^2}\,\Omega,$$

(89). Les équations (13) et (16), (18) et (19), ayant lieu à la fois, il suit que les six quantités M, N, O, A, B, C, pourront être regardées comme constantes pendant le temps infiniment petit dt; et que, pour avoir dt en expression de ces quantités et de Δ, au moyen de $y\,dx - x\,dy = M\,dt$ (n° 36), il faudra différentier les valeurs de y, x, que nous venons de trouver, en n'y faisant varier que Δ. On trouve de cette maniere

$$y\,dx - x\,dy = [B . (BM + CN) + A . (AM + CO)] \frac{\Delta\,d\Delta}{\Lambda^2\Omega};$$

et parceque l'équation (20) donne $B . (BM + CN) + A . (AM + CO) = M\Lambda^2$, on en tire

$$dt = \frac{-\Delta\,d\Delta}{\sqrt{(2K\Delta - \Pi^2 - \Gamma\Delta^2)}}.$$

Pour comparer cette équation à $dt = \frac{r^2\,d\varphi}{h}$ (n° 39), il faut chasser de celle-ci φ au moyen de $\cos.(\varphi - n) = \frac{1}{\rho} - a\,\frac{1 - e^2}{er}$. Cela fait, il vient

$$dt = -\frac{a(1 - e^2)}{h} . \frac{r\,dr}{\sqrt{[2a(1 - e^2)\,r - (1 - e^2)\,r^2 - a^2(1 - e^2)^2]}}.$$

Or en résolvant l'équation $e^2 r^2 = [r - a(1 - e^2)]^2$, on trouve $r = a(1 \pm e)$, c'est-à-dire les deux rayons vecteurs qui passent par les absides de l'orbite. Donc l'équation $dt = \frac{-\Delta\,d\Delta}{\sqrt{(2K\Delta - \Pi^2 - \Gamma\Delta^2)}}$ ayant lieu, soit que les éléments de l'orbite soient invariables ou non,

il

il est clair que les absides sont rigoureusement dans les points qui ont pour rayons vecteurs les racines de l'équation

$$2\,\mathrm{K}\Delta - \Pi^2 - \Gamma\Delta^2 = 0;$$

et $\frac{\mathrm{K}}{\Gamma}$, moitié de la somme des deux racines, est la distance moyenne. Nous l'aurions vu par la seule comparaison des deux formules : car de

$$\mathrm{K} = a\,(1 - e^2),\ \ \Gamma = 1 - e^2,\ \ \Pi^2 = a^2\,(1 - e^2)^2,$$

on tire que $\frac{\mathrm{K}}{\Gamma}$ est la distance moyenne, $\frac{\Pi^2}{\mathrm{K}}$ le paramètre, et $\sqrt{\left(1 - \frac{\Gamma\Pi^2}{\mathrm{K}^2}\right)}\ \left(= \frac{\Lambda}{\mathrm{K}}\right)$ l'excentricité, en n'entendant par ce mot que le rapport de la distance des deux foyers au grand axe. De plus, puisque $\Omega = 0$ donne le grand axe de l'orbite, la position de cet axe, relativement au plan de projection, sera déterminée par les coordonnées

$$\mathrm{A}\,\frac{\mathrm{K}\Delta - \Pi^2}{\Lambda^2},\ \ -\mathrm{B}\,\frac{\mathrm{K}\Delta - \Pi^2}{\Lambda^2},\ \ -\mathrm{C}\,\frac{\mathrm{K}\Delta - \Pi^2}{\Lambda^2};$$

on aura donc (n° 35)

la tangente de la longitude de l'aphélie $= -\dfrac{\mathrm{B}}{\mathrm{A}}$,

la tangente de l'inclinaison de l'axe sur le plan de projection $= \dfrac{+\mathrm{C}}{\sqrt{(\mathrm{A}^2 + \mathrm{B}^2)}}$.

(90). En différentiant les équations (6), on trouve

$$d\mathrm{M} = \frac{y\,d^2x - x\,d^2y}{dt} = (\mathrm{Y}x - \mathrm{X}y)\,dt,$$

$$d\mathrm{N} = \frac{z\,d^2x - x\,d^2z}{dt} = (\mathrm{Z}x - \mathrm{X}z)\,dt,$$

$$d\mathrm{O} = \frac{z\,d^2y - y\,d^2z}{dt} = (\mathrm{Z}y - \mathrm{Y}z)\,dt;$$

ou, ce qui revient au même (n° 85),

$$d\mathrm{M} = \left(\frac{d\mathrm{V}}{dy}\,x - \frac{d\mathrm{V}}{dx}\,y\right)dt,$$

$$d\mathrm{N} = \left(\frac{d\mathrm{V}}{dz}\,x - \frac{d\mathrm{V}}{dx}\,z\right)dt,$$

$$d\mathrm{O} = \left(\frac{d\mathrm{V}}{dz}\,y - \frac{d\mathrm{V}}{dy}\,z\right)dt:$$

comme $\mathrm{N} = \mathrm{M}\,\mathrm{tang}.\gamma\,\cos.\varepsilon$, $\mathrm{O} = \mathrm{M}\,\mathrm{tang}.\gamma\,\sin.\varepsilon$ (n° 35), et que $\mathrm{M}^2 + \mathrm{N}^2 + \mathrm{O}^2 = \Pi^2$, ces formules serviront à trouver les variations de la longitude du nœud, de la tangente de l'inclinaison, et du paramètre de l'orbite.

I

(91). Les équations du n° 86

$$d\mathrm{A} = \frac{d\mathrm{M}\, dy + d\mathrm{N}\, dz}{dt} - (\mathrm{MY} + \mathrm{NZ})\, dt,$$

$$d\mathrm{B} = \frac{d\mathrm{M}\, dx - d\mathrm{O}\, dz}{dt} - (\mathrm{MX} - \mathrm{OZ})\, dt,$$

$$d\mathrm{C} = \frac{d\mathrm{N}\, dx + d\mathrm{O}\, dy}{dt} - (\mathrm{NX} + \mathrm{OY})\, dt$$

deviennent, en y faisant les substitutions tirées des équations précédentes et des équations (α),

$$d\mathrm{A} = -\frac{d\mathrm{V}}{dx}(y\,dy + z\,dz) + \frac{d\mathrm{V}}{dy}(2x\,dy - y\,dx) + \frac{d\mathrm{V}}{dz}(2x\,dz - z\,dx),$$

$$d\mathrm{B} = \frac{d\mathrm{V}}{dy}(x\,dx + z\,dz) - \frac{d\mathrm{V}}{dx}(2y\,dx - x\,dy) - \frac{d\mathrm{V}}{dz}(2y\,dz - z\,dy),$$

$$d\mathrm{C} = \frac{d\mathrm{V}}{dz}(x\,dx + y\,dy) - \frac{d\mathrm{V}}{dx}(2z\,dx - x\,dz) - \frac{d\mathrm{V}}{dy}(2z\,dy - y\,dz).$$

On mettra pour $y\,dy + z\,dz$, $x\,dx + z\,dz$, $x\,dx + y\,dy$, leurs valeurs $\Delta\,d\Delta - x\,dx$, $\Delta\,d\Delta - y\,dy$, $\Delta\,d\Delta - z\,dz$; on fera

$$\frac{d\mathrm{V}}{dx}\,x + \frac{d\mathrm{V}}{dy}\,y + \frac{d\mathrm{V}}{dz}\,z = \mathrm{W}, \quad \frac{d\mathrm{V}}{dx}\,dx + \frac{d\mathrm{V}}{dy}\,dy + \frac{d\mathrm{V}}{dz}\,dz = \delta\mathrm{V},$$

où la caractéristique δ désigne la différentielle de V, en ne faisant varier que les co-ordonnées relatives à la planete M' ; et par ces substitutions, les mêmes équations seront changées en celles-ci :

$$d\mathrm{A} = -\frac{d\mathrm{V}}{dx}\,\Delta\,d\Delta + 2x\,\delta\mathrm{V} - \mathrm{W}\,dx,$$

$$d\mathrm{B} = \frac{d\mathrm{V}}{dy}\,\Delta\,d\Delta - 2y\,\delta\mathrm{V} + \mathrm{W}\,dy,$$

$$d\mathrm{C} = \frac{d\mathrm{V}}{dz}\,\Delta\,d\Delta - 2z\,\delta\mathrm{V} + \mathrm{W}\,dz.$$

Avec ces équations on déterminera la variation de l'excentricité $\frac{\mathrm{A}}{\mathrm{K}}$; celle de la longitude de l'aphélie, dont la tangente est $-\frac{\mathrm{B}}{\mathrm{A}}$; et celle de la latitude de cet aphélie, dont la tangente est $\frac{-\mathrm{C}}{\sqrt{(\mathrm{A}^2 + \mathrm{B}^2)}}$.

(92). On a

$$\Pi\,d\Pi = \mathrm{M}\,d\mathrm{M} + \mathrm{N}\,d\mathrm{N} + \mathrm{O}\,d\mathrm{O} = (\text{n° }90)\left(\frac{d\mathrm{V}}{dy}\,x - \frac{d\mathrm{V}}{dx}\,y\right)$$

$$(y\,dx - x\,dy) + \left(\frac{d\mathrm{V}}{dz}\,x - \frac{d\mathrm{V}}{dx}\,z\right)(z\,dx - x\,dz) + \left(\frac{d\mathrm{V}}{dz}\,y - \frac{d\mathrm{V}}{dy}\,z\right)$$

$$(z\,dy - y\,dz) = (\text{n° }91)\ \mathrm{W}\,\Delta\,d\Delta - \Delta^2\,\delta\mathrm{V};$$

donc, à cause de $\Lambda^2 = \mathrm{K}^2 - \Gamma\Pi^2$, d'où l'on tire $\Lambda\,d\Lambda = -\Gamma\Pi\,d\Pi - \Pi^2\,\frac{d\Gamma}{2}$, on a aussi

$$\Lambda\,d\Lambda = \Gamma\Delta^2\,\delta\mathrm{V} - \Gamma\mathrm{W}\,\Delta\,d\Delta - \Pi^2\,\frac{d\Gamma}{2}.$$

Mais $\Lambda d\Lambda = A dA + B dB + C dC = (n° 91) - \Delta d\Delta (A \frac{dV}{dx} - B \frac{dV}{dy} - C \frac{dV}{dz}) + 2 (Ax - By - Cz) \delta V - W(A dx - B dy - C dz) = (n° 87) - \Delta d\Delta (A \frac{dV}{dx} - B \frac{dV}{dy} - C \frac{dV}{dz}) + 2 (K\Delta - \Pi^2) \delta V - W K d\Delta.$

De plus on tire d'équations du n° 86

$$(A - \frac{Kx}{\Delta})^2 + (B + \frac{Ky}{\Delta})^2 + (C + \frac{Kz}{\Delta})^2 = \frac{(M dy + N dz)^2}{dt^2} + \frac{(M dx - O dz)^2}{dt^2} + \frac{(N dx + O dy)^2}{dt^2},$$

ou $K^2 + \Lambda^2 - \frac{2K}{\Delta} (\Lambda x - By - Cz) = \Pi^2 \frac{dx^2 + dy^2 + dz^2}{dt^2} - (M dx - N dy + O dx)^2,$

qui, étant combinée avec les équations (16) et (18), donne

$$\frac{dx^2 + dy^2 + dz^2}{dt^2} = \frac{2K}{\Delta} - \Gamma.$$

A cause des équations (α), on tire encore de celles du n° 86, dont il vient d'être question,

$$A = \frac{Kx}{\Delta} - x \frac{dx^2 + dy^2 + dz^2}{dt^2} + \frac{\Delta d\Delta dx}{dt^2} = -\frac{Kx}{\Delta} + \Gamma x + \frac{\Delta d\Delta dx}{dt^2},$$

$$B = -\frac{Ky}{\Delta} + y \frac{dx^2 + dy^2 + dz^2}{dt^2} - \frac{\Delta d\Delta dy}{dt^2} = \frac{Ky}{\Delta} - \Gamma y - \frac{\Delta d\Delta dy}{dt^2},$$

$$C = -\frac{Kz}{\Delta} + z \frac{dx^2 + dy^2 + dz^2}{dt^2} - \frac{\Delta d\Delta dz}{dt^2} = \frac{Kz}{\Delta} - \Gamma z - \frac{\Delta d\Delta dz}{dt^2};$$

et par conséquent

$$A \frac{dV}{dx} - B \frac{dV}{dy} - C \frac{dV}{dz} = -\frac{KW}{\Delta} + \Gamma W + \frac{\Delta d\Delta \delta V}{dt^2}:$$

donc, à cause de $\Delta^2 d\Delta^2 = 2K\Delta - \Pi^2 - \Gamma\Delta^2,$

$$\Lambda d\Lambda = (\Gamma\Delta^2 - \Pi^2) \delta V - \Gamma W \Delta d\Delta.$$

(93). En rapprochant les deux valeurs de $\Lambda d\Lambda$, on trouve $\frac{d\Gamma}{2} = \delta V$, équation infiniment simple qui servira à déterminer la variation de la distance moyenne $\frac{K}{\Gamma}$. Quant à la longitude moyenne, la vîtesse de son mouvement seroit proportionnelle à $\frac{\Gamma \sqrt{\Gamma}}{K}$ (n° 39), si l'ellipse étoit invariable; et de ce que, les éléments de l'orbite n'étant pas constants, on peut les regarder comme tels pendant le temps dt, il suit que généralement la variation de la longitude moyenne sera déterminée par la formule $\frac{\Gamma \sqrt{\Gamma}}{K} dt$.

Voilà les formules propres à déterminer l'effet total de l'action mutuelle des planetes pour changer les élémens de leurs orbites. On
mettra dans ces formules $r \cos.\varphi$, $r \sin.\varphi$, $r' \cos.\varphi'$, $r' \sin.\varphi'$, etc. au
lieu de x, y, x', y', etc. ($\mathrm{n^o}$ 49); et les ayant développées, après
avoir substitué à r, r', etc. leurs valeurs en sinus et cosinus des angles φ, φ', etc. et de leurs multiples, et ensuite à ces longitudes vraies
φ, φ', etc. leurs valeurs en longitudes moyennes ($\mathrm{n^o}$ 72), on trouvera
une suite de termes, dont les uns contiendront des sinus et cosinus
de ces angles proportionnels au temps, et dont les autres n'en contiendront pas. Les premiers donneront les variations périodiques :
ceux de ces termes qui ne contiendront point de sinus et cosinus
donneront celles de ces variations qu'on a nommées *séculaires*, qui
n'ont aucune période fixe, ou du moins qui n'ont que de très longues
périodes indépendantes du retour des planetes aux mêmes points de
leurs orbites.

(94). Il est bien certain que, par les substitutions que nous venons d'indiquer, V ne pourra contenir qu'une suite de termes de
cette forme :

$$A \sin.(m\Phi + n\Phi' + \text{etc.}) \quad \text{ou} \quad A \cos.(m\Phi + n\Phi' + \text{etc.})$$

Φ, Φ', etc. étant les valeurs moyennes de φ, φ', etc. m, n étant des
nombres entiers positifs, ou négatifs, ou zéro, et A uniquement
composé des élémens des orbites des différentes planetes ; et puisque dans δV il n'y a que les co-ordonnées relatives à la planete M'
qui doivent varier ($\mathrm{n^o}$ 91), le terme dont il s'agissoit tout-à-l'heure
donnera dans la valeur de $d\Gamma$ celui-ci :

$$2\,m\,A \cos.(m\Phi + n\Phi' + \text{etc.}) \quad \text{ou} \quad -2\,m\,A \sin.(m\Phi + n\Phi' + \text{etc.});$$

les termes sans sinus ou cosinus, qui pourront se trouver dans V, s'en
iront par la différentiation relative à Φ. Il suit de là que les variations
de Γ ne peuvent être que périodiques ; et que par conséquent ni la
distance moyenne, $\frac{K}{\Gamma}$, ni la vîtesse du moyen mouvement, $\frac{r\sqrt{r}}{K}$,
ne seront sujettes à aucune espece de variations séculaires provenant
de l'action mutuelle des planetes : s'il est vrai que le mouvement de
saturne se ralentisse de siecle en siecle, et que celui de jupiter s'ac-
célere, il faut attribuer ces variations à d'autres causes. Ainsi lorsqu'il
s'agit de variations séculaires, δV ou $d\Gamma = 0$, et Γ est égal à une
constante qu'on déterminera par les distances moyennes et les moyens
mouvemens des différentes planetes. Si nous prenons la distance
moyenne de la terre au soleil pour l'unité des distances, et t pour

l'angle de son moyen mouvement, nous aurons pour la terre $\frac{K}{\Gamma} = 1$,

et $\frac{\Gamma\sqrt{\Gamma}}{K} = 1$, d'où $K = 1$ et $\Gamma = 1$. Mais $K = M + M' = M$,

puisque la masse de la plus grosse des planetes est infiniment petite auprès de celle du soleil; nous pourrons donc prendre la masse du soleil pour l'unité des masses de toutes les planetes.

(95). Occupons-nous maintenant des variations séculaires des autres éléments. Dans plusieurs de ces recherches nous pourrons n'avoir égard qu'aux premieres dimensions des inclinaisons et des excentricités, que nous négligerons même lorsqu'elles seront affectées des quantités fractionnaires très petites M', M'', etc. Nous avons trouvé (n° 90),

$$N = M\, i'\, \cos.\mathscr{C}, \quad O = M\, i'\, \sin.\mathscr{C},$$

i' étant la tangente de l'inclinaison de l'orbite.

Nous avons aussi trouvé (n° 91),

$$\tang.p = -\frac{B}{A}, \quad \tang.q = \frac{-C}{\sqrt{(A^2 + B^2)}},$$

p étant la longitude de l'aphélie, et q sa latitude, d'où l'on tire, à cause de $\Lambda = \sqrt{(A^2 + B^2 + C^2)}$,

$$A = \Lambda \cos.p \cos.q, \quad B = \Lambda \sin.p \cos.q, \quad C = -\Lambda \sin.q;$$

d'ailleurs Λ est l'excentricité, puisque $K = 1$, et q est déterminé par l'équation

$$\tang.q = i' \sin.(p - \mathscr{C}) \ (\text{n° } 34).$$

Il suit de là que $\frac{N}{M}$, $\frac{O}{M}$, A, B, sont très petits du premier ordre, et C très petit du second, car $\sin.q$ est très petit du premier. Donc

Π étant $= M \sqrt{(1 + \frac{N^2}{M^2} + \frac{O^2}{M^2})}$, et $\Gamma = \frac{1 - \Lambda^2}{\Pi^2} = \frac{1}{\Pi^2}$ (n° 88),

on peut prendre $M = \Pi$ et $M = \frac{1}{\sqrt{\Gamma}}$; et comme $\frac{1}{\Gamma}$ est la distance moyenne de la planete au soleil, M sera une quantité finie, et N, O, des quantités très petites du premier ordre. On en conclura encore que $dM = 0$, puisque, lorsqu'il s'agit de variations séculaires, $d\Gamma = 0$. Mais on tire des équations (13) et (18) (n° 87).

$$z = r\, \frac{N \sin.\varphi - O \cos.\varphi}{\Pi}, \quad \Delta = r\, (A \cos.\varphi - B \sin.\varphi) - Cz + \Pi;$$

donc z est très petit du premier ordre, comme on le savoit déja, et on peut se contenter de $\Delta = r\,(\mathrm{A}\cos.\varphi - \mathrm{B}\sin.\varphi) + \Pi^2$, et, à cause de $\Delta = \sqrt{(x^2 + y^2 + z^2)}$, de $\Delta = r$; donc

$$r = \frac{\Pi^2}{1 - \mathrm{A}\cos.\varphi + \mathrm{B}\sin.\varphi} = \frac{1 + \mathrm{A}\cos.\varphi - \mathrm{B}\sin.\varphi}{\Gamma} \text{ et } dr = -\frac{\mathrm{A}\sin.\varphi + \mathrm{B}\cos.\varphi}{\Gamma}\,d\varphi.$$

Nous avons nommé Φ la longitude moyenne; donc $d\Phi = \Gamma\sqrt{\Gamma}\,dt$, et $\Phi = \Gamma\sqrt{\Gamma}\,t$, puisque Γ est constant; donc de $dt = \frac{r^2 d\varphi}{\mathrm{M}}$, on tire

$$d\Phi = (1 + 2\,\mathrm{A}\cos.\varphi - 2\,\mathrm{B}\sin.\varphi)\,d\varphi.$$

Donc φ ne diffère de Φ que de quantités très petites du premier ordre; et si ces quantités devoient être multipliées par d'autres quantités très petites, telles que M', M'', etc. on pourroit les négliger, et mettre par-tout Φ pour φ; ou, conservant φ, le regarder comme étant la longitude moyenne.

(96) Les formules propres à déterminer les variations séculaires de la position des orbites des planetes sont (n° 90),

$$d\mathrm{N} = \left(\tfrac{d\mathrm{V}}{dz}\,x - \tfrac{d\mathrm{V}}{dx}\,z\right)dt, \quad d\mathrm{O} = \left(\tfrac{d\mathrm{V}}{dz}\,y - \tfrac{d\mathrm{V}}{dy}\,z\right)dt, \text{ où (n° 85)}$$

$$\frac{d\mathrm{V}}{dz}\,x - \frac{d\mathrm{V}}{dx}\,z = \mathrm{M}''\left(\frac{1}{\delta^3} - \frac{1}{\Delta''^3}\right)(x'z - xz') + \text{etc.}$$

$$\frac{d\mathrm{V}}{dz}\,y - \frac{d\mathrm{V}}{dy}\,z = \mathrm{M}''\left(\frac{1}{\delta^3} - \frac{1}{\Delta'^3}\right)(y'z - yz') + \text{etc.}$$

Nous marquerons d'un trait les quantités qui se rapporteront à la planete M'', de deux traits celles qui se rapporteront à la planete M''', etc. et parceque les masses de ces planetes affecteront tous les termes de ces formules, et qu'en outre ils seront tous multipliés par N, O, N′, O′, nous pourrons y regarder φ comme étant la longitude moyenne, et y faire $\Delta = r = \frac{1}{\Gamma}$, $\Delta' = r' = \frac{1}{\Gamma'}$, etc. nous trouverons de cette maniere

$$x'z - xz' = r'r\left(\frac{\mathrm{N}\sin.\varphi - \mathrm{O}\cos.\varphi}{\Pi}\cos.\varphi' - \frac{\mathrm{N}'\sin.\varphi' - \mathrm{O}'\cos.\varphi'}{\Pi'}\cos.\varphi\right)$$
$$= \frac{1}{2\Gamma\Gamma'}\left[\left(\frac{\mathrm{N}}{\Pi} + \frac{\mathrm{N}'}{\Pi'}\right)\sin.(\varphi - \varphi') + \left(\frac{\mathrm{N}}{\Pi} - \frac{\mathrm{N}'}{\Pi'}\right)\sin.(\varphi + \varphi')\right.$$
$$\left. - \left(\frac{\mathrm{O}}{\Pi} - \frac{\mathrm{O}'}{\Pi'}\right)(\cos.(\varphi + \varphi') + \cos.(\varphi - \varphi'))\right],$$

$$y'z - yz' = r'r\left(\frac{\mathrm{N}\sin.\varphi - \mathrm{O}\cos.\varphi}{\Pi}\sin.\varphi' - \frac{\mathrm{N}'\sin.\varphi' - \mathrm{O}'\cos.\varphi'}{\Pi'}\sin.\varphi\right)$$
$$= \frac{1}{2\Gamma\Gamma'}\left[\left(\frac{\mathrm{N}}{\Pi} - \frac{\mathrm{N}'}{\Pi'}\right)(\cos.(\varphi - \varphi') - \cos.(\varphi + \varphi')) + \right.$$
$$\left. \left(\frac{\mathrm{O}}{\Pi} + \frac{\mathrm{O}'}{\Pi'}\right)\sin.(\varphi - \varphi') - \left(\frac{\mathrm{O}}{\Pi} - \frac{\mathrm{O}'}{\Pi'}\right)\sin.(\varphi + \varphi')\right].$$

(97). On développera $\frac{1}{\delta^3} = (r^2 + r'^2 - 2rr'\cos.(\varphi - \varphi'))^{-\frac{3}{2}}$ (n° 49)
en une série convergente, ce qui sera toujours possible (n° 19),
puisqu'il suffit pour cela que l'une des deux quantités r et r' soit
plus grande que l'autre. Si cette série est représentée par $\mu + \mu_1$
cos.$(\varphi - \varphi') + \mu_2$ cos. $2(\varphi - \varphi') +$ etc. on aura

$$\frac{1}{\delta^3} - \frac{1}{\Delta'^3} = \mu - \Gamma'^3 + \mu_1 \cos.(\varphi - \varphi') + \mu_2 \cos. 2(\varphi - \varphi') \text{ etc.}$$

Ayant fait les multiplications indiquées, on ne retiendra que les
termes qui ne contiendront ni sinus ni cosinus, et les formules précédentes se réduiront à

$$dN = - \frac{M'' \mu_1}{4\Gamma\Gamma'} \left(\frac{O}{\Pi} - \frac{O'}{\Pi'}\right) dt - \text{etc.}$$

$$dO = \frac{M'' \mu_1}{4\Gamma\Gamma'} \left(\frac{N}{\Pi} - \frac{N'}{\Pi'}\right) dt + \text{etc.}$$

Soit $\frac{O}{\Pi} = x$, $\frac{O'}{\Pi'} = x'$, etc. $\frac{N}{\Pi} = y$, $\frac{N'}{\Pi'} = y'$, etc. x, x', etc.
étant de nouvelles variables qu'il ne faut pas confondre avec les co-
ordonnées x, x', etc. à cause de $d\Pi = 0$, on aura

$$dO = \Pi dx = \frac{dx}{\sqrt{\Gamma}}, \quad dN = \Pi dy = \frac{dy}{\sqrt{\Gamma}},$$

et les équations précédentes deviendront

$$dy = - \frac{M'' \mu_1}{4\Gamma'\sqrt{\Gamma}} (x - x') dt - \text{etc.}$$

$$dx = \frac{M'' \mu_1}{4\Gamma'\sqrt{\Gamma}} (y - y') dt + \text{etc.}$$

On trouvera, pour déterminer les variations séculaires de y', x', ces
équations

$$dy' = - \frac{M' \mu_1}{4\Gamma\sqrt{\Gamma'}} (x' - x) dt - \text{etc.}$$

$$dx' = \frac{M' \mu_1}{4\Gamma\sqrt{\Gamma'}} (y' - y) dt + \text{etc.}$$

et ainsi de suite. Toutes ces équations sont linéaires, et pourront être
intégrées par les méthodes connues, comme nous le verrons dans un
moment.

(98). Les variations séculaires des excentricités et des aphélies
seront déterminées par les équations

$$dA = - \frac{dV}{dx} \Delta d\Delta + 2x \, \delta V - W dx,$$

$$dB = \frac{dV}{dy} \Delta d\Delta - 2y \, \delta V + W dy,$$

et leurs analogues, où l'on rejettera les termes qui contiendront des
sinus et cosinus.

Nous prendrons $\Delta\, d\Delta = \dot r\, dr$, et nous négligerons les termes multipliés par z, et par conséquent tout $\frac{dV}{dz}$; ce qui réduit δV à $\frac{dV}{dx}\, dx + \frac{dV}{dy}\, dy$. Mais si l'on substituoit dans V, pour x, y, x', y', etc. leurs valeurs $r\cos.\varphi$, $r\sin.\varphi$, $r'\cos.\varphi'$, $r'\sin.\varphi'$, etc. on auroit aussi $\delta V = \frac{dV}{dr}\, dr + \frac{dV}{d\varphi}\, d\varphi$; donc à cause de

$$dx = dr\cos.\varphi - rd\varphi\sin.\varphi, \quad dy = dr\sin.\varphi + rd\varphi\cos.\varphi,$$

$$\left(\tfrac{dV}{dx}\cos.\varphi + \tfrac{dV}{dy}\sin.\varphi\right) dr - \left(\tfrac{dV}{dx}\sin.\varphi - \tfrac{dV}{dy}\cos.\varphi\right) rd\varphi = \tfrac{dV}{dr}\, dr + \tfrac{dV}{d\varphi}\, d\varphi.$$

On en tire nécessairement

$$\frac{dV}{dr} = \frac{dV}{dx}\cos.\varphi + \frac{dV}{dy}\sin.\varphi, \quad \frac{dV}{d\varphi} = -\, r\left(\frac{dV}{dx}\sin.\varphi - \frac{dV}{dy}\cos.\varphi\right),$$

et par l'élimination

$$\frac{dV}{dx} = \frac{dV}{dr}\cos.\varphi - \frac{dV}{d\varphi}\frac{\sin.\varphi}{r}, \quad \frac{dV}{dy} = \frac{dV}{dr}\sin.\varphi + \frac{dV}{d\varphi}\frac{\cos.\varphi}{r};$$

donc

$$\delta V = \frac{dV}{dr}\, dr + \frac{dV}{d\varphi}\, d\varphi, \quad W = \frac{dV}{dr}\, r;$$

et par conséquent

$$dA = \frac{dV}{dr}\, r^2 \sin.\varphi\, d\varphi + \frac{dV}{d\varphi}(\sin.\varphi\, dr + 2r\cos.\varphi\, d\varphi), \quad .$$

$$dB = \frac{dV}{dr}\, r^2 \cos.\varphi\, d\varphi + \frac{dV}{d\varphi}(\cos.\varphi\, dr - 2r\sin.\varphi\, d\varphi).$$

Quant à $\frac{dV}{dr}$, $\frac{dV}{d\varphi}$, nous avons trouvé (n° 85)

$$\frac{dV}{dx} = M''\left[\frac{r\cos\varphi - r'\cos.\varphi'}{\delta^3} + \frac{r'\cos\varphi'}{\Delta'^3}\right],$$

$$\frac{dV}{dy} = M''\left[\frac{r\sin.\varphi - r'\sin.\varphi'}{\delta^3} + \frac{r'\sin.\varphi'}{\Delta'^3}\right];$$

partant

$$\frac{dV}{dr} = M''\left[\frac{r - r'\cos.(\varphi - \varphi')}{\delta^3} + \frac{\cos.(\varphi - \varphi')}{r'^2}\right],$$

$$\frac{dV}{d\varphi} = M''\left[\frac{r'}{\delta^3} - \frac{1}{r'^2}\right] r\sin.(\varphi - \varphi').$$

(99). Les formules dont il s'agit maintenant demandent à être calculées avec plus d'étendue que les précédentes, parcequ'on n'y voit pas aussi clairement les termes qu'on peut négliger. Nous ne

nous

nous contenterons pas de supposer $\varphi = \Phi$; mais de $\Phi = \varphi +$ 2A sin.φ + 2B cos.φ (n° 95), nous tirerons (n° 20)

$$\varphi = \Phi - 2\text{A sin.}\Phi - 2\text{B cos.}\Phi,$$
$$d\varphi = d\Phi \,(1 - 2\text{A cos.}\Phi + 2\text{B sin.}\Phi),$$
$$\text{sin.}\varphi = \text{sin.}\Phi - \text{A sin.}2\Phi - \text{B}\,.\,(1 + \text{cos.}2\Phi),$$
$$\text{cos.}\varphi = \text{cos.}\Phi + \text{B sin.}2\Phi - \text{A}\,.\,(1 - \text{cos.}2\Phi),$$
$$\text{sin.}\varphi\, d\varphi = d\Phi\,(\text{sin.}\Phi - 2\text{A sin.}2\Phi - 2\text{B cos.}2\Phi),$$
$$\text{cos.}\varphi\, d\varphi = d\Phi\,(\text{cos.}\Phi + 2\text{B sin.}2\Phi - 2\text{A cos.}2\Phi).$$

Il suffira de prendre

$$r = \frac{1 + \text{A cos.}\Phi - \text{B sin.}\Phi}{\Gamma}, \quad dr = -\,\frac{\text{A sin.}\Phi + \text{B cos.}\Phi}{\Gamma}\, d\Phi,$$

$$r^2 = \frac{1 + 2\text{A cos.}\Phi - 2\text{B sin.}\Phi}{\Gamma^2}; \quad \text{d'où l'on tirera}$$

$$dr\,\text{sin.}\varphi = -\,\frac{d\Phi}{2\Gamma}\,[\text{A}\,.\,(1 - \text{cos.}2\Phi) + \text{B sin.}2\Phi],$$

$$dr\,\text{cos.}\varphi = -\,\frac{d\Phi}{2\Gamma}\,[\text{B}\,.\,(1 + \text{cos.}2\Phi) + \text{A sin.}2\Phi],$$

$$r\,\text{sin.}\varphi\, d\varphi = -\,\frac{d\Phi}{2\Gamma}\,[\text{B}\,.\,(1 + 3\,\text{cos.}2\Phi) + 3\text{A sin.}2\Phi - 2\,\text{sin.}\Phi],$$

$$r\,\text{cos.}\varphi\, d\varphi = \frac{d\Phi}{2\Gamma}\,[\text{A}\,.\,(1 - 3\,\text{cos.}2\Phi) + 3\text{B sin.}2\Phi + 2\,\text{cos.}\Phi],$$

$$r^2\,\text{sin.}\varphi\, d\varphi = -\,\frac{d\Phi}{\Gamma^2}\,[\text{B}\,.\,(1 + \text{cos.}2\Phi) + \text{A sin.}2\Phi - \text{sin.}\Phi],$$

$$r^2\,\text{cos.}\varphi\, d\varphi = \frac{d\Phi}{\Gamma^2}\,[\text{A}\,.\,(1 - \text{cos.}2\Phi) + \text{B sin.}2\Phi + \text{cos.}\Phi].$$

Il faudra faire les mêmes substitutions dans $\frac{dV}{dr}$, $\frac{dV}{d\varphi}$: or si, pour désigner les valeurs moyennes de ces quantités, et de leurs différences partielles prises par rapport à r, r', φ, φ', on convient de les mettre entre deux parentheses, on aura, en marquant d'un trait les quantités qui se rapportent à la planete M'', et nous ne supposerons que cette seule planete perturbatrice pour abréger; on aura, dis-je, toutes les substitutions faites (2ᵉ théorême, n° 16),

$$\frac{dV}{dr} = \left(\frac{dV}{dr}\right) + \left(\frac{d^2V}{dr^2}\right)\cdot\frac{\text{A cos.}\Phi - \text{B sin.}\Phi}{\Gamma} + \left(\frac{d^2V}{dr\,dr'}\right)\cdot\frac{\text{A}'\text{ cos.}\Phi' - \text{B}'\text{ sin.}\Phi'}{\Gamma} -$$
$$2\left(\frac{d^2V}{dr\,d\varphi}\right)(\text{A sin.}\Phi + \text{B cos.}\Phi) - 2\left(\frac{d^2V}{dr\,d\varphi'}\right)(\text{A}'\text{ sin.}\Phi' + \text{B}'\text{ cos.}\Phi'),$$

$$\frac{dV}{d\varphi} = \left(\frac{dV}{d\varphi}\right) + \left(\frac{d^2V}{dr\,d\varphi}\right)\cdot\frac{\text{A cos.}\Phi - \text{B sin.}\Phi}{\Gamma} + \left(\frac{d^2V}{dr'\,d\varphi}\right)\cdot\frac{\text{A}'\text{ cos.}\Phi' - \text{B}'\text{ sin.}\Phi'}{\Gamma} -$$
$$2\left(\frac{d^2V}{d\varphi^2}\right)(\text{A sin.}\Phi + \text{B cos.}\Phi) - 2\left(\frac{d^2V}{d\varphi\,d\varphi'}\right)(\text{A}'\text{ sin.}\Phi' + \text{B}'\text{ cos.}\Phi').$$

K

(100). Nous avons représenté (n° 97) la quantité irrationnelle $\frac{1}{s^3}$ par

$$\mu + \mu_1 \cos.(\varphi - \varphi') + \mu_2 \cos.2(\varphi - \varphi') + \text{etc.}$$

nous aurons donc

$$\frac{dV}{dr} = M'' \left[r\mu - \frac{r'\mu_1}{2} + \left[r\mu_1 - r'.\left(\mu + \frac{\mu_2}{2}\right) \right] \cos.(\varphi - \varphi') + \text{etc.} + \frac{\cos.(\varphi - \varphi')}{r'^2} \right],$$

$$\frac{dV}{d\varphi} = M'' \left[rr'\left(\mu - \frac{\mu_2}{2}\right) \sin.(\varphi - \varphi') + \text{etc.} - \frac{r}{r'^2} \sin.(\varphi - \varphi') \right];$$

et à cause de $\frac{d^2V}{dr\,d\varphi} = \frac{d^2V}{d\varphi\,dr}$, l'équation de condition

$$(\pi) \ldots\ldots\ldots r\mu_1 - r'\mu_2 + rr'\left(\frac{d\mu}{dr} - \frac{d\mu_2}{2dr}\right) = 0.$$

En continuant de différentier, on trouve

$$\frac{d^2V}{dr^2} = M'' \left[\mu + r\frac{d\mu}{dr} - \frac{r'}{2}\frac{d\mu_1}{dr} + \left(\mu_1 + r\frac{d\mu_1}{dr} - r'.\left(\frac{d\mu}{dr} - \frac{d\mu_2}{2dr}\right)\right) \cos.(\varphi - \varphi') + \text{etc.} \right],$$

$$\frac{d^2V}{dr\,dr'} = M'' \left[r\frac{d\mu}{dr'} - \frac{\mu_1}{2} - \frac{r'}{2}\frac{d\mu_1}{dr'} + \left(r\frac{d\mu_1}{dr'} - \mu - \frac{\mu_2}{2} - r'.\left(\frac{d\mu}{dr'} + \frac{d\mu_2}{2dr'}\right)\right) \cos.(\varphi - \varphi') + \text{etc.} - \frac{2\cos.(\varphi - \varphi')}{r'^3} \right],$$

$$\frac{d^2V}{dr\,d\varphi} = M'' \left[\left(-r\mu_1 + r'.\left(\mu + \frac{\mu_2}{2}\right)\right) \sin.(\varphi - \varphi') + \text{etc.} - \frac{\sin.(\varphi - \varphi')}{r'^2} \right],$$

$$\frac{d^2V}{dr\,d\varphi'} = M'' \left[\left(r\mu_1 - r'.\left(\mu + \frac{\mu_2}{2}\right)\right) \sin.(\varphi - \varphi') + \text{etc.} + \frac{\sin.(\varphi - \varphi')}{r'^2} \right],$$

$$\frac{d^2V}{dr'\,d\varphi} = M'' \left[\left(r.\left(\mu - \frac{\mu_2}{2}\right) + rr'.\left(\frac{d\mu}{dr'} - \frac{d\mu_2}{2dr'}\right)\right) \sin.(\varphi - \varphi') + \text{etc.} + \frac{2r\sin.(\varphi - \varphi')}{r'^3} \right],$$

$$\frac{d^2V}{d\varphi^2} = M'' \left[rr'\left(\mu - \frac{\mu_2}{2}\right) \cos.(\varphi - \varphi') + \text{etc.} - \frac{r}{r'^2} \cos.(\varphi - \varphi') \right],$$

$$\frac{d^2V}{d\varphi\,d\varphi'} = M'' \left[rr'\left(-\mu + \frac{\mu_2}{2}\right) \cos.(\varphi - \varphi') + \text{etc.} + \frac{r}{r'^2} \cos.(\varphi - \varphi') \right].$$

Mais nous ne devons conserver que les termes sans sinus et cosinus : il suit des calculs précédents, que les différences partielles $\frac{dV}{dr}$, $\frac{d^2V}{dr^2}$, $\frac{d^2V}{dr\,dr'}$, ne pourront donner de termes semblables qu'autant qu'elles ne seront multipliées par aucun sinus ni cosinus, ou qu'elles le seront par cos.$(\varphi - \varphi')$, ou les cosinus des multiples de $\varphi - \varphi'$; que $\frac{dV}{d\varphi}$, $\frac{d^2V}{dr\,d\varphi}$, $\frac{d^2V}{dr'\,d\varphi}$, ne pourront donner les termes dont il s'agit qu'autant qu'elles seront multipliées par sin.$(\varphi - \varphi')$, ou par les sinus des multiples de cet angle; que $\frac{dV}{d\varphi^2}$, $\frac{d^2V}{d\varphi\,d\varphi'}$, n'en donneront qu'autant qu'elles seront multipliées par cos.$(\varphi - \varphi')$, ou les cosinus des multiples de cet angle. Nous pourrons donc écrire d'abord

$$dA = -\left[\left(\tfrac{dV}{dr}\right) + \tfrac{1}{2\Gamma}\left(\tfrac{d^2V}{dr^2}\right)\right]\frac{B\,d\Phi}{\Gamma^2} - \left[\left(\tfrac{1}{2\Gamma'}\left(\tfrac{d^2V}{dr\,dr'}\right) + 2\Gamma\left(\tfrac{d^2V}{d\varphi\,d\varphi'}\right)\right)\right.$$
$$\left.\cos.(\Phi - \Phi') + \left(\left(\tfrac{d^2V}{dr\,d\varphi'}\right) - \tfrac{\Gamma}{\Gamma'}\left(\tfrac{d^2V}{dr'\,d\varphi}\right)\right)\sin.(\Phi - \Phi')\right]\frac{B'\,d\Phi}{\Gamma^2},$$

$$dB = \left[\left(\tfrac{dV}{dr}\right) + \tfrac{1}{2\Gamma}\left(\tfrac{d^2V}{dr^2}\right)\right]\frac{A\,d\Phi}{\Gamma^2} + \left[\left(\tfrac{1}{2\Gamma'}\left(\tfrac{d^2V}{dr\,dr'}\right) + 2\Gamma\left(\tfrac{d^2V}{d\varphi\,d\varphi'}\right)\right)\right.$$
$$\left.\cos.(\Phi - \Phi') + \left(\left(\tfrac{d^2V}{dr\,d\varphi'}\right) - \tfrac{\Gamma}{\Gamma'}\left(\tfrac{d^2V}{dr'\,d\varphi}\right)\right)\sin.(\Phi - \Phi')\right]\frac{A'\,d\Phi}{\Gamma^2}.$$

(101). Il n'est pas moins clair qu'il ne faut prendre de $\left(\tfrac{dV}{dr}\right) + \tfrac{1}{2\Gamma}\left(\tfrac{d^2V}{dr^2}\right)$ que le terme

$$M''\left[\tfrac{3\mu}{2\Gamma} - \tfrac{\mu_1}{2\Gamma'} + \tfrac{1}{2\Gamma^2}\left(\tfrac{d\mu}{dr} - \tfrac{\Gamma}{2\Gamma'}\tfrac{d\mu_1}{dr}\right)\right];$$

de $\tfrac{1}{2\Gamma'}\left(\tfrac{d^2V}{dr\,dr'}\right) + 2\Gamma\left(\tfrac{d^2V}{d\varphi\,d\varphi'}\right)$, que le terme

$$M''\left[\tfrac{1}{2\Gamma'}\left(\tfrac{1}{\Gamma}\tfrac{d\mu_1}{dr'} - 5\mu + \tfrac{3\mu_2}{2}\right) - \tfrac{1}{2\Gamma'^2}\left(\tfrac{d\mu}{dr'} + \tfrac{d\mu_2}{2\,dr'}\right) + \Gamma'^2\right]$$
$$\cos.(\Phi - \Phi');$$

de $\left(\tfrac{d^2V}{dr\,d\varphi'}\right) - \tfrac{\Gamma}{\Gamma'}\left(\tfrac{d^2V}{dr'\,d\varphi}\right)$, que

$$M''\left[\tfrac{\mu_1}{\Gamma} - \tfrac{2\mu}{\Gamma'} - \tfrac{1}{\Gamma'^2}\left(\tfrac{d\mu}{dr'} - \tfrac{d\mu_2}{2\,dr'}\right) - \Gamma'^2\right]\sin.(\Phi - \Phi'):$$

bien entendu que μ, μ_1, μ_2, et leurs différences partielles, ne sont là que pour leurs valeurs moyennes. Nous éliminerons $\frac{d\mu}{dr'}$, $\frac{d\mu_1}{dr'}$, $\frac{d\mu_2}{dr'}$, en remarquant que μ, μ_1, μ_2, résultent du développement d'une fonction homogene de r, r' de dimension -3, et que par conséquent ils sont de pareilles fonctions des mêmes quantités de dimension -3. On doit donc avoir (C. I. p. 90),

$$r\frac{d\mu}{dr} + r'\frac{d\mu}{dr'} = -3\mu, \quad r\frac{d\mu_1}{dr} + r'\frac{d\mu_1}{dr'} = -3\mu_1,$$
$$r\frac{d\mu_2}{dr} + r'\frac{d\mu_2}{dr'} = -3\mu_2;$$

équations au moyen desquelles on fera les éliminations dont nous venons de parler.

On éliminera ensuite $\frac{d\mu 2}{dr}$ au moyen de l'équation (π), et on mettra $\frac{1}{2}$ pour $\sin.(\Phi - \Phi')^2$, et $\cos.(\Phi - \Phi')^2$, et $(\text{n}^\circ 95)\ \Gamma\sqrt{\Gamma}\ dt$ au lieu de $d\Phi$: toutes ces substitutions faites, on aura

$$dA = -\ M'' \left[\frac{3\mu}{2\Gamma} - \frac{\mu 1}{2\Gamma'} + \frac{1}{2\Gamma^2} \left(\frac{d\mu}{dr} - \frac{\Gamma}{2\Gamma'}\frac{d\mu 1}{dr} \right) \right] \frac{B\,dt}{\sqrt{\Gamma}} -$$
$$M'' \left[\frac{\mu 2}{2\Gamma'} - \frac{\mu 1}{\Gamma} + \frac{1}{\Gamma\Gamma'} \left(\frac{d\mu}{dr} - \frac{\Gamma'}{2\Gamma}\frac{d\mu 1}{dr} \right) \right] \frac{B'\,dt}{2\sqrt{\Gamma}},$$

$$dB = M'' \left[\frac{3\mu}{2\Gamma} - \frac{\mu 1}{2\Gamma'} + \frac{1}{2\Gamma^2} \left(\frac{d\mu}{dr} - \frac{\Gamma}{2\Gamma'}\frac{d\mu 1}{dr} \right) \right] \frac{A\,dt}{\sqrt{\Gamma}} +$$
$$M'' \left[\frac{\mu 2}{2\Gamma'} - \frac{\mu 1}{\Gamma} + \frac{1}{\Gamma\Gamma'} \left(\frac{d\mu}{dr} - \frac{\Gamma'}{2\Gamma}\frac{d\mu 1}{dr} \right) \right] \frac{A'\,dt}{2\sqrt{\Gamma}}.$$

(102). On pourra encore éliminer de ces formules $\frac{d\mu}{dr}$, $\frac{d\mu 1}{dr}$ et $\mu 2$ de la maniere suivante. On a

$$\frac{1}{\delta^3} = \mu + \mu 1 \cos.(\varphi - \varphi') + \mu 2 \cos.2(\varphi - \varphi') + \text{etc.}$$
$$\text{et } \delta^2 = r^2 + r'^2 - 2rr' \cos.(\varphi - \varphi').$$

En différentiant par rapport à r, on en tire

$$\frac{-3\,[r - r'\cos.(\varphi - \varphi')]}{\delta^5} = \frac{d\mu}{dr} + \frac{d\mu 1}{dr}\cos.(\varphi - \varphi') + \frac{d\mu 2}{dr}\cos.2(\varphi - \varphi')$$
$$+ \text{etc.}$$

ou, mettant pour $r - r'\cos.(\varphi - \varphi')$ sa valeur $\frac{r^2 - r'^2 + \delta^2}{2r}$,

$$\frac{r^2 - r'^2}{\delta^3} = -\mu - \frac{2r}{3}\frac{d\mu}{dr} - \left(\mu 1 + \frac{2r}{3}\frac{d\mu 1}{dr}\right) \cos.(\varphi - \varphi') - \left(\mu 2\right.$$
$$\left. + \frac{2r}{3}\frac{d\mu 2}{dr}\right) \cos.2(\varphi - \varphi') + \text{etc.}$$

En différentiant par rapport à $\varphi - \varphi'$, on trouve

$$\frac{3rr'\sin.(\varphi - \varphi')}{\delta^5} = \mu 1 \sin.(\varphi - \varphi') + 2\mu 2 \sin.2(\varphi - \varphi') + \text{etc.}$$

Mais

$$\frac{r^2 - r'^2}{\delta^3}\sin.(\varphi - \varphi') = -\left[\mu - \frac{\mu 2}{2} + \frac{2r}{3}\cdot\left(\frac{d\mu}{dr} - \frac{d\mu 2}{2dr}\right) \right] \sin.(\varphi - \varphi')$$
$$- \text{etc.}$$

mettant donc pour $\frac{d\mu 2}{dr}$ sa valeur donnée par l'équation (π), on tire de la comparaison des équations précédentes,

$$\tfrac{1}{2}rr'\,\mu 2 = (r^2 + r'^2)\,\mu 1 - 3rr'\mu.$$

Je reprends l'équation

$$\frac{r^2 - r'^2}{\delta^3} = -\delta^2\left(\mu + \frac{2r}{3}\frac{d\mu}{dr} + \text{etc.}\right)$$

où je mets pour $\frac{1}{\delta^3}$ sa valeur $\mu +$ etc. et pour δ'^2 sa valeur $r^2 + r'^2 - 2rr' \cos.(\varphi - \varphi')$; par-là je la change en celle-ci :

$$(r^2 - r'^2\,(\mu + \mu_1 \cos.(\varphi - \varphi') + \text{etc.}) = rr'\,(\mu_1 + \tfrac{2r}{3}\tfrac{d\mu_1}{dr}) -$$
$$(r^2 + r'^2)\,(\mu + \tfrac{2r}{3}\tfrac{d\mu}{dr}) + \left[rr'\,[2\mu + \mu_2 + \tfrac{2r}{3}\cdot(2\tfrac{d\mu}{dr} + \tfrac{d\mu_1}{dr})] \right.$$
$$\left. - (r^2 + r'^2)\,(\mu_1 + \tfrac{2r}{3}\tfrac{d\mu_1}{dr}) \right] \cos.(\varphi - \varphi') + \text{etc.}$$

qui, devant être identique, donne, après avoir mis pour μ_2 et $\frac{d\mu_2}{dr}$ leurs valeurs,

$$(r^2 - r'^2)\,\mu = rr'\,(\mu_1 + \tfrac{2r}{3}\tfrac{d\mu_1}{dr}) - (r^2 + r'^2)\,(\mu + \tfrac{2r}{3}\tfrac{d\mu}{dr}),$$
$$\tfrac{r^2 - r'^2}{3}\,\mu_1 = 4rr'\,(\mu + \tfrac{2r}{3}\tfrac{d\mu}{dr}) - (r^2 + r'^2)\,(\mu_1 + \tfrac{2r}{3}\tfrac{d\mu_1}{dr}).$$

De celles-ci on tirera facilement

$$\frac{d\mu}{dr} = - \frac{r'\mu_1 + 2.3\,r\mu}{2\,(r^2 - r'^2)}, \quad \frac{d\mu_1}{dr} = - \frac{6r'\mu + (2r - \frac{r'^2}{r})\,\mu_1}{r^4 - r'^2};$$

et les quantités qu'il faudra substituer à $\frac{d\mu}{dr} - \frac{\Gamma}{2\Gamma'}\frac{d\mu_1}{dr}$, $\frac{d\mu}{dr} - \frac{\Gamma'}{2\Gamma}\frac{d\mu_1}{dr}$, dans les formules du n° précédent, seront $\frac{\Gamma^2\mu_1}{2\Gamma'} - 3\Gamma\mu$, $\Gamma'\mu_1$.

Ainsi ces formules deviendront

$$dA = M''\left[\frac{\mu_1 B}{2} + (3\mu - \frac{\Gamma^2 + \Gamma'^2}{\Gamma\Gamma'}\,\mu_1)\,B' \right] \frac{dt}{2\Gamma'\sqrt{\Gamma}},$$
$$dB = - M''\left[\frac{\mu_1 A}{2} + (3\mu - \frac{\Gamma^2 + \Gamma'^2}{\Gamma\Gamma'}\,\mu_1)\,A' \right] \frac{dt}{2\Gamma'\sqrt{\Gamma}}.$$

(103). Au lieu de A, B, nous mettrons x, y, comme dans le n° 97, et nous marquerons d'un trait les quantités analogues qui se rapportent à la planete M''; de deux traits celles qui se rapportent à la planete M''', et ainsi des autres. Nous nous servirons aussi d'une notation fort commode de M. de la Grange; et d'abord, au lieu de μ, μ_1, etc. nous mettrons (r, r'), $(r, r')_1$, etc. ou (r', r), $(r', r)_1$, etc. selon que la planete perturbatrice sera M'' ou M' : on voit assez ce que nous entendrons par (r, r''), $(r, r'')_1$, etc. (r', r''), $(r', r'')_1$, etc. etc. nous ferons ensuite

$$\frac{M''(r, r')_1}{4\Gamma'\sqrt{\Gamma}} = (0, 1), \quad \frac{M'''(r, r'')_1}{4\Gamma''\sqrt{\Gamma}} = (0, 2), \text{ etc.}$$
$$M''\,(3\,(r, r') - \frac{\Gamma^2 + \Gamma'^2}{2\Gamma'^2\Gamma\sqrt{\Gamma}}\,(r, r')_1) = [0, 1],$$
$$M'''(3\,(r, r'') - \frac{\Gamma^2 + \Gamma''^2}{2\Gamma''^2\Gamma\sqrt{\Gamma}}\,(r, r'')_1) = [0, 2], \text{ etc.}$$

et nous aurons ces équations

$$\frac{dx}{dt} - [(0,1) + (0,2) + \text{etc.}]\, y - [0,1]\, y' - [0,2]\, y'' - \text{etc.} = 0,$$

$$\frac{dy}{dt} + [(0,1) + (0,2) + \text{etc.}]\, x + [0,1]\, x' + [0,2]\, x'' + \text{etc.} = 0.$$

En faisant pareillement

$$\frac{M'\,(r',r)\,1}{4\,\Gamma\sqrt{\Gamma'}} = (1,0), \quad \frac{M'''\,(r',r'')\,1}{4\,\Gamma''\sqrt{\Gamma'}} = (1,2),\ \text{etc.}$$

$$\frac{M'\,(r'',r)\,1}{4\,\Gamma\sqrt{\Gamma''}} = (2,0), \quad \frac{M''\,(r'',r')\,1}{4\,\Gamma'\sqrt{\Gamma''}} = (2,1),\ \text{etc.}$$

$$M'\ \left[3\,(r',r) - \frac{\Gamma^2 + \Gamma'^2}{2\,\Gamma^2\,\Gamma'\sqrt{\Gamma'}}\,(r',r)\,1\right] = [1,0],$$

$$M'''\ \left[3\,(r',r'') - \frac{\Gamma'^2 + \Gamma''^2}{2\,\Gamma''^2\,\Gamma'\sqrt{\Gamma'}}\,(r',r''1)\right] = [1,2],\ \text{etc.}$$

$$M'\ \left[3\,(r'',r) - \frac{\Gamma''^2 + \Gamma^2}{2\,\Gamma^2\,\Gamma''\sqrt{\Gamma''}}\,(r'',r)\,1\right] = [2,0],$$

$$M''\ \left[3\,(r'',r') - \frac{\Gamma''^2 + \Gamma'^2}{2\,\Gamma'^2\,\Gamma''\sqrt{\Gamma''}}\,(r'',r')1\right] = [2,1],\ \text{etc.}$$

nous aurons aussi

$$\frac{dx'}{dt} + [(1,0) + (1,2) + \text{etc.}]\, y' - [1,0]\, y - [1,2]\, y'' - \text{etc.} = 0,$$

$$\frac{dy'}{dt} + [(1,0) + (1,2) + \text{etc.}]\, x' + [1,0]\, x + [1,2]\, x'' + \text{etc.} = 0;$$

$$\frac{dx''}{dt} - [(2,0) + (2,1) + \text{etc.}]\, y'' - [2,0]\, y - [2,1]\, y' - \text{etc.} = 0,$$

$$\frac{dy''}{dt} + [(2,0) + (2,1) + \text{etc.}]\, x'' + [2,0]\, x + [2,1]\, x' + \text{etc.} = 0;$$

etc.

(104). Si nous ne supposons que deux planetes M' et M'' qui se troublent réciproquement dans leurs mouvements autour de M, nous aurons quatre équations que nous intégrerons de la maniere suivante. Nous ferons

$$x = \text{H}\,\sin.(h\,t + h'),\quad y = \text{H}\,\cos.(h\,t + h'),$$
$$x' = \text{H}'\,\sin.(h\,t + h'),\quad y' = \text{H}'\,\cos.(h\,t + h');$$

valeurs qui satisferont aux équations différentielles, pourvu qu'on ait

$$\text{H}h - (0,1)\,\text{H} - [0,1]\,\text{H}' = 0,\quad \text{H}'h - (1,0)\,\text{H}' - [1,0]\,\text{H} = 0.$$

En général le nombre de ces équations algébriques sera égal à celui des coëfficients H, H', etc. on déterminera par leur moyen le rapport de ces coëfficients, dont un demeurera toujours indéterminé, et il y aura une équation finale qui ne renfermera d'autre inconnue que h, et qui sera d'un degré égal au nombre des coëfficients. Dans le cas présent on a $\frac{H'}{H} = \frac{h - (0, 1)}{[0, 1]}$, et pour déterminer la constante h, l'équation du second degré

$$h^2 - [(0, 1) + (1, 0)] h = [1, 0] [0, 1] - (1, 0) (0, 1).$$

Ainsi, h et i étant les deux racines de cette équation, les quatre équations différentielles auront pour intégrale complete

$$x = \mathrm{H} \sin.(h t + h') + \mathrm{I} \sin.(i t + i'),$$
$$y = \mathrm{H} \cos.(h t + h') + \mathrm{I} \cos.(i t + i'),$$
$$x' = \mathrm{H}' \sin.(h t + h') + \mathrm{I}' \sin.(i t + i'),$$
$$y' = \mathrm{H}' \cos.(h t + h') + \mathrm{I}' \cos.(i t + i').$$

On trouvera beaucoup d'autres détails analytiques, et généralement tout ce qu'on peut desirer sur la théorie des variations séculaires des éléments des planetes dans les trois mémoires de M. de la Grange (*Mémoires de Berlin*, 1776, 1781, 1782). Il y a démontré le premier, d'une maniere rigoureuse, que ni la distance moyenne, ni la vîtesse du moyen mouvement, ne sont sujettes à aucune espece de variations séculaires, provenant de l'action mutuelle des planetes. Cela ne doit rien diminuer du mérite des recherches de M. de la Place, qui parurent dès 1773, et où il donne ce résultat comme étant considérablement approché. (*Savants étrangers*, 1773; *histoire de l'académie des sciences de Paris*, 1776).

(105). On a vu qu'en combinant ensemble les équations du second ordre, qui donnent le mouvement relatif d'un corps sollicité par des forces quelconques, on parvenoit assez aisément à des équations du premier ordre. M. Clairaut avoit fait cette remarque dès 1759. Pour la faire bien comprendre, nous reprendrons toutes les équations du problême des trois corps.

Celles qui doivent donner le mouvement relatif de M' autour de M, sont

$$\frac{d^2 x}{d t^2} + \frac{\mathrm{M} + \mathrm{M}'}{\Delta^3} x - \frac{\mathrm{M}''}{\delta^3} (x' - x) + \frac{\mathrm{M}'' x'}{\Delta'^3} = 0, \left.\begin{matrix} \\ \\ \\ \end{matrix}\right.$$
$$\frac{d^2 y}{d t^2} + \frac{\mathrm{M} + \mathrm{M}'}{\Delta^3} y - \frac{\mathrm{M}''}{\delta^3} (y' - y) + \frac{\mathrm{M}'' y'}{\Delta'^3} = 0, \left.\right\} \ldots \ldots (\mathrm{A})$$
$$\frac{d^2 z}{d t^2} + \frac{\mathrm{M} + \mathrm{M}'}{\Delta^3} z - \frac{\mathrm{M}''}{\delta^3} (z' - z) + \frac{\mathrm{M}'' z'}{\Delta'^3} = 0;$$

celles qui doivent donner le mouvement relatif de M'' autour de M, sont

$$\left.\begin{array}{l}
\dfrac{d^2 x'}{dt^2} + \dfrac{M+M''}{\Delta'^3}\, x' - \dfrac{M'}{\delta'^3}\,(x-x') + \dfrac{M'x}{\Delta^3} = 0, \\[2mm]
\dfrac{d^2 y'}{dt^2} + \dfrac{M+M''}{\Delta'^3}\, y' - \dfrac{M'}{\delta'^3}\,(y-y') + \dfrac{M'y}{\Delta^3} = 0, \\[2mm]
\dfrac{d^2 z'}{dt^2} + \dfrac{M+M''}{\Delta'^3}\, z' - \dfrac{M'}{\delta'^3}\,(z-z') + \dfrac{M''z}{\Delta^3} = 0:
\end{array}\right\} \ldots\ldots (B)$$

enfin on s'assurera aisément qu'en faisant $x'-x=x''$, $y'-y=y''$, $z'-z=z''$, celles qui doivent donner le mouvement relatif de M'' autour de M', sont

$$\left.\begin{array}{l}
\dfrac{d^2 x''}{dt^2} + \dfrac{M'+M''}{\delta^3}\, x'' - \dfrac{M}{\Delta^3}\,(x'-x'') + \dfrac{Mx'}{\Delta'^3} = 0, \\[2mm]
\dfrac{d^2 y''}{dt^2} + \dfrac{M'+M''}{\delta^3}\, y'' - \dfrac{M}{\Delta^3}\,(y'-y'') + \dfrac{My'}{\Delta'^3} = 0, \\[2mm]
\dfrac{d^2 z''}{dt^2} + \dfrac{M'+M''}{\delta^3}\, z'' - \dfrac{M}{\Delta^3}\,(z'-z'') + \dfrac{Mz'}{\Delta'^3} = 0.
\end{array}\right\} \ldots\ldots (C)$$

(106). Il faudra multiplier la premiere des équations (A) par y, et en retrancher la seconde multipliée par x ; ce qui donnera

$$\frac{y\, d^2 x - x\, d^2 y}{dt^2} + M''\left(\frac{1}{\delta^3} - \frac{1}{\Delta'^3}\right)(xy' - x'y) = 0.$$

En combinant de la même maniere les deux premieres des équations (B), et les deux premieres des équations (C), on trouvera celles-ci :

$$\frac{y'\, d^2 x' - x'\, d^2 y'}{dt^2} + M'\left(\frac{1}{\delta'^3} - \frac{1}{\Delta^3}\right)(x'y - xy') = 0,$$

$$\frac{y''\, d^2 x'' - x''\, d^2 y''}{dt^2} + M\left(\frac{1}{\Delta^3} - \frac{1}{\Delta'^3}\right)(x''y' - x'y'') = 0.$$

On ajoutera ensemble les trois équations que nous venons de trouver, après avoir divisé la premiere par M'', la seconde par M', la troisieme par M ; et, à cause de

$$x'' = x' - x, \quad y'' = y' - y, \quad yx' - xy' = y'x'' - x'y'',$$

on aura

$$\frac{y\, d^2 x - x\, d^2 y}{M''\, dt^2} + \frac{y'\, d^2 x' - x'\, d^2 y'}{M'\, dt^2} + \frac{y''\, d^2 x'' - x''\, d^2 y''}{M\, dt^2} = 0,$$

qui a pour intégrale complete

$$\frac{y\, dx - x\, dy}{M''\, dt} + \frac{y'\, dx' - x'\, dy'}{M'\, dt} + \frac{y''\, dx'' - x''\, dy''}{M\, dt} = h_1,$$

h_1 étant une constante arbitraire. On verra aisément comment il faudra

faudra combiner la premiere et la troisieme, la seconde et la troisieme des équations (A), (B), (C), pour en tirer

$$\frac{z\,dx - x\,dz}{\mathrm{M}''\,dt} + \frac{z'\,dx' - x'\,dz'}{\mathrm{M}'\,dt} + \frac{z''\,dx'' - x''\,dz''}{\mathrm{M}\,dt} = h2,$$

$$\frac{z\,dy - y\,dz}{\mathrm{M}''\,dt} + \frac{z'\,dy' - y'\,dz'}{\mathrm{M}'\,dt} + \frac{z''\,dy'' - y''\,dz''}{\mathrm{M}\,dt} = h3.$$

(107). Si on multiplie la premiere des équations (A) par $\frac{dx}{\mathrm{M}''}$, la premiere des équations (B) par $\frac{dx'}{\mathrm{M}'}$, la premiere des équations (C) par $\frac{dx''}{\mathrm{M}}$, et qu'on les ajoute ensemble, on aura, en ne perdant pas de vue que $x'' = x' - x$, et faisant, pour abréger, $\mathrm{M} + \mathrm{M}' + \mathrm{M}'' = \mathrm{K}$,

$$\frac{dx\,d^2x}{\mathrm{M}''\,dt^2} + \frac{dx'\,d^2x'}{\mathrm{M}'\,dt^2} + \frac{dx''\,d^2x''}{\mathrm{M}\,dt^2} + \mathrm{K}\left(\frac{x\,dx}{\mathrm{M}''\Delta^3} + \frac{x'\,dx'}{\mathrm{M}'\Delta'^3} + \frac{x''\,dx''}{\mathrm{M}\delta^3}\right) = 0;$$

on trouvera par des opérations analogues

$$\frac{dy\,d^2y}{\mathrm{M}''\,dt^2} + \frac{dy'\,d^2y'}{\mathrm{M}'\,dt^2} + \frac{dy''\,d^2y''}{\mathrm{M}\,dt^2} + \mathrm{K}\left(\frac{y\,dy}{\mathrm{M}''\Delta^3} + \frac{y'\,dy'}{\mathrm{M}'\Delta'^3} + \frac{y''\,dy''}{\mathrm{M}\delta^3}\right) = 0,$$

$$\frac{dz\,d^2z}{\mathrm{M}''\,dt^2} + \frac{dz'\,d^2z'}{\mathrm{M}'\,dt^2} + \frac{dz''\,d^2z''}{\mathrm{M}\,dt^2} + \mathrm{K}\left(\frac{z\,dz}{\mathrm{M}''\Delta^3} + \frac{z'\,dz'}{\mathrm{M}'\Delta'^3} + \frac{z''\,dz''}{\mathrm{M}\delta^3}\right) = 0.$$

On ajoutera ensemble ces trois équations; et, à cause de

$$\Delta\,d\Delta = x\,dx + y\,dy + z\,dz,\quad \Delta'\,d\Delta' = x'\,dx' + y'\,dy' + z'\,dz',$$
$$\delta\,d\delta = x''\,dx'' + y''\,dy'' + z''\,dz'',\ \text{on aura}$$

$$\frac{dx\,d^2x + dy\,d^2y + dz\,d^2z}{\mathrm{M}''\,dt^2} + \frac{dx'\,d^2x' + dy'\,d^2y' + dz'\,d^2z'}{\mathrm{M}'\,dt^2} +$$
$$\frac{dx''\,d^2x'' + dy''\,d^2y'' + dz''\,d^2z''}{\mathrm{M}\,dt^2} + \mathrm{K}\left(\frac{d\Delta}{\mathrm{M}''\Delta^2} + \frac{d\Delta'}{\mathrm{M}'\Delta'^2} + \frac{d\delta}{\mathrm{M}\delta^2}\right) = 0,$$

qu'on intégrera facilement, et il viendra

$$\frac{dx^2 + dy^2 + dz^2}{\mathrm{M}''\,dt^2} + \frac{dx'^2 + dy'^2 + dz'^2}{\mathrm{M}'\,dt^2} + \frac{dx''^2 + dy''^2 + dz''^2}{\mathrm{M}\,dt^2} -$$
$$2\,\mathrm{K}\left(\frac{1}{\mathrm{M}''\Delta} + \frac{1}{\mathrm{M}'\Delta'} + \frac{1}{\mathrm{M}\delta}\right) = h4,$$

$h4$ étant une constante arbitraire. Nous venons de trouver quatre équations du premier ordre; et comme il n'y a effectivement que six inconnues, le problême seroit réduit aux premieres différences si on en pouvoit trouver encore deux autres. Le fasse qui pourra, ajoute M. Clairaut. M. de la Grange doute aussi qu'on y puisse parvenir dans l'état d'imperfection où est encore l'analyse (*Essai sur le probléme des trois corps, couronné par l'académie des sciences de Paris en* 1772). Les géometres ont renoncé depuis long-temps à l'espérance de pouvoir intégrer complètement les équations du problême des trois corps ; ils semblent convenir qu'on ne doit se proposer autre chose, sinon de perfectionner les méthodes d'approximation : on verra dans tout le cours de cet ouvrage les efforts qu'ils ont faits pour cela.

CHAPITRE III.

Des différents mouvements qu'un corps, sollicité par des forces quelconques, peut prendre autour de son centre de gravité, et des inégalités que la figure de ce corps peut produire dans le mouvement progressif.

Toute cette théorie est fondée sur des principes de méchanique que nous n'avons pas encore eu occasion de citer. On les trouve dans beaucoup d'ouvrages, et sur-tout dans l'excellent traité de M. Euler qui a pour titre, *Theoria motûs corporum rigidorum*. Cependant nous croyons devoir les rappeller ici en peu de mots. Nous ferons d'abord une hypothese : ce sera de regarder le corps comme étant parfaitement homogene et d'une figure inaltérable, au moins par l'action des forces qui peuvent agir sur lui. Nous généraliserons ensuite ces suppositions pour nous approcher le plus que nous pourrons des choses telles qu'elles sont effectivement.

(108). Soit en Z (*fig. VIII*) une des particules du corps dont nous déterminerons la position dans l'espace en la rapportant à trois axes perpendiculaires entre eux AD, AB, AC, au moyen des trois ço-ordonnées AP (x), PM (y), MZ (z), paralleles à chacun de ces axes. Maintenant la masse du corps étant M, celle d'un de ses élémens sera dM ; et si la force qui l'anime est proportionnelle à la masse, on pourra la représenter par $h\,d$M, h étant un nombre quelconque. Si de plus nous supposons que les directions des forces sont paralleles, leur résultante aura même direction, et sera égale à hM. Que ces directions soient paralleles à l'axe AC ; que celle de la résultante rencontre le plan BAD en un point G, duquel nous menerons une perpendiculaire GE sur AD. Nous aurons les moments de $h\,d$M par rapport aux axes AD, AB, égaux à $h\,y\,d$M, $h\,x\,d$M ; et comme le moment de la résultante par rapport à un axe doit être égal à la somme des moments de chaque élément par rapport au même axe, on doit avoir h . M . GE $= h \int y\,d$M, h . M . EA $= h \int x\,d$M, le signe $\int$ s'étendant à toute la masse du corps. On en tire GE $= \frac{\int y\,d\mathrm{M}}{\mathrm{M}}$, EA $= \frac{\int x\,d\mathrm{M}}{\mathrm{M}}$; ce qui détermine le point G par où doit passer la

direction de la résultante. Au lieu de supposer les directions paralleles à l'axe AC, supposons-les paralleles à l'axe AB ; et la position
du point où la direction de la résultante rencontre le plan DAC,
sera telle qu'on aura pour la distance de ce point à l'axe AC, $\frac{\int x\,dM}{M}$;
et pour la distance du même point à l'axe AD, $\frac{\int z\,dM}{M}$. Enfin si nous
supposons les directions paralleles à l'axe AD, nous aurons la distance du point où la direction de la résultante rencontre le plan
BAC, à l'axe AB égale à $\frac{\int z\,dM}{M}$, et la distance du même point à l'axe
AC égale à $\frac{\int y\,dM}{M}$. Ainsi les directions des trois résultantes passeront
par un point unique K déterminé de maniere que

$$ \text{AE} = \frac{\int x\,dM}{M}, \quad \text{EG} = \frac{\int y\,dM}{M}, \quad \text{GK} = \frac{\int z\,dM}{M}. $$

(109). Ce point K est celui qu'on a coutume de nommer *centre de
gravité*, parcequ'on suppose les directions de la pesanteur paralleles,
et qu'elle agit proportionnellement aux masses ; il seroit plus exact,
comme l'a fait M. Euler, de lui donner le nom de *centre d'inertie*, ou
de *centre de masse*. Quoi qu'il en soit, si l'on suppose que les trois axes
se rencontrent au point K, les droites AE, EG, GK, seront nulles,
et on aura

$$ \int x\,dM = 0, \quad \int y\,dM = 0, \quad \int z\,dM = 0, $$

pour les conditions données par la propriété du centre de gravité.

(110). On appelle *axe de rotation* une ligne droite prise dans le corps,
autour de laquelle il peut se mouvoir. S'il n'a que ce mouvement de rotation, tous les points de l'axe seront immobiles, et les particules du
corps auront d'autant plus de vîtesse qu'elles en seront plus éloignées.
Ces vîtesses seront proportionnelles aux rayons des cercles décrits,
ou à des perpendiculaires abaissées de chaque particule sur l'axe de
rotation. Si on prend un de ces rayons pour l'unité, la vîtesse de la
particule correspondante sera nommée *vîtesse angulaire* ; en sorte
que u étant la vîtesse de la particule qui répond au rayon r, la vîtesse
angulaire sera $\frac{u}{r}$. Donc, en désignant par U la vîtesse angulaire, on
aura $u = U r$; et comme la force centrifuge d'un point dont la distance est r est égale (C. I. p. 376) au quarré de la vîtesse, divisé par
le double de cette distance, on pourra prendre (n° 23) $\frac{U^2 r\,dM}{2g}$ pour
l'effort de la particule dM sur l'axe à la distance r, lorsque le corps
se meut uniformément autour de cet axe.

(111). Prenons l'axe AD pour celui dont il s'agit, et décomposons l'effort que la particule fait à la distance ZP (r) en deux autres, dont l'un $\frac{\mathrm{U}^2 y\,d\mathrm{M}}{2g}$ agit dans la direction de PM, et l'autre $\frac{\mathrm{U}^2 z\,d\mathrm{M}}{2g}$ agit dans la direction de MZ ; nous trouverons que la résultante de toutes les forces paralleles à AB, qui agissent sur l'axe AD, a pour valeur $\frac{\mathrm{U}^2}{2g} \int y\,d\mathrm{M}$; que la résultante de toutes celles paralleles à AC, qui agissent sur le même axe, est égale à $\frac{\mathrm{U}^2}{2g} \int z\,d\mathrm{M}$. La somme des moments des premieres, par rapport au point A, est $\frac{\mathrm{U}^2}{2g} \int xy\,d\mathrm{M}$; la somme des moments des autres, par rapport au même point, est $\frac{\mathrm{U}^2}{2g} \int xz\,d\mathrm{M}$. Il sera facile de démontrer que l'axe ne soutiendra aucun effort, et que le corps pourra tourner librement autour de lui, si on a les conditions

$$\int y\,d\mathrm{M} = 0, \quad \int z\,d\mathrm{M} = 0, \quad \int xy\,d\mathrm{M} = 0, \quad \int xz\,d\mathrm{M} = 0;$$

nous avons déja dit que ces intégrales, relatives à la position des différentes particules, doivent s'étendre à toute la masse du corps. On satisfera aux deux premieres conditions, en supposant que l'axe passe par le centre de gravité.

(112). Si le mouvement de la particule $d\mathrm{M}$ autour de l'axe AD est accéléré par une force f, elle décrira dans l'instant dt, en vertu de cette accélération, l'espace $\frac{2g f\,dt^2}{d\mathrm{M}}$, et elle acquerra la vîtesse élémentaire $\frac{2g f\,dt}{d\mathrm{M}}$. Donc si nous nommons $d^2 e$ le petit arc décrit, dont le rayon soit 1, nous aurons $f = \frac{d\mathrm{M}\,d^2 e}{2g\,dt^2}$, et la vîtesse angulaire proportionnelle à $\frac{d^2 e}{dt^2}$. Donc à la distance r, la vîtesse de la particule sera $\frac{r\,d^2 e}{dt^2}$, et la force accélératrice, que je nomme φ, égale à $\frac{r\,d\mathrm{M}\,d^2 e}{2g\,dt^2}$. Je suppose que cette force agisse au point Z dans le plan PMZ, et perpendiculairement à PZ $= r$; son moment, par rapport à l'axe AD, sera $\frac{r^2\,d\mathrm{M}\,d^2 e}{2g\,dt^2}$, et on aura, pour la somme des moments de toutes les forces semblables, $\frac{d^2 e}{2g\,dt^2} \int r^2\,d\mathrm{M}$, car le rapport $\frac{d^2 e}{2g\,dt^2}$ est le même pour tous les points du corps. La formule intégrale $\int r^2\,d\mathrm{M}$ exprime la somme des produits de chaque particule du corps par le quarré de sa distance à l'axe ; cette quantité, toujours donnée par la nature du corps, s'appelle *le moment d'inertie*.

(113). Ayant fait $\frac{d^2 e}{2g\,dt^2} = A$, je décompose la force $A\,r\,dM$ en deux autres, l'une $A\,z\,dM$ dans la direction de MZ, l'autre $A\,y\,dM$ parallele à MP ; toutes les forces semblables à la premiere agiront perpendiculairement au plan BAD, et auront pour résultante $A\int z\,dM$; toutes les forces semblables à la seconde agiront perpendiculairement au plan CAD, et auront pour résultante $A\int y\,dM$: les moments de ces résultantes, par rapport au point A, seront $A\int xz\,dM$, $A\int xy\,dM$; on aura $A\int z^2\,dM$ pour le moment de la premiere, par rapport au plan BAD, et $A\int y^2\,dM$ pour le moment de l'autre, par rapport au plan CAD.

(114). La vîtesse angulaire qu'auroit le corps, si le mouvement de rotation étoit uniforme, étant U, et par conséquent la vîtesse d'une particule à la distance r étant rU ; si le mouvement uniforme vient à être troublé par une force accélératrice quelconque, cette vîtesse prendra l'incrément $r\,d$U : je dis $r\,d$U, parceque la figure du corps étant supposée inaltérable, la distance de la particule ne doit pas varier. On doit donc avoir $\varphi = \frac{r\,dM\,dU}{2g\,dt}$. Le moment de cette force sera $\frac{r^2\,dM\,dU}{2g\,dt}$; et on aura pour la somme des moments de toutes les forces semblables $\frac{dU}{2g\,dt}\int r^2\,dM$. Si donc nous nommons F la résultante de toutes ces forces, et iF le moment de cette résultante, nous aurons $i F = \frac{dU}{2g\,dt}\int r^2\,dM$, et par conséquent $dU = \frac{2\,F\,i\,g\,dt}{\int r^2\,dM}$. A cause de $\varphi = \frac{r\,dM\,d^2 e}{2g\,dt^2}$, nous aurons aussi $d^2 c = \frac{2\,F\,i\,g\,dt^2}{\int r^2\,dM}$. Il seroit inutile de multiplier davantage ces formules.

(115). Le moment d'inertie, par rapport à l'axe AD, étant $\int r^2\,dM$, on demande le moment d'inertie par rapport à un autre axe ad parallele au premier. En nommant Aa, b, on aura (*fig. VIII*) $pM = y \mp b$, et le moment d'inertie demandé égal à $\int[(y \mp b)^2 + z^2]\,dM = \int(y^2 + z^2)\,dM \mp 2b\int y\,dM + b^2\int dM = \int r^2\,dM \mp 2b\int y\,dM + b^2 M$. Si l'axe AD passoit par le centre de gravité, on auroit $\int y\,dM = 0$, et le moment d'inertie $\int r^2\,dM$ moindre que le moment d'inertie $\int r^2\,dM + b^2 M$ par rapport à tout autre axe parallele.

(116). Je suppose que le point A soit le centre de gravité du corps, et que par ce point, outre les trois axes perpendiculaires entre eux, AD, AB, AC, il en passe un autre quelconque AO, relativement auquel je demande le moment d'inertie. Pour résoudre ce problême, je fais passer par AO un plan perpendiculaire au plan BAD, et j'imagine que la commune section AF de ces deux plans fasse avec AD un angle n : je nomme aussi l'angle FAO, θ. Du point M je mene à AF une perpendiculaire MP', et je remarque qu'on a ces proportions

$$1 : AM :: \cos.(DAM - DAF) : AP' :: \sin.(DAM - DAF) : P'M;$$

à cause de AM cos.DAM $= x$, AM sin.DAM $= y$, on en tire

$$AP' = x \cos.n + y \sin.n, \quad P'M = y \cos.n - x \sin.n.$$

Du point Z j'abaisse une perpendiculaire ZN sur le plan OAF, et du point N je mene NQ perpendiculaire à l'axe AO ; je tire ensuite NP'. qui sera $=$ ZM, et perpendiculaire sur AF. On aura NZ $=$ P'M, et

$$1 : AN :: \cos.(FAO - FAN) : AQ = AN (\cos.FAN \cos.FAO +$$
$$\sin.FAN \sin.FAO) :: \sin.(FAO - FAN) : NQ = AN (\cos.FAN$$
$$\sin.FAO - \sin.FAN \cos.FAO).$$

Mais AN cos.FAN $=$ AP', AN sin.FAN $=$ NP' $=$ ZM ;

donc, si nous nommons AQ, X, QN, Y, NZ, Z, nous aurons

$$X = (x \cos.n + y \sin.n) \cos.\theta + z \sin.\theta,$$
$$Y = (x \cos.n + y \sin.n) \sin.\theta - z \cos.\theta,$$
$$Z = y \cos.n - x \sin.n.$$

(117). Le moment d'inertie, par rapport à l'axe AO, sera $\int(Y^2 + Z^2) dM$, où il faut remarquer que les quantités qui ne dépendent que des angles n et θ doivent sortir de dessous le signe intégral, puisqu'elles ne varient pas d'un point du corps à un autre. Donc si nous faisons, pour abréger,

$$\int x^2 dM = A, \quad \int y^2 dM = B, \quad \int z^2 dM = C,$$
$$\int xy dM = D, \quad \int xz dM = E, \quad \int yz dM = F,$$

nous aurons pour le moment d'inertie demandé

$$A (\sin.n^2 + \cos.n^2 \sin.\theta^2) + B (\cos.n^2 + \sin.n^2 \sin.\theta^2) + C \cos.\theta^2 -$$
$$2D \sin.n \cos.n \cos.\theta^2 - 2E \cos.n \sin.\theta \cos.\theta - 2F \sin.n \sin.\theta \cos.\theta.$$

Maintenant si l'on demande de déterminer entre tous les axes qui passent par le centre de gravité, celui pour lequel le moment d'inertie

est un plus grand ou un moindre, on verra aisément que tout se réduit à différentier la quantité précédente, en regardant successivement n et ensuite θ seul comme variable, et à égaler chacune de ces
différentielles à zéro. On trouvera de cette maniere les deux équations

$$(A \sin. n \cos. n - B \sin. n \cos. n - D \cos. n^2 + D \sin. n^2) \cos. \theta^2 +$$
$$(E \sin. n - F \cos. n) \sin. \theta \cos. \theta = 0,$$

$$(A \cos. n^2 + B \sin. n^2 - C + 2D \sin. n \cos. n) \sin. \theta \cos. \theta + (E \cos. n$$
$$+ F \sin. n) (\sin. \theta^2 - \cos. \theta^2) = 0.$$

Une remarque très importante, c'est que la premiere de ces équations, divisée par cos. θ, n'est autre chose que $\int XZ\,dM = 0$; et la
seconde, telle qu'elle est, autre chose que $\int XY\,dM = 0$. Mais
(n° 111) ces conditions sont celles qui doivent avoir lieu pour que
l'axe qui passe par le centre de gravité ne soutienne aucun effort, afin
que le corps puisse tourner librement autour de lui. Donc l'axe, par
rapport auquel le moment d'inertie est un plus grand ou un moindre,
a encore la propriété de ne soutenir aucun effort dans le mouvement
de rotation. On est convenu de distinguer cet axe en le nommant *axe
principal.*

(118). Des deux équations qui serviront à déterminer le plus grand
ou le moindre moment d'inertie, la premiere donne

$$\text{tang.}\,\theta = \frac{(A - B) \sin. n \cos. n + D (\sin. n^2 - \cos. n^2)}{F \cos. n - E \sin. n} \,;$$

à cause de $2 \sin. \theta \cos. \theta = \sin. 2\theta$, $\cos. \theta^2 - \sin. \theta^2 = \cos. 2\theta$,
on tire de la seconde

$$\text{tang.}\,2\theta = \frac{2 (E \cos. n + F \sin. n)}{A \cos. n^2 + B \sin. n^2 - C + 2D \sin. n \cos n} \cdot$$

On sait de plus que

$$\text{tang.}\,2\theta = \frac{2 \,\text{tang.}\,\theta}{1 - \text{tang.}\,\theta^2} = \frac{2 (F \cos. n - E \sin. n) [(A - B). \sin. n \cos n + D.(\sin. n^2 - \cos. n^2)]}{(F \cos. n - E \sin. n)^2 - [(A - B). \sin. n \cos. n + D.(\sin. n^2 - \cos. n^2)]^2} \cdot$$

On aura donc, en égalant les valeurs de tang. 2θ, et faisant les réductions nécessaires,

$$(E \cos. n + F \sin. n) (F \cos. n - E \sin. n)^2 = [(A - B). \sin. n \cos. n$$
$$+ D. (\sin. n^2 - \cos. n^2)] . [(AF - CF - DE). \cos. n +$$
$$(DF + CE - BE). \sin. n] \,;$$

ou

ou faisant, pour abréger,

$$FE^2 - FD^2 - DE.(C - B) = m,$$

$$E^3 - 2EF^2 - 2ADF + (A - B).(BE - CE) + DF.(B + C) + D^2E = n,$$

$$F^3 - 2E^2F - 2BDE + (A - B).(CF - AF) + D^2F + CDE + ADE = p,$$

$$EF^2 - D^2E + DF.(A - C) = q,$$

l'équation du troisieme degré

$$m \, \text{tang.}\, \eta^3 + n \, \text{tang.}\, \eta^2 + p \, \text{tang.}\, \eta + q = 0.$$

Cette équation a au moins une racine réelle; tout corps a donc au moins un axe de rotation principal. Puisque la position de AD est arbitraire aussi-bien que celle du plan BAD, nous pourrons supposer que AD est cet axe. Alors tang. $\eta = 0$ est une des racines de l'équation du troisieme degré ; ce qui exige que $q = 0$. Les deux autres racines sont renfermées dans l'équation du second degré $m \, \text{tang.}\, \eta^2 + n \, \text{tang.}\, \eta + p = 0$. Or nous avons vu (n° 111) que si AD est un axe principal, on a $D = 0$, $E = 0$; d'où il suit que non seulement q doit être nul, mais encore m et n. Donc les deux autres valeurs de tang. η sont nécessairement infinies, et il n'y en a aucune autre de possible. À $\eta = 0$ répond $\theta = 0$; si je fais $\eta = 90°$, je trouve tang. $2\theta = \frac{2F}{B - C}$: et comme la tangente d'un angle est encore celle de cet angle augmenté de la demi-circonférence, il est clair qu'à $\eta = 90°$, il répond θ et $\theta + 90°$, dont le double de chacun a pour tangente $\frac{2F}{B - C}$. Donc l'un des axes principaux étant AD, les deux autres seront dans un plan OAF perpendiculaire au plan BAD, et tellement situé, que AD sera perpendiculaire sur AF; AD sera donc aussi perpendiculaire sur ces deux axes, qui le seront entre eux, puisque l'un faisant avec AF un angle θ, l'autre en fait un $= \theta + 90°$. Donc enfin il y a dans tout corps au moins trois axes principaux qui font entre eux des angles droits.

(119). Nous pourrons prendre pour ces trois axes principaux AD, AB, AC, et nous aurons D, E, F, nuls ; ce qui simplifie singulièrement les équations du n° 117, puisqu'elles deviennent

$$(A - B) \sin.\eta \cos.\eta \cos.\theta = 0,$$

$$(A \cos.\eta^2 + B \sin.\eta^2 - C) \sin.\theta \cos.\theta + 0.$$

M

Il résulte de la seconde qu'on doit nécessairement avoir $\sin.\theta = 0$, ou $\cos.\theta = 0$. Si c'est $\cos.\theta$ qu'on fait $= 0$, la premiere sera satisfaite, et l'angle n pourra être tout ce qu'on voudra. Mais si l'on prend $\sin.\theta = 0$, il faudra que $\sin.n = 0$, ou $\cos.n = 0$. Toutes les autres manieres de satisfaire aux deux équations donneront des conditions. Il n'y a donc généralement que trois axes principaux ; les axes perpendiculaires entre eux AD, AB, et l'axe AC, perpendiculaire au plan de ces deux-là. Examinons les conditions dont nous venons de parler, et voyons les cas particuliers qui en résultent. On peut donner à la seconde équation l'une de ces deux formes :

$$[(A - B) . \cos.n^2 + B - C] \sin.\theta \cos.\theta = 0,$$
$$\text{ou } [(A - B) . \sin.n^2 + C - A] \sin.\theta \cos.\theta = 0.$$

Cela posé, 1°. Si $A = B = C$, on pourra prendre pour n et θ tout ce qu'on voudra, et toute ligne passant par le centre de gravité sera un axe principal. 2°. Si $A = B$, on pourra prendre pour n tout ce qu'on voudra, pourvu que θ soit 0 ou 90°. Dans ce cas toute ligne dans le plan BAD, qui passera par le centre de gravité, sera un axe principal ; il y en aura de plus un perpendiculaire à ce plan. 3°. Si $B = C$, en faisant $n = 90°$, on pourra prendre pour θ tout ce qu'on voudra ; ce qui donne une infinité d'axes principaux dans le plan perpendiculaire à AD, qui passe par le centre de gravité. 4°. Si $C = A$, en faisant $n = 0$, on pourra prendre pour θ tout ce qu'on voudra ; ce qui donne une infinité d'axes principaux dans le plan qui passe par AD, et qui est perpendiculaire au plan BAD.

(120). Il suit de cet examen que tout corps a toujours trois axes principaux qui font entre eux des angles droits ; qu'un corps qui en a plus de trois en a une infinité ; qu'il ne peut avoir ce nombre infini d'axes dans deux, trois ou plusieurs plans différents en nombre fini. Dans la sphere toute ligne qui passe par le centre est un axe principal ; dans tout solide de révolution, tel que l'ellipsoïde, dont la courbe génératrice est composée de deux parties égales et semblables, il peut y avoir, outre l'axe de révolution, autant d'axes principaux que l'équateur du sphéroïde a de diametres. Maintenant il nous faut chercher les moments d'inertie par rapport aux trois axes AD, AB, AC. Or il est clair que si dans la formule du n° 117 l'on fait n et θ nuls, on aura, pour l'axe AD, le moment d'inertie $= B + C$; pour l'axe AB, on fera θ nul et $n = 90°$, et on aura le moment d'inertie $= A + C$; pour l'axe AC, on fera n et θ chacun $= 90°$, et on aura le moment d'inertie $= A + B$. Si ces axes sont des axes principaux, on aura de plus D $=$ o, E $=$ o, F $=$ o. Mais un des axes principaux étant donné, AD, par exemple, on menera par cet axe un plan BAD ; on imaginera aussi un plan OAF perpendiculaire au précédent, et qui le coupe dans une droite AF, passant par le centre de gravité A, et faisant avec AD un angle droit ; alors si l'on prend OAF tel que la tangente du double de cet angle $= \frac{2F}{B-C}$, AO sera un des deux autres axes principaux : on trouvera le troisieme, en tirant dans le plan OAF une ligne qui fasse avec AF un angle $=$ OAF $+$ 90°.

(121). Un corps, en vertu de sa seule pesanteur, oscille autour d'un axe fixe horizontal. Pour déterminer le mouvement de ce corps, on abaissera du centre de gravité C (*fig. IX*) une perpendiculaire ACO sur l'axe fixe que nous supposons passer par le point O, et on menera une verticale CH qui, dans la situation actuelle du corps, est supposée faire avec ACO un angle φ ; on nommera CO, a, et Mh^2, le moment d'inertie du corps par rapport à un axe parallele au précédent qui passeroit par le centre de gravité. On aura le moment d'inertie du corps par rapport à l'axe qui passe par le point O $=$ M . $(a^2 + h^2)$, et la force qui fait osciller le corps autour de cet axe $= M (a^2 + h^2) \frac{d^2\varphi}{2g\,dt^2}$. Mais ayant pris sur la verticale une partie CH pour représenter le poids du corps, si l'on abaisse sur OA une perpendiculaire HK $=$ M sin.φ, le moment aM sin.φ de cette force sera une autre expression de celle qui fait osciller le corps ; donc $\frac{d^2\varphi}{2g\,dt^2} = - \frac{a \sin \varphi}{a^2 + h^2}$ est l'équation propre à déterminer le mouvement dont il s'agit : on a mis le signe — parceque la force tend à diminuer l'angle φ. Si le volume du corps, relativement à sa masse, est assez peu considérable pour qu'on puisse supposer qu'elle est toute réunie au centre de gravité, et par conséquent que le moment d'inertie par rapport à l'axe qui passe par ce centre est nul, l'équation précédente deviendra $\frac{d^2\varphi}{2g\,dt^2} = - \frac{\sin.\varphi}{a}$. Donc si l'on nomme l la longueur du pendule simple, qui fait ses oscillations dans le même temps que le corps BA, on aura $\frac{d^2\varphi}{2g\,dt^2} = - \frac{\sin.\varphi}{l}$, et par conséquent $l = a + \frac{h^2}{a}$. Le *centre d'oscillation* du corps est un point S, pris dans la droite OA, où, si toute la masse venoit à être réunie, les oscillations se feroient dans le même temps qu'auparavant. Il est clair, d'après ce qui précède, que le centre d'oscillation est éloigné du centre de gravité de la quantité $\frac{h^2}{a}$.

(122). L'équation différentielle du second ordre étant multipliée par $4\,d\varphi$, et ensuite intégrée, donne $\frac{d\varphi^2}{dt^2} = c + \frac{4ag\,\cos.\varphi}{a^2 + h^2}$; la vîtesse angulaire est donc égale à $\sqrt{\left(c + \frac{4ag\,\cos\varphi}{a^2 + h^2}\right)}$. Nommons-la 6 lorsqu'elle est la plus grande de toutes, ou lorsque $\varphi = 0$; nous aurons $c = 6^2 - \frac{4ag\,\cos.\varphi}{a^2 + h^2}$, et la vîtesse angulaire-quelconque égale à $\sqrt{\left(6^2 - 4ag\,\frac{1 - \cos\varphi}{a^2 + h^2}\right)}$. Si $6^2 > \frac{8ag}{a^2 + h^2}$, le corps fera des révolutions entieres autour de l'axe fixe, puisque, pour $\varphi = 180°$, la vîtesse angulaire sera encore réelle. Mais si 6^2 est moindre, l'angle φ ne pourra croître au-delà de certaines limites; et quand le corps y sera parvenu, il descendra et fera ses oscillations. On demande la durée de ces oscillations pour le cas où la vîtesse deviendroit nulle lorsque $\varphi = f$, et où par conséquent on auroit à intégrer une équation de cette forme $2\,dt\,\sqrt{\frac{g}{l}} = \frac{d\varphi}{\sqrt{(\cos.\varphi - \cos.f)}}$. On verra aisément que l'angle qui a pour cosinus $\frac{1 + \cos.f - 2\cos.\varphi}{1 - \cos.f}$ est nul lorsque $\varphi = f$, et est égal à $180°$, ou $\frac{\pi}{2}$, lorsque $\varphi = 0$. Nommons x cet angle, pour que $dx = \frac{d\varphi\,\sin.\varphi}{\sqrt{[(1 + \cos.f - \cos.\varphi)\cos.\varphi - \cos.f]}}$, $\frac{d\varphi}{\sqrt{(\cos.\varphi - \cos.f)}} = \frac{dx}{\sqrt{(1 + \cos.\varphi)}}$; et l'équation à intégrer pourra être changée en celle-ci :

$$2\,dt\,\sqrt{\frac{2g}{l}} = \frac{dx}{\sqrt{\left(1 - \frac{y}{2}\right)}}, \text{ où } y = 1 - \cos.\varphi = \frac{1 - \cos.f}{2}(1 + \cos.x).$$

En développant le radical du second membre, cette équation devient

$$2\,dt\,\sqrt{\frac{2g}{l}} = \left(1 + \frac{y}{4} + \frac{3y^2}{2.4.4} + \frac{5y^3}{2.2.4.8} + \frac{5.7y^4}{2.2.4.8.16} + \text{etc.}\right)dx.$$

Il ne s'agit donc plus que d'intégrer une différentielle de cette forme $dx\,(1 + \cos.x)^m$, m étant un nombre entier positif. On trouve pour cet intégral (C. I. p. 436)

$$\left(1 + \frac{m}{2}\cdot\frac{m-1}{2} + \frac{3m}{8}\cdot\frac{m-1}{2}\cdot\frac{m-2}{3}\cdot\frac{m-3}{4} + \text{etc.}\right)x + \left[1 + \frac{m-1}{4}\cos.x + \frac{m-1}{2}\cdot\frac{m-2}{3}(\cos.x^2 - 2) + \frac{m-1}{3}\cdot\frac{m-2}{4}\cdot\frac{m-3}{8}(\cos.x^3 + \tfrac{3}{2}\cos.x) + \text{etc.}\right]m\,\sin.x;$$

et comme elle doit être prise depuis $x = 0$ jusqu'à $x = 180°$, elle est égale à

$$\frac{\pi}{2}\left(1 + \frac{m}{2}\cdot\frac{m-1}{2} + \frac{3m}{8}\cdot\frac{m-1}{2}\cdot\frac{m-2}{3}\cdot\frac{m-3}{4} + \text{etc.}\right).$$

On a donc pour la durée d'une oscillation la quantité suivante :

$$\frac{\pi}{2}\left(1 + \frac{1-\cos.f}{2.4} + \frac{3.3(1-\cos.f)^2}{2.2\quad 4.4} + \frac{5.5(1-\cos.f)^3}{2.4.4.8.8} + \text{etc.}\right)\sqrt{\frac{l}{2g}}.$$

Les oscillations d'un pendule simple approcheront d'autant plus d'être isochrones, que l'arc f sera plus petit, et son sinus verse plus petit par rapport au rayon qui est la longueur du pendule. Il est donc clair que la durée d'une oscillation d'un semblable pendule est très exactement égale à $\frac{\pi\sqrt{l}}{2\sqrt{2g}}$.

(123). Le pendule étant composé d'une verge cylindrique dont le rayon $= b$ et la masse m, et d'un globe dont le rayon $= b'$ et la masse m'; on demande son centre d'oscillation, en supposant que l'axe autour duquel il oscille passe par l'extrémité supérieure de la verge dont la longueur $= 2c$. 1°. Imaginons deux plans perpendiculaires qui se coupent dans l'axe du cylindre, et dont l'un passe par l'axe d'oscillation ; d'un point de la surface abaissons sur l'autre une perpendiculaire z, du pied de laquelle nous tirerons une perpendiculaire y sur l'axe du cylindre que nous prendrons pour celui de x. De plus si, pour avoir la distance perpendiculaire du point de la surface dont il s'agit à un axe parallele à l'axe d'oscillation qui passeroit par le centre de gravité, on abaisse une perpendiculaire sur le plan qui passe par l'axe d'oscillation, elle sera $= y$, et on aura pour la distance demandée $\sqrt{(x^2 + y^2)}$, les x partant du centre de gravité. On prendra $dx\,dy\,dz$ pour la masse d'une des particules du cylindre, et $(x^2 + y^2)\,dx\,dy\,dz$ pour le moment d'inertie de cette particule par rapport à l'axe qui passeroit par le centre de gravité. On intégrera d'abord par rapport à z, et on aura $(x^2 + y^2)\,z\,dx\,dy$, dans laquelle il faudra mettre pour z sa valeur $\sqrt{(b^2 - y^2)}$. Mais $\int dy\,\sqrt{(b^2 - y^2)}$, étendue à toute la circonférence de la section, est égale à $\frac{\pi b^2}{2}$; on trouve dans la même hypothese $\int y^2\,dy\,\sqrt{(b^2 - y^2)} = \frac{\pi b^4}{8}$; donc en intégrant successivement par rapport à z et à y, on a $\frac{\pi b^2}{2}\left(x^2 + \frac{b^2}{4}\right)\,dx$. L'intégrale de cette derniere différentielle, prise de maniere qu'elle soit nulle lorsque $x = 0$, est égale à $\frac{\pi b^2 x}{2}\left(\frac{x^2}{3} + \frac{b^2}{4}\right)$, où il faudra mettre c au lieu de x pour avoir le moment d'inertie du demi-cylindre ; donc $\pi b^2 c \left(\frac{c^2}{3} + \frac{b^2}{4} \right) = m \left(\frac{c^2}{3} + \frac{b^2}{4} \right)$ est le moment d'inertie du cylindre par rapport à l'axe qui passe par le centre de gravité. Cette quantité, augmentée de $m c^2$, ou $m \left(\frac{4 c^2}{3} + \frac{b^2}{4} \right)$, est le moment d'inertie du cylindre par rapport à l'axe d'oscillation.

(124). 2°. Pour trouver le moment d'inertie de la sphere, soit r le rayon du petit cercle qui a pour co-ordonnées y et z, et φ l'angle qu'il fait avec y ; on aura

$$z = r \sin.\varphi, \quad y = r \cos.\varphi, \quad dz = dr \sin.\varphi + rd\varphi \cos.\varphi,$$
$$dy = dr \cos.\varphi - rd\varphi \sin.\varphi.$$

Mais pour former le parallélipipéde $dx\, dy\, dz$, on fait varier successivement x, y, z ; il faudra donc chercher la valeur de chacune des différentielles en regardant les deux autres comme nulles. Or de $dy = 0$, on tire $dr = \frac{rd\varphi \sin.\varphi}{\cos.\varphi}$, qui, étant substitué dans la valeur de dz, donne $dz = \frac{rd\varphi}{\cos.\varphi}$. On aura aussi la valeur de dy lorsque dz est nul, en faisant $d\varphi$ nul dans $dy = dr \cos.\varphi - rd\varphi \sin.\varphi$; ce qui la réduit à $dy = dr \cos.\varphi$. Donc $dy\, dz = rdrd\varphi$. Je remarquerai ensuite que le moment d'inertie de la sphere est le même par rapport à tous les axes qui passent par le centre de gravité ; j'aurai donc le moment d'inertie demandé, en intégrant $r^3 dr\, d\varphi\, dx$ successivement par rapport à r, φ et x. Les deux premieres intégrations donnent $\frac{\pi}{4} r^4 dx$, et, mettant pour r sa valeur $\sqrt{(b'^2 - x^2)}$, la différentielle $\frac{\pi}{4} (b'^2 - x^2)^2 dx$, qui elle-même a pour intégrale $\frac{\pi}{4} \left(b'^4 x - \frac{2 b'^2 x^3}{3} + \frac{x^5}{5} \right)$. On mettra dans cette expression b' pour x, et on aura le moment d'inertie de la demi-sphere ; donc le moment d'inertie de la sphere par rapport à un axe qui passe par son centre de gravité $= \frac{4\pi}{15} b'^5 = \frac{2}{5} m' b'^2$. On en conclura que le moment d'inertie de cette sphere par rapport à l'axe d'oscillation $=$ $m' \left(\frac{2 b'^2}{5} + (b' + 2c)^2 \right)$.

Les centres de gravité du cylindre et de la sphere, et celui du système de ces deux corps, sont dans une même ligne droite ; donc le moment d'inertie du système, par rapport à l'axe d'oscillation, est égal à la somme des moments d'inertie de chacun des corps par rapport au même axe. La distance de cet axe au centre d'oscillation

$$= \frac{m\left(\frac{4c^2}{3} + \frac{b^2}{4}\right) + m'\left(\frac{7b'^2}{5} + 4b'c + 4c^2\right)}{mc + m'(b' + 2c)}.$$

Nous ne nous arrêterons pas plus long-temps à ces cas particuliers; mais nous remarquerons, relativement aux propositions qui précedent, que le choix des axes est un moyen de simplification dont on pourra toujours faire usage dans la recherche des différents mouvements qu'un corps peut prendre en vertu des forces qui l'animent.

(125). M. de la Grange a mis ce problème en équation, de la maniere la plus simple et la plus générale, dans ses deux pieces sur la libration de la lune : (la premiere, couronnée par l'académie des sciences de Paris, en 1764, se trouve dans le tome IX des prix; l'autre se trouve dans le volume des mémoires de l'académie de Berlin pour 1780). Il y fait usage d'une formule qu'il a déduite de la combinaison du principe de M. d'Alembert avec celui des vîtesses virtuelles. Le principe de M. d'Alembert s'énonce ainsi:

Les mouvements u, u', etc. imprimés à chaque corps d'un systême, étant décomposés chacun en deux autres U, V; U', V', etc. qui soient tels, que si l'on n'eût imprimé que les mouvements U, U', etc. les corps eussent pu les conserver sans se nuire réciproquement; et que si on ne leur eût imprimé que les mouvements V, V', etc. le systême fût demeuré en repos ; U, U', etc. seront les mouvements que ces corps prendront en vertu de leur action.

Maintenant voici en quoi consiste le principe des vîtesses virtuelles énoncé de la maniere la plus générale.

Si un systême de points, dont nous représenterons les masses par m, m', m'', etc. est en équilibre, quoique sollicité par des puissances quelconques ; savoir m par les puissances P, Q, R, etc. suivant les directions p, q, r, etc. m' par les puissances P', Q', R', etc. suivant les disections p', q', r', etc. m'' par les puissances P'', Q'', R'', etc. suivant les directions p'', q'', r'', etc. etc. et qu'on donne à ce systême un petit mouvement en vertu duquel chaque corps parcourt un espace infiniment petit; en supposant que les lignes p, q, r, etc. etc. deviennent, par cette variation infiniment petite, $p - \delta p$, $q - \delta q$, $r - \delta r$, etc. etc. on aura pour l'équilibre cette équation générale :

$$m\left(P\delta p + Q\delta q + R\delta r + \text{etc.}\right) + m'\left(P'\delta p' + Q'\delta q' + R'\delta r'\right)$$
$$+ \text{etc.}) + m''\left(P''\delta p'' + Q''\delta q'' + R''\delta r'' + \text{etc.}\right) + \text{etc.} = 0.$$

(126). Au moyen de ce principe, il est facile de démontrèr un théorême sur la décomposition des forces énoncé par M. de la Grange dans sa piece sur l'équation séculaire de la lune, couronnée par l'académie des sciences de Paris en 1774. On peut toujours décomposer une force quelconque F en trois autres P, Q, R, qui agissent suivant trois directions x, y, z, perpendiculaires entre elles : or puisque les forces P, Q, R, doivent être en équilibre avec leur résultante F ; en nommant δr le chemin infiniment petit que celle-ci feroit parcourir au point sur lequel elle agit, tandis que les trois autres lui feroient parcourir δx, δy, dz, on aura

$$F \delta r + P \delta x + Q \delta y + R \delta z = 0.$$

Mais r peut être regardée comme étant fonction de x, y, z, en sorte que

$$\delta r = \frac{dr}{dx} \delta x + \frac{dr}{dy} \delta y + \frac{dr}{dz} \delta z;$$

ce qui changera l'équation précédente en celle-ci :

$$(F \frac{dr}{dx} + P) \delta x + (F \frac{dr}{dy} + Q) \delta y + (F \frac{dr}{dz} + R) \delta z = 0,$$

qui doit avoir lieu quels que soient les δx, δy, δz; on aura donc

$$P = - F \frac{dr}{dx}, Q = - F \frac{dr}{dy}, R = - F \frac{dr}{dz},$$

qui renferment le théorême qu'il s'agissoit de démontrer. Nous avons fait, n° 85, une remarque relative à ce théorême. Si F est proportionnelle à $\frac{M}{u^2}$; à cause de $\frac{M du}{u^2} = - M d \frac{1}{u}$, il suffira, pour trouver P, Q, R, de différentier $\frac{1}{u}$ successivement par rapport à x, y, z, et de prendre les coëfficients de dx, dy, dz, qu'on multipliera chacun par M. Il sera aussi facile de voir que si le point est en même temps attiré vers différents centres par des forces $\frac{M}{u^2}$, $\frac{M'}{u'^2}$, $\frac{M''}{u''^2}$, etc. et qu'on fasse $\frac{M}{u} + \frac{M'}{u'} + \frac{M''}{u''} + $ etc. $= K$, on aura

$$P = \frac{dK}{dx}, \quad Q = \frac{dK}{dy}, \quad R = \frac{dK}{dz}.$$

Je reviens à la formule que nous devons déduire de la combinaison des deux principes exposés dans l'article précédent.

(127). Le système étant en mouvement, si x, y, z, sont les trois co-ordonnées rectangles qui marquent la position de m dans l'espace,

ce

ce point, à la fin du temps dt, aura, dans ces trois directions, les vîtesses $\frac{dx}{dt}$, $\frac{dy}{dt}$, $\frac{dz}{dt}$, qui, dans l'instant suivant, se changeront en celles-ci:

$$\frac{dx}{dy} + d\,\frac{dx}{dt}, \quad \frac{dy}{dt} + d\,\frac{dy}{dt}, \quad \frac{dz}{dt} + d\,\frac{dz}{dt}.$$

C'est pourquoi, en regardant les vîtesses $\frac{dx}{dt}$, $\frac{dy}{dt}$, $\frac{dz}{dt}$, comme composées des précédentes et de $- d\,\frac{dx}{dt}$, $- d\,\frac{dy}{dt}$, $- d\,\frac{dz}{dt}$, on verra que ces dernieres, qui ne sont autres que $- \frac{d^2 x}{dt}$, $- \frac{d^2 y}{dt}$, $- \frac{d^2 z}{dt}$, en prenant dt constant, doivent être détruites par l'action des forces qui agissent sur le corps, conformément au principe de M. d'Alembert. Et comme ces vîtesses sont dues aux forces accélératrices $- \frac{d^2 x}{dt^2}$, $- \frac{d^2 y}{dt^2}$, $- \frac{d^2 z}{dt^2}$; il faudra que ces forces, étant supposées appliquées au corps m, soient détruites par l'action des autres forces du système. On dira la même chose des forces $- \frac{d^2 x'}{dt^2}$, $- \frac{d^2 y'}{dt^2}$, $- \frac{d^2 z'}{dt^2}$, appliquées au corps m', des forces $- \frac{d^2 x''}{dt^2}$, $- \frac{d^2 y''}{dt^2}$, $- \frac{d^2 z''}{dt^3}$; appliquées au corps m'', et ainsi des autres. On aura donc l'équation

$$m\left(\frac{d^2 x}{dt^2}\,\delta x + \frac{d^2 y}{dt^2}\,\delta y + \frac{d^2 z}{dt^2}\,\delta z + P\delta p + Q\delta q + R\delta r + \text{etc.}\right) +$$
$$m'\left(\frac{d^2 x'}{dt^2}\,\delta x' + \frac{d^2 y'}{dt^2}\,\delta y' + \frac{d^2 z'}{dt^2}\,\delta z' + P'\delta p' + Q'\delta q' + R'\delta r' +\right.$$
$$\left.\text{etc.}\right) + m''\left(\frac{d^2 x''}{dt^2}\,\delta x'' + \frac{d^2 y''}{dt^2}\,\delta y'' + \frac{d^2 z''}{dt^2}\,\delta z'' + P''\delta p'' +\right.$$
$$\left. Q''\delta q'' + R''\delta r'' + \text{etc.}\right) + \text{etc.} = 0.$$

Pour pouvoir en faire usage dans la détermination des différents mouvements qu'un corps de figure quelconque peut prendre en vertu des forces qui l'animent, on regardera m, m', m'', etc. comme étant les éléments de la masse M de ce corps, et on la changera en celle-ci:

$$\int\left(\frac{d^2 x}{dt^2}\,\delta x + \frac{d^2 y}{dt^2}\,\delta y + \frac{d^2 z}{dt^2}\,\delta z + P\delta p + Q\delta q + R\delta r + \text{etc.}\right)$$
$$dM = 0,$$

où le signe d'intégration se rapporte à la position des différentes particules dans le corps. Quant aux caractéristiques d et δ, elles désignent des incréments infiniment petits qu'il faudra bien se garder de confondre quoiqu'on les trouve par les mêmes regles du calcul différentiel.

N

(128). Si les forces qui agissent sur le corps résultent d'attractions dont la loi suive la raison directe des masses et l'inverse du quarré des distances ; en nommant M', M'', etc. les masses des corps attirants, et Δ', Δ'', etc. leurs distances à la particule dM, on aura

$$\int (P\delta p + Q\delta q + R\delta r + \text{etc.}) \, dM = M' \int \frac{\delta \Delta'}{\Delta'^2} \, dM +$$
$$M'' \int \frac{\delta \Delta''}{\Delta''^2} \, dM + \text{etc.}$$

ou bien, en ayant égard à la figure de ces corps,

$$\int (P\delta P + Q\delta q + R\delta r + \text{etc.}) \, dM = \int \left(\int \frac{\delta \Delta'}{\Delta'^2} \, dM' + \right.$$
$$\left. \int \frac{\delta \Delta''}{\Delta''^2} \, dM'' + \text{etc.} \right) dM.:$$

l'autre équation n'est admissible qu'autant qu'on peut supposer que les masses des corps attirants sont toutes réunies en un point ; autrement il faut les regarder comme étant composées d'une infinité de particules différemment distantes de dM.

(129). Soit pris dans l'espace un point fixe A (*fig. X*) par lequel nous ferons passer trois axes perpendiculaires entre eux AD, AB, AC. Ce point sera l'origine des co-ordonnées Aa, ab, bc, parallèles à chacun de ces axes, qui déterminent la position du centre de gravité c du corps M. On fera passer par le point c un plan parallèle à BAD, et des points quelconques p, p', des corps M, M', on abaissera sur ce plan des perpendiculaires pn, $p'n'$; des points n, n', on tirera d'autres perpendiculaires nm, $n'm'$, à une droite cd menée dans le même plan parallèlement à AD ; on prolongera $p'n'$ jusqu'à ce qu'elle rencontre le plan BAD en N, et de ce point on tirera NP perpendiculairement à AD. On nommera

$$Aa, X, ab, Y, bc, Z; \ cm, x, mn, y, np, z; \ AP, x', PN, y', Np', z';$$
$$cp, r, cp' \, r':$$

on aura $r = \sqrt{(x^2 + y^2 + z^2)}$,

$r' = \sqrt{[X^2 + Y^2 + Z^2 + x'^2 + y'^2 + z'^2 - 2 (x'X + y'Y + z'Z)]}$,

$\Delta' = \sqrt{[r^2 + r'^2 - 2 (x.(x' - X) + y.(y' - Y) + z.(z' - Z))]}$.

S'il y a un troisieme corps M'', en nommant x'', y'', z'', r'', les co-ordonnées qui lui sont relatives, on aura

$r'' = \sqrt{[X^2 + Y^2 + Z^2 + x''^2 + y''^2 + z''^2 - 2 (x''X + y''Y + z''Z)]}$,

$\Delta'' = \sqrt{[r^2 + r''^2 - 2 (x.(x'' - X) + y.(y'' - Y) + z.(z'' - Z))]}$;

et ainsi des autres corps qui pourront agir sur la molécule.

Dans toutes les hypotheses, r', $\imath''$, etc. seront incomparablement plus grands que r, et on pourra représenter $\frac{1}{\Delta'}$, $\frac{1}{\Delta''}$, etc. par des séries très convergentes, telles que

$$\frac{1}{\Delta'} = \frac{1}{r'} - \frac{r^2}{2\,r'^3} + \frac{x.(x'-X) + y.(y'-Y) + z.(z'-Z)}{r'^3} + \frac{3}{4}\left(\frac{r^2}{2\,r'^3} - \frac{x.(x'-X)+y.(y'-Y)+z.(z'-Z)}{r'^3}\right)\left(\frac{r^2}{r'^4} - 2\,\frac{x.(x'-X)+y.(y'-Y)+z.(z'-Z)}{r'^2}\right)$$
$$- \text{etc.}$$

Je ferai $\frac{1}{\Delta'} = \frac{1}{r'} + \rho$, $\frac{1}{\Delta''} = \frac{1}{r''} + \sigma$, etc. et parceque r', r'', X, Y, Z, sont indépendants de la position des différentes particules dans le corps M, l'équation du n° 127 deviendra

$$\mathrm{M}\left(\frac{d^2X}{dt^2}\,\delta X + \frac{d^2Y}{dt^2}\,\delta Y + \frac{d^2Z}{dt^2}\,\delta Z - \int[\delta\,\tfrac{1}{r'}\cdot d\mathrm{M}' + \delta\,\tfrac{1}{r''}\cdot d\mathrm{M}''\right.$$
$$\left. + \text{etc.}]\right) + \int\left(\frac{d^2x}{dt^2}\,\delta x + \frac{d^2y}{dt^2}\,\delta y + \frac{d^2z}{dt^2}\,\delta z - \int[\delta\rho\,d\mathrm{M}' + \delta\sigma\,d\mathrm{M}'' + \text{etc.}]\right)d\mathrm{M} = 0.$$

(130). Nous aurons deux especes de quantités, dont les unes ne pourront varier que lorsqu'il s'agira de la position des différentes particules dans le corps; et les autres, que lorsque ces particules auront un mouvement quelconque autour du point c. Nous supposerons que les premieres soient fonctions de r, ϵ, γ, nouvelles quantités introduites, qui ne dépendent que de la situation particuliere de chaque particule par rapport à toutes les autres; nous regarderons l'autre espece de quantités comme étant fonctions de ϵ, n, ζ, qui ne doivent varier que quand la position instantanée d'une particule dans l'espace vient à changer. Ainsi, toutes réductions faites,

$$\int\left(\frac{d^2x}{dt^2}\,\delta x + \frac{d^2y}{dt^2}\,\delta y + \frac{d^2z}{dt^2}\,\delta z\right)d\mathrm{M}$$ pourra être représenté par $\mathrm{P}_1\,\delta\epsilon + \mathrm{Q}_1\,\delta n + \mathrm{R}_1\,\delta\zeta$; $\int(\delta\,\tfrac{1}{r'}\,d\mathrm{M}' + \delta\,\tfrac{1}{r''}\,d\mathrm{M}'' + \text{etc.})$ sera représenté par $\mathrm{P}\delta X + \mathrm{Q}\delta Y + \mathrm{R}\delta Z$, et $\int\int(\delta\rho\,d\mathrm{M}' + \delta\sigma\,d\mathrm{M}'' + \text{etc.})\,d\mathrm{M}$ par $\mathrm{P}'\delta X + \mathrm{Q}'\delta Y + \mathrm{R}'\delta Z + \mathrm{P}_2\,\delta\epsilon + \mathrm{Q}_2\,\delta n + \mathrm{R}_2\,\delta\zeta$.

L'équation du n précédent deviendra

$$\left[\mathrm{M}\left(\frac{d^2X}{dt^2} - \mathrm{P}\right) - \mathrm{P}'\right]\delta X + \left[\mathrm{M}\left(\frac{d^2Y}{dt^2} - \mathrm{Q}\right) - \mathrm{Q}'\right]\delta Y +$$
$$\left[\mathrm{M}\left(\frac{d^2z}{dt^2} - \mathrm{R}\right) - \mathrm{R}'\right]\delta Z + (\mathrm{P}_1 - \mathrm{P}_2)\,\delta\epsilon + (\mathrm{Q}_1 - \mathrm{Q}_2)\,\delta n$$
$$+ (\mathrm{R}_1 - \mathrm{R}_2)\,\delta\zeta = 0 :$$

et comme les δX, δY, δZ, $\delta\varepsilon$, $\delta\eta$, $\delta\zeta$, doivent être indépendants entre eux, on en tirera

$$M\left(\frac{d^2X}{dt^2}-P\right)-P'=0,\quad M\left(\frac{d^2Y}{dt^2}-Q\right)-Q'=0,\quad M\left(\frac{d^2Z}{dt^2}-R\right)$$
$$-R'=0;$$

$$P_1-P_2=0,\quad Q_1-Q_2=0;\quad R_1-R_2=0.$$

Les trois premieres serviront à déterminer le mouvement progressif du point c, et même les inégalités dans ce mouvement, qui proviennent de la figure du corps ; elles different en cela des équations du n° 25, où nous avons négligé les termes P', Q', R' : les trois autres donneront les différents mouvements que la particule peut prendre autour de ce même point.

(131). Pour résoudre le second problême, nous imaginerons deux plans BAD et OAF (*fig. VIII*) qui passent par le centre de gravité A du corps, et dont la commune section soit AF. Puis, ayant abaissé d'un point Z, pris dans le corps, des perpendiculaires ZM et ZN sur chacun de ces plans, et mené des perpendiculaires MP' et NP' sur AF, nous nommerons

l'inclinaison NP'M du second plan sur le premier . . . . ε;
l'angle DAF de la commune section AF avec AD. . . . . η,
l'angle FAN de cette commune section avec une droite AN tirée
　　du centre de gravité à la projection du point Z sur le plan OAF θ,
la distance AZ du point Z au centre de gravité . . . . r,
l'angle que cette droite fait avec AN. . . . . : . . . . ζ.

Nous aurons d'abord

$$ZN=r\sin.\zeta,\quad AN=r\cos.\zeta,$$
$$P'N=r\cos.\zeta\sin.\theta,\quad AP'=r\cos.\zeta\cos.\theta.$$

De plus on verra aisément que $\sin.NP'Z=\dfrac{ZN}{ZP'}$, $\cos.NP'Z=\dfrac{NP'}{ZP'}$; donc

$$\sin.MP'Z=\sin.(\varepsilon-NP'Z)=\frac{NP'\sin.\varepsilon-ZN\cos.\varepsilon}{ZP'},$$
$$\cos.MP'Z=\cos.(\varepsilon-NP'Z)=\frac{NP'\cos.\varepsilon+ZN\sin.\varepsilon}{ZP'};$$

et par conséquent

$$ZM=ZP'\sin.MP'Z=NP'\sin.\varepsilon-ZN\cos.\varepsilon=$$
$$z=r\cos.\zeta\sin.\theta\sin.\varepsilon-r\sin.\zeta\cos.\varepsilon,$$
$$P'M=ZP'\cos.MP'Z=NP'\cos.\varepsilon+ZN\sin.\varepsilon=r\cos.\zeta\sin.\theta\cos.\varepsilon$$
$$+r\sin.\zeta\sin.\varepsilon.$$

Mais on a aussi (n° 116)

$$AP' = x \cos. n + y \sin. n, \quad P'M = y \cos. n - x \sin. n;$$

il sera donc facile de dégager x et y; ce qui donnera

$$x = r \cos. \mathfrak{C} (\cos. n \cos. \theta - \cos. \varepsilon \sin. n \sin. \theta) - r \sin. \mathfrak{C} \sin. \varepsilon \sin. n,$$
$$y = r \cos. \mathfrak{C} (\sin. n \cos. \theta + \cos. \varepsilon \cos. n \sin. \theta) + r \sin. \mathfrak{C} \sin. \varepsilon \cos. n.$$

(132). Tout se réduit à déterminer les mouvements du plan OAF autour du centre de gravité et relativement au plan BAD donné de position. Mais avant d'aller plus loin, il faut remarquer que les axes paralleles aux trois co-ordonnées AP', P'N, NZ, passant par le centre de gravité, on a (n° 109)

$$\int r \cos. \mathfrak{C} \cos. \theta \, dM = 0, \int r \cos. \mathfrak{C} \sin. \theta \, dM = 0, \int r \sin. \mathfrak{C} \, dM = 0.$$

De plus, tout corps ayant nécessairement trois axes principaux, on peut supposer que l'un des précédents, l'axe parallele à NZ, est un axe principal, et que ces équations (n° 111)

$$\int r^2 \sin. \mathfrak{C} \cos. \mathfrak{C} \cos. \theta \, dM = 0, \quad \int r^2 \sin. \mathfrak{C} \cos. \mathfrak{C} \sin. \theta \, dM = 0,$$

ont lieu en même temps que les trois qui sont données par la propriété du centre de gravité. Il faut encore examiner avec plus d'attention la nature des quantités qui doivent entrer dans les équations qu'il s'agit de trouver. Premièrement, r et $\mathfrak{C}$ ne dépendant que de la situation particuliere de chaque particule, par rapport à toutes les autres, ne doivent varier que lorsqu'il s'agit de la position des différentes particules dans le corps; au lieu qu'on fera varier ε et n lorsqu'il sera question de la position instantanée d'une particule dans l'espace. Il n'y aura que θ qu'on fera varier des deux manieres, lorsqu'on passera d'une particule à une autre, et lorsque la même particule changera de lieu dans l'espace; mais nous pourrons toujours le supposer égal à la somme de deux autres angles γ et ζ, dont l'un est seulement variable de la premiere maniere, et l'autre seulement de la seconde. Si, par exemple, le plan BAD étoit l'écliptique, et le plan OAF l'équateur terrestre, l'angle θ seroit la distance du méridien, qui passeroit par le point Z, à l'écliptique comptée sur l'équateur. Or on pourroit imaginer un premier méridien tellement situé, qu'ayant $\theta = \gamma + \zeta$, γ fût la distance du méridien, qui passeroit par le point Z, au premier, et ζ la distance de ce premier méridien à l'écliptique, les deux distances étant comptées sur l'équateur. Alors γ ne varieroit que lorsqu'on passeroit d'une particule à une autre, et ζ lorsque la même particule changeroit de lieu dans l'espace.

(133). Cela posé, nous chercherons d'abord (n° 130) la valeur de $d^2x\,\delta x + d^2y\,\delta y + d^2z\,\delta z$, en ne faisant varier que ε, n, ζ, puisqu'il n'est question que du changement de lieu de la particule ; nous trouverons de cette manière

$$dx = r\cos.\varphi\,[\sin.\theta\,\sin.n\,\sin.\varepsilon\,d\varepsilon - (\sin.\theta\,\cos.n\,\cos.\varepsilon + \cos.\theta\,\sin.n)\,dn$$
$$- (\cos.\theta\,\sin.n\,\cos.\varepsilon + \sin.\theta\,\cos.n)\,d\zeta] - r\sin.\varphi\,(\sin.n\,\cos.\varepsilon\,d\varepsilon$$
$$+ \cos.n\,\sin.\varepsilon\,dn),$$

$$dy = - r\cos.\varphi\,[\sin.\theta\,\cos.n\,\sin.\varepsilon\,d\varepsilon + (\sin.\theta\,\sin.n\,\cos.\varepsilon - \cos.\theta$$
$$\cos.n)\,dn - (\cos.\theta\,\cos.n\,\cos.\varepsilon - \sin.\theta\,\sin.n)\,d\zeta] + r\sin.\varphi$$
$$(\cos.n\,\cos.\varepsilon\,d\varepsilon - \sin.n\,\sin.\varepsilon\,dn),$$

$$dz = r\cos.\varphi\,(\sin.\theta\,\cos.\varepsilon\,d\varepsilon + \cos.\theta\,\sin.\varepsilon\,d\zeta) + r\sin.\varphi\,\sin.\varepsilon\,d\varepsilon.$$

On en tirera facilement δx, δy, δz, en changeant d en δ; puis

$$d^2x = r\cos.\varphi\,[\sin.\theta\,\sin.n\,\sin.\varepsilon\,d^2\varepsilon + \sin.\theta\,\sin.n\,\cos.\varepsilon\,d\varepsilon^2 +$$
$$2\sin.\theta\,\cos.n\,\sin.\varepsilon\,d\varepsilon\,dn + 2\cos.\theta\,\sin.n\,\sin.\varepsilon\,d\varepsilon\,d\zeta + (\sin.\theta\,\sin.n$$
$$\cos.\varepsilon - \cos.\theta\,\cos.n)\,dn^2 - 2(\cos.\theta\,\cos.n\,\cos.\varepsilon - \sin.\theta\,\sin.n)\,dn\,d\zeta$$
$$- (\sin.\theta\,\cos.n\,\cos.\varepsilon + \cos.\theta\,\sin.n)\,d^2n + (\sin.\theta\,\sin.n\,\cos.\varepsilon -$$
$$\cos.\theta\,\cos.n)\,d\zeta^2 - (\cos.\theta\,\sin.n\,\cos.\varepsilon + \sin.\theta\,\cos.n)\,d^2\zeta] -$$
$$r\sin.\varphi\,(\sin.n\,\cos.\varepsilon\,d^2\varepsilon - \sin.n\,\sin.\varepsilon\,d\varepsilon^2 + 2\cos.n\,\cos.\varepsilon\,d\varepsilon\,dn -$$
$$\sin.\varepsilon\,\sin.n\,dn^2 + \cos.n\,\sin.\varepsilon\,d^2n),$$

$$d^2y = - r\cos.\varphi\,[\sin.\theta\,\cos.n\,\sin.\varepsilon\,d^2\varepsilon + \sin.\theta\,\cos.n\,\cos.\varepsilon\,d\varepsilon^2 -$$
$$2\sin.\theta\,\sin.n\,\sin.\varepsilon\,d\varepsilon\,dn + 2\cos.\theta\,\cos.n\,\sin.\varepsilon\,d\varepsilon\,d\zeta + (\sin.\theta\,\cos.n$$
$$\cos.\varepsilon + \cos.\theta\,\sin.n)\,dn^2 + 2(\cos.\theta\,\sin.n\,\cos.\varepsilon + \sin.\theta\,\cos.n)\,dn\,d\zeta$$
$$+ (\sin.\theta\,\sin.n\,\cos.\varepsilon - \cos.\theta\,\cos.n)\,d^2n + (\sin.\theta\,\cos.n\,\cos.\varepsilon +$$
$$\cos.\theta\,\sin.n)\,d\zeta^2 - (\cos.\theta\,\cos.n\,\cos.\varepsilon - \sin.\theta\,\sin.n)\,d^2\zeta] +$$
$$r\sin.\varphi\,(\cos.n\,\cos.\varepsilon\,d^2\varepsilon - \sin.\varepsilon\,\cos.n\,d\varepsilon^2 - 2\sin.n\,\cos.\varepsilon\,d\varepsilon\,dn -$$
$$\cos.n\,\sin.\varepsilon\,dn^2 - \sin.n\,\sin.\varepsilon\,d^2n),$$

$$d^2z = r\cos.\varphi\,(\sin.\theta\,\cos.\varepsilon\,d^2\varepsilon - \sin.\theta\,\sin.\varepsilon\,d\varepsilon^2 + 2\cos.\theta\,\cos.\varepsilon\,d\varepsilon\,d\zeta$$
$$- \sin.\theta\,\sin.\varepsilon\,d\zeta^2 + \cos.\theta\,\sin.\varepsilon\,d^2\zeta) + r\sin.\varphi\,(\sin.\varepsilon\,d^2\varepsilon +$$
$$\cos.\varepsilon\,d\varepsilon^2).$$

Dans la formation de $d^2x\,\delta x + d^2y\,\delta y + d^2z\,\delta z$, on pourra négliger tous les termes multipliés par $r^2\sin.\varphi\,\cos.\varphi\,\cos.\theta$, $r^2\sin.\varphi$ $\cos.\varphi\,\sin.\theta$, l'autre facteur ne dépendant que de ε, n, ζ. En effet, dans la valeur de $\int(d^2x\,\delta x + d^2y\,\delta y + d^2z\,\delta z)\,dM$, ces dernières quantités sortiront de dessous le signe $\int$, puisqu'elles ne doivent pas varier relativement aux intégrations indiquées qui se rapportent à la position des différentes particules dans le corps ; et les termes dont il s'agit auront pour facteurs $\int r^2 \sin.\varepsilon \cos.\varepsilon \cos.\theta\, dM$, $\int r^2 \sin.\varepsilon \cos.\varepsilon \sin.\theta\, dM$, quantités nulles, dans l'hypothese que l'axe parallelle à NZ est un axe principal. On verra aisément ensuite que tout se réduit à ne pas écrire les termes qui auront pour facteur $r^2 \sin.\varepsilon \cos.\varepsilon$. Ainsi

$$d^2x\, \delta x + d^2y\, \delta y + d^2z\, \delta z = r^2 \cos.\varepsilon^2 \{ [\sin.\theta^2 (d^2\varepsilon + \sin.\varepsilon \cos.\varepsilon\, d\eta^2 + 2\sin.\varepsilon\, d\eta\, d\zeta) + \sin.\theta \cos.\theta\, (2\, d\varepsilon\, d\zeta - \sin.\varepsilon\, d^2\eta)]\, \delta\varepsilon$$
$$- [\sin.\theta \cos.\theta\, (\sin.\varepsilon\, d^2\varepsilon + \cos.\varepsilon\, d\varepsilon^2 + 2\sin.\varepsilon^2\, d\eta\, d\zeta) + \sin.\theta^2 (2\sin.\varepsilon \cos.\varepsilon\, d\varepsilon\, d\eta - 2\sin.\varepsilon\, d\varepsilon\, d\zeta + \sin.\varepsilon^2\, d^2\eta) + 2\sin.\varepsilon\, d\varepsilon\, d\zeta - d^2\eta - \cos.\varepsilon\, d^2\zeta]\, \delta\eta - [\sin.\theta \cos.\theta\, (d\varepsilon^2 - \sin.\varepsilon^2\, d\eta^2) + 2\sin.\theta^2 \sin.\varepsilon\, d\varepsilon\, d\eta - \cos.\varepsilon\, d^2\eta - d^2\zeta]\, \delta\zeta \} +$$
$$r^2 \sin.\varepsilon^2 [(d^2\varepsilon - \sin.\varepsilon \cos.\varepsilon\, d\eta^2)\, \delta\varepsilon + (\sin.\varepsilon^2\, d^2\eta + 2\sin.\varepsilon \cos.\varepsilon\, d\varepsilon\, d\eta)\, \delta\eta].$$

(134). On mettra dans l'expression précédente $\sin.2\theta$, $1 - \cos.2\theta$, pour $2\sin.\theta \cos.\theta$, $2\sin.\theta^2$, puis $\cos.2\gamma \cos.2\zeta - \sin.2\gamma \sin.2\zeta$, $\cos.2\gamma \sin.2\zeta + \sin.2\gamma \cos.2\zeta$, au lieu de $\cos.2\theta$, $\sin.2\theta$; et après avoir fait, pour abréger,

$$\int r^2 \cos.\varepsilon^2\, dM = A, \quad \int r^2 \sin.\varepsilon^2\, dM = B, \quad \int r^2 \cos.\varepsilon^2 \cos.2\gamma\, dM = E,$$
$$\int r^2 \cos.\varepsilon^2 \sin.2\gamma\, dM = F, \quad E \sin.2\zeta + F \cos.2\zeta = m,$$
$$E \cos.2\zeta - F \sin.2\zeta = n,$$

$$P_1 = \frac{A + 2B}{2} \frac{d^2\varepsilon}{dt^2} + \frac{A - 2B}{4} \sin.2\varepsilon \frac{d\eta^2}{dt^2} + A \sin.\varepsilon \frac{d\eta\, d\zeta}{dt^2} + m \left(\frac{d\varepsilon\, d\zeta}{dt^2} - \frac{\sin.\varepsilon}{2} \frac{d^3\eta}{dt^2} \right) - n \left(\frac{d^2\varepsilon}{2\, dt^2} + \frac{\sin.2\varepsilon}{4} \frac{d\eta^2}{dt^2} + \sin.\varepsilon \frac{d\eta\, d\zeta}{dt^2} \right),$$

$$Q_1 = \frac{2B - A}{4} \left(\frac{d^2\eta}{dt^2} - \frac{d.\cos.2\varepsilon\, d\eta}{dt^2} \right) + A \left(\frac{d^2\eta}{dt^2} + \frac{d.\cos.\varepsilon\, d\zeta}{dt^2} \right) - m \left(\frac{d.\sin.\varepsilon\, d\varepsilon}{2\, dt^2} + \frac{1 - \cos.2\varepsilon}{2} \frac{d\eta\, d\zeta}{dt^2} \right) + n \left(\frac{d^2\eta}{4\, dt^2} - \frac{d.\cos.2\varepsilon\, d\eta}{4\, dt^2} - \sin.\varepsilon \frac{d\varepsilon\, d\zeta}{dt^2} \right),$$

$$R_1 = A \left(\frac{d^2\zeta}{dt^2} + \frac{d.\cos.\varepsilon\, d\eta}{dt^2} \right) + m \left(\frac{1 - \cos.2\varepsilon}{4} \frac{d\eta^2}{dt^2} - \frac{d\varepsilon^2}{2\, dt^2} \right) + n \sin.\varepsilon \frac{d\varepsilon\, d\eta}{2\, dt^2},$$

on aura

$$\int \left(\frac{d^2x}{dt^2}\, \delta x + \frac{d^2y}{dt^2}\, \delta y + \frac{d^2z}{dt^2}\, \delta z \right) dM = P_1\, \delta\varepsilon + Q_1\, \delta\eta + R_1\, \delta\zeta.$$

Si le corps, ayant reçu une premiere impulsion, n'étoit plus sollicité par aucune force accélératrice, on auroit

$$P_1 \, \delta\epsilon + Q_1 \, \delta\eta + R_1 \, \delta\zeta = 0;$$

et parceque les variations $\delta\epsilon$, $\delta\eta$, $\delta\zeta$, doivent être indépendantes les unes des autres, on en tireroit

$$P_1 = 0, \quad Q_1 = 0, \quad R_1 = 0,$$

équations qui, dans ce cas-là, serviroient à déterminer les différents mouvements du corps autour de son centre de gravité.

(135). Ces équations seroient $P_1 - P_2 = 0$, $Q_1 - Q_2 = 0$; $R_1 - R_2 = 0$, si le corps avoit non seulement reçu une impulsion initiale quelconque, mais qu'il fût encore sollicité à chaque instant par l'attraction des corps qui l'environnent. Si nous pouvons n'avoir aucun égard à la figure de ces corps environnants, nous tirerons les valeurs de P_2, Q_2, R_2, de $M' \int \frac{\delta\Delta'}{\Delta'^2} \, dM + M'' \int \frac{\delta\Delta''}{\Delta''^2} \, dM + $ etc. Or nommant (*fig. VIII*)

la projection de la distance de M' au point A sur le plan BAD . . r',
sa longitude par rapport à l'axe AD . . . . φ',
la tangente de sa latitude par rapport au plan BAD . . . . s',

on aura (n° 129)

$$x' - X = r' \cos.\varphi', \quad y' - Y = r' \sin.\varphi', \quad z' - X = r' s';$$

partant

$$\Delta'^2 = r^2 + r'^2 (1 + s'^2) - 2 r' (x \cos.\varphi' + y \sin.\varphi' + z s').$$

On ne fera varier que ϵ, η, ζ, et on en tirera

$$- \frac{\delta\Delta'}{\Delta'^2} = \frac{r' \cos.\varphi' \, \delta x + r' \sin.\varphi' \, \delta y + r' s' \, \delta z}{\Delta'^3},$$

où, après avoir mis pour x, y, z, δx, δy, δz, leurs valeurs, on effacera les termes multipliés par $r \sin.\epsilon$, $r \cos.\epsilon \sin.\theta$, $r \cos.\epsilon \cos.\theta$, $r^2 \sin.\epsilon \cos.\epsilon \sin.\theta$, $r^2 \sin.\epsilon \cos.\epsilon \cos.\theta$ (n° 132). Mais r' étant nécessairement très grand par rapport à r, il suffira de prendre

$$\frac{1}{\Delta'^3} = \frac{1}{r'^3 (1 + s'^2)^{\frac{3}{2}}} \left[1 + 3 \, \frac{x \cos.\varphi' + y \sin.\varphi' + z s'}{r' (1 + s'^2)} \right] :$$

de plus, cette substitution étant faite dans la valeur de $- \frac{\delta\Delta'}{\Delta'^2}$, on trouvera

$$\frac{1}{r'^2 (1 + s'^2)^{\frac{1}{2}}} \left(\cos.\varphi' \, \delta x + \sin.\varphi' \, \delta y + s' \, \delta z \right),$$

qu'il

qu'il faudra négliger, puisque chacun de ses termes aura pour facteur une des quantités dont nous venons de parler ; on aura donc

$$\frac{\delta \Delta'}{\Delta'^{4}} = - \frac{3}{2} \frac{\delta.(x \cos.\varphi' + y \sin.\varphi' + z s')^{2}}{r'^{3}(1+s'^{2})^{\frac{5}{2}}},$$

où $x \cos.\varphi' + y \sin.\varphi' + z s' = r \cos.\mathcal{C} \cos.\theta \cos.(\varphi' - n) +$
$r \cos.\mathcal{C} \sin.\theta [s' \sin.\varepsilon + \cos.\varepsilon \sin.(\varphi' - n)] - r \sin.\mathcal{C} [s' \cos.\varepsilon -$
$\sin.\varepsilon \sin.(\varphi' - n)]$.

(136). En élevant au quarré cette derniere quantité, on n'écrira pas les termes qui seront multipliés par $r^{2} \sin.\mathcal{C} \cos.\mathcal{C} \sin.\theta$, $r^{2} \sin.\mathcal{C} \cos.\mathcal{C} \cos.\theta$; et après avoir fait, pour abréger,

$s' \sin.\varepsilon + \cos.\varepsilon \sin.(\varphi' - n) = \varepsilon 1$, $s' \cos.\varepsilon - \sin.\varepsilon \sin.(\varphi' - n) = n 1$;

et avoir substitué $\gamma + \zeta$ à θ, on aura

$$\frac{r^{2} \cos.\mathcal{C}^{2}}{2} [\cos.(\varphi' - n)^{2} + (\varepsilon 1)^{2} + (\cos.2\gamma \cos.2\zeta - \sin.2\gamma \sin.2\zeta)$$
$$(\cos.\varphi' - n)^{2} - (\varepsilon 1)^{2}) + 2(\cos.2\gamma \sin.2\zeta + \sin.2\gamma \cos.2\zeta)$$
$$\varepsilon 1 \cos.(\varphi' - n)] + r^{2} \sin.\mathcal{C}^{2} (n 1)^{2}.$$

A cause de

$$\delta \varepsilon 1 = n 1 \delta \varepsilon - \cos.\varepsilon \cos.(\varphi' - n) \delta n,$$
$$\delta n 1 = - \varepsilon 1 \delta \varepsilon + \sin.\varepsilon \cos.(\varphi' - n) \delta n;$$

la différentielle de notre quantité sera

$r^{2} \cos.\mathcal{C}^{2} [\varepsilon 1 n 1 \delta \varepsilon - (\varepsilon 1 \cos.\varepsilon \cos.(\varphi' - n) - \cos.(\varphi' - n)$
$\sin.(\varphi' - n)) \delta n + (\cos.2\gamma \cos.2\zeta - \sin.2\gamma \sin.2\zeta)(- \varepsilon 1 n 1 \delta \varepsilon$
$+ (\varepsilon 1 \cos.\varepsilon + \sin.(\varphi' - n)) \cos.(\varphi' - n) \delta n + 2 \varepsilon 1 \cos.(\varphi' - n)$
$\delta \zeta) + (\cos.2\gamma \sin.2\zeta + \sin.2\gamma \cos.2\zeta)(n 1 \cos.(\varphi' - n) \delta \varepsilon$
$+ (\varepsilon 1 \sin.(\varphi' - n) - \cos.\varepsilon \cos.(\varphi' - n)^{2}) \delta n + ((\varepsilon 1)^{2} -$
$\cos.(\varphi' - n)^{2}) \delta \zeta)] - 2 r^{2} \sin.\mathcal{C}^{2} n 1 (\varepsilon 1 \delta \varepsilon - \sin.\varepsilon \cos.(\varphi' - n) \delta n).$

C'est pourquoi si nous supposons

$$\int \frac{\delta \Delta'}{\Delta'^{4}} \, dM = - \frac{3}{2} \frac{P 2 \delta \varepsilon + Q 2 \delta n + R 2 \delta \zeta}{r'^{3}(1+s'^{2})^{\frac{1}{2}}},$$

nous trouverons

$P 2 = (A - 2B) \varepsilon 1 n 1 + n 1 (m \cos.(\varphi' - n) - n \varepsilon 1),$
$Q 2 = (A - 2B) (\sin.(\varphi' - n) - \varepsilon 1 \cos.\varepsilon) \cos.(\varphi' - n) +$

O

$$m \, (\epsilon 1 \sin.(\varphi' - n) - \cos.\epsilon \cos.(\varphi' - n)^2) + n \, (\sin.(\varphi' - n)$$
$$+ \, \epsilon 1 \cos.\epsilon) \cos.(\varphi' - n),$$

$$R2 = m \, ((\epsilon 1)^2 - \cos.(\varphi' - n)^2) + 2 n \epsilon 1 \cos.(\varphi' - n);$$

on s'est rappellé sans doute quelles sont les quantités désignées par A, B, m, n (n° 134).

(137). Ayant nommé r'', φ'', s'', les quantités relatives à r', φ', s', et qui conviennent à l'orbite du corps dont la masse est M″, si l'on fait

$$\int \frac{\delta \, \Delta''}{\Delta''^2} \, d\mathrm{M} = - \frac{3}{2} \cdot \frac{\mathrm{P}3 \delta \epsilon + \mathrm{Q}3 \delta n + \mathrm{R}3 \delta \zeta}{r''^3 (1 + s''^2)^{\frac{5}{2}}},$$

on trouvera P3, Q3, R3, en mettant φ'', s'', au lieu de φ', s', dans P2, Q2, R2, et ainsi de suite. On aura donc, pour déterminer les différents mouvements du corps autour de son centre de gravité, les trois équations

$$\mathrm{P}1 - \tfrac{3}{2}\mathrm{M}' r'^{-3}(1 + s'^2)^{-\frac{5}{2}}\mathrm{P}2 - \tfrac{3}{2}\mathrm{M}'' r''^{-3}(1 + s''^2)^{-\frac{5}{2}}\mathrm{P}3 - \text{etc.} = 0,$$
$$\mathrm{Q}1 - \tfrac{3}{2}\mathrm{M}' r'^{-3}(1 + s'^2)^{-\frac{5}{2}}\mathrm{Q}2 - \tfrac{3}{2}\mathrm{M}'' r''^{-3}(1 + s''^2)^{-\frac{5}{2}}\mathrm{Q}3 - \text{etc.} = 0,$$
$$\mathrm{R}1 - \tfrac{3}{2}\mathrm{M}' r'^{-3}(1 + s'^2)^{-\frac{5}{2}}\mathrm{R}2 - \tfrac{3}{2}\mathrm{M}'' r''^{-3}(1 + s''^2)^{-\frac{5}{2}}\mathrm{R}3 - \text{etc.} = 0.$$

Quant à A, B, E, F, ils dépendent de la figure et de la constitution intérieure du corps. Nous nous en occuperons dans les chapitres suivants, où nous démontrerons que lorsque le corps peut être regardé comme différant peu d'une sphere, ce qui est toujours vrai dans notre système planétaire, les quantités E, F, et A — 2 B, sont très petites par rapport à A et B. Cette remarque nous sera d'une grande utilité dans les approximations qui vont suivre.

(138). Si le corps, dont la masse est M, est la terre, dont l'équateur sera représenté par le plan OAF (*fig. VIII*), la commune section AF de ce plan avec l'écliptique BAD sera toujours perpendiculaire à la projection de l'axe de la terre sur ce dernier plan, et fera avec AD un angle n dont la différentielle sera l'angle élémentaire de la précession des équinoxes. L'angle ϵ, qui est l'inclinaison de l'équateur sur l'écliptique, est encore le complément de l'angle que l'axe de la terre fait avec le plan de l'écliptique ; la variation de cet angle donnera la nutation de l'axe. La variation de l'angle ζ sera l'élément de la rotation de la terre autour de son axe : celle-ci est beaucoup plus considérable que les deux autres. En effet, la précession des équinoxes étant d'environ 5o secondes $\frac{3}{10}$ par an, le mouvement annuel de la terre sera au mouvement rétrograde des équinoxes, ces deux mouvements étant supposés à-peu-près uniformes, comme $360° : 5o'', 3$. De plus, l'année étant de 365 jours $\frac{1}{4}$, le mouvement de rotation de la terre est $365\frac{1}{4}$ fois plus grand que son mouvement annuel. Donc $d\zeta : dn$ à-peu-près $\because 360° \cdot 365\frac{1}{4} : 5o'', 3$. La variation de ε est encore beaucoup moins grande, puisque l'obliquité de l'écliptique ne diminue que d'environ une minute tous les cent

ans. Les quantités $M' r'^{-3} (1 + s'^2)^{-\frac{5}{2}}$, $M'' r''^{-3} (1 + s''^2)^{-\frac{5}{2}}$, où, dans le problême actuel, M', M'', représentent les masses de la lune et du soleil, sont facteurs de termes de l'ordre E, F, et A — 2B ; nous pourrons donc nous contenter de leurs valeurs moyennes. Or, en regardant l'orbite de la lune comme circulaire, et en nommant τ son moyen mouvement autour de la terre, l'équation (4) du n° 26 donne $\frac{d\tau^2}{dt^2} = \frac{V}{r'}$, ou (n° 49) $\frac{d\tau^2}{dt^2} = \frac{M + M'}{r'^3 (1 + s'^2)^{\frac{1}{2}}}$; donc si l'on fait $\frac{M'}{M + M'} = \mu$, on aura

$$M' r''^{-3} (1 + s'^2)^{-\frac{5}{2}} = \frac{\mu}{1 + s'^2} \frac{d\tau^2}{dt^2} = \mu \frac{d\tau^2}{dt^2},$$

en négligeant la seconde puissance de s'. On sait aussi que le quarré du mouvement moyen apparent du soleil autour de la terre est à-peu-près le $\frac{1}{180}$ du quarré de celui de la lune ; on aura donc, en faisant $\frac{M''}{M + M''} = \mu'$, $\frac{M''}{r''^3} = \frac{\mu'}{180} \frac{d\tau^2}{dt^2}$. C'est pourquoi, si nous écrivons μ, $\frac{\mu'}{180}$ pour $M' r'^{-3} (1 + s'^2)^{-\frac{5}{2}}$, $M'' r''^{-3} (1 + s''^2)^{-\frac{5}{2}}$, dans les équations du n° précédent, t y désignera le mouvement moyen de la lune autour de la terre. Ces équations deviendront par-là

$$P_1 - \tfrac{3}{2}(\mu\, P_2 + \tfrac{\mu'}{180} P_3) = 0,$$

$$Q_1 - \tfrac{3}{2}(\mu\, Q_2 + \tfrac{\mu'}{180} Q_3) = 0,$$

$$R_1 - \tfrac{3}{2}(\mu\, R_2 + \tfrac{\mu'}{180} R_3) = 0.$$

(139). Pour résoudre les mêmes questions relativement à la lune, on nommera M la masse de la lune, M' celle de la terre, M'' celle du soleil ; on fera passer par le centre de gravité a de la lune un plan $b\,a\,d$ qu'on nommera l'écliptique lunaire, et qui sera parallele à l'écliptique proprement dit BAD qui passe par le centre de la terre (*fig. XI*). La position de ce centre, par rapport au point a, sera déterminée par les trois co-ordonnées an, r' cos.φ', nq, r' sin.φ', $q\,A$, $r's'$; cette distance r', la longitude et la latitude étant vues du centre de la lune. La position de la particule $d\,M$, que nous supposons en Z, sera déterminée, par rapport au même point a, par les trois co-ordonnées ap, x, pm, y, mZ, z; celle du soleil, que nous supposons en S, par aP, PM, MS. Quant à la position de S, par rapport à A, elle sera déterminée par AR, r'' cos.φ'', RS, r''sin.φ''; ces quantités r'', φ'', étant toujours relatives à l'orbite apparente du soleil autour de la terre. On aura donc

$$a\mathrm{P} = r' \text{ cos.} \varphi' + r'' \text{ cos.} \varphi'', \quad \mathrm{PM} = r' \text{ sin.} \varphi' + r'' \text{ sin.} \varphi'',$$
$$\mathrm{MS} = r's';$$

et, à cause de

$$\overline{Z\mathrm{A}}^2 = (an - ap)^2 + (qn - mp)^2 + (q\mathrm{A} - m\mathrm{Z})^2,$$
$$\overline{Z\mathrm{S}}^2 = (a\mathrm{P} - ap)^2 + (\mathrm{PM} - pm)^2 + (m\mathrm{S} - m\mathrm{Z})^2,$$
$$\Delta'^2 = r^2 + r'^2(1 + s'^2) - 2r'(x \text{ cos.}\varphi' + y \text{ sin.}\varphi' + s'z),$$
$$\Delta''^2 = r^2 + r''^2 + r'^2(1 + s'^2) + 2r'\cdot r'' \text{ cos.}(\varphi'' - \varphi') -$$
$$2r'(x \text{ cos.}\varphi' + y \text{ sin.}\varphi' + zs') - 2r''(x \text{ cos.}\varphi'' + y \text{ sin.}\varphi'').$$

Mais r'' étant beaucoup plus grande que r', on pourra, dans la valeur de Δ''^2, négliger $2r'(x \text{ cos.}\varphi' + y \text{ sin.}\varphi' + zs')$ auprès de $2r''(x \text{ cos.}\varphi'' + y \text{ sin.}\varphi'')$, et se contenter d'écrire r''^2 au lieu de $r''^2 + r'^2(1 + s'^2) + 2r'r'' \text{ cos.}(\varphi'' - \varphi')$. Par ces réductions Δ''^2 ne seroit autre chose que Δ'^2 où l'on auroit fait s' nul et où l'on auroit substitué r'', φ'', à r', φ'. Ainsi dans ce problême, comme dans le précédent, on trouvera P3, Q3, A3, en faisant s' nul dans P2, Q2, R2, et y substituant ensuite r'', φ'', à r', φ'. Il est donc clair que les questions que nous nous sommes proposées seront résolues par les équations du n° précédent. Il suffira de transporter à la lune ce que nous avons dit de la terre, et réciproquement. Les seules quantités r'', φ'', conserveront dans l'un et l'autre problême la même signification.

(140). Cependant ces équations, dans l'un et l'autre cas, ne pourront point être intégrées de la même maniere. Lorsqu'il s'agit de la terre $d\zeta : dt :: 27 : 1$; et les quantités m et n, déja très petites, le deviendront encore davantage par l'intégration, puisqu'elles seront divisées par $2 \cdot 27$. Lorsqu'il s'agit de la lune $d\zeta : dt$ à-peu-près dans le rapport d'égalité, puisqu'elle met le même temps à tourner sur son axe qu'à achever sa révolution autour de la terre.

Si, dans le premier cas, on peut négliger m et n, on auroit tort de le faire dans le second; et cette différence est considérable, comme on va voir. En négligeant m et n, l'une des équations se réduit à $R_1 = o$, d'où l'on tire

$$d\zeta + \cos.\varepsilon\, dn = a\, dt,$$

a étant la constante arbitraire ajoutée en intégrant. On mettra dans les deux autres cette valeur de $d\zeta$; et, pour abréger, a', b', au lieu de $\frac{A - 2B}{A + 2B}$, $\frac{2A}{A + 2B}$; elles deviendront par-là

$$d^2\varepsilon - \sin.\varepsilon \cos.\varepsilon\, dn^2 + a\, b' \sin.\varepsilon\, dn\, dt - 3\, a'\mu\, [s'\,(1 - 2\sin.\varepsilon^2)$$
$$- \sin.\varepsilon \cos.\varepsilon\, (\sin.(\varphi' - n))] \sin.(\varphi' - n)\, dt^2 + \frac{a'\mu'}{60} \sin.\varepsilon \cos.\varepsilon$$
$$\sin.(\varphi'' - n)^2\, dt^2 = o,$$

$$d\,(dn \sin.\varepsilon^2) + a\, b'd\,(\cos.\varepsilon\, dt) + 3\, a'\mu\, [s' \cos.\varepsilon - \sin.\varepsilon$$
$$\sin.(\varphi' - n)] \sin.\varepsilon \cos.(\varphi' - n)\, dt^2 - \frac{a'\mu'}{60} \sin.\varepsilon^2 \sin.(\varphi'' - n)$$
$$\cos.(\varphi'' - n)\, dt^2 = o.$$

Ces équations sont identiquement celles que M. d'Alembert a nommées (Z) et (Y) page 51 des recherches sur la précession des équinoxe. Cela posé, les forces de la lune et du soleil sur une particule quelconque de la terre sont proportionnelles aux masses de la lune et du soleil divisées respectivement par les cubes de leurs distances à la terre. En nommant donc d, d', les distances moyennes de la terre à la lune et de la terre au soleil, on a, pour le rapport entre ces forces, $\frac{M'}{d^3} : \frac{M''}{d'^3}$, ou $\frac{M'}{M}\left(\frac{M}{d^3} : \frac{M''}{d'^3}\right)$. Mais $\frac{M}{d^3} : \frac{M''}{d'^3}$ désigne le rapport entre les quarrés des vîtesses angulaires moyennes de la lune autour de la terre, et de la terre autour du soleil, que nous savons être à-peu-près celui de 180 à 1. Donc $\frac{M'}{d^3} : \frac{M''}{d'^3} = 180\, \frac{M'}{M}$; nous le nommerons $1' + h'$. Newton, dans le 3e livre des *Principes,* proposition 37, a trouvé, par quelques phénomenes de la hauteur des marées, $1 + h' = 4\frac{1}{2}$: d'Alembert, en supposant la nutation totale de $18''$, a trouvé $1 + h' = 2\frac{1}{3}$. Mais le rapport du diametre de la lune à celui de la terre étant $\frac{3}{11}$, si on pouvoit regarder ces deux corps comme sphériques, homogenes, et de même densité, on auroit $\frac{M'}{M} = \left(\frac{3}{11}\right)^3$, et par conséquent $1 + h' = 3\frac{1}{2}$ à-peu-près, valeur qui est entre celles de Newton et de d'Alembert. Daniel Bernouilli, par quelques observations des marées, qu'il croit plus exactes que celles dont Newton a fait usage, a trouvé $1 + h' = 2\frac{1}{2}$, valeur un peu plus grande que celle de d'Alembert. Quoi qu'il en soit, voici comment ce dernier parvient à intégrer les équations (Z) et (Y).

(141). Les termes de ces équations, où se trouvent s', φ', φ'', sont multipliés par la quantité très petite a'; on pourra donc se contenter de $s' = $ L sin.$(\varphi' - $ K$)$, la tangente L de l'inclinaison de l'orbite de la lune étant constante, et la longitude K du nœud étant proportionnelle au mouvement moyen t. Et si l'on met dt pour $\frac{dt}{180}$, t étant alors le mouvement moyen apparent du soleil, on pourra prendre t pour φ''; lt pour φ', l étant $= 13\frac{1}{2}$ à-peu-près; $\Phi' + lt + \lambda t$, $\Phi'' + t + \lambda t$, $\Phi + lt + \lambda' t$ pour $\varphi' - n$, $\varphi'' - n$, $\varphi' - $ K, les nombres λ, λ' marquant les rapports du mouvement rétrograde des équinoxes et du mouvement rétrograde des nœuds de la lune au mouvement moyen apparent du soleil, et Φ', Φ'', Φ, ce que deviennent $\varphi' - n$, $\varphi'' - n$, $\varphi' - 6$, lorsque t est nul. Donc

$$2 \sin.(\varphi' - \mathrm{K}) \sin.(\varphi' - n) = \cos.[\Phi - \Phi' + (\lambda' - \lambda) \cdot t] - \cos.[\Phi + \Phi' + (2l + \lambda + \lambda') \cdot t],$$

$$2 \sin.(\varphi' - \mathrm{K}) \cos.(\varphi' - n) = \sin.[\Phi - \Phi' + (\lambda' - \lambda) \cdot t] - \sin.[\Phi + \Phi' + (2l + \lambda + \lambda') \cdot t],$$

$$2 \sin.(\varphi' - n)^2 = 1 - \cos.2[\Phi' + (l + \lambda) \cdot t],$$

$$2 \sin.(\varphi'' - n)^2 = 1 - \cos.2[\Phi'' + (1 + \lambda) \cdot t],$$

$$2 \sin.(\varphi' - n) \cos.(\varphi' - n) = \sin.2[\Phi' + (l + \lambda) \cdot t],$$

$$2 \sin.(\varphi'' - n) \cos.(\varphi'' - n) = \sin.2[\Phi'' + (1 + \lambda) \cdot t].$$

On pourra mettre encore 1 pour μ', $\frac{1 + h'}{180}$ pour μ. Toutes ces substitutions faites, M. d'Alembert remarque que les termes multipliés par

$$\cos.[\Phi - \Phi' + (\lambda' - \lambda) t], \quad \sin.[\Phi - \Phi' + (\lambda' - \lambda) \cdot t],$$

auront, après l'intégration, pour diviseur, $\lambda' - \lambda$, et seront beaucoup plus grands que ceux qui auront pour diviseurs $2l + \lambda' + \lambda$, $l + \lambda$; il regarde donc ceux-ci comme nuls : il néglige aussi dn auprès de dt; et dans tous les termes qui peuvent être divisés par $a = 365\frac{1}{4}$, il met, au lieu de t, n, leurs valeurs moyennes. Soient

E et H ces valeurs moyennes ; les équations (Y) et (Z) deviendront

$$d\varepsilon + \frac{3\,a'\,L}{2\,a\,b'} (1 + h') \cos.E \sin.[\Phi - \Phi' + (\lambda' - \lambda)\cdot t]\, dt = 0,$$

$$d\eta = \frac{3\,a'}{2\,a\,b'} (1 + h')\, (L\, \frac{\cos.2\,E}{\sin.E} \cos.[\Phi - \Phi' + (\lambda' - \lambda)\cdot t] -$$
$$\cos.E)\, dt + \frac{3\,a'}{2\,a\,b'} \cos.E\,dt = 0,$$

desquelles on tire évidemment

$$\varepsilon = E + \frac{3\,a'}{2\,a\,b'} \frac{1+h'}{\lambda'-\lambda}\, L \cos.E \cos.[\Phi - \Phi' + (\lambda' - \lambda)\cdot t],$$

$$\eta = H - \frac{3\,a'}{2\,a\,b'} (2 + h') \cos.E\cdot t + \frac{3\,a'}{2\,a\,b'} \frac{1+h'}{\lambda'-\lambda} \frac{\cos.2\,E}{\sin.E}\, L \sin.[\Phi -$$
$$\Phi' + (\lambda' - \lambda)\cdot t].$$

(142). Lorsqu'il sera question de la lune, on ne pourra pas négliger m et n; il faudra recourir à quelque substitution que nous exposerons lorsque nous aurons résolu le problême suivant :

Trouver tous les points de la surface de la terre qui, dans sa révolution diurne, rencontrent les droites qui joignent les centres de la terre et de la lune, de la terre et du soleil. Nous nommerons γ', $6'$, les angles correspondants à γ, 6, qui déterminent la position d'un des points rencontrés par la droite qui joint les centres de la terre et de la lune ; et ayant mis dans Δ' (n° 139) γ', $6'$, au lieu de γ, 6, cette distance devra être un *minimum*. On la différentiera en faisant varier les deux angles, et on aura

$$d\,(x \cos.\varphi' + y \sin.\varphi' + zs') = [\sin.6' \cos.(\gamma' + \zeta) \cos.(\varphi' - \eta)$$
$$+ \varepsilon_1 \sin.6' \sin.(\gamma' + \zeta) + \eta_1 \cos.6']\, r\,d6' + [\cos.6' \sin.(\gamma' + \zeta)$$
$$\cos.(\varphi' - \eta) - \varepsilon_1 \cos.6' \cos.(\gamma' + \zeta)]\, r\,d\gamma' = 0.$$

En faisant séparément $= 0$ les coëfficients de $d6'$, $d\gamma'$, et, pour abréger,

$$\varepsilon_1 \sin.\zeta + \cos.\zeta \cos.(\varphi' - \eta) = \varepsilon_2,$$
$$\varepsilon_1 \cos.\zeta - \sin.\zeta \cos.(\varphi' - \eta) = \eta_2,$$

on en tirera

$$- \eta_1 \frac{\cos.6'}{\sin.6'} = \varepsilon_2 \cos.\gamma' - \eta_2 \sin.\gamma', \quad \eta_2 \frac{\cos.\gamma'}{\sin.\gamma'} = \varepsilon_2;$$

et par conséquent

$$\sin.\gamma' = \frac{\eta_2}{\sqrt{[(\varepsilon_2)^2 + (\eta_2)^2]}}, \quad \cos.\gamma' = \frac{\varepsilon_2}{\sqrt{[(\varepsilon_2)^2 + (\eta_2)^2]}},$$
$$\sin.6' = \frac{-\eta_1}{\sqrt{[(\varepsilon_2)^2 + (\eta_2)^2 + (\eta_1)^2]}}, \quad \cos.6' = \frac{\sqrt{[(\varepsilon_2)^2 + (\eta_2)^2]}}{\sqrt{[(\varepsilon_2)^2 + (\eta_2)^2 + (\eta_1)^2]}}.$$

Mais $(\epsilon 2)^2 + (\eta 2)^2 + (\eta 1)^2 = (\epsilon 1)^2 + (\eta 1)^2 + \cos.(\varphi' - \eta)^2 = 1 + s'^2$; donc

$$\eta 1 = - \sin.\mathcal{C}' \sqrt{(1 + s'^2)}, \quad (\epsilon 2)^2 + (\eta 2)^2 = \cos.\mathcal{C}'^2 (1 + s'^2);$$

et par conséquent

$$\epsilon 2 = \cos.\mathcal{C}' \cos.\gamma' \sqrt{(1 + s'^2)}, \quad \eta 2 = \cos.\mathcal{C}' \sin.\gamma' \sqrt{(1 + s'^2)}.$$

On en tirera facilement $\mathcal{C}'$, γ', en ϵ, η, ζ. Si on vouloit les points rencontrés par la droite qui joint les centres de la terre et du soleil, il suffiroit de changer dans les formules précédentes φ' en φ'', et d'y faire s' nul.

(143). Lorsqu'il s'agira de trouver les points de la surface de la lune qui, dans sa révolution autour de son axe, sont rencontrés par la droite qui passe par son centre et le centre de la terre, l'angle γ' sera nécessairement très petit, à cause que la lune montre toujours à-peu-près la même face à la terre. On pourra le substituer avec avantage à ζ, comme l'a remarqué M. de la Grange dans la premiere des deux pieces citées n° 125. Or la seconde équation du *minimum*, trouvée dans l'article précédent, donne

$$\tan.(\gamma' + \zeta) = \frac{\epsilon 1}{\cos.(\varphi' - \eta)} = \cos.\epsilon \, \tan.(\varphi' - \eta) + \frac{s'\sin.\epsilon}{\cos.(\varphi' - \eta)},$$

laquelle, si l'on met pour $\cos.\epsilon$ sa valeur $1 - 2\sin.\left(\frac{\epsilon}{2}\right)^2$, devient

$$\tan.(\gamma' + \zeta) = \tan.(\varphi' - \eta) - 2\sin.\left(\frac{\epsilon}{2}\right)^2 \tan.(\varphi' - \epsilon)$$
$$+ \frac{s'\sin.\epsilon}{\cos.(\varphi' - \eta)}.$$

Mais s' est toujours assez petit, puisque la plus grande latitude de la lune ne passe guere $5°\,9'$; ϵ, qui est l'inclinaison de l'équateur lunaire à l'écliptique, est aussi très petit, puisqu'il n'est que d'un ou deux degrés : on pourra donc se contenter de

$$\tan.(\gamma' + \zeta) = \tan.(\varphi' - \eta), \text{ ou de } \gamma' + \zeta = \varphi' - \eta;$$

et on aura

$$d\zeta = d\varphi' - d\gamma' - d\eta,$$
$$d\zeta + \cos.\epsilon \, d\eta = d\varphi' - d\gamma' - 2\sin.\left(\frac{\epsilon}{2}\right)^2 d\eta = d\varphi' - d\gamma',$$

en continuant de négliger la seconde puissance de $\sin.\frac{\epsilon}{2}$. On pourra encore n'avoir point égard aux termes qui proviennent de l'action du soleil, et qui ont pour diviseur 180; les équations propres à déterminer

miner les différents mouvements de la lune autour de son centre de gravité seront donc

$$P_1 - \tfrac{3}{2}\mu P_2 = 0, \quad Q_1 - \tfrac{3}{2}\mu Q_2 = 0, \quad R_1 - \tfrac{3}{2}\mu R_2 = 0,$$

où $d\zeta = d(\varphi' - \gamma') - \cos.\varepsilon\, dn$.

(144). Nous remarquerons d'abord qu'en regardant la lune comme peu différente d'une sphere, les quantités $2B - A$, E, F, sont très petites, et que par conséquent les termes qu'elles affectent dans les valeurs de P_1, Q_1, R_1, sont au moins de l'ordre $\sin.\left(\tfrac{\varepsilon}{2}\right)^2$; nous pourrons donc les négliger, et nous aurons

$$R_1 = A\, \frac{d^2(\varphi' - \gamma')}{dt^2},$$

$$Q_1 = R_1 \cos.\varepsilon - A \sin.\varepsilon\, \frac{d\varepsilon}{dt}\, \frac{d(\varphi' - \gamma' - n)}{dt},$$

$$P_1 = \frac{A + 2B}{2}\, \frac{d^2\varepsilon}{dt^2} + A \sin.\varepsilon\, \frac{dn}{dt} + \frac{d(\varphi' - \gamma' - n)}{dt}.$$

Nous remarquerons ensuite que

$$R_2 = 2E\,\varepsilon_2\, n_2 + F\,[(\varepsilon_2)^2 - (n_2)^2],$$

$$Q_2 = R_2 \cos.\varepsilon + (A - 2B)\,(\sin.(\varphi' - n) - \varepsilon_1 \cos.\varepsilon)\, \cos.(\varphi' - n)$$
$$- n_1 \sin.\varepsilon\,[E(\varepsilon_2 \cos.\zeta + n_2 \sin.\zeta) + F(n_2 \cos.\zeta - \varepsilon_2 \sin.\zeta)],$$

$$P_2 = (A - 2B)\,\varepsilon_1 n_1 + n_1\,[E(\varepsilon_2 \sin.\zeta - n_2 \cos.\zeta) + F(n_2 \sin.\zeta$$
$$+ \varepsilon_2 \cos.\zeta)].$$

Donc 1°. $R_2 = (n^\circ\ 142)\ 2\,(1 + s'^2)\, \cos.\mathcal{C}'^2\,[E \cos.\gamma' \sin.\gamma' +$
$F\,(\sin.\gamma'^2 - \cos.\gamma'^2)] = (1 + s'^2)\, \cos.\mathcal{C}'^2\,(E \sin.2\gamma' - F \cos.\gamma')$
$= E \sin.2\gamma' - F \cos.2\gamma'$,

si l'on peut prendre l'autre facteur pour l'unité. Or

$\sin.\mathcal{C}'^2\,(1 + s'^2) = (n_1)^2\ (n^\circ\ 142) = [s' \cos.\varepsilon - \sin.\varepsilon \sin.(\varphi' - n)]^2$
$(n^\circ\ 136)$; d'où l'on tire $(1 + s'^2)\, \cos.\mathcal{C}'^2 = (1 + s'^2)\,(1 + s'^2 \sin.\varepsilon^2 +$
$2 s' \sin.\varepsilon \cos.\varepsilon \sin.(\varphi' - n) - \sin.\varepsilon^2 \sin.(\varphi' - n)^2] = 1$,

étant convenus de négliger les produits de deux dimensions des quantités très petites $\sin.\varepsilon$ et s'.

2°. A cause de $\cos.\mathcal{C}'\,\sqrt{(1 + s'^2)} = 1$, et de $\zeta = \varphi' - \gamma' - n$ $(n^\circ\ 143)$, on a

$\varepsilon_2 \cos.\zeta + n_2 \sin.\zeta = \cos.\mathcal{C}'\,\sqrt{(1 + s'^2)}\, \cos.(\zeta - \gamma') =$
$\cos.(\varphi' - 2\gamma' - n),$

$\varepsilon_2 \sin.\zeta - n_2 \cos.\zeta = \cos.\mathcal{C}'\,\sqrt{(1 + s'^2)}\, \sin.(\zeta - \gamma') =$
$\sin.(\varphi' - 2\gamma' - n):$

P

de plus $\sin.(\varphi' - n) - \varepsilon_1 \cos.\varepsilon = - n_1 \sin.\varepsilon$ (n° 136); ainsi en regardant $\sin.\gamma'$ comme étant de l'ordre de s' et de $\sin.\varepsilon$, on aura

$$Q_2 = R_2 \cos.\varepsilon - n_1 \sin.\varepsilon \left[(A - 2B + E \cos.2\gamma') \cos.(\varphi' - n) - F \cos.2\gamma' \sin.(\varphi' - n) \right],$$

$$P_2 = n_1 \left[(A - 2B) \cos.\varepsilon \sin.(\varphi' - n) + (E \sin.(\varphi' - n) + F \cos.(\varphi' - n)) \cos.2\gamma' \right].$$

(145). Les équations que nous venons de trouver deviendront extrêmement simples, si γ' est un angle assez petit pour que nous puissions nous permettre de prendre γ' pour $\sin.\gamma'$, et 1 pour le cosinus du même angle. Elles seront alors

$$\frac{d^2(\varphi' - \gamma')}{dt^2} - \frac{3\mu}{2} \cdot \frac{2E\gamma' - F}{A} = 0,$$

$$\frac{dt}{dt} \frac{d(\varphi' - \gamma' - n)}{dt} - \frac{3\mu}{2} n_1 \left[\frac{A - 2B + E}{A} \cos.(\varphi' - n) - \frac{F}{A} \sin.(\varphi' - n) \right] = 0,$$

$$\frac{d^2\varphi}{dt^2} + \frac{2A}{A + 2B} \sin.\varepsilon \frac{du}{dt} \frac{d(\varphi' - \gamma' - n)}{dt} - 3\mu n_1 \left(\frac{A - 2B}{A + 2B} \cos.\varepsilon \sin.(\varphi' - n) + \frac{E \sin.(\varphi' - n) + F \cos.(\varphi' - n)}{A + 2B} \right) = 0.$$

On verra aisément que φ' est la longitude de la lune, vue du centre de la terre, augmentée de 180°, et qu'on peut prendre $\frac{d^2\varphi'}{dt^2} = - 2en \sin.nt$, e étant l'excentricité de l'orbite de la lune, et $n - 1$ le rapport du mouvement de l'apogée au mouvement moyen en longitude. Par cette substitution la première équation deviendra

$$\frac{d^2\gamma'}{dt^2} + \frac{3\mu E}{A} \gamma' = \frac{3\mu F}{2A} - 2en \sin.nt,$$

qui a pour intégrale complete (C. I. pag. 210),

$$\gamma' = b \cos.t \sqrt{\frac{3\mu E}{A}} + c \sin.t \sqrt{\frac{3\mu E}{A}} + \frac{F}{2E} + \frac{2en}{n^2 - 3\mu \frac{E}{A}} \sin.nt.$$

Mais $\zeta + \gamma'$ est à très peu près égal à $\varphi' - n$; on aura donc, en déterminant la constante arbitraire b par la condition que γ' soit nul lorsque $t = 0$, et nommant T la longitude moyenne de la lune,

$$\zeta = 180° + T - n + \frac{2e}{n} \sin.nt - \frac{2en}{n^2 - \frac{3\mu E}{A}} \sin.nt - \frac{F}{2E}\left(1 - \cos.t \sqrt{\frac{3\mu E}{A}}\right) - c \sin.t \sqrt{\frac{3\mu E}{A}}.$$

(146). Ainsi le mouvement moyen de rotation de la lune est égal à son mouvement moyen autour de la terre, moins le mouvement moyen de ses points équinoxiaux ; ce qui fait qu'elle nous présente toujours à-peu-près la même face. Mais si l'on désigne par λ le rapport de la précession moyenne des points équinoxiaux lunaires au mouvement moyen t, on verra que comme $\frac{d\zeta}{dt}$ ne peut être fort différent de $1 + \lambda$, il est permis de substituer dans les deux autres équations $(1 + \lambda)\, dt$ à $d(\varphi' - \gamma' - n)$. On y fera aussi s' négatif, parceque (n° 139) c'est la tangente de la latitude de la terre, vue du centre de la lune, et supposée au-dessus de l'écliptique lunaire ; que cette latitude est bien égale à celle de la lune, vue de la terre, mais qu'elle est de signe contraire. Il faudra donc substituer à $n1$, $- s' \cos.\varepsilon - \sin.\varepsilon \sin.(\varphi' - n)$; et s'il suffit de prendre $s' = - L$ $\sin.(\varphi' - 180° - K) = L \sin.(\varphi' - K)$, on mettra dans ces équations, au lieu de $2n1 \cos.(\varphi' - n)$, $2n1 \sin.(\varphi' - n)$, ces valeurs

$$- L \cos.\varepsilon \left[\sin.(2\varphi' - n - K) - \sin.(K - n)\right] - \sin.\varepsilon$$
$$\sin.2(\varphi' - n),$$

$$L \cos.\varepsilon \left[\cos.(2\varphi' - n - K) - \cos.(K - n)\right] - \sin.\varepsilon \left[1 - \cos.2(\varphi' - n)\right].$$

De plus, en désignant par λ' le rapport du mouvement rétrograde moyen des nœuds au mouvement moyen t, on a, à très peu près, $\frac{d(K - n)}{dt}$ proportionnel à $\lambda - \lambda'$; d'où il suit que les termes où entreront les sinus et cosinus de $K - n$ devant avoir $\lambda - \lambda'$ pour diviseur après l'intégration, seront beaucoup plus grands que les autres. Si nous nous contentons de ces termes, nous tirerons des équations dont il s'agit

$$(1 + \lambda)\frac{dt}{dt} = \frac{3\mu}{4}\left[\frac{A - 2B + E}{A} L \cos.\varepsilon \sin.(K - n) + \frac{F}{A}(\sin.\varepsilon + L \cos.\varepsilon \cos.(K - n)\right],$$

$$(1 + \lambda)\frac{dn}{dt} = - \frac{3\mu}{4}\left[\frac{(A - 2B)\cos.\varepsilon + E}{A}(L \frac{\cos.\varepsilon}{\sin.\varepsilon} \cos.(K - n) + 1)\right.$$
$$\left. - \frac{F}{A} L \cos.\varepsilon \sin.(K - n)\right] - \frac{A + 2B}{2A} \frac{d^2t}{\sin.\varepsilon\, dt^2}.$$

Soient ε' et n' les valeurs moyennes de ε et n ; au lieu de $\sin.\varepsilon$, $\cos.\varepsilon$, on mettra sin. ε', cos. ε', qui n'en diffèrent pas beaucoup ; et intégrant ensuite, on aura

$$\varepsilon = \varepsilon' - \frac{3\mu}{4(1+\lambda)}\left[\frac{A-2B+E}{(\lambda-\lambda')A}\ L\ \cos.\varepsilon'\ \cos.(K-\eta) - \frac{F}{A}\ (t\ \sin.\varepsilon' + \frac{L\ \cos.\varepsilon'\ \sin.(K-\eta)}{\lambda-\lambda'}\right],$$

$$\eta = \eta' - \frac{3\mu}{4(1+\lambda)}\left[\frac{(A-2B)\cos.\varepsilon'+E}{A}\left(\frac{L\ \cos.\varepsilon'\ \sin.(K-\eta)}{(\lambda-\lambda')\sin.\varepsilon'}+t\right) + \frac{F}{A}\frac{L\ \cos.\varepsilon'\ \cos.(K-\eta)}{(\lambda-\lambda')\sin.\varepsilon'}\right] - \frac{A+2B}{2(1+\lambda)A}\frac{d\varepsilon}{\sin.\varepsilon'\,dt}.$$

(147). Si le mouvement des points équinoxiaux de la lune est égal au mouvement des nœuds de l'orbite, comme M. Cassini l'a découvert, ou si $\lambda = \lambda'$, les intégrales précédentes ne pourront être d'aucun usage. Mais en nommant b ce que devient $K - \eta$ lorsque t est nul, on a dans ce cas

$$\varepsilon = \varepsilon' + \frac{3\mu t}{4(1+\lambda)}\left[\frac{A-2B+E}{A}\ L\ \cos.\varepsilon'\ \sin.b + \frac{F}{A}\ (\sin.\varepsilon' + L\ \cos.\varepsilon'\ \cos.b)\right],$$

$$\eta = \eta' - \frac{3\mu t}{4(1+\lambda)}\left[\frac{(A-2B)\cos.\varepsilon'+E}{A}\left(1+L\frac{\cos.\varepsilon'\cos.b}{\sin.\varepsilon'}\right) - \frac{F}{A}\ L\frac{\cos.\varepsilon'\ \sin.b}{\sin.\varepsilon'}\right] - \frac{A+2B}{2(1+\lambda)A}\frac{d\varepsilon}{\sin.\varepsilon'\,dt},$$

où b est nul, si l'on peut encore admettre avec le même astronome que le nœud descendant de l'équateur lunaire est toujours au même point que le nœud ascendant de l'orbite de la lune.

Pour parvenir aux intégrales dans les problêmes de la précession des équinoxes et de la libration de la lune, nous avons fait bien des hypothèses ; peut-être seroit-il possible d'en faire moins, et de rendre par-là les solutions plus exactes : c'est ce que M. de la Grange s'est proposé dans les *Mémoires de Berlin* pour 1780, comme on le verra dans les articles suivants.

(148). Nous ferons, pour abréger,

$$r\cos.\mathcal{C}\cos.\gamma = a, \quad r\cos.\mathcal{C}\sin.\gamma = b, \quad -r\sin.\mathcal{C} = c,$$

$$\cos.\zeta\cos.\eta - \sin.\zeta\sin.\eta\cos.\varepsilon = m,$$

$$-\sin.\zeta\cos.\eta - \cos.\zeta\sin.\eta\cos.\varepsilon = n, \quad \sin.\eta\sin.\varepsilon = p,$$

$$\cos.\zeta\sin.\eta + \sin.\zeta\cos.\eta\cos.\varepsilon = m',$$

$$-\sin.\zeta\sin.\eta + \cos.\zeta\cos.\eta\cos.\varepsilon = n', \quad -\cos.\eta\sin.\varepsilon = p',$$

$$\sin.\zeta\sin.\varepsilon = m'', \quad \cos.\zeta\sin.\varepsilon = n'', \quad \cos.\varepsilon = p'';$$

et nous aurons ainsi (n° 131)

$$x = am + bn + cp, \quad y = am' + bn' + cp', \quad z = am'' + bn'' + cp'',$$

où m, n, p, m', n', p', m'', n'', p'', sont les seules quantités qui doivent varier dans les différents mouvements que le corps peut prendre autour de son centre de gravité. Mais lorsqu'il s'agit de la lune, ε est une quantité très petite; et si l'on suppose

$$\text{tang.}\,\tfrac{\varepsilon}{2}\,\sin.\zeta = q, \quad \text{tang.}\,\tfrac{\varepsilon}{2}\,\cos.\zeta = u,$$

q et u seront des quantités très petites dont on pourra négliger les produits de plus de deux dimensions. On aura

$$\sin.\varepsilon = \frac{2\,\text{tang.}\,\tfrac{\varepsilon}{2}}{1 + \left(\text{tang.}\,\tfrac{\varepsilon}{2}\right)^2}, \quad \cos.\varepsilon = 1 - \frac{2\left(\text{tang.}\,\tfrac{\varepsilon}{2}\right)^2}{1 + \left(\text{tang.}\,\tfrac{\varepsilon}{2}\right)^2}.$$

Ayant fait ces substitutions, et mis ensuite q, u, au lieu des quantités qu'elles représentent, ω au lieu de $\zeta + n$, on aura

$$\begin{aligned}
m &= (1 - 2q^2)\cos.\omega + 2qu\,\sin.\omega, \\
n &= -(1 - 2u^2)\sin.\omega - 2qu\,\cos.\omega, \\
p &= 2u\,\sin.\omega - 2q\,\cos.\omega, \\
m' &= (1 - 2q^2)\sin.\omega - 2qu\,\cos.\omega, \\
n' &= (1 - 2u^2)\cos.\omega - 2qu\,\sin.\omega, \\
p' &= -2u\,\cos.\omega - 2q\,\sin.\omega, \\
m'' &= 2q, \quad n'' = 2u, \quad p'' = 1 - 2q^2 - 2u^2.
\end{aligned}$$

(149). Maintenant t étant la longitude moyenne de la lune, vue du centre de la terre, $t + 180°$ est la longitude moyenne de la terre vue du centre de la lune, $t + 180° - n$ la longitude moyenne de la terre comptée depuis le nœud ascendant de l'équateur lunaire, et par conséquent $t - n$ cette longitude comptée depuis le nœud descendant, ou depuis l'équinoxe du printemps de la lune. Or il résulte des observations de la libration de la lune faites par Mayer, que si on transporte cette longitude $t - n$ sur l'équateur lunaire en partant du même équinoxe, elle doit toujours répondre à un même point de cet équateur; en sorte que le méridien lunaire qui passera par ce point sera fixe sur la surface de la lune. Si donc on prend ce méridien pour le premier méridien lunaire, et que l'on suppose que c'est celui qui passe par l'axe des a, et qui fait, avec le colure de l'équinoxe d'automne de la lune, l'angle ζ; comme il fait, avec le colure de l'équinoxe du printemps, l'angle $t - n$, et par conséquent, avec celui de l'équinoxe d'automne, l'angle $t - n + 180°$, on aura $\zeta = t - n + 180°$, ou $\omega = t + 180°$. Cela est fondé sur la non-rotation apparente de la lune, et sur l'hypothese de l'uniformité de la rotation réelle de cette planete autour de son axe, et du mouvement des nœuds de son équateur sur l'écliptique. Si ces mouvements sont sujets à quelques inégalités, la distance du premier méridien à l'équinoxe du printemps ne sera plus exactement égale à $t - n$; nous la ferons $= t - n + \rho$, ρ étant une quantité très petite, dépendante de ces inégalités, et qui jusqu'ici a toujours échappé aux observateurs. Alors nous aurons $\omega = 180° + t + \rho$; et parcequ'on peut se contenter de $\sin.\rho = \rho$, $\cos.\rho = 1 - \frac{\rho^2}{2}$, nous aurons aussi

$$\sin.\omega = - \sin.(t + \rho) = - \left(1 - \frac{\rho^2}{2}\right) \sin.t - \rho \cos.t,$$

$$\cos.\omega = - \cos.(t + \rho) = - \left(1 - \frac{\rho^2}{2}\right) \cos.t + \rho \sin.t.$$

Mettant ces valeurs, et négligeant les produits de plus de deux dimensions de q, u, ρ, on aura

$$m = - \left(1 - 2q^2 - \frac{\rho^2}{2}\right) \cos.t + (\rho - 2qu) \sin.t,$$

$$n = \left(1 - 2u^2 - \frac{\rho^2}{2}\right) \sin.t + (\rho + 2qu) \cos.t,$$

$$p = - (2u + 2q\rho) \sin.t + (2q - 2u\rho) \cos.t,$$

$$m' = - \left(1 - 2q^2 - \frac{\rho^2}{2}\right) \sin.t - (\rho - 2qu) \cos.t,$$

$$n' = - \left(1 - 2u^2 - \frac{\rho^2}{2}\right) \cos.t + (\rho + 2qu) \sin.t,$$

$$p' = (2u + 2q\rho) \cos.t + (2q - 2u\rho) \sin.t,$$

$$m'' = 2q, \quad n'' = 2u, \quad p'' = 1 - 2q^2 - 2u^2.$$

(150). Nous supposerons que les axes paralleles à a, b, c, c'est-à-dire l'axe de rotation de la lune, et les deux diametres de son équateur, dont l'un est dans le premier méridien, et l'autre perpendiculaire à ce méridien, sont des axes naturels de rotation ; ce qui rendra (n° 111) $\int acd\mathrm{M}$, $\int bcd\mathrm{M}$, $\int abd\mathrm{M}$, nuls. Quand même cette supposition ne seroit pas rigoureusement vraie, elle est si approchée, comme nous le démontrerons dans les chapitres suivants, qu'on peut l'admettre pour simplifier les calculs. En effet, une fois admise, la quantité $d^2x \,\delta x + d^2y \,\delta y + d^2z \,\delta z$ (n° 133) devient $a^2 (d^2m \,\delta m + d^2m' \,\delta m' + d^2m'' \,\delta m'') + b^2 (d^2n \,\delta n +$

$$d^2n'\,\delta n' + d^2n''\,\delta n'') + c^2\,(d^2p\,\delta p + d^2p'\,\delta p' + d^2p''\,\delta p'').$$
Mais

$$\delta m = (4q\,\delta q + \rho\,\delta\rho)\cos.t + (\delta\rho - 2q\,\delta u - 2u\,\delta q)\sin.t,$$
$$\delta m' = (4q\,\delta q + \rho\,\delta\rho)\sin.t - (\delta\rho - 2q\,\delta u - 2u\,\delta q)\cos.t,$$
$$\delta n = -(4u\,\delta u + \rho\,\delta\rho)\sin.t + (\delta\rho + 2q\,\delta u + 2u\,\delta q)\cos.t,$$
$$\delta n' = (4u\,\delta u + \rho\,\delta\rho)\cos.t + (\delta\rho + 2q\,\delta u + 2u\,\delta q)\sin.t,$$
$$\delta p = -2(\delta u + q\,\delta\rho + \rho\,\delta q)\sin.t + 2(\delta q - u\,\delta\rho - \rho\,\delta u)\cos.t,$$
$$\delta p' = 2(\delta u + q\,\delta\rho + \rho\,\delta q)\cos.t + 2(\delta q - u\,\delta\rho - \rho\,\delta u)\sin.t,$$
$$\delta m'' = 2\,\delta q, \quad \delta n'' = 2\,\delta u, \quad \delta p'' = -4(q\,\delta q + u\,\delta u).$$

De plus, étant convenus de négliger les produits de plus de deux dimensions de q, u, ρ, il suffira de prendre

$$d^2m = (\cos.t - \rho\sin.t)\,dt^2 + 2\cos.t\,d\rho\,dt + \sin.t\,d^2\rho,$$
$$d^2m'' = (\sin.t + \rho\cos.t)\,dt^2 + 2\sin.t\,d\rho\,dt - \cos.t\,d^2\rho,$$
$$d^2n = -(\sin.t + \rho\cos.t)\,dt^2 - 2\sin.t\,d\rho\,dt + \cos.t\,d^2\rho,$$
$$d^2n' = (\cos.t - \rho\sin.t)\,dt^2 + 2\cos.t\,d\rho\,dt + \sin.t\,d^2\rho,$$
$$d^2p = 2(u\sin.t - q\cos.t)\,dt^2 - 4(du\,dt\cos.t + dq\,dt\sin.t)$$
$$- 2(d^2u\sin.t - d^2q\cos.t),$$
$$d^2p' = -2(u\cos.t + q\sin.t)\,dt^2 - 4(du\,dt\sin.t - dq\,dt\cos.t)$$
$$+ 2(d^2u\cos.t + d^2q\sin.t),$$
$$d^2m'' = 2\,d^2q, \quad d^2n'' = 2\,d^2u, \quad d^2p'' = 0;$$

et par conséquent

$$d^2m\,\delta m + d^2m'\,\delta m' + d^2m''\,\delta m'' = d^2\rho\,\delta\rho + 4(q\,dt^2 + d^2q)\,\delta q,$$
$$d^2n\,\delta n + d^2n'\,\delta n' + d^2n''\,\delta n'' = d^2\rho\,\delta\rho + 4(u\,dt^2 + d^2u)\,\delta u,$$
$$d^2p\,\delta p + d^2p'\,\delta p' + d^2p''\,\delta p'' = 4(d^2q - 2\,du\,dt - q\,dt^2)\,\delta q$$
$$+ 4(d^2u + 2\,dq\,dt - u\,dt^2)\,\delta u.$$

C'est pourquoi si nous faisons, pour abréger,

$$\int(a^2 + b^2)\,dM = A, \quad \int(a^2 + c^2)\,dM = B, \quad \int(b^2 + c^2)\,dM = C,$$
d'où
$$\int a^2\,dM = \frac{A + B - C}{2}, \quad \int b^2\,dM = \frac{A + C - B}{2}, \quad \int c^2\,dM = \frac{B + C - A}{2},$$
nous aurons $\displaystyle\int \frac{d^2x\,\delta x + d^2y\,\delta y + d^2z\,\delta z}{dt^2}\,dM =$

$$A\,\frac{d^2\rho}{dt^2}\,\delta\rho + 4\left(B\,\frac{d^2q}{dt^2} + (A - C)\,q - (B + C - A)\,\frac{du}{dt}\right)\delta q +$$
$$4\left(C\,\frac{d^2u}{dt^2} + (A - B)\,u + (B + C - A)\,\frac{dq}{dt}\right)\delta u.$$

(151). Soit Δ la distance rectiligne de la particule dM de la lune au centre de la terre, x', y', z', les co-ordonnées rectangles qui déterminent la position du centre de la lune par rapport au centre de la terre ; on aura $\Delta = \sqrt{[(x'-x)^2 + (y'-y)^2 + (z'-z)^2]}$, dans laquelle il sera commode de faire les substitutions des n°s 73 et 76. C'est-à-dire que t étant la longitude moyenne géocentrique de la lune, on fera

$$x' = (1+X)\cos.t - Y\sin.t,\quad y' = (1+X)\sin.t + Y\cos.t,\quad z' = Z,$$

et les trois nouvelles co-ordonnées X, Y, Z, seront très petites, quoique plus grandes que a, b, c, qui ne peuvent jamais surpasser le demi-diametre de la lune. Mais faisant, pour abréger,

$$a\left(1 - 2q^2 - \frac{\rho^2}{2}\right) - b(\rho + 2qu) - 2c(q - \rho u) = U,$$
$$a(\rho - 2qu) + b\left(1 - 2u^2 - \frac{\rho^2}{2}\right) - 2c(u + \rho q) = V,$$
$$2aq + 2bu + c(1 - 2q^2 - 2u^2 = W,$$

on a

$$x = -U\cos.t + V\sin.t,\quad y = -U\sin.t - V\cos.t,\quad z = W;$$

donc $\Delta = \sqrt{[(1+X-U)^2 + (Y-V)^2 + (Z+W)^2]}$,

expression entièrement délivrée de l'angle t. En développant $\frac{1}{\Delta}$, on pourra n'aller que jusqu'aux secondes dimensions de U, V, W ; et nommant r' le rayon vecteur de l'orbite réelle de la lune, ou ce que devient Δ lorsque a, b, c, sont nuls, on aura (n° 16)

$$\frac{1}{\Delta} = \frac{1}{r'} + \frac{U(1+X) + VY - WZ}{r'^3} - \frac{U^2 + V^2 + W^2}{2r'^3} - \frac{3}{2}\frac{(U.(1+X) + VY - WZ)^2}{r'^5}.$$

Ayant multiplié par dM, on intégrera, en ne faisant varier que a, b, c, et il viendra

$$\int \frac{d\mathrm{M}}{\Delta} = \frac{\mathrm{M}}{r'} + \frac{(1+X)\int U\,d\mathrm{M} + Y\int V\,d\mathrm{M} - Z\int W\,d\mathrm{M}}{r'^3} - \frac{\int(U^2 + V^2 + W^2)\,d\mathrm{M}}{2r'^3}$$
$$- \frac{3}{2r'^5}\big[(1+X)^2\int U^2\,d\mathrm{M} + 2Y(1+X)\int UV\,d\mathrm{M} + Y^2\int V^2\,d\mathrm{M}$$
$$- 2Z(1+X)\int UW\,d\mathrm{M} - 2YZ\int VW\,d\mathrm{M} + Z^2\int W^2\,d\mathrm{M}\big].$$

(152). Les quantités q, u, ρ, doivent sortir de dessous le signe $\int$; et les termes de $\int U\,d\mathrm{M}$, $\int V\,d\mathrm{M}$, $\int W\,d\mathrm{M}$, auront pour facteurs $\int a\,d\mathrm{M}$, $\int b\,d\mathrm{M}$, $\int c\,d\mathrm{M}$, qui sont nulles par la propriété du centre de gravité. On n'écrira pas non plus les termes qui auroient
pour

pour facteurs $\int a\,c\,d\,$M, $\int b\,c\,d\,$M, $\int a\,b\,d\,$M, et par conséquent on se contentera de

$$\mathrm{U}^2 = a^2\,(1 - 4\,q^2 - \rho^2) + b^2\rho^2 + 4\,c^2q^2,$$
$$\mathrm{V}^2 = a^2\,\rho^2 + b^2\,(1 - 4\,u^2 - \rho^2) + 4\,c^2u^2,$$
$$\mathrm{W}^2 = 4\,a^2q^2 + 4\,b^2u^2 + c^2\,(1 - 4\,q^2 - 4\,u^2),$$
$$\mathrm{UV} = a^2\,(\rho - 2\,q\,u) - b^2\,(\rho + 2\,q\,u) + 4\,c^2q\,u,$$
$$\mathrm{UW} = 2\,a^2q - 2\,b^2\rho\,u - 2\,c^2\,(q - \rho\,u),$$
$$\mathrm{VW} = 2\,a^2\rho\,q + 2\,b^2u - 2\,c^2\,(u + \rho\,q).$$

Ces substitutions faites, on aura

$$\int \tfrac{d\mathrm{M}}{\Delta} = \tfrac{\mathrm{M}}{r'} - \tfrac{\mathrm{A}+\mathrm{B}+\mathrm{C}}{2\,r'^3} + \tfrac{3}{4\,r'^3}\,[\,(\mathrm{A}+\mathrm{B}-\mathrm{C})\,((1+\mathrm{X})^2\cdot$$
$$(1-4\,q^2-\rho^2)+2\,\mathrm{Y}\cdot(1+\mathrm{X})\cdot(\rho-2\,q\,u)+\mathrm{Y}^2\rho^2-4\,\mathrm{Z}\cdot(1+\mathrm{X})\cdot q$$
$$-\,4\,\mathrm{Y}\mathrm{Z}\rho\,q + 4\,\mathrm{Z}^2q^2) + (\mathrm{A}+\mathrm{C}-\mathrm{B})\,((1+\mathrm{X})^2\cdot\rho^2 -$$
$$2\,\mathrm{Y}\cdot(1+\mathrm{X})\cdot(\rho+2\,q\,u)+\mathrm{Y}^2\cdot(1-4\,u^2-\rho^2)+4\,\mathrm{Z}\cdot(1+\mathrm{X})\cdot\rho\,u$$
$$-\,4\,\mathrm{Y}\mathrm{Z}u + 4\,\mathrm{Z}^2u^2) + (\mathrm{B}+\mathrm{C}-\mathrm{A})\,((1+\mathrm{X})^2\cdot 4\,q^2 +$$
$$8\,\mathrm{Y}\cdot(1+\mathrm{X})\cdot q\,u + 4\,\mathrm{Y}^2u^2 + 4\,\mathrm{Z}\cdot(1+\mathrm{X})\cdot(q-\rho\,u) +$$
$$4\,\mathrm{Y}\mathrm{Z}\cdot(u-\rho\,q)+\mathrm{Z}^2\cdot(1-4\,q^2-4\,u^2))\,].$$

En différentiant cette quantité par rapport à δ, on ne fera varier que q, u, ρ, et il viendra

$$\int \tfrac{\delta\,\Delta\,d\mathrm{M}}{\Delta^2} = -\,\tfrac{3}{r'^3}\,\{\,[\,(\mathrm{C}-\mathrm{B})\,((1+\mathrm{X})^2\cdot\rho - \mathrm{Y}\cdot(1+\mathrm{X})-\mathrm{Y}^2\rho)$$
$$+\,2\,(\mathrm{A}-\mathrm{B})\,(1+\mathrm{X})\,\mathrm{Z}u - 2\,\mathrm{B}\mathrm{Y}\mathrm{Z}q\,]\,\delta\rho - [\,2\,(\mathrm{A}-\mathrm{C})$$
$$(2\cdot(1+\mathrm{X})^2\cdot q + \mathrm{Y}\cdot(1+\mathrm{X})\cdot u + \mathrm{Z}\cdot(1+\mathrm{X})-2\,\mathrm{Z}^2q) +$$
$$2\,(\mathrm{A}-\mathrm{B})(1+\mathrm{X})\mathrm{Y}u+2\,\mathrm{B}\mathrm{Y}\mathrm{Z}\rho\,]\,\delta q - [\,2\,(\mathrm{A}-\mathrm{B})\,((1+\mathrm{X})\cdot\mathrm{Y}q$$
$$-\,\mathrm{Z}\cdot(1+\mathrm{X})\cdot\rho + \mathrm{Y}\mathrm{Z}-2\,\mathrm{Z}^2u) + 2\,(\mathrm{A}-\mathrm{C})\,(1+\mathrm{X})\,\mathrm{Y}q$$
$$+\,4\,\mathrm{C}\mathrm{Y}^2u\,]\,\delta u\}.$$

(153). On pourra négliger, au moins dans une première approximation, les termes où q, u, ρ, seroient multipliés par X, Y, Z ; on pourra aussi se contenter de $\tfrac{1}{r'^3} = 1 - 5\,\mathrm{X} + 15\,\mathrm{X}^2 - \tfrac{5}{2}\mathrm{Y}^2 - \tfrac{5}{2}\mathrm{Z}^2$, et on aura

$$\int \tfrac{\delta\,\Delta\,d\mathrm{M}}{\Delta^2} = 3\,[\,(\mathrm{B}-\mathrm{C})\,(\rho-\mathrm{Y}+4\,\mathrm{X}\mathrm{Y})\,\delta\rho + 2\,(\mathrm{A}-\mathrm{C})\,(2\,q +$$
$$\mathrm{Z}-4\,\mathrm{X}\mathrm{Z})\,\delta q + 2\,(\mathrm{A}-\mathrm{B})\,\mathrm{Y}\mathrm{Z}\,\delta u\,].$$

En n'ayant donc aucun égard aux termes qui proviendroient de

Q

l'action du soleil (numéro 143), on formera de l'expression de $\int \frac{d^2x\,\delta x + d^2y\,\delta y + d^2z\,\delta z}{d t^2}\, d M$ (n° 150), et de celle de $\int \frac{\delta \Delta d M}{\Delta^2}$, que nous venons de trouver, une équation qui donnera

$$A \frac{d^2 \rho}{d t^2} + 3 (B - C) (\rho - Y + 4\, XY) = 0,$$

$$B \frac{d^2 q}{d t^2} + (A - B - C) \frac{d u}{d t} + (A - C) (4 q + \tfrac{3}{2} Z - 6\, XZ) = 0,$$

$$C \frac{d^2 u}{d t^2} - (A - B - C) \frac{d q}{d t} + (A - B) (u + \tfrac{3}{2}\, YZ) = 0:$$

ce sont là les équations desquelles M. de la Grange a tiré les phénomenes relatifs à la libration physique et réelle de la lune, au mouvement de ses points équinoxiaux et de l'inclinaison de l'équateur lunaire sur l'écliptique ; elles sont linéaires par rapport à ρ, q, u, et pourront s'intégrer par les méthodes dont nous avons déja fait usage.

(154). On satisfait à $A \frac{d^2 \rho}{d t^2} + 3 (B - C) \rho = 0$, en supposant $\rho = L \sin.\lambda$, L étant une constante arbitraire, et λ un angle qui croît uniformément, et qui est tel que $\frac{d\lambda}{d t}$ est donné par l'équation $- A \left(\frac{d\lambda}{d t}\right)^2 + 3 (B - C) = 0$; cela posé, si l'on prend pour $Y - 4\, XY$ une suite de termes de cette forme $a \sin. \alpha$ (n° 83) où a est un coëfficient numérique, et α un angle qui croît uniformément, et qu'on représente par $P \sin. \alpha$ le terme correspondant de la valeur de ρ, on aura (n° 32)

$$P = \frac{- 3 (B - C)\, a}{A \left(\frac{d \alpha}{d t}\right)^2 - 3 (B - C)}.$$

Ainsi la valeur complete de ρ sera $\rho = L \sin.\lambda + P \sin. \alpha +$ etc.

les deux constantes arbitraires étant l'une L, et l'autre renfermée dans l'angle λ. La libration physique et réelle est nécessairement très petite, ainsi les coëfficients tels que P devront être très petits ; quant à L, comme il est arbitraire, on pourra lui supposer une valeur aussi petite qu'on voudra. Il faudra encore que l'angle λ soit réel, autrement ρ contiendroit l'angle même t qui croît à l'infini. Cette condition, la plus essentielle de toutes, exige que $\frac{B - C}{A}$ soit une quantité positive ; et de plus, une quantité très petite pour que les coëfficients P soient très petits. En effet, α étant l'anomalie moyenne du soleil,

si on prend de Y — 4 XY (n° 83) les termes les plus considérables ;
savoir

— $0,1094678$ sin. α — $0,0035871 \cdot 0,1094678$ sin. α = —
$0,1094678 \cdot 1,0143484$ sin. α = — $0,111038$ sin. α ; à cause
de $\frac{d\alpha}{dt} = 0,991544$, on aura

$$P = \frac{3(B-C)}{A} \cdot \frac{0,111038}{0,98316 - \frac{3(B-C)}{A}}.$$

Mais la libration optique de la lune en longitude (n° 7) dépendant
en grande partie de l'équation du centre, et par conséquent de a
sin. α, P doit être beaucoup plus petit que a, ce qui n'auroit pas lieu
si $\frac{B-C}{A}$ n'étoit pas une fraction très petite. Supposons la telle, alors
on aura à très peu près $P = 0,33882 \frac{B-C}{A}$; et si P ne doit pas surpasser un demi-degré, comme cela paroît être d'après les observations, on aura $\frac{B-C}{A}$ moindre que $0,025754$. Quoi qu'il en soit,
nous démontrerons dans le chapitre suivant que cette quantité est
à très peu près $= h - i$, h étant l'ellipticité du premier méridien
de la lune, i l'ellipticité de celui qui le coupe en angles droits, et
l'axe de rotation étant le petit axe commun de tous les méridiens :
et comme h doit être plus grande que i, la lune aura dans cette hypothese une figure alongée dans le sens du diametre de l'équateur
qui répond au premier méridien. Nous ferons, relativement à l'intégration précédente, une remarque que nous avons déja faite dans
d'autres occasions : c'est qu'un des angles de la valeur de ρ pourroit
être assez petit pour que le coëfficient, à cause de son diviseur, fût
très grand. Mais en discutant les différents termes de X, Y, on trouve
qu'on peut toujours faire sur la différence des ellipticités une hypothese telle que ce coëfficient ne surpasse jamais un demi-degré. Enfin
le terme L sin. λ explique comment la lune peut nous présenter toujours à-peu-près la même face. Car si l'on avoit seulement $\zeta + \eta$
$= \omega = 180° + t$, la vîtesse de rotation de la lune seroit égale à la
vîtesse moyenne de cette planete autour de la terre. Mais ayant
$\frac{d\omega}{dt} = 1 + \frac{d\rho}{dt} = 1 + L \frac{d\lambda}{dt}$ cos. $\lambda +$ etc. où L est arbitraire, la valeur primitive de la vîtesse de rotation peut être supposée quel-
conque, pourvu qu'elle soit peu différente de la vîtesse moyenne
autour de la terre. Avant cette explication de la libration de la lune,
que M. de la Grange a donnée le premier dans son mémoire de 1764,

on étoit obligé de supposer que la vîtesse de rotation primitive, imprimée à cette planete, a été exactement égale à sa vîtesse moyenne de translation autour de la terre.

(155). Pour intégrer les deux autres équations du n° 153, nous ferons d'abord abstraction des termes qui renferment X, Y, Z ; alors si on prend deux angles μ et ν, tels que $\frac{d\mu}{dt} = \sqrt{K'}$, $\frac{d\nu}{dt} = \sqrt{K''}$, K' et K'' étant les deux racines de l'équation du second degré

$$BCK^2 - [(A - B - C)^2 + (A - B) B + 4 (A - C) C] K + 4 (A - B) (A - C) = 0,$$

on aura pour intégrales completes,

$$q = M \sin.\mu + N \sin.\nu, \quad u = M' \cos.\mu + N' \cos.\nu,$$

où M, N, sont deux des constantes arbitraires, et

$$M' = \frac{(A - B - C) \frac{d\mu}{dt}}{A - B - C \left(\frac{d\mu}{dt}\right)^2} M, \quad N' = \frac{(A - B - C) \frac{d\nu}{dt}}{A - B - C \left(\frac{d\nu}{dt}\right)^2} N :$$

les deux autres constantes arbitraires sont renfermées dans les angles μ et ν. Maintenant soit $a \sin.\alpha$ un des termes de $\frac{3}{2} Z - 6 XZ$, et $a' \cos.\alpha$ un des termes de $\frac{3}{2} YZ$; s'il en résulte dans q le terme $P \sin.\alpha$, et dans u le terme $P' \cos.\alpha$, on aura

$$P = \frac{\left(A - B - C \left(\frac{d\alpha}{dt}\right)^2\right) (A - C) a + (A - B - C) \left(\frac{d\alpha}{dt}\right) (A - B) a'}{(A - B - C)^2 \left(\frac{d\alpha}{dt}\right)^2 - \left(4 (A - C) - B \left(\frac{d\alpha}{dt}\right)^2\right) \left(A - B - C \left(\frac{d\alpha}{dt}\right)^2\right)},$$

$$P' = \frac{(A - B - C) \left(\frac{d\alpha}{dt}\right) (A - C) a + \left(4 (A - C) - B \left(\frac{d\alpha}{dt}\right)^2\right) (A - B) a'}{(A - B - C)^2 \left(\frac{d\alpha}{dt}\right)^2 - \left(4 (A - C) - B \left(\frac{d\alpha}{dt}\right)^2\right) \left(A - B - C \left(\frac{d\alpha}{dt}\right)^2\right)}.$$

Les deux proposées ont donc pour intégrales completes

$$q = M \sin.\mu + N \sin.\nu + P \sin.\alpha + \text{etc.}$$
$$u = M' \cos.\mu + N' \cos.\nu + P' \cos.\alpha + \text{etc.}$$

et parceque tang. $\frac{t}{2} = \sqrt{(q^2 + u^2)}$, tang. $\zeta = \frac{q}{u}$ (n° 148), ces intégrales renferment les véritables loix du mouvement des points équinoxiaux de la lune et de l'inclinaison de son équateur. Cette solution ne seroit point exacte si q et u n'étoient fort petits, conformément aux observations ; or il ne suffit pas pour cela que les coëfficients soient fort petits, il faut encore que les angles soient réels. Les angles α le sont par leur nature ; pour que μ et ν le soient, il faut que $\sqrt{K'}$, $\sqrt{K''}$, soient réelles, et par conséquent que les racines de l'équation du second degré soient non seulement réelles, mais encore positives. Cela donne ces trois conditions

$$(A - B - C)^2 + (A - B) B + 4 (A - C) C > o,$$

$$(A - B) (A - C) > o,$$

$$((A - B - C)^2 + (A - B) B + 4 (A - C) C)^2 >$$
$$16 \, BC (A - B) (A - C),$$

qui doivent avoir lieu à la fois, sans quoi les valeurs de q, u, renfermeroient l'angle t, et pourroient augmenter à l'infini. A ces trois conditions nous ajouterons celle-ci $B - C > o$, qui est nécessaire pour que la libration réelle et physique soit très petite.

(156). Examinons maintenant les termes de X, Y, Z, qui peuvent influer sur les quantités qu'il s'agit de déterminer. Le premier terme de Z, $o,08964$ sin. α, où α est l'argument moyen de la latitude de la lune, est assez considérable pour que, dans une première approximation, on puisse négliger YZ, et faire $\frac{3}{2}Z - 6XZ = o,08964 \left(\frac{3}{2} + o,0115226\right)$ sin. α, en ne prenant de la valeur de X que le terme tout constant. On aura de cette manière a' nul, $a = o,15598$. Mais $\frac{da}{dt}$ est peu différent de 1, puisque si l'on fait $\left(\frac{da}{dt}\right)^2 = 1 + \mathcal{C}$, $\mathcal{C} = o,008052$; ainsi on ne pourra se contenter de $P = P' = \frac{(A - C)a}{A\mathcal{C} - 3(A - C)}$. De plus, la valeur moyenne de $\left(\text{tang.}\frac{t}{2}\right)^2$ $(= q^2 + u^2)$ étant $\frac{M^2 + N^2 + M'^2 + N'^2}{2} + P^2$, et $\frac{t}{2}$ étant très approchant de $1°$, dont la tangente est $o,017455$, on a $P =$ ou $< o,017455$. Donc $\frac{A - C}{A} = \frac{\mathcal{C}P}{a + 3P}$ sera nécessairement un très petit nombre. Nous démontrerons dans le chapitre suivant, qu'en supposant la lune un sphéroïde elliptique homogene peu différent de la sphere, dont c est le demi-axe de rotation, h et i les ellipticités du premier méridien et de celui qui le coupe en angles droits, on a

$$A = \frac{2c^2M}{5} (1 + h + i), \quad B = \frac{2c^2M}{5} (1 + h), \quad C = \frac{2c^2M}{5} (1 + i).$$

En substituant ces valeurs dans l'équation qui doit donner K, et ne perdant pas de vue qu'elles ne sont exactes qu'aux secondes dimensions près de h et i, on en tire

$$(1 + h + i)\,\mathrm{K}^2 - (1 + i + 4h)\,\mathrm{K} + 4ih = 0,$$

et ces valeurs approchées $\mathrm{K}' = 1 + \frac{3h}{2}$, $\mathrm{K}'' = 2\sqrt{hi}$:

ainsi pour que $\frac{dv}{dt}$ ait une valeur réelle, il faut que h et i soient toutes deux positives, ou toutes deux négatives. On pourra aussi se contenter de $\mathrm{M}' = \mathrm{M}$, et de $\mathrm{N}' = -2\mathrm{N}\sqrt{\frac{h}{i}}$.

(157). Donc

$$\mathrm{tang.}\,\tfrac{1}{2}\,\sin.\zeta = \mathrm{M}\sin.\mu + \mathrm{N}\sin.v + \mathrm{P}\sin.\alpha,$$

$$\mathrm{tang.}\,\tfrac{1}{2}\,\cos.\zeta = \mathrm{M}\cos.\mu - 2\mathrm{N}\sqrt{\tfrac{h}{i}}\,\cos.v + \mathrm{P}\cos.\alpha,$$

où $\frac{d\mu}{dt} = 1 + \frac{3h}{2}$, $\frac{dv}{dt} = 2\sqrt{ih}$, $\mathrm{P} = \frac{0,15598\,h}{0,008052 - 3h}$.

Nous ne discuterons que le seul cas où les constantes arbitraires M et N seroient nulles, et où on auroit

$$\mathrm{tang.}\,\tfrac{1}{2}\,\sin.\zeta = \mathrm{P}\sin.\alpha, \quad \mathrm{tang.}\,\tfrac{1}{2}\,\cos.\zeta = \mathrm{P}\cos.\alpha.$$

Si P est positif, tang. $\frac{1}{2}$ l'étant par l'hypothese du calcul, on a tang. $\frac{1}{2} = \mathrm{P}$, et $\zeta = \alpha$. Alors $t - \alpha + \rho$ sera la longitude du nœud descendant de l'équateur lunaire; et comme ρ est une quantité très petite, qui ne peut renfermer que des sinus et des cosinus d'angles, $t - \alpha$ sera la longitude moyenne de ce nœud. Mais α étant l'argument moyen de la latitude de la lune, ou la distance du lieu moyen de la lune à son nœud ascendant moyen, et t la longitude moyenne, $t - \alpha$ sera encore la longitude moyenne du nœud ascendant de l'orbite lunaire. Donc le lieu moyen du nœud descendant de l'équateur lunaire coïncidera avec le lieu moyen du nœud ascendant de l'orbite de la lune. Ce résultat s'accorde parfaitement avec la théorie établie par Cassini (n° 147), et confirmée par d'autres astronomes. Si P pouvoit être négatif, on auroit tang. $\frac{1}{2} = -\mathrm{P}$, et $\zeta = 180° + \alpha$; alors $t - \alpha - 180°$ seroit la longitude moyenne du nœud descendant; ce qui feroit coïncider le nœud ascendant de l'équateur avec le nœud ascendant de l'orbite. Mais le premier résultat étant exactement conforme aux observations, il en faut conclure que P doit être une quantité positive. Je passe à la recherche des inégalités du mouvement de la lune autour de la terre, qui résultent de la figure non sphérique de la lune.

(158). Ces inégalités proviennent des termes P′, Q′, R′, (n° 130), qui ne sont (n° 152) que les coëfficiens de dX, dY, dZ, dans la différentielle de $\int \frac{d\mathrm{M}}{\Delta}$, prise par rapport à ces variables. Or, en négligeant les produits de plus de deux dimensions de q, u, ρ, et les termes où ces quantités seroient multipliées par quelque produit de deux dimensions de X, Y, Z, on a

$$\int \frac{d\mathrm{M}}{\Delta} = -\frac{\mathrm{A+B+C}}{2\,r'^3} + \frac{3}{4\,r'^5}\left[(\mathrm{A+B-C})((1+\mathrm{X})^2 + 2\mathrm{Y}\rho - 4\mathrm{Z}q) + (\mathrm{A+C-B})(\mathrm{Y}^2 - 2\mathrm{Y}\rho) + (\mathrm{B+C-A})(\mathrm{Z}^2 + 4\mathrm{Z}q)\right]$$

$$= \frac{\mathrm{A+B+C}}{4\,r'^3} - \frac{3}{2\,r'^5}\left[\mathrm{C}\cdot(1+\mathrm{X})^2 + \mathrm{BY}^2 + \mathrm{AZ}^2 - 2(\mathrm{B-C})\mathrm{Y}\rho + 4(\mathrm{A-C})\mathrm{Z}q\right].$$

Des termes de cette expression, qui ne renferment pas q, u, ρ, il ne pourroit résulter, dans les valeurs de X, Y, Z, (n° 83), que des termes semblables à ceux qui y sont déja, et beaucoup plus petits; nous les négligerons absolument, et nous réduirons l'expression dont il s'agit à $3(\mathrm{B} - \mathrm{C})\,\mathrm{Y}\rho - 6(\mathrm{A} - \mathrm{C})\,\mathrm{Z}q$. Donc

$$\mathrm{P}' = 0,\quad \mathrm{Q}' = 3(\mathrm{B-C})\,\rho,\quad \mathrm{R}' = -6(\mathrm{A-C})\,q.$$

Il faudra ajouter ces quantités, divisées chacune par M, aux termes P, Q, R, des équations (A), (B), (C), (n°s 76 et 78), où l'on mettra $\frac{dt}{m+1}$ pour dt, afin que t y signifie la longitude moyenne de la lune. Mais comme nous ne voulons déterminer que les très petites parties de X, Y, Z, qui résultent des termes que nous venons d'ajouter, il suffira d'avoir égard à ceux des autres termes où ces variables sont linéaires et ne se trouvent multipliés par aucun sinus ou cosinus. De cette maniere, en faisant, pour abréger, $\frac{1}{(m+1)^2} = m'^2$, nos trois équations deviendront

$$\frac{d^2\mathrm{X}}{dt^2} - 2\frac{d\mathrm{Y}}{dt} - 3\left(1 + \frac{m'^2}{2}\right)\mathrm{X} = 0,$$

$$\frac{d^2\mathrm{Y}}{dt^2} + 2\frac{d\mathrm{X}}{dt} - \frac{3(\mathrm{B-C})}{\mathrm{M}}\rho = 0,$$

$$\frac{d^2\mathrm{Z}}{dt^2} + \left(1 + \frac{3\,m'^2}{2}\right)\mathrm{Z} + \frac{6(\mathrm{A-C})}{\mathrm{M}}q = 0.$$

Il seroit encore inutile de conserver les termes de ρ, q, affectés de sin. α, puisqu'ils ne donneroient que de très petits termes semblables à ceux qui entrent déja dans X, Y, Z; nous nous contenterons donc de

$$\rho = \text{L} \sin.\lambda, \quad q = \text{M} \sin.\mu + \text{N} \sin.\nu \quad (\text{n}^{os} \ 154 \ \text{et} \ 157),$$

et mettant pour B — C, A — C, leurs valeurs $(h-i)$ A, hA; faisant ensuite $\frac{\text{A}}{\text{M}} = g$ pour abréger, nous changerons les équations précédentes en celles-ci:

$$\frac{d^2\text{X}}{dt^2} - 2 \frac{d\text{Y}}{dt} - 3 \left(1 + \frac{m'^2}{2}\right) \text{X} = 0;$$

$$\frac{d^2\text{Y}}{dt^2} + 2 \frac{d\text{X}}{dt} - 3 g (h-i) \text{L} \sin.\lambda = 0;$$

$$\frac{d^2\text{Z}}{dt^2} + \left(1 + \frac{3 m'^2}{2}\right) \text{Z} + 6 g h (\text{M} \sin.\mu + \text{N} \sin.\nu) = 0.$$

(159). Nous trouverons les termes dont il s'agit par la regle du n° 79, en faisant

$$\text{X} = \text{E} \cos.\lambda, \quad \text{Y} = \text{F} \sin.\lambda, \quad \text{Z} = \text{G} \sin.\mu + \text{H} \sin.\nu,$$

et E, F, G, H, seront déterminés par les quatre équations

$$\text{E} \left(\frac{d\lambda}{dt}\right)^2 + 2 \text{F} \left(\frac{d\lambda}{dt}\right) + 3 \left(1 + \frac{m'^2}{2}\right) \text{E} = 0,$$

$$\text{F} \left(\frac{d\lambda}{dt}\right)^2 + 2 \text{E} \left(\frac{d\lambda}{dt}\right) + 3 g (h-i) \text{L} = 0;$$

$$\text{G} \left(\frac{d\mu}{dt}\right)^2 - \text{G} \left(1 + \frac{3 m'^2}{2}\right) - 6 g h \text{M} = 0,$$

$$\text{H} \left(\frac{d\nu}{dt}\right)^2 - \text{H} \left(1 + \frac{3 m'^2}{2}\right) - 6 g h \text{M} = 0.$$

Or si on veut se rappeller que $\frac{d\lambda}{dt} = \sqrt{[3(h-i)]}$, $\frac{d\mu}{dt} = 1 + \frac{3h}{i}$; $\frac{d\nu}{dt} = 2 \sqrt{hi}$, et que m'^2 et $h-i$ sont de très petites quantités, on en tirera, à très peu de chose près,

$$\text{E} = - 2 g \text{L} \sqrt{[3(h-i)]}, \quad \text{F} = 3 g \text{L},$$
$$\text{G} = \frac{4 g h \text{M}}{h - m'^2}, \quad \text{H} = 6 g h \text{N}.$$

Partant, les termes à ajouter aux valeurs de X, Y, Z, du n° 83, seront

$$- 2 g \text{L} \sqrt{[3(h-i)]} \cdot \cos.\lambda, \quad 3 g \text{L} \sin.\lambda,$$
$$\frac{4 g h \text{M}}{h - m'^2} \sin.\mu + 6 g h \text{N} \sin.\nu.$$

(160). Comme les arguments λ et ν croissent très lentement, à cause

cause des très petites valeurs de $\frac{d\lambda}{dt}$, $\frac{d\nu}{dt}$, les équations qui en dépendent doivent être des especes d'équations séculaires qui ne peuvent devenir sensibles qu'au bout d'un temps fort long. Il est important sur-tout d'examiner celle de la longitude (n° 94) qui est représentée par $3\,g\,\mathrm{L}\,\sin.\lambda$, ou $3\,g\rho$. Si la lune étoit homogene et peu différente d'une sphere, on auroit, à très peu près, $g = \frac{\Lambda}{\mathrm{M}} = \frac{2\,e^{2}}{5}$ (n° 156), où $e = \frac{3}{11,.50}$, en prenant la distance moyenne de la lune à la terre pour l'unité ; l'équation séculaire de la longitude scroit $\frac{3\rho}{121000}$. Or, la plus grande valeur de ρ étant d'un degré, il n'y a pas d'hypothese vraisemblable sur la figure de la lune qui puisse faire monter cette équation à plus d'une seconde. On pourroit craindre qu'en la calculant plus exactement elle n'augmentât beaucoup, à cause du diviseur que l'intégration introduiroit, et qui seroit très petit. Mais il sera facile de s'assurer, par une seconde approximation, qu'elle est insensible, et ne peut rendre raison de l'accélération du moyen mouvement de la lune, que Mayer a fixée à 9 secondes pour le premier siecle. L'académie royale des sciences de Paris proposa, pour le sujet du prix de l'année 1774, d'examiner si, ayant égard non seulement à l'action du soleil, de la terre et des autres planetes sur la lune, mais même à la figure non sphérique de la lune et de la terre, on pouvoit expliquer par la seule théorie de la gravitation pourquoi la lune paroît avoir une équation séculaire. M. de la Grange, auteur de la piece couronnée, se contente d'examiner l'effet qui peut résulter de la non sphéricité des deux planetes ; et il résulte de ses recherches qu'elle ne donne dans l'équation de l'orbite de la lune aucun terme dont on puisse conclure l'existence de cette accélération. La même académie avoit proposé pour le sujet du prix de l'année 1762 : Si les planetes se meuvent dans un milieu dont la résistance produise quelque effet sensible sur leurs moyens mouvements. M. l'abbé Bossut, qui remporta ce prix, pense que l'accélération du moyen mouvement de la lune est due à la résistance de l'*éther*. Nous nous arrêterons un instant à cette question.

(161). Soit, comme dans le n° 25, r le rayon vecteur de la planete, φ l'angle qu'il fait avec l'axe ; nommons aussi $d\sigma$ l'élément de la courbe, ρ une fonction de $\frac{1}{r}$ qui représente la loi de la densité de l'éther aux différentes distances du soleil : si on peut supposer que la résistance de l'éther est proportionnelle à sa densité multipliée par le quarré de la vîtesse de la planete, la résistance que la planete éprouve sera exprimée par $\alpha\rho\,\frac{d\sigma^2}{dt^2}$, où α est un coëfficient très petit, dépendant du volume de la planete, et de la densité de la matiere éthérée, à une distance donnée. Cette force, décomposée suivant le rayon vecteur, et perpendiculairement à ce rayon, donne $\alpha\rho\,\frac{dr\,d\sigma}{dt^2}$, et $-\alpha\rho\,\frac{r\,d\sigma\,d\varphi}{dt^2}$, qui doivent être ajoutées l'une à V, l'autre à W (n° 49). Nous négligerons l'action des autres planetes, et nous nous contenterons de

$$V = \frac{K}{r^2} + \alpha\rho\,\frac{dr\,d\sigma}{dt^2}, \quad W = -\,\alpha\rho\,\frac{r\,d\sigma\,d\varphi}{dt^2};$$

ou faisant, pour abréger, $\frac{1}{r} = u$, de

$$V = Ku^2 - \alpha\rho\,\frac{du\,d\sigma}{u^2\,dt^2}, \quad W = -\,\alpha\rho\,\frac{d\sigma\,d\sigma}{u\,ds^2}. \text{ Partant (n° 55)}$$

$$\Omega = -\,\frac{2\,\alpha K}{h^4} \int \frac{\rho\,d\sigma\,d\varphi^2}{u^4\,dt^2}.$$

On a donc à résoudre l'équation

$$\frac{d^2u}{d\varphi^2} + u - \frac{K}{h^2} = \frac{2\,\alpha K}{h^4} \int \frac{\rho\,d\sigma\,d\varphi^2}{u^4\,dt^2}.$$

Soit $u = u' + \alpha U$, u' étant donné par $\frac{d^2u'}{dt^2} + u' - \frac{K}{h^2} = 0$, d'où l'on tire

$$u' = \frac{1 - e\,\cos.(\varphi - n)}{a\,(1 - c^2)} \ (\text{n° } 39), \ a \text{ étant le demi-grand axe de l'ellipse,}$$

$a\,e$ l'excentricité, et n le lieu de l'aphélie. On aura

$$\frac{d^2U}{d\varphi^2} + U = \frac{2K}{h^4} \int \frac{\rho\,d\sigma\,d\varphi^2}{u^4\,dt^2}:$$

et si l'on peut donner au second membre la forme suivante,

$$A\varphi + B\,\sin.(\varphi - n) + C\,\sin.2\,(\varphi - n) + \text{etc.}$$

cette série étant d'autant plus convergente que l'excentricité est moindre, on en tirera (n° 32)

$$U = \sin.(\varphi - n) \int (A\varphi + B\,\sin.(\varphi - n) + C\,\sin.2\,(\varphi - n)$$
$$+ \text{etc.})\,\cos.(\varphi - n)\,d\varphi - \cos.(\varphi - n) \int (A\varphi + B\,\sin.(\varphi - n)$$
$$+ C\,\sin.2\,(\varphi - n) + \text{etc.})\,\sin.(\varphi - n)\,d\varphi.$$

Donc $U = A\varphi - \frac{B\varphi}{2}\,\cos.(\varphi - n) + \frac{B}{4}\,\sin.(\varphi - n) - \frac{C}{3.4}\,\sin.2$ $(\varphi - n) - \text{etc.}$

Nous négligerons les termes qui ne renferment que des sinus de l'angle $\varphi - n$, et de ses multiples, ces termes ne pouvant donner que des variations périodiques (n° 93); et la valeur de U sera réduite à $A\varphi - \frac{B\varphi}{2}$ cos.$(\varphi - n)$ qu'il faut ajouter à u'. On verra par là que, dans un milieu résistant, $\frac{1}{a(1 - e^2)}$ a une variation séculaire exprimée par $\alpha A\varphi$, et $\frac{e}{a(1 - e^2)}$ une variation séculaire exprimée par $\frac{\alpha B\varphi}{2}$: c'est-à-dire que le grand axe et l'excentricité sont assujettis à des inégalités proportionnelles au temps, tandis que l'aphélie de la planete demeure immobile.

(162). Il s'agit de déterminer A et B d'après une hypothese quelconque de résistance du milieu. La plus vraisemblable est de supposer $\rho = u^m = \frac{1}{a^m} [1 - me \cos.(\varphi - n)]$, en regardant l'excentricité comme étant fort petite. Par la même raison on se contentera de $d\sigma = r d\varphi = a d\varphi [1 + e \cos.(\varphi - n)]$, et de $h dt = r^2 d\varphi$. Partant si l'on prend $h^2 = aK$, on aura

$$\rho d\sigma = \frac{d\varphi}{a^{m-1}} [1 - (m - 1) e \cos.(\varphi - n)], \text{ et } \frac{2K}{h^4} \int \frac{\rho d\sigma d\varphi^2}{u^4 dt^2} =$$

$$\frac{2K}{h^2} \int \rho d\sigma = \frac{2}{a^m} [\varphi - (m - 1) e \sin.(\varphi - n.)].$$

Donc $A = \frac{2}{a^m}$, $B = - \frac{2e}{a^m} (m - 1)$.

Il suit de là qu'en négligeant les quantités qui ne peuvent donner que des variations périodiques et les produits de deux dimensions de e et α, on a (n° 39)

$$dt = \frac{a\sqrt{a}}{\sqrt{K}} \left(d\varphi - \frac{3\alpha\varphi d\varphi}{a^{m-1}}\right), \text{ et } t = \frac{a\sqrt{a}}{\sqrt{K}} \left(\varphi - \frac{3\alpha\varphi^2}{2a^{m-1}}\right),$$

en intégrant de maniere que $\varphi = 0$ rende $t = 0$. On en tire, en nommant T le temps qui s'est écoulé pendant un nombre n de révolution, et π la demi-circonférence qui a pour rayon l'unité,

$$T = \frac{2a\sqrt{a}}{\sqrt{K}} \left(n\pi - \frac{3\alpha n^2 \pi^2}{a^{m-1}}\right).$$

On ôtera de cette quantité $\frac{2a\sqrt{a}}{\sqrt{K}} \left[(n - 1) \cdot \pi - \frac{3\alpha(n - 1)^2 \pi^2}{a^{m-1}}\right]$,

et on aura $\frac{2a\sqrt{a}}{\sqrt{K}} \left[\pi - (2n - 1) \frac{3\alpha\pi^2}{a^{m-1}}\right]$,

qui est le temps de la derniere révolution, et que nous nommerons T'. Si dans la valeur de T on fait $n = 1$, ce sera le temps de la pre-

miere révolution ; et alors $T - T' = \frac{12 a \sqrt{a}}{\sqrt{K}} (n - 1) \frac{a \pi^2}{a^{m-1}}$:
partant $\frac{T - T'}{T} = 6 (n - 1) \frac{a \pi}{a^{m-1}}$ à très peu de chose près. Maintenant soit θ la quantité dont le lieu moyen de la planete est plus avancé à la n^e révolution qu'à la premiere ; on fera $2 \pi : \theta :: T$ est à un quatrieme terme $\frac{\theta T'}{2 \pi}$ qui représente le temps dont le mouvement moyen a diminué pendant n révolutions : mais nous avons trouvé plus haut pour cette diminution $\frac{6 a \sqrt{a}}{\sqrt{K}} \frac{a n^2 \pi^2}{a^{m-1}}$; donc $\theta T' = \frac{12 a \sqrt{a}}{\sqrt{K}} \cdot \frac{a n^2 \pi^3}{a^{m-1}}$. Mettant ensuite pour T' sa valeur, et négligeant ce qui peut l'être , il viendra $\theta = \frac{6 a n^2 \pi^2}{a^{m-1}}$.

(163). Si l'on divise $365^i\ 6^h\ 9'$ par $27^i\ 7^h\ 49'$, on a $\frac{525969}{39343}$, qui est le nombre de révolution que la lune fait dans une année. Si donc on admet avec Mayer qu'en partant de 1700 l'accélération du moyen mouvement de la lune est d'un degré en deux mille ans, on tirera de l'équation précédente

$$\frac{a}{a^{m-1}} = \frac{1}{6 \left(720000 \cdot \frac{525969}{39343} \right)^2}.$$

Celle-ci indique de quel ordre devroit être la densité de l'éther pour qu'on pût expliquer par son moyen l'équation séculaire de la lune et celles des autres planetes. M. de la Place, qui n'admet pas cette hypothese, en propose une autre qui est de supposer que la gravitation établie par Newton n'agit pas également sur un corps en mouvement et sur un corps en repos, et qu'elle ne dépend pas seulement des distances des corps et de leurs masses, mais encore de leurs vîtesses. Si la pesanteur met quelque temps à se propager, ce temps doit être très court, et l'espace qu'elle a parcouru dans un temps fini T, extrêmement grand ; nous représenterons cet espace par $\frac{t}{a}$, a étant un nombre extrêmement petit, et ρ une fonction de la distance r. Il en résultera à la planete une accélération dans son mouvement autour du soleil, que nous déterminerons par cette proportion $\frac{t}{aT} : \frac{d\sigma}{dt} :: \frac{K}{r^2}$: à un quatrieme terme $a K T \frac{d\sigma}{\rho r^2 dt}$. Cette force étant décomposée, donne dans la direction du rayon vecteur une force $a K T \frac{dr}{\rho r^2 dt}$, et perpendiculairement à ce rayon une autre force $- \alpha \mathrm{K} \mathrm{T} \frac{d\phi}{\rho\, r\, dt}$. Donc

$$V = \frac{\mathrm{K}}{r^2} + \alpha \mathrm{K} \mathrm{T} \frac{dr}{\rho\, r^2 dt}, \quad W = - \alpha \mathrm{K} \mathrm{T} \frac{d\phi}{\rho\, r\, dt}.$$

(164). Le problême se résoudroit comme le précédent ; mais pour mettre quelque variété dans ces solutions, nous ferons usage des équations (7) et (8) (n° 28) qui deviennent

$$\frac{d\phi}{dt} = \frac{c - \alpha \mathrm{K} \mathrm{T} \int \frac{d\phi}{\rho}}{r^2},$$

$$\frac{d^2 r}{dt^2} - \frac{\left(c - \alpha \mathrm{K} \mathrm{T} \int \frac{d\phi}{\rho}\right)^2}{r^3} + \frac{\mathrm{K}}{r^2} + \alpha \mathrm{K} \mathrm{T} \frac{dr}{\rho\, r^2 dt} = 0.$$

Nous ferons, comme dans le n° 52, $r = a(1 + \alpha y)$, $\varphi = nt + \alpha x$; et négligeant les quantités de l'ordre α^2, nous prendrons $\int \frac{d\phi}{\rho} = \frac{nt}{\mathrm{R}}$, R étant ce que devient ρ lorsque α est nul. Partant la seconde équation deviendra

$$\frac{d^2 y}{dt^2} + \frac{1}{a}\left(\frac{\mathrm{K}}{a^3} - \frac{c}{a^4}\right) + \left(\frac{3c^2}{a^4} - \frac{2\mathrm{K}}{a^3}\right) y + \frac{2cn\mathrm{K}\mathrm{T}}{a^4 \mathrm{R}} t = 0 :$$

or $\frac{\mathrm{K}}{a^3} - \frac{c^2}{a^4}$ doit être de l'ordre α ; de plus on peut prendre pour a telle valeur de r qu'on voudra, pourvu qu'elle diffère peu de la moyenne arithmétique entre la plus grande et la moindre valeur ; on pourra donc faire $\frac{\mathrm{K}}{a^3} = \frac{c^2}{a^4}$, et réduire par-là l'équation précédente à celle-ci :

$$\frac{d^2 y}{dt^2} + \frac{c^2}{a^4} y + \frac{2c^3 n \mathrm{T}}{a^5 \mathrm{R}} t = 0,$$

qui a pour intégrale complete $y = \Gamma \cos.\left(\frac{ct}{a^2} + \gamma\right) - \frac{2cn\mathrm{T}}{a\mathrm{R}} t,$

ou simplement $y = e \cos. \frac{ct}{a^2} - \frac{2cn\mathrm{T}}{a\mathrm{R}} t,$

en supposant que l'aphélie est le point de l'orbite où le mouvement a commencé. Donc $r = a + \alpha a e \cos. \frac{ct}{a^2} - \frac{2cn\mathrm{T}}{a\mathrm{R}} t.$

(165). La premiere équation se change en celle-ci :

$$n + \alpha \frac{dx}{dt} = \frac{c}{a^2} - \frac{2\alpha c}{a^2} y - \frac{\alpha c^2}{a^3} \frac{n\mathrm{T}}{\mathrm{R}} t,$$

où il faut faire, comme nous l'avons déja remarqué plusieurs fois, $n = \frac{c}{a^2}$. Partant $\frac{dx}{dt} = - 2ny - \frac{a n^3 \mathrm{T}}{\mathrm{R}} t$, d'où l'on tirera, après avoir mis pour y sa valeur,

$$x = - 2 e \sin. nt + \frac{3}{2} \frac{a n^3 \mathrm{T}}{\mathrm{R}} t^2. \text{ Donc}$$

$$r = a + \alpha\,ae\,\cos.nt - \frac{2\,\alpha\,a^2\,n\,\mathrm{T}}{\mathrm{R}}\,t,$$

$$\varphi = nt - 2\,\alpha e\,\sin.nt + \frac{3}{2}\,\frac{\alpha\,a\,n^3\,\mathrm{T}}{\mathrm{R}}\,t^2.$$

On voit par-là que, pour deux mille ans, l'accélération du moyen mouvement de la lune peut être représentée par

$$\frac{3}{2}\,\frac{\alpha\,a}{\mathrm{R}}\left(2000\,\frac{525969}{39343}\,\frac{360°}{57°\,17'\,44''}\right)^2 360°,$$

où $\frac{\mathrm{R}}{\alpha}$ est l'espace que parcourroit la pesanteur durant une révolution de la lune. Mais cette même accélération est d'un degré, selon Mayer ; il sera donc bien facile de déterminer $\frac{\mathrm{R}}{\alpha}$ et la vîtesse que la pesanteur met à se propager.

Nous ne nous étendrons pas davantage sur les différents moyens d'expliquer les équations séculaires des planetes, si elles en ont, et nous renvoyons aux mémoires de M. de la Place, cités n° 104, et à ceux de MM. l'abbé Bossut et Albert Euler, qu'on trouvera dans le tome VIII du recueil des pieces qui ont remporté les prix de l'académie royale des sciences.

CHAPITRE IV.

De l'action mutuelle des corps, lorsqu'elle résulte des attractions de toutes les parties qui les composent.

(166). Pour trouver l'expression générale de l'attraction d'un corps de figure quelconque sur un point G (*fig. XII*) placé où l'on voudra, en supposant que chaque particule du corps attire ce même point en raison directe de la masse, et inverse du quarré de la distance : soient toujours trois plans perpendiculaires entre eux BAD, BAC, CAD. Du point G, et d'une des particules du corps, qu'on imaginera être en Z, on abaissera sur le plan BAD des perpendiculaires GF, ZM, puis on tirera des points F et M d'autres perpendiculaires FE et MP à AD ; les positions du point G, et de la particule qui est en Z, par rapport au plan BAD, seront déterminées par les co-ordonnées

$$\text{AE } (m), \quad \text{EF } (n), \quad \text{FG } (p),$$
$$\text{et AP } (x), \quad \text{PM } (y), \quad \text{MZ } (z).$$

On menera de plus à MFH, et à AD, des paralleles GQ et FO ; et on nommera

la distance GZ, r; l'angle ZGQ, θ; l'angle OFH, n.

Cela posé, la particule qui est en Z agira sur le point G avec la force

$$\frac{D\,dx\,dy\,dz}{r^2},$$

D étant la densité de cette particule ; et cette force, décomposée parallèlement aux trois axes AC, AB, AD, donnera

$$\frac{D\,(p-z)\,dx\,dy\,dz}{r^3}, \quad \frac{D\,(n-y)\,dx\,dy\,dz}{r^3}, \quad \frac{D\,(m-x)\,dx\,dy\,dz}{r^3};$$

formules qu'il faudroit intégrer successivement par rapport à chacune des trois variables z, y, x, de maniere que l'intégrale s'étendît à tous les points du corps.

(167). Pour avoir l'expression du parallélipipede $dx\,dy\,dz$ en r, n, θ, nous regarderons chacune des co-ordonnées x, y, z, comme étant fonction des trois variables r, n, θ: et conformément à la remarque que nous avons déja faite (n° 124), nous chercherons les valeurs de chacune des différentielles dx, dy, dz, en regardant les deux autres comme nulles. Nous ferons par conséquent

$$\tfrac{dx}{dr}\,dr + \tfrac{dx}{dn}\,dn + \tfrac{dx}{d\theta}\,d\theta = 0, \quad \tfrac{dy}{dr}\,dr + \tfrac{dy}{dn}\,dn + \tfrac{dy}{d\theta}\,d\theta = 0;$$

d'où nous tirerons

$$dr = \left[\left(\tfrac{dx}{dn}\tfrac{dy}{d\theta} - \tfrac{dy}{dn}\tfrac{dx}{d\theta} \right) : \left(\tfrac{dx}{dr}\tfrac{dy}{dn} - \tfrac{dy}{dr}\tfrac{dx}{dn} \right) \right] d\theta,$$

$$dn = \left[\left(\tfrac{dy}{dr}\tfrac{dx}{d\theta} - \tfrac{dx}{dr}\tfrac{dy}{d\theta} \right) : \left(\tfrac{dx}{dr}\tfrac{dy}{dn} - \tfrac{dy}{dr}\tfrac{dx}{dn} \right) \right] d\theta:$$

en substituant ces valeurs dans $dz = \tfrac{dz}{dr}\,dr + \tfrac{dz}{dn}\,dn + \tfrac{dz}{d\theta}\,d\theta$, nous aurons

$$dz = \left(\left[\tfrac{dz}{dr} \left(\tfrac{dx}{dn}\tfrac{dy}{d\theta} - \tfrac{dy}{dn}\tfrac{dx}{d\theta} \right) + \tfrac{dz}{dn} \left(\tfrac{dy}{dr}\tfrac{dx}{d\theta} - \tfrac{dx}{dr}\tfrac{dy}{d\theta} \right) + \tfrac{dz}{d\theta} \left(\tfrac{dx}{dr}\tfrac{dy}{dn} - \tfrac{dy}{dr}\tfrac{dx}{dn} \right) \right] : \left[\tfrac{dx}{dr}\tfrac{dy}{dn} - \tfrac{dy}{dr}\tfrac{dx}{dn} \right] \right) d\theta.$$

Mais en faisant dz nul, on a aussi $d\theta$ nul; ainsi pour trouver dy, il faudra prendre $\tfrac{dx}{dr}\,dr + \tfrac{dx}{dn}\,dn = 0$, ou $dr = - \left(\tfrac{dx}{dn} : \tfrac{dx}{dr} \right) dn$, qu'il faudra substituer dans $dy = \tfrac{dy}{dr}\,dr + \tfrac{dy}{dn}\,dn$, et on aura

$$dy = \left[\left(\tfrac{dx}{dr}\tfrac{dy}{dn} - \tfrac{dy}{dr}\tfrac{dz}{dr} \right) : \tfrac{dx}{dr} \right] dn.$$

Enfin de $dz = 0$, $dy = 0$, on tire $d\theta = 0$, $dn = 0$, et par conséquent $dx = \tfrac{dx}{dr}\,dr$; le parallélipipede dont il s'agit aura donc pour expression

$$\left[\tfrac{dz}{dr} \left(\tfrac{dx}{dn}\tfrac{dy}{d\theta} - \tfrac{dy}{dn}\tfrac{dx}{d\theta} \right) + \tfrac{dz}{dn} \left(\tfrac{dy}{dr}\tfrac{dx}{d\theta} - \tfrac{dx}{dr}\tfrac{dy}{d\theta} \right) + \tfrac{dz}{d\theta} \left(\tfrac{dx}{dr}\tfrac{dy}{dn} - \tfrac{dy}{dr}\tfrac{dx}{dn} \right) \right] \cdot dr\,dn\,d\theta.$$

Dans le cas particulier dont nous nous occupons,

$$p - z = r\sin.\theta, \quad n - y = r\cos.\theta\,\sin.n, \quad m - x = r\cos.\theta\,\cos.n,$$

d'où il sera facile de tirer, en ne perdant pas de vue que θ diminue lorsque r et n augmentent,

$$\tfrac{dx}{dr} = -\cos.n\,\cos.\theta, \quad \tfrac{dx}{dn} = -r\cos.\theta\,\sin.n, \quad \tfrac{dx}{d\theta} = -r\sin.\theta\,\cos.n,$$

$$\tfrac{dy}{dr} = -\cos.\theta\,\sin.n, \quad \tfrac{dy}{dn} = -r\cos.\theta\,\cos.n, \quad \tfrac{dy}{d\theta} = -r\sin.\theta\,\sin.n,$$

$$\tfrac{dz}{dr} = -\sin.\theta, \quad \tfrac{dz}{dn} = 0, \quad \tfrac{dz}{d\theta} = r\cos.\theta.$$

Ces

Ces substitutions étant faites dans la formule générale, il en résultera que le volume de la particule a pour expression $r^2 \cos.\theta\, dr\, dn\, d\theta$.

(168). Ainsi les trois forces élémentaires de l'avant-dernier numéro deviendront

$$\mathrm{D}\, \sin.\theta\, \cos.\theta\, dr\, dn\, d\theta, \quad \mathrm{D}\, \cos.\theta^2 \sin.n\, dr\, dn\, d\theta,$$
$$\mathrm{D}\, \cos.\theta^2 \cos.n\, dr\, dn\, d\theta.$$

On intégrera d'abord par rapport à r; et nommant r_1, r_2, les deux valeurs de r données par la nature de la surface du corps, on distinguera avec soin les trois cas qui se présentent. 1°. Lorsque le point G est au dedans du corps; alors r_1 et r_2 sont les distances de ce point à la surface, et on mettra dans la premiere intégrale trouvée $r_1 + r_2$ au lieu de r. On intégrera ensuite par rapport à l'angle n et au complément de l'angle θ, de maniere que chacune des intégrales successives soit nulle lorsque l'angle relativement auquel on aura intégré sera $= 0$, et complete lorsqu'il sera $= 180°$. 2°. Lorsque le point G sera placé à la surface du corps, tout se passera comme dans le cas précédent, excepté seulement que l'une des valeurs de r sera nulle. 3°. Ayant intégré par rapport à r, dans le cas où le point G sera au dehors du corps, on mettra $r_1 - r_2$ pour r; ce qui ne présente aucune difficulté. Il ne sera pas aussi facile de voir comment on complétera les deux autres intégrales successives. En effet dans le cas présent les angles ne peuvent augmenter que jusqu'à certaines limites qu'on déterminera en faisant $r_1 = r_2$. Je suppose qu'on tire de cette équation deux valeurs de n que je nommerai n_1, n_2; on intégrera, par rapport à n, de maniere que l'intégrale commence où $n = n_1$, et qu'elle finisse où $n = n_2$. On fera ensuite $n_1 = n_2$; et si l'on tire de cette équation deux valeurs de θ, savoir θ_1 et θ_2, on intégrera, par rapport à θ, de maniere que l'intégrale s'étende, d'une part, depuis $\theta = 90°$ jusqu'à $\theta = \theta_1$; de l'autre, depuis $\theta = 90°$ jusqu'à $\theta = \theta_2$. Il pourroit arriver que l'équation $r_1 = r_2$ fût impossible, ou ne renfermât pas n; alors cette variable seroit susceptible de toutes les valeurs possibles, et il faudroit intégrer depuis $n = 0$ jusqu'à $n = 180°$. On intégreroit de même depuis le complément de $\theta = 0$ jusqu'à ce même angle $= 180°$, si $n_1 = n_2$ étoit impossible, ou ne renfermoit point θ. (Voyez *un mémoire de M. de la Grange, parmi ceux de Berlin, pour* 1773). Toute cette théorie sera bien éclaircie par les exemples suivants.

(169). Si le solide est homogene, ayant intégré par rapport à r,

S

on aura les expressions suivantes des forces avec lesquelles il agit sur le point G parallèlement aux axes AC, AB, AD :

$$(Z)\ldots\ldots D \iint (r_2 \pm r_1)\, \sin.\theta \cos.\theta\, dn\, d\theta,$$

$$(Y)\ldots\ldots D \iint (r_2 \pm r_1)\, \cos.\theta^2 \sin.n\, dn\, d\theta,$$

$$(X)\ldots\vdots\ldots D \iint (r_2 \pm r_1)\, \cos.\theta^2 \cos.n\, dn\, d\theta.$$

Si ce solide homogene est une ellipsoïde ayant son centre en A et AC pour axe de révolution (*fig. XII*) ; en prenant $z^2 + i u^2 = h$ pour l'équation de l'ellipse génératrice, celle de l'ellipsoïde sera $z^2 + i(x^2 + y^2) = h$, ou, mettant pour z, y, x, leurs valeurs, l'ellipsoïde aura pour équation

$$(p - r \sin.\theta)^2 + i\,[\,m^2 + n^2 + r^2 \cos.\theta^2$$
$$- 2r\cos.\theta\,(m\cos.n + n\sin.n)\,] = h.$$

(170). Nous nous occuperons d'abord du cas où le point G est au dedans du corps ou à sa surface ; cas pour lequel il faut prendre la somme $r_1 + r_2$ des deux racines. Or ayant ordonné l'équation précédente, par rapport aux puissances de r, de maniere que r^2 n'ait d'autre coëfficient que l'unité, celui de r pris négativement sera la somme des racines ; ainsi

$$r_2 + r_1 = \frac{2p\sin.\theta + 2i\cos.\theta\,(m\cos.n + n\sin.n)}{\sin.\theta^2 + i\cos.\theta^2} :$$

d'où il suit qu'en intégrant les formules Z, Y, X, par rapport à n, on doit avoir

$$D \int \frac{2pn\sin.\theta + 2i\cos.\theta\,(m\sin.n - n\cos.n)}{\sin.\theta^2 + i\cos.\theta^2}\, \sin.\theta \cos.\theta\, d\theta,$$

$$D \int \frac{-2p\cos.n\sin.\theta + i\cos.\theta\,[\,m\sin.n^2 + n\,.\,(n - \sin.n\cos.n)\,]}{\sin.\theta^2 + i\cos.\theta^2}\, \cos.\theta^2\, d\theta,$$

$$D \int \frac{2p\sin.n\sin.\theta + i\cos.\theta\,[\,n\sin.n^2 + m\,.\,(n + \sin.n\cos.n)\,]}{\sin.\theta^2 + i\cos.\theta^2}\, \cos.\theta^2\, d\theta.$$

Ces intégrales doivent être prises depuis $n = 0$ jusqu'à n 180°. Mais n étant 0, ou 180°, on a toujours $\sin.n = 0$; on a dans le premier cas $\cos.n = 1$, et dans l'autre $\cos.n = -1$: ainsi la somme des deux cosinus est nulle comme celle des deux sinus. Il faudra donc effacer dans les formules précédentes les termes multipliés par $\sin.n$ et $\cos.n$, et mettre 180° ou $\frac{\pi}{2}$ pour n ; ce qui les réduit à

$$\pi p\, D \int \frac{\sin.\theta^2 \cos.\theta\, d\theta}{\sin.\theta^2 + i\cos.\theta^2},\quad \frac{\pi}{2}\, i n\, D \int \frac{\cos.\theta^3\, d\theta}{\sin.\theta^2 + i\cos.\theta^2},$$

$$\frac{\pi}{2}\, i m\, D \int \frac{\cos.\theta^2\, d\theta}{\sin.\theta^2 + i\cos.\theta^2}.$$

(171). Les différentielles qui restent à intégrer le seront facilement en faisant sin. $\theta = t$. En effet si l'on suppose $\frac{1-i}{i} = i'^2$, ou $\frac{i-1}{i} = i'^2$, selon que i sera moindre ou plus grand que 1, on aura $\frac{1}{i} \frac{t^2 dt}{1+i'^2 t^2}$, et $\frac{1-t^2}{i} \frac{dt}{1+i'^2 t^2}$, qui ont pour intégrales $- \frac{\text{A tang.} i' t - i' t}{i i'^3}$, et $\frac{(i'^2+1) \text{ A tang.} i' t - i' t}{i i'^3}$; ou $\frac{1}{i} \frac{t^2 dt}{1 - i'^2 t^2}$, et $\frac{1-t^2}{i} \frac{dt}{1 - i'^2 t^2}$, qui ont pour intégrales $- \frac{t}{i i'^2} + \frac{1}{2 i i'^3} \log. \frac{1 + i' t}{1 - i' t}$, et $\frac{t}{i i'^2} + \frac{i'^2 - 1}{2 i i'^3} \log. \frac{1 + i' t}{1 - i' t}$, puisque toutes ces intégrales doivent commencer à $\theta = 0$. Pour les compléter nous ferons $\theta = 90°$, ou $t = 1$, et nous prendrons le double des résultats ; ce qui donnera les valeurs suivantes des trois forces qu'il s'agissoit de trouver :

lorsque le petit axe est l'axe de révolution,

$$- \frac{2 \pi p \mathrm{D}}{i i'^3} (\text{A tang.} i' - i'),$$

$$\frac{\pi n \mathrm{D}}{i'^3} [(i'^2 + 1) \cdot \text{A tang.} i' - i'],$$

$$\frac{\pi m \mathrm{D}}{i'^3} [(i'^2 + 1) \cdot \text{A tang.} i' - i'] ;$$

lorsque le grand axe est l'axe de révolution,

$$\frac{\pi p \mathrm{D}}{i i'^3} \left(\log. \frac{1 + i'}{1 - i'} - 2 i'\right),$$

$$\frac{\pi n \mathrm{D}}{i'^3} \left(\frac{i'^2 - 1}{2} \log. \frac{1 + i'}{1 - i'} + i'\right),$$

$$\frac{\pi m \mathrm{D}}{i'^3} \left(\frac{i'^2 - 1}{2} \log. \frac{1 + i'}{1 - i'} + i'\right).$$

(172). Si p est égal au demi-axe de révolution, et n ou m au demi-diametre de l'équateur, la premiere des trois formules donne l'attraction du sphéroïde sur un point placé à l'un des pôles, et l'une des deux autres l'attraction du même sphéroïde sur un point placé sous l'équateur. Ces résultats sont très conformes à ce qu'a trouvé Maclaurin dans les propositions 2 et 3 de la piece sur le flux et reflux de la mer, qui a partagé le prix de l'académie royale des sciences en 1740. Il faut encore remarquer que les trois forces sont respectivement proportionnelles aux lignes p, n, m ; et comme ces lignes expriment les distances du point attiré aux trois plans BAD, CAD, BAC, il en faut conclure que l'attraction du solide sur un de ses points, parallèlement à l'un des axes, est proportionnelle à la distance de ce point au plan qui passe par les deux autres axes, et qu'ainsi tous les points placés dans un plan parallele à l'un des trois dont nous venons de parler seront attirés perpendiculairement à celui-ci par des forces égales.

(173). Nous passons au cas où le point G se trouve hors du corps; et pour ne point nous jetter dans des calculs trop compliqués (voyez *les mémoires de l'académie royale des sciences pour l'année* 1782, et le tome X *des savants étrangers*), nous le supposons dans l'axe AC; ce qui rendra m et n nuls. Alors on tire de l'équation de l'ellipsoïde

$$r2 - r1 = - \frac{2\sqrt{[h - (h - ih + ip^2)\cos.\theta^2]}}{1 + (i-1)\cos.\theta^2};$$

et comme cette valeur ne renferme point n, on pourra donner aux formules Z, Y, X, les formes suivantes:

$$D \int (r2 - r1)\, n \sin.\theta \cos.\theta,$$
$$- D \int (r2 - r1) \cos.n \cos.\theta^2 d\theta,$$
$$D \int (r2 - r1) \sin.n \cos.\theta^2 d\theta.$$

L'équation $r2 - r1 = 0$ ne renfermant pas n, cet angle doit s'étendre depuis 0 jusqu'à 180°; les deux dernieres formules sont donc nécessairement nulles, comme cela doit être, puisque les attractions perpendiculaires à l'axe de rotation se détruisent mutuellement. La premiere devient $\frac{\pi D}{2} \int (r2 - r1) \sin.\theta \cos.\theta d\theta$, que nous intégrerons en supposant $\sqrt{[h - (h - ih + ip^2)\cos.\theta^2]} = t$. Or si l'on fait $\frac{1-i}{i} = i'^2$, ou $\frac{i-1}{i} = i'^2$, selon que i sera moindre ou plus grand que 1, on aura

$$- \frac{\pi D}{i p^2} \cdot \frac{t^2 dt}{1 + \frac{i'^2}{p^2} t^2}, \text{ qui a pour intégrale}$$

$$\frac{\pi p D}{i i'^3} \left(A \tang. \frac{i' t}{p} - A \tang. \frac{i' h^{\frac{1}{2}}}{p} - \frac{i' t}{p} + \frac{i' h^{\frac{1}{2}}}{p} \right), \text{ ou}$$

$$- \frac{\pi D}{i p^2} \frac{t^2 dt}{1 - \frac{i'^2}{p^2} t^2}, \text{ qui a pour intégrale}$$

$$\frac{\pi p D}{2 i i'^3} \left(\frac{2 i' t}{p} - \frac{2 i' h^{\frac{1}{2}}}{p} - \log. \frac{1 + \frac{i' t}{p}}{1 - \frac{i' t}{p}} + \log. \frac{1 + \frac{i' h^{\frac{1}{2}}}{p}}{1 - \frac{i' h^{\frac{1}{2}}}{p}} \right);$$

ces intégrales étant prises de maniere qu'elles soient nulles lorsque $\theta = 90°$, ou lorsque $t = h^{\frac{1}{2}}$.

(174). Pour leur donner toute l'étendue dont elles sont susceptibles, il faudra mettre successivement pour t ce qu'il devient lorsque
$\theta = \theta_1$, et lorsque $\theta = \theta_2$, et prendre ensuite la somme des deux
quantités qu'on trouvera. Mais on tire de l'équation $r_2 - r_1 = 0$,

$$\cos. \theta = \pm \frac{\sqrt{h}}{\sqrt{(h - ih + ip^2)}} ;$$

ainsi t est nul soit que l'on mette pour θ, θ_1, ou θ_2, et les intégrales
completes sont

$$\frac{2\pi p \mathrm{D}}{i\,i'^3} \left(\frac{i'h^{\frac{1}{2}}}{p} - \mathrm{A\ tang.} \frac{i'h^{\frac{1}{2}}}{p} \right),$$

$$\frac{\pi p \mathrm{D}}{i\,i'^3} \left(\log. \frac{1 + \dfrac{i'h^{\frac{1}{2}}}{p}}{1 - \dfrac{i'h^{\frac{1}{2}}}{p}} - \frac{2\,i'h^{\frac{1}{2}}}{p} \right):$$

on fera usage de la premiere lorsque le petit axe sera l'axe de révolution, et de l'autre lorsque l'axe de révolution sera le grand axe. Si
le solide est une sphere, $i = 1$, et $i' = 0$. Supposons i' infiniment
petit (C. I. pag. 250); à cause de

$$\mathrm{A\ tang.} \frac{i'h^{\frac{1}{2}}}{p} = \frac{i'h^{\frac{1}{2}}}{p} - \frac{i'^3 h^{\frac{3}{2}}}{3p^3} + \frac{i'^5 h^{\frac{5}{2}}}{5p^5} - \mathrm{etc.}$$

$$\log. \frac{1 + \dfrac{i'h^{\frac{1}{2}}}{p}}{1 - \dfrac{i'h^{\frac{1}{2}}}{p}} = \frac{2\,i'h^{\frac{1}{2}}}{p} + \frac{2}{3}\frac{i'^3 h^{\frac{3}{2}}}{p^3} + \frac{2}{5}\frac{i'^5 h^{\frac{5}{2}}}{p^5} + \mathrm{etc.}$$

les deux formules donneront également pour la force attractive de la
sphere $\frac{2\pi \mathrm{D}}{3p^2} h^{\frac{3}{2}}$, comme nous l'avons trouvée n° 10.

(175). Si le corps est une masse fluide, il doit y avoir des conditions pour qu'elle demeure en équilibre en vertu de l'action mutuelle
des parties qui la composent. Un corps solide restera en équilibre
tant qu'il ne sera sollicité que par deux forces égales qui aient des
directions opposées et dans la même ligne droite. Il n'en sera pas de
même d'une masse fluide ; elle ne pourra demeurer en équilibre que
tous les points de sa surface ne soient sollicités par des forces égales
et perpendiculaires à cette surface. En sorte que si vous représentez
par $a^2 p$ la pression sur une partie a^2 de la surface d'une masse fluide
en équilibre, vous pourrez représenter par $h^2 p$ la pression sur une
autre partie h^2 de cette surface ; et si, ayant fait à un vase entièrement rempli par ce fluide une petite ouverture, l'on presse en cet
endroit la surface du fluide, la pression se répandra également en

tous sens, et dans toutes les parties du fluide, de maniere que tous les points du vase seront pressés, suivant des perpendiculaires à sa surface, avec des forces égales à celle qu'on a appliquée à la petite ouverture. C'est sur ces faits bien constatés qu'on a fondé toute la théorie des fluides.

(176). Imaginons en Z (*fig. XIII*) une particule de la masse fluide, dont nous déterminerons la position dans l'espace, en la rapportant à trois axes perpendiculaires entre eux, AD; AB, AC, au moyen des trois co-ordonnées AP, x, PM, y, MZ, z. Nommons aussi P, Q, R, les forces qui agissent sur cette particule parallèlement à ces trois axes; c'est-à-dire que D étant la densité du fluide, et $dx\,dy\,dz$ le volume de la particule, on a

$$\mathrm{DP}\,dx\,dy\,dz, \quad \mathrm{DQ}\,dx\,dy\,dz, \quad \mathrm{DR}\,dx\,dy\,dz,$$

pour les forces motrices, suivant AP, PM, MZ. Maintenant la pression, que nous appellerons Π, étant une fonction de x, y, z, si on représente sa différentielle par $\frac{d\Pi}{dx}\,dx + \frac{d\Pi}{dy}\,dy + \frac{d\Pi}{dz}\,dz$; quelle que soit la pression sur la face ZXxz du petit parallélipipede fluide, la pression sur la face opposée UYyu la surpassera de $\frac{d\Pi}{dx}\,dx \cdot dy dz$; de même la pression sur la face XYyx surpassera celle sur la face opposée ZUuz de $\frac{d\Pi}{dy}\,dy \cdot dx dz$; et la pression sur Z$xyu$ surpassera la pression sur ZXYU de $\frac{d\Pi}{dz}\,dz \cdot dx dy$: et comme, pour l'équilibre, il faut que chacune des pressions excédentes soit égale à celle des trois forces motrices qui agit dans sa direction, on aura nécessairement

$$\frac{d\Pi}{dx}\,dx\,dy\,dz = \mathrm{DP}\,dx\,dy\,dz,$$

$$\frac{d\Pi}{dy}\,dx\,dy\,dz = \mathrm{DQ}\,dx\,dy\,dz,$$

$$\frac{d\Pi}{dz}\,dx\,dy\,dz = \mathrm{DR}\,dx\,dy\,dz,$$

et par conséquent

$$\frac{d\Pi}{dx} = \mathrm{DP}, \quad \frac{d\Pi}{dy} = \mathrm{DQ}, \quad \frac{d\Pi}{dz} = \mathrm{DR},$$

d'où il sera facile de tirer

$$d\Pi = \mathrm{D}\,(\mathrm{P}dx + \mathrm{Q}dy + \mathrm{R}dz).$$

Les conditions pour que la masse fluide puisse demeurer en équilibre seront donc renfermées dans les trois équations (C. I. pag. 88)

$$\frac{d.\mathrm{DP}}{dy} = \frac{d.\mathrm{DQ}}{dx}, \quad \frac{d.\mathrm{DP}}{dz} = \frac{d.\mathrm{DR}}{dx}, \quad \frac{d.\mathrm{DQ}}{dz} = \frac{d.\mathrm{DR}}{dy};$$

où nous remarquerons, relativement à D, que cette quantité est constante lorsque le fluide est incompressible et par-tout de même densité ; qu'elle dépend de x, y, z, lorsque, le fluide étant incompressible, la masse est composée de couches différemment denses ; qu'elle est fonction de x, y, z, Π, lorsque le fluide est compressible.

(177). Il n'y aura pas d'équilibre sans que ces conditions aient lieu ; mais les conditions pourront avoir lieu, et le fluide n'être pas en équilibre. Supposons, par exemple, que la masse fluide soit sollicitée par des forces toutes dans le plan BAD, et que je puis réduire à deux, V et W, dont l'une agit dans la direction de MA, et l'autre perpendiculairement à cette direction. En nommant AM, r, l'angle MAP, φ ; on aura (n° 25)

$$- \mathrm{P} = \mathrm{V} \cos.\varphi + \mathrm{W} \sin.\varphi, \quad \mathrm{Q} = \mathrm{V} \sin.\varphi - \mathrm{W} \cos.\varphi,$$

$$\text{et } \mathrm{D} (\mathrm{P}dx + \mathrm{Q}dy) = - \mathrm{D} (\mathrm{V}dr - \mathrm{W}rd\varphi).$$

Si, pour simplifier encore davantage, on fait $\mathrm{D} = 1$, $\mathrm{V} = \mathrm{F'} : r$, et $\mathrm{W} = \frac{a}{r}$, on aura $- dr \mathrm{F'} : r + ad\varphi$, qui a pour intégrale $- \mathrm{F} : r + a\varphi$. A cause de l'arc de cercle, cette intégrale, à chaque retour des variables, augmente de la circonférence ; ce qui indique un canal de forme ovale où il doit y avoir un courant perpétuel, et où, par conséquent, le fluide ne peut pas être en équilibre. Il ne suffit donc pas, pour qu'il y ait équilibre, que $\mathrm{D} (\mathrm{V}dr - \mathrm{W}rd\varphi)$ soit une différentielle exacte ; il faut de plus que l'intégrale de $\mathrm{DW}rd\varphi$, prise, par rapport à φ, de manière à devenir nulle lorsque $\varphi = 0$, puisse encore le devenir lorsque φ sera augmenté d'autant de fois la circonférence qu'on voudra.

(178). Avec les trois équations de l'avant-dernier numéro, je puis éliminer D, et avoir entre P, Q, R, l'équation (C. I. pag. 291)

$$\mathrm{R} \frac{d\mathrm{P}}{dy} - \mathrm{P} \frac{d\mathrm{R}}{dy} + \mathrm{Q} \frac{d\mathrm{R}}{dx} - \mathrm{R} \frac{d\mathrm{Q}}{dx} + \mathrm{P} \frac{d\mathrm{Q}}{dz} - \mathrm{Q} \frac{d\mathrm{P}}{dz} = 0.$$

Ainsi l'état d'équilibre exige que $\mathrm{P}dx + \mathrm{Q}dy + \mathrm{R}dz$ soit une différentielle exacte, ou susceptible de le devenir, par la multiplication d'un facteur. Nommons μ ce facteur, et supposons $\mu (\mathrm{P}dx +$

$Q\,dy + R\,dz) = d\,s$; nous aurons $d\Pi = \dfrac{D\,ds}{\mu}$; équation qui renferme toute la théorie de l'équilibre des fluides, et dans laquelle, si l'on fait $D = 1$, on a aussi $\mu = 1$. Elle sera possible toutes les fois que $\dfrac{D}{\mu}$ ne sera fonction que de s et Π. Le cas le plus simple est celui où $\dfrac{D}{\mu}$ seroit fonction de s, ou bien s fonction de dimension nulle de D et μ. Lorsque D ne renfermera que Π, il faudra que $\mu = 1$, comme dans le cas où la densité seroit constante ; c'est-à-dire que la différentielle doit être alors intégrable, indépendamment de la multiplication d'un facteur. Une autre remarque qui s'en déduit aussi facilement, c'est qu'une masse fluide qui ne seroit pas en équilibre pourroit parvenir à cet état si sa densité venoit à changer convenablement. Nous allons faire quelques applications des principes que nous venons d'exposer. (Voyez la premiere partie de *la Figure de la terre*, de Clairaut ; un *Mémoire d'Euler*, parmi ceux de Berlin, pour 1755 ; et les tomes V et VI *des Opuscules mathématiques de d'Alembert*.)

(179). Nous supposerons d'abord que le fluide étant d'une densité uniforme, n'est animé d'autres forces que d'une force centrale et d'une force centrifuge dues à son mouvement autour de l'axe AD. Celle-ci sera proportionnelle à $i\,y$, i étant un nombre qu'on déterminera en observant la force centrifuge à un point connu de la masse fluide. Si de plus nous nommons la force centrale V ; P et Q les forces paralleles et perpendiculaires à l'axe AD, dans lesquelles la force centrale et la force centrifuge pourront être décomposées : nous aurons

$$P = -\,V\cos.\varphi, \quad Q = -\,V\sin.\varphi + i\,r\sin.\varphi\,;$$

et par conséquent

$$d\Pi = -\,V\,dr + i\,(r\,dr\,\sin.\varphi^2 + r^2\,d\varphi\,\sin.\varphi\,\cos.\varphi).$$

Cette équation s'intégrera facilement lorsque V ne sera fonction que de la distance r, et on aura dans ce cas

$$\Pi = \text{const.} + \frac{i\,r^2}{2}\,\sin.\varphi^2 - \int V\,dr.$$

Dans toute l'étendue d'une même couche la pression est la même ; la figure de cette couche sera donc déterminée par l'équation

$$h - \frac{i\,r^2}{2}\,\sin.\varphi^2 + \int V\,dr = 0\,;$$

et si

et si nous supposons $V = fr$, f étant un nombre qu'on déterminera en observant la force centrale à un point connu de la masse, nous aurons

$$2h + r^2(f - i\sin.\varphi^2) = 0,$$

qui devient

$$1 - \frac{ir^2}{a^2 f}\left(\frac{f}{i} - \sin.\varphi^2\right) = 0,$$

en prenant la constante arbitraire h de maniere que $\varphi = 0$ donne $r = a$. L'équation de l'ellipse, dont les deux demi-axes sont a et b, peut être mise sous cette forme :

$$\frac{b^2 - a^2}{a^2 b^2}\left(\frac{b^2}{b^2 - a^2} - \sin.\varphi^2\right) r^2 = 1;$$

en la comparant à la précédente, on en tire

$$\frac{f}{i} = \frac{b^2}{b^2 - a^2}, \text{ et } b : a :: \sqrt{f} : \sqrt{(f - i)} :$$

la masse fluide aura donc la forme d'une ellipsoïde applatie vers les pôles.

(180). Imaginons une masse fluide composée de différentes couches, chacune d'une densité uniforme. Pour exprimer cette condition, on regardera D comme étant fonction des co-ordonnées x, y, z, d'une couche quelconque, et on fera

$$\frac{dD}{dx}\,dx + \frac{dD}{dy}\,dy + \frac{dD}{dz}\,dz = 0.$$

Si on met dans cette équation pour $\frac{dD}{dy}$, $\frac{dD}{dz}$, leurs valeurs (n° 176)

$$\frac{D}{P}\frac{dQ}{dx} + \frac{Q}{P}\frac{dD}{dx} - \frac{D}{P}\frac{dP}{dy},$$

$$\frac{D}{P}\frac{dR}{dx} + \frac{R}{P}\frac{dD}{dx} - \frac{D}{P}\frac{dP}{dz},$$

on en tirera

$$\frac{1}{D}\frac{dD}{dx}(Pdx + Qdy + Rdz) + \left(\frac{dQ}{dx} - \frac{dP}{dy}\right)dy$$
$$+ \left(\frac{dR}{dx} - \frac{dP}{dz}\right)dz = 0,$$

équation de chaque couche où la densité est uniforme. Si les forces P, Q, R, ne résultent que d'une force centrifuge que la masse fluide acquiert dans son mouvement de rotation autour de l'axe AD, qui est nulle dans le sens des x, et peut être supposée égale à iy et iz dans le sens des y et des z; et de forces attractives telle que V, qui

T

est fonction seulement de r, r étant la distance du centre de cette force à la molécule fluide : on aura (n° 126)

$$P = -V \frac{dr}{dx} - V' \frac{dr'}{dx} - \text{etc.}$$

$$Q = -V \frac{dr}{dy} - V' \frac{dr'}{dy} - \text{etc.} + iy, \qquad - \text{I}$$

$$R = -V \frac{dr}{dz} - V' \frac{dr'}{dz} - \text{etc.} + iz;$$

$$\text{et } Pdx + Qdy + Rdz = -Vdr - V'dr' - \text{etc.}$$
$$+ i\,(ydy + zdz).$$

Ainsi dans ce cas la différentielle $Pdx + Qdy + Rdz$ sera exacte, c'est-à-dire qu'elle aura d'elle-même les conditions $\frac{dQ}{dx} = \frac{dP}{dy}$, $\frac{dR}{dx} = \frac{dP}{dz}$. Partant, l'équation trouvée plus haut deviendra $Pdx + Qdy + Rdz = 0$, dont le premier membre doit être une différentielle exacte ; et il est nécessaire que la résultante des forces P, Q, R, soit perpendiculaire à la couche.

En effet si, pour simplifier, on suppose un solide de révolution dont la courbe génératrice ait pour co-ordonnées x et y, on verra aisément que si $P : Q :: -dy : dx$, les forces P, Q, et leur résultante doivent faire entre elles un triangle semblable à celui qui est formé par les différentielles dy, dx, et l'élément de la courbe. Ces couches ont été nommées *couches de niveau* par M. Clairaut ; cet arrangement seroit celui des différentes parties de la terre, si elle avoit été primitivement fluide.

(181). Soit une masse fluide homogène, tournant autour d'un axe, et qui agit sur chaque partie qui la compose par une force d'attraction qui, étant décomposée suivant les co-ordonnées m, n, p, donne X, Y, Z, (n° 169). En nommant f la force centrifuge à l'équateur, e le demi-axe de révolution, e' le rayon de l'équateur ; on aura $\frac{f}{e'} \sqrt{(m^2 + n^2)}$ pour la force centrifuge au point G : et cette force, décomposée suivant m et n, donne $\frac{fm}{e'}$ et $\frac{fn}{e'}$ qu'il faudra ôter de X et Y. Il suit de ce qui précède, que la masse dont il s'agit ne pourra demeurer en équilibre sans que l'on ait

$$\left(X - \frac{fm}{e'}\right) dm + \left(Y - \frac{fn}{e'}\right) dn + Zdp = 0,$$

équation dont le premier membre doit être une différentielle exacte.

Elle a lieu en même temps que $dp = \frac{dp}{dm} dm + \frac{dp}{dn} dn$ qui est celle de la masse fluide ; partant il sera nécessaire que les équations

$$-Z \frac{dp}{dm} = X - \frac{fm}{e'}, \quad -Z \frac{dp}{dn} = Y - \frac{fn}{e'},$$

soient satisfaites. Si elles doivent l'être, en supposant que la masse prenne la figure d'une ellipsoïde, on a

$$p^2 + \frac{e^2}{e'^2} (m^2 + n^2) = e^2, \text{ d'où l'on tire}$$

$$-\frac{dp}{dm} = \frac{e^2}{e'^2} \frac{m}{p}, \quad -\frac{dp}{dn} = \frac{e^2}{e'^2} \frac{n}{p}.$$

Dans la même supposition si l'on fait $X = mK$, $Y = nK$, $Z = pH$, K et H seront (n° 171) des quantités absolument indépendantes de m, n, p. Par ces substitutions, les deux équations auxquelles il s'agit de satisfaire se réduisent à $\frac{e^2}{e'^2} H = K - \frac{f}{e'}$ où il n'entre aucune ligne qui désigne la position du point G. Il suit de là qu'une masse fluide homogene qui tourne autour d'un axe dans le temps nécessaire pour que la force centrifuge qui en résulte soit celle que demande l'équation précédente, étant parvenue à l'état d'équilibre, aura pu prendre la figure d'un sphéroïde elliptique : c'est le théorême fondamental de la piece de Maclaurin sur le flux et reflux de la mer.

(182). Lorsque le petit axe est l'axe de révolution, on peut donner à l'équation $\frac{e^2}{e'^2} H = K - \frac{f}{e'}$ la forme suivante :

$$2 (i' - A \tan i') = (i'^2 + 1) A \tan i' - i' - ai'^3,$$

ou celle-ci :

$$ai'^3 + 3 i' = (i'^2 + 3) A \tan i' :$$

c'est l'équation de tous les sphéroïdes elliptiques de révolution homogenes en équilibre dont le demi-axe est moindre que le rayon de l'équateur. On trouvera les différentes solutions dont elle est susceptible, en imaginant deux courbes qui aient pour équations

$$y = A \tan i', \text{ et } y = \frac{ai'^3 + 3 i'}{i'^2 + 3}.$$

On tire de la première $\frac{dy}{di'} = \frac{1}{1 + i'^2}$, et cette valeur de $\frac{dy}{di'}$ devient $= 1$ lorsque $i' = 0$: c'est pourquoi si nous nommons s le sinus de l'angle sous lequel cette courbe coupe son axe à l'origine, nous aurons $s = \sqrt{(1 - s^2)}$; et par conséquent l'angle dont il s'agit est de 45°.

T ij

De même si l'on se sert de la caractéristique δ pour désigner la différentielle de l'ordonnée dans l'autre courbe, on aura

$$\frac{\delta y}{di'} = \frac{ai'^4 + 3(3a-1)i'^2 + 9}{(i'^2 + 3)^2},$$

qui devient aussi $= 1$ lorsque $i' = 0$, et donne $45°$ pour l'angle sous lequel l'axe est coupé à l'origine. Lorsque i' est très petit, on peut prendre pour l'équation de la première courbe $y = i' - \frac{i'^3}{3}$; et pour celle de l'autre, $y = \frac{ai'^3}{3} + i' - \frac{i'^5}{3}$, d'où il suit que celle-ci est au dehors de la première; et comme ses ordonnées augmentent à l'infini, elle ne peut couper la première en un point sans la couper en deux. A ce second point δy sera plus grand que dy: or

$$\delta y - dy \left[= \frac{ai'^6 + 2(5a-2)i'^4 + 9ai'^2}{(i'^2+1)(i'^2+3)^2} = \right.$$
$$\left. \frac{ai'^2\left(\left(i'^2 + \frac{5a-2}{a}\right)^2 + 9 - \left(\frac{5a-2}{a}\right)^2\right)}{(i'^2+1)(i'^2+3)^2} \right]$$

étant positif, le sera, quelque incrément que prenne i'; donc, après la seconde section, la seconde courbe sera toute entiere au dehors de la premiere pour ne la plus rencontrer. On parviendroit au même résultat en supposant le demi-axe plus grand que le rayon de l'équateur; il est donc rigoureusement démontré qu'il n'y a que deux sphéroïdes elliptiques de révolution qui puissent donner l'équilibre dans le cas de l'homogénéité et de la rotation.

(183). Les attractions de deux sphéroïdes elliptiques homogenes de révolution ayant pour demi-axes e et f, pour demi-diametres de l'équateur e' et f', et pour densités D et Δ, sur un point placé à la même distance p de l'équateur dans le prolongement de leurs axes, seront entre elles

$$:: D\,ee'^2 : \Delta\,ff'^2, \text{ si } e'^2 - e^2 = f'^2 - f^2:$$

cette proposition suit évidemment de ce qui est démontré n° 174. Maclaurin a cherché (*Traité des fluxions*, n° 653) s'il n'y auroit pas quelque analogie semblable entre des sphéroïdes homogenes qui ne seroient pas des solides de révolution. Supposons avec lui des sphéroïdes elliptiques dont toutes les coupes soient des ellipses; alors dans l'équation

$$r2 - r1 = -\frac{2ee'\sqrt{[e'^2 - (e'^2 - e^2 + p^2)\cos.\theta^2]}}{e'^2 - (e'^2 - e^2)\cos.\theta^2},$$

e' ne doit plus être constant, puisque l'équateur du sphéroïde est une ellipse. Nommons b l'autre demi-axe de cette ellipse, et u un des rayons vecteurs pris du centre ; nous aurons

$$u^2 = \frac{e'^2 b^2}{b^2 + (e'^2 - b^2)\,\sin.n^2},$$

et u sera ce qu'il faut substituer à e' dans la valeur de $r_2 - r_1$. La formule Z (n° 169) deviendra

$$- 2e\mathrm{D}\iint \frac{u^2 t^2\,dt\,dn}{p^2 + (u^2 - e^2)\,t^2}, \text{ où } t^2 = 1 - \frac{u^2 - e^2 + p^2}{u^2}\cos.\theta^2,$$

qui, étant intégrée, par rapport à t, de maniere qu'elle soit nulle lorsque $t = 1$, et qu'elle s'étende depuis $t = 0$ d'une part jusqu'à $t = 0$ de l'autre, donne pour l'attraction du sphéroïde

$$4ep\mathrm{D}\int\left(\frac{\sqrt{(u^2 - e^2)}}{p} - \mathrm{A}\,\mathrm{tang.}\frac{\sqrt{(u^2 - e^2)}}{p^2}\right)\frac{u^2\,dn}{(u^2 - e^2)^{\frac{3}{2}}}.$$

La distance p restant la même, l'attraction d'un autre sphéroïde pareil pourra être exprimée par

$$4fp\Delta\int\left(\frac{\sqrt{(u'^2 - f^2)}}{p} - \mathrm{A}\,\mathrm{tang.}\frac{\sqrt{(u'^2 - f^2)}}{p}\right)\frac{u'^2\,dn}{(u'^2 - f^2)^{\frac{3}{2}}},$$

où $u'^2 = \dfrac{a^2 f'^2}{a^2 + (f'^2 - a^2)\,\sin.n'^2}$:

et il est aisé de voir que ces deux attractions sont entre elles

$$\therefore\; \mathrm{D}eu^2 dn : \Delta f u'^2 dn, \text{ si } u^2 - e^2 = u'^2 - f^2.$$

On mettra pour dn, dn', leurs valeurs en u, du, u', du' ; ce qui changera le rapport précédent en celui-ci :

$$\frac{\mathrm{D}bee'u\,dn}{\sqrt{(e'^2 - u^2)}\cdot\sqrt{(u^2 - b^2)}} : \frac{\Delta aff'u'\,du'}{\sqrt{(f'^2 - u'^2)}\cdot\sqrt{(u'^2 - a^2)}},$$

ou, à cause de $u'^2 = u^2 - e^2 + f^2$, $u'\,du' = u\,du$, en cet autre,

$$\frac{\mathrm{D}bee'}{\sqrt{(e'^2 - u^2)}\cdot\sqrt{(u^2 - b^2)}} : \frac{\Delta aff'}{\sqrt{(f'^2 - f^2 + e^2 - u^2)}\cdot\sqrt{(u^2 - a^2 - e^2 + f^2)}}.$$

Ce dernier rapport devient

$$\mathrm{D}bee' : \Delta aff', \text{ si } e'^2 - e^2 = f'^2 - f^2, \; e^2 - b^2 = f^2 - a^2.$$

On tire des deux équations, $e'^2 - b^2 = f'^2 - a^2$; c'est-à-dire que les équateurs des deux sphéroïdes doivent avoir même excentricité : une autre condition qui se déduit de même de l'équation $u^2 - e^2 = u'^2 - f^2$, c'est que chaque méridien d'un des deux sphéroïdes a son correspondant dans l'autre qui a même excentricité que lui. Quant à l'intégration définitive des formules, on n'a pu y parvenir jusqu'à présent que par approximation; nous allons considérer le problème des attractions sous ce point de vue.

(184). Si le sphéroïde de révolution est très peu différent de la sphere, i' sera une quantité très petite, et on pourra prendre

$$A \, \text{tang.} \, i' = i' - \frac{i'^3}{3} + \frac{i'^5}{5} - \frac{i'^7}{7} + \text{etc.}$$

$$\log. \frac{1 + i'}{1 - i'} = 2 \left(i' + \frac{i'^3}{3} + \frac{i'^5}{5} + \frac{i'^7}{7} + \text{etc.} \right)$$

d'où il sera facile de tirer

$$\frac{A \, \text{tang.} \, i' - i'}{i'^3} = -\frac{1}{3} + \frac{i'^2}{5} - \frac{i'^4}{7} + \text{etc.}$$

$$\frac{(i'^2 + 1) \, A \, \text{tang.} \, i' - i'}{i'^3} = 2 \left(\frac{1}{3} - \frac{i'^2}{15} + \frac{i'^4}{35} - \text{etc.} \right)$$

$$\frac{\log. \frac{1 + i'}{1 - i'} - 2 \, i'}{i'^3} = 2 \left(\frac{1}{3} + \frac{i'^2}{5} + \frac{i'^4}{7} + \text{etc.} \right)$$

$$\frac{(i'^2 - 1) \, \log. \frac{1 + i'}{1 - i'} + 2 \, i'}{2 \, i'^3} = 2 \left(\frac{1}{3} + \frac{i'^2}{15} + \frac{i'^4}{35} + \text{etc.} \right)$$

Cela posé, nommons le demi-petit axe e, le demi-grand axe $e (1 + \alpha)$, l'*ellipticité* α étant une quantité très petite; nous aurons, lorsque le petit axe sera celui de révolution,

$$\frac{1}{i} = 1 + 2 \alpha + \alpha^2, \; i'^2 = 2 \alpha - \alpha^2,$$

et pour l'attraction du sphéroïde sur un corpuscule placé au pôle,

$$(a\,1) \cdots \frac{2 \pi e D}{3} \left(1 + \frac{4 \alpha}{5} - \frac{2 \alpha^2}{7} + \frac{8 \alpha^3}{105} - \text{etc.} \right);$$

pour l'attraction du sphéroïde sur un corpuscule placé à l'équateur,

$$(a\,2) \cdots \frac{2 \pi e D}{3} \left(1 + \frac{3 \alpha}{5} - \frac{9 \alpha^2}{35} + \frac{11 \alpha^3}{105} - \text{etc.} \right)$$

Lorsque le grand axe sera celui de révolution, on aura

$$\frac{1}{i} = 1 - 2 \alpha + 3 \alpha^2 - 4 \alpha^3 + \text{etc.}$$

$$i' = 2 \alpha - 3 \alpha^2 + 4 \alpha^3 - \text{etc.}$$

et pour l'attraction du sphéroïde sur un corpuscule au pôle,

$$(b\,1) \cdots \frac{2 \pi e D}{3} \left(1 + \frac{\alpha}{5} - \frac{2 \alpha^2}{7} + \frac{22 \alpha^3}{105} - \text{etc.} \right);$$

pour l'attraction du sphéroïde sur un point placé à l'équateur,

$$(b\,2)\ldots\ldots \frac{2\pi e\mathrm{D}}{3}\left(1 + \frac{2\alpha}{5} - \frac{9\alpha^2}{35} + \frac{16\alpha^3}{105} - \text{etc.}\right)$$

Mais pour abréger, nous supposerons toujours dans la suite que c'est le petit axe qui est celui de révolution. Si un semblable sphéroïde fluide tourne autour de son axe dans le temps nécessaire pour être en équilibre, on aura (n° 181)

$$a2 - f : a1 :: 1 : 1 + \alpha, \text{ et par conséquent}$$

$$f = a2 - \frac{a1}{1+a} = \frac{2\pi e\mathrm{D}}{3}\left(\frac{4\alpha}{5} - \frac{6\alpha^2}{35} - \frac{2\alpha^3}{35} + \text{etc.}\right)$$

Donc $\dfrac{f}{a2-f}$ (que nous nommerons $\mathfrak{E}$ pour abréger)

$$= \frac{4\alpha}{5} - \frac{2\alpha^2}{5\,.\,35} + \frac{8\alpha^3}{25\,.\,35} - \text{etc.}$$

on tire de cette derniere équation

$$a = \frac{5\mathfrak{E}}{4} + \frac{5\mathfrak{E}^2}{224} - \frac{135\mathfrak{E}^3}{6272} + \text{etc.}$$

qui donne le rapport des axes du sphéroïde. Lorsqu'il sera question de la terre, si l'on prend $\frac{f}{a2} = \frac{1}{289}$, ou $\mathfrak{E} = \frac{1}{288}$, et qu'on se contente du premier terme de la série, on trouvera $a = \frac{10}{2304}$, et, à très peu près, que le rapport des axes de la terre supposée homogene est celui de 230 : 231.

(185). Si, dans le n° 170, nous eussions d'abord intégré par rapport à θ; en faisant $\frac{e'^2}{e^2}\cdot\frac{i' - \mathrm{A\,tang.}i'}{i'^3} = \mathrm{P}$, $\frac{e'^2}{e^2}\cdot\frac{(i'^2 + 1)\,\mathrm{A\,tang\,}i' - i'}{i'^3} = \mathrm{Q}$, nous aurions trouvé

$$\mathrm{Z} = 4\pi p\mathrm{D}\int\mathrm{P}\,d\eta, \quad \mathrm{Y} = 4n\mathrm{D}\frac{e^2}{e'^2}\int\mathrm{Q}\,\sin.\eta^2\,d\eta,$$

$$\mathrm{X} = 4m\mathrm{D}\frac{e^2}{e'^2}\int\mathrm{Q}\,\cos.\eta^2\,d\eta.$$

Dans le cas où le sphéroïde elliptique ne seroit pas un solide de révolution, avant d'achever les intégrations indiquées, il faudroit substituer à $\frac{e^2}{e'^2}$, que nous ferons $= v$, $v + \mu\,\sin.\eta^2$, μ étant égal à $\frac{e'^2 - b^2}{b^2}\,v$: et comme par cette substitution P et Q deviendroient

$$\mathrm{P} + \frac{d\mathrm{P}}{dv}\mu\,\sin.\eta^2 + \frac{d^2\mathrm{P}}{2\,dv^2}(\mu\,\sin.\eta^2)^2 + \text{etc.}$$

$$\mathrm{Q} + \frac{d\mathrm{Q}}{dv}\mu\,\sin.\eta^2 + \frac{d^2\mathrm{Q}}{2\,dv^2}(\mu\,\sin.\eta^2)^2 + \text{etc.}$$

si le sphéroïde différoit peu d'un solide de révolution ; on auroit, à cause de

$$\int d\mathfrak{n} = \frac{\pi}{2}, \quad \int d\mathfrak{n} \sin.\mathfrak{n}^2 = \frac{\pi}{4};$$
$$\int d\mathfrak{n} \sin.\mathfrak{n}^4 = \frac{3\pi}{4.4}, \quad \int d\mathfrak{n} \sin.\mathfrak{n}^6 = \frac{3.5.\pi}{4.4.6}, \text{ etc.}$$

ces intégrales étant prises depuis $\mathfrak{n} = 0$ jusqu'à $\mathfrak{n} = 180$; on auroit, dis-je,

$$Z = 2\pi p D \left[P + \frac{\mu}{2} \frac{dP}{d\gamma} + \frac{3\mu^2}{4.4} \frac{d^2P}{d\gamma^2} + \text{etc.} \right]$$
$$Y = \pi n D \frac{e^2}{b^2} \left[Q + \frac{3\mu}{4} \frac{dQ}{d\gamma} + \frac{3.5\mu^2}{2.4.6} \frac{d^2Q}{d\gamma^2} + \text{etc.} \right]$$
$$X = \pi m D \frac{e^2}{e'^2} \left[Q + \frac{\mu}{4} \frac{dQ}{d\gamma} + \frac{3\mu^2}{2.4.6} \frac{d^2Q}{d\gamma^2} + \text{etc.} \right]$$

Ajoutons qu'il est assez peu différent de la sphere pour pouvoir négliger la seconde puissance de i'^2; alors (n° 184)

$$P = \frac{8}{15\gamma} - \frac{1}{5\gamma^2}, \quad Q = \frac{4}{5\gamma} - \frac{2}{15\gamma^2};$$

ou, faisant $\frac{e'^2 - e^2}{2e'^2} = h, \frac{b^2 - e^2}{2b^2} = i$, d'où l'on tire $\gamma = 1 - 2h, \frac{1}{\gamma} = 1 + 2h, \mu = 2(h - i)$, on peut prendre

$$P = \tfrac{1}{3}\left(1 + \frac{4h}{5}\right), \quad Q = \tfrac{2}{3}\left(1 + \frac{8h}{5}\right),$$
$$\frac{dP}{d\gamma} = -\tfrac{1}{2}\frac{dP}{dh} = -\frac{2}{15}, \quad \frac{dQ}{d\gamma} = -\tfrac{1}{2}\frac{dQ}{dh} = -\frac{8}{15};$$

et par conséquent

$$Z = \frac{2\pi p D}{3} \left[1 + \tfrac{2}{5}(h + i) \right],$$
$$Y = \frac{2\pi n D}{3} \left[1 + \tfrac{2}{5}(h - 2i) \right],$$
$$X = \frac{2\pi m D}{3} \left[1 + \tfrac{2}{5}(i - 2h) \right].$$

(186). Nous supposerons que le sphéroïde se meut autour d'un corps dont nous représenterons la masse par M'; et, faisant abstraction de toutes les inégalités quelconques, que les centres de ces corps demeurent dans le même plan à la distance a; que l'équateur du sphéroïde reste aussi perpendiculaire à ce plan. La particule dont la position, par rapport au plan dont il s'agit, et à l'axe a, est déterminée par les co-ordonnées m, n, p, est éloignée du corps M' de $\sqrt{[(a + m)^2 + n^2 + p^2]}$, et de $\sqrt{[(a + m)^2 + n^2]}$ d'un axe perpendiculaire au même plan qui passeroit par ce corps. Elle a donc autour de cet axe une force centrifuge $\sqrt{[(a + m)^2 + n^2]}$, en prenant

prenant la vîtesse angulaire pour l'unité (n° 114); et cette force, dé-composée suivant m et n, donne $a + m$ et n qu'il faudra prendre négativement. De plus M' agit sur la particule avec la force

$$\frac{M'}{(a+m)^2 + n^2 + p^2},$$ qui, étant décomposée suivant m, n, p, donne

$$\frac{M'(a+m)}{[(a+m)^2 + n^2 + p^2]^{\frac{1}{2}}}, \quad \frac{-M'n}{[(a+m)^2 + n^2 + p^2]^{\frac{1}{2}}}, \quad \frac{M'p}{[(a+m)^2 + n^2 + p^2]^{\frac{1}{2}}},$$

ou simplement

$$\frac{M'(a+m)}{a^3}\left(1 - \frac{3m}{a}\right), \quad \frac{M'n}{a^3}, \quad \frac{M'p}{a^3},$$

puisque m, n, p, peuvent être regardées comme très petites par rapport à a. Ainsi la particule est encore soumise aux trois forces

$$\frac{M'(a+m)}{a^3}\left(1 - \frac{3m}{a}\right) - a - m, \quad \frac{M'n}{a^3} - n, \quad \frac{M'p}{a^3}:$$

et comme elles sont nulles au centre du sphéroïde, où m, n, p, sont nulles, on doit avoir $M' = a^3$, qui, étant substitué dans les expressions précédentes, les réduit à

$$- 3m \text{ suivant } m, \quad 0 \text{ suivant } n, \quad \text{et } p \text{ suivant } p.$$

Il suit de là que les forces qui agissent sur la particule suivant m, n, p, sont

$$X = \frac{2\pi m D}{3}\left[1 + \tfrac{2}{5}(i - 2h)\right] - 3m,$$

$$Y = \frac{2\pi n D}{3}\left[1 + \tfrac{2}{5}(h - 2i)\right],$$

$$Z = \frac{2\pi p D}{3}\left[1 + \tfrac{2}{5}(h + i)\right] + p.$$

(187). Il faut, pour l'équilibre (n° 180), que $X\,dm + Y\,dn + Z\,dp = 0$, équation dont le premier membre doit être une différentielle exacte, et coïncider avec la différentielle du premier membre de celle-ci : $p^2 + \frac{e^2}{b^2} n^2 + \frac{e^2}{e'^2} m^2 = e^2$; les trois forces seront donc respectivement proportionnelles à

$$\frac{m}{e'^2}, \quad \frac{n}{b^2}, \quad \frac{p}{e^2}, \quad \text{ou à } \frac{m}{e^2}(i - 2h), \quad \frac{n}{e^2}(1 - 2i), \quad \frac{p}{e^2}.$$

On tire de là que

$$\frac{2\pi D\left[1 + \tfrac{2}{5}(i - 2h)\right] - 9}{2\pi D\left[1 + \tfrac{2}{5}(h + i)\right] + 3} = 1 - 2h, \quad \frac{2\pi D\left[1 + \tfrac{2}{5}(h - 2i)\right]}{2\pi D\left[1 + \tfrac{2}{5}(h + i)\right] + 3} = 1 - 2i,$$

et négligeant les produits de deux dimensions de h et i, ces valeurs

$$h = \frac{30}{4\pi D + 15}, \quad 2i = \frac{15}{4\pi D + 15}.$$

Donc h et i sont des quantités positives, et h est plus grande que i, comme nous l'avons supposé n° 154 et suivants. Mais il reste à faire voir comment A, B, C, des mêmes numéros, et les expressions analogues des numéros précédents, sont formées de h et i.

(188). Nous avons supposé (n° 150)

$$A = \int r^2 \cos.6^2 \, dM,$$
$$B = \int (\sin.6^2 + \cos.6^2 \cos.\gamma^2) \, r^2 \, dM,$$
$$C = \int (\sin.6^2 + \cos.6^2 \sin.\gamma^2) \, r^2 \, dM,$$

et nous avons trouvé (n° 167)

$$dM = D r^2 \cos.6 \, dr \, d6 \, d\gamma;$$

intégrant donc par rapport à r, on a

$$M = \frac{D}{3} \int\int r^3 \cos.6 \, d6 \, d\gamma,$$
$$A = \frac{D}{5} \int\int r^5 \cos.6^3 \, d6 \, d\gamma,$$
$$B = \frac{D}{5} \int\int (\sin.6^2 + \cos.6^2 \cos.\gamma^2) \, r^5 \cos.6 \, d6 \, d\gamma,$$
$$C = \frac{D}{5} \int\int (\sin.6^2 + \cos.6^2 \sin.\gamma^2) \, r^5 \cos.6 \, d6 \, d\gamma.$$

Si le sphéroïde elliptique étoit de révolution, il auroit pour équation

$$r^2 (\sin.6^2 + v \cos.6^2) = e^2,$$

d'où l'on tireroit, en négligeant la seconde puissance de $v - 1$,

$$r = e (1 + \tfrac{1-v}{2} \cos.6^2).$$

On mettra $v + \mu \sin.\gamma^2$ pour v (n° 185), et il viendra

$$r = e \left[1 + (h \cos.\gamma^2 + i \sin.\gamma^2) \cdot \cos.6^2\right];$$

partant $\quad r^3 = e^3 \left[1 + (h \cos.\gamma^2 + i \sin.\gamma^2) \cdot 3\cos.6^2\right],$
$$r^5 = e^5 \left[1 + (h \cos.\gamma^2 + i \sin.\gamma^2) \cdot 5\cos.6^2\right].$$

Ayant mis ces valeurs dans les formules précédentes, et ayant intégré par rapport à γ, on mettra π au lieu de γ, et on effacera les termes qui renfermeront $\sin.\gamma$ et $\cos.\gamma$; on trouvera de cette maniere

$$M = \frac{D\pi e^3}{3} \int \left[1 + \tfrac{3}{2} (h + i) \cos.6^2\right] \cos.6 \, d6,$$
$$A = \frac{D\pi e^5}{5} \int \left[1 + \tfrac{5}{2} (h + i) \cos.6^2\right] \cos.6^3 \, d6,$$

$$B = \frac{D\pi c^{5}}{5} \int \left[\left(1 + \frac{5}{2}(h+i)\cos.\zeta^{2}\right)\sin.\zeta^{2} + \left(1 + \frac{5}{4}(3h+i)\right.\right.$$
$$\left.\left.\cos.\zeta^{2}\right)\frac{\cos.\zeta^{2}}{2}\right]\cos.\zeta\, d\zeta,$$

$$C = \frac{D\pi c^{5}}{5} \int \left[\left(1 + \frac{5}{2}(h+i)\cos.\zeta^{2}\right)\sin.\zeta^{2} + \left(1 + \frac{5}{4}(3i+h)\right.\right.$$
$$\left.\left.\cos.\zeta^{2}\right)\frac{\cos.\zeta^{2}}{2}\right]\cos.\zeta\, d\zeta.$$

On intégrera ensuite par rapport à ζ, et ayant mis l'unité pour sin. ζ, on prendra le double du résultat ; ce qui donnera

$$M = \frac{2 D\pi c^{3}}{3}(1 + h + i),$$
$$A = \frac{4 D\pi e^{5}}{15}[1 + 2(h+i)],$$
$$B = \frac{4 D\pi e^{5}}{15}(1 + 2h + i),$$
$$C = \frac{4 D\pi c^{5}}{15}(1 + h + 2i).$$

On en tirera aisément les valeurs des mêmes quantités que nous avons employées n° 156

(189). Nous avons supposé (n° 134)

$$\int r^{2}\cos.\zeta^{2} d\,M = A, \quad \int r^{2}\sin.\zeta^{2} d\,M = B,$$
$$\int r^{2}\cos.\zeta^{2}\cos.2\gamma\, d\,M = E, \quad \int r^{2}\cos.\zeta^{2}\sin.2\gamma\, d\,M = F:$$

or
$$A = \frac{4 D\pi e^{5}}{15}[1 + 2(h+i)],$$
$$B = \frac{2 D\pi e^{5}}{15}(1 + h + i);$$

partant $A - 2B = \frac{4 D\pi e^{5}}{15}(h + i).$

A cause de sin.$2\gamma = 2\sin.\gamma\cos.\gamma$, ayant intégré, par rapport à γ, pour trouver F, on verra que tous les termes sont multipliés par sin.γ; on en conclura que $F = 0$. Quant à E, on a d'abord

$$E = \frac{D\pi e^{5}}{4}(h - i)\int\cos.\zeta^{5} d\zeta;$$

et intégrant ensuite par rapport à ζ, avec la condition de faire sin.$\zeta = 1$, et de prendre le double du résultat, on en tire

$$E = \frac{4 D\pi e^{5}}{15}(h - i).$$

Donc E, F, et $A - 2B$, ne peuvent être que des quantités très petites, relativement à A et B, comme la théorie dont il s'agit ici l'exige (n° 137). Jusqu'ici nous avons regardé le sphéroïde comme étant homogene ; s'il ne l'étoit pas, qu'en résulteroit-il ? C'est ce que nous nous proposons d'examiner dans les numéros qui suivent.

(190). Nous imaginerons qu'il est composé de couches dont les densités et les ellipticités varient comme les distances au centre, et nous chercherons l'attraction qu'exerce une des couches, supposée homogene, sur une particule du sphéroïde. Le problême qu'il faudra résoudre d'abord, sera de déterminer l'attraction d'un sphéroïde homogene sur un point placé hors de lui. L'attraction d'un sphéroïde elliptique de révolution, très peu différent de la sphere, sur un corpuscule placé dans l'axe à la distance p du centre, sera exprimée par la série (n° 174)

$$\frac{2\pi c^3 D}{p^2}\left(\frac{1 + 2\alpha + \alpha^2}{3} - \frac{e^2}{p^2}\cdot\frac{2\alpha + 5\alpha^2 + 4\alpha^3}{5} + \frac{4 e^4}{p^4}\cdot\frac{\alpha^2 + 3\alpha^3}{7} - \frac{8 e^6}{p^6}\frac{\alpha^3}{9} + \text{etc.}\right)$$

ou par $\frac{2\pi e^3 D}{3 p^2}\left[1 + 2\alpha\left(1 - \frac{3}{5}\frac{e^2}{p^2}\right)\right]$,

si l'ellipticité α (n° 184) est assez petite pour qu'on en puisse négliger la seconde puissance. Il suit de là que l'attraction qu'exerce une des couches supposée homogene, dont le demi petit axe $= r$, l'ellipticité $= \rho$, la densité $= R$, sur un corpuscule placé dans l'axe à la distance p du centre, sera exprimée par

$$\frac{2\pi}{3 p^2}\left[R r^3 + 2\rho\left(R r^3 - \frac{3}{5}\frac{R r^5}{p^2}\right)\right].$$

Ainsi tout sphéroïde elliptique de révolution, très peu différent de la sphere, et qui est composé de couches dont les densités et les ellipticités sont fonctions des distances au centre, attire un corpuscule placé dans l'axe à la distance p de ce centre, avec la force

$$\frac{2\pi}{3 p^2}\left(\int R d\cdot r^3 + 2\int R d\cdot \rho r^3\right) - \frac{4\pi}{5 p^4}\int R d\cdot \rho r^5 ;$$

bien entendu qu'ayant effectué les intégrations indiquées, on mettra pour r, ρ et R, leurs valeurs e, α et D.

(191). Si le sphéroïde est elliptique sans être de révolution, on aura à intégrer (n° 183)

$$\left(\frac{\sqrt{(u^2 - e^2)}}{p} - A \tan\mskip-6mu g.\ \frac{\sqrt{(u^2 - e^2)}}{p}\right)\frac{u^2 d u}{(u^2 - e^2)^{\frac{3}{2}}},$$

où $u^2 = \frac{c'^2 b^2}{b^2 + (c'^2 - b^2)\sin.u^2}$:

et si on peut supposer qu'il differe très peu d'un sphéroïde de révolution, ayant fait $\frac{e^2}{e'^2} = v$, et $\frac{e'^2 - b^2}{b^2} v = \mu$, on cherchera ce que devient la fonction

$$(U)\cdots\cdots \left(\frac{e\sqrt{(1-v)}}{p\sqrt{v}} - A \text{ tang.}\frac{e\sqrt{(1-v)}}{p\sqrt{v}}\right)\frac{\sqrt{v}}{e(1-v)^{\frac{3}{2}}},$$

lorsqu'on y met $v + \mu \sin.n^2$ au lieu de v. Par cette substitution, elle est changée en celle-ci:

$$U + \mu \sin.n^2 \frac{dU}{dv} + (\mu \sin.n^2)^2 \frac{d^2U}{2\,dv^2} + (\mu \sin.n^2)^3 \frac{d^3U}{2.3\,dv^3} + \text{etc.}$$

qu'il faudra multiplier par dn, et intégrer ensuite. Ainsi la force attractive qu'il s'agissoit de trouver est égale à

$$2\pi\,ep\,D \left(U + \frac{\mu}{2}\frac{dU}{dv} + \frac{3\mu^2}{4.4}\frac{d^2U}{dv^2} + \frac{5\mu^3}{4.4.6}\frac{d^3U}{dv^3} + \text{etc.}\right)$$

Dans les cas où ce même sphéroïde pourra être regardé comme très peu différent de la sphere, $\frac{1-v}{v}$ et μ seront des quantités très petites dont on négligera les secondes puissances ; et, à cause de

$$U = \frac{e^2}{p^3}\left(\frac{1}{3v} - \frac{e^2}{5p^2}\frac{1-v}{v^2}\right),$$
$$\frac{dU}{dv} = -\frac{e^2}{3p^3v^2} + \frac{e^4}{5p^5}\frac{2-v}{v^3};$$

nous aurons cette autre expression de la force attractive

$$\frac{2\pi e^3 D}{p^2}\left[\frac{1}{3v} - \frac{e^2}{5p^2}\cdot\frac{1-v}{v^2} - \frac{\mu}{2v}\left(\frac{1}{3v} - \frac{e^2}{5p^2}\cdot\frac{2-v}{v^3}\right)\right].$$

On mettra pour v et μ leurs valeurs $1 - 2h$, $2(h-i)$ (n° 185), et en négligeant les secondes puissances de h et i, on changera l'expression précédente en celle-ci :

$$\frac{2\pi D e^3}{3p^2}\left[1 + (h+i)\left(1 - \frac{3e^2}{5p^2}\right)\right].$$

Si pour une couche quelconque, supposée homogene, d'un sphéroïde elliptique qui n'est pas un solide de révolution, dont les densités et les ellipticités varient comme dans celui du n° précédent, on nomme σ la somme des ellipticités de deux méridiens perpendiculaires entre eux, dont l'un passeroit par le grand axe de l'équateur, on aura, pour l'attraction qu'elle exerce sur un point placé dans l'axe, cette quantité

$$\frac{2\pi}{3p^2}\left[Rr^3 + \sigma\left(Rr^3 - \frac{3}{5p^2}Rr^5\right)\right].$$

Il suit de là, qu'ayant effectué les intégrations indiquées dans l'expression suivante

$$\tfrac{2\pi}{3p^2}\left(\int R d\cdot r^3 + \int R d\cdot \sigma r^3\right) - \tfrac{2\pi}{5p^4}\int R d\cdot \sigma r^5,$$

si on y met e et $h + i$ au lieu de r et σ, on aura l'attraction du sphéroïde sur un corpuscule placé dans l'axe à la distance p du centre. Nous allons maintenant nous occuper de l'attraction du même sphéroïde sur un point quelconque; ce qui exige de nouvelles considérations que nous avons exposées dans les numéros suivants, où nous avons tâché de développer et de généraliser ce que M. Clairaut a dit sur cet objet dans les chapitres II et III de la seconde partie de son excellent ouvrage sur *la Figure de la terre.*

(192). Si, pour calculer plus facilement l'action du sphéroïde sur un point quelconque G (*fig. XII*), on place ce point dans l'axe AC, cet axe ne pourra plus être regardé comme donné de position; on en imaginera un autre AO qui soit tel (*fig. VIII*), et par lequel on fera passer un plan CAO. Je suppose que ce plan coupe le plan BAD dans la droite AF; et ayant abaissé une perpendiculaire ZN sur le plan OAF, et tiré la perpendiculaire NQ à l'axe AO, je nomme

l'angle OAF, λ; l'angle DAF, φ; l'angle OAZ, ζ;

l'angle NQZ, que forment entre eux les plans qui passent par l'axe AO, et les points G et Z, ω; la distance AZ $[= \sqrt{(x^2 + y^2 + z^2)}]\, \delta$.

Cela posé, les triangles rectangles ZNQ, AQZ, donnent

$$\text{tang.}\,\omega = \tfrac{\text{NZ}}{\text{QN}}, \quad \cos.\zeta = \tfrac{\text{AQ}}{\delta}.$$

Mais (n° 116)

$$\text{AQ} = (x\cos.\varphi + y\sin.\varphi)\cos.\lambda + z\sin.\lambda,$$
$$\text{QN} = (x\cos.\varphi + y\sin.\varphi)\sin.\lambda - z\cos.\lambda,$$
$$\text{NZ} = y\cos.\varphi - x\sin.\varphi:$$

de plus (n° 167)

$$x = -\,r\cos.\theta\cos.\nu, \quad y = -\,r\cos.\theta\sin.\nu,$$
$$z = p - r\sin.\theta;$$

si donc on veut faire attention que ν n'est autre chose que l'angle DAM, et supposer, pour simplifier, $\nu - \varphi = \nu'$, il sera facile de voir que

$$\text{AQ} = -\,r\cos.\theta\cos.\nu'\cos.\lambda + (p - r\sin.\theta)\sin.\lambda,$$

$$QN = - r \cos.\theta \cos.\eta' \sin.\lambda - (p - r \sin.\theta) \cos.\lambda,$$
$$NZ = - r \cos.\theta \sin.\eta'.$$

On verra aussi facilement que $\delta'^2 = r^2 - 2\,pr \sin.\theta + p^2$.

(193). Si le sphéroïde est elliptique sans être un solide de révolution, il a pour équation

$$\overline{AQ}^2 + \frac{e^2}{e'^2} \overline{QN}^2 + \frac{e^2}{b^2} \overline{NZ}^2 = e, \text{ ou}$$

$$(\cos.\lambda^2 + \frac{e^2}{e'^2} \sin.\lambda^2)\, r^2 \cos.\theta^2 \cos.\eta'^2 - 2 (1 - \frac{e^2}{e'^2})\,(p - r \sin.\theta)$$
$$r \sin.\lambda \cos.\lambda \cos.\theta \cos.\eta' + (\sin.\lambda^2 + \frac{e^2}{e'^2} \cos.\lambda^2)\,(p - r \sin.\theta)^2$$
$$+ \frac{e^2}{b^2}\, r^2 \cos.\theta^2 \sin.\eta'^2 = e^2.$$

Nous introduirons, comme dans le n° 185, les quantités h et i, dont nous négligerons les secondes puissances, et nous aurons

$$\cos.\lambda^2 + \frac{e^2}{e'^2} \sin.\lambda^2 = 1 - 2\,h \sin.\lambda^2,$$
$$\sin.\lambda^2 + \frac{e^2}{e'^2} \cos.\lambda^2 = 1 - 2\,h \cos.\lambda^2,$$
$$\cos.\eta'^2 + \frac{e^2}{b^2} \sin.\eta'^2 = 1 - 2\,i \sin.\eta'^2;$$

partant l'équation du sphéroïde devient

$$r^2 [1 - 2\,((h \sin.\lambda^2 \cos.\eta'^2 + i \sin.\eta'^2)\cos.\theta^2 - 2\,h \sin.\lambda \cos.\lambda$$
$$\sin.\theta \cos.\theta \cos.\eta' + h \sin.\theta^2 \cos.\lambda^2)] - 2\,pr\,[\sin.\theta -$$
$$2\,h\,(\cos.\lambda^2 \sin.\theta - \cos.\lambda \sin.\lambda \cos.\theta \cos.\eta')] = e^2 - p^2 +$$
$$2\,hp^2 \cos.\lambda^2,$$

ou même encore

$$r^2 - 2\,pr\,[\sin.\theta + 2\,((h \sin.\lambda^2 \cos.\eta'^2 + i \sin.\eta'^2) \sin.\theta \cos.\theta^2 +$$
$$h \cos.\lambda \sin.\lambda \cos.\theta \cos.\eta'\,(1 - 2 \sin.\theta^2) - h \cos.\lambda^2 \sin.\theta \cos.\theta^2]$$
$$= e^2 - p^2 + 2\,[hp^2 \cos.\lambda^2 + (e^2 - p^2)\,((h \sin.\lambda^2 \cos.\eta'^2 +$$
$$i \sin.\eta'^2)\cos.\theta^2 - 2\,h \sin.\lambda \cos.\lambda \sin.\theta \cos.\theta \cos.\eta' + h \cos.\lambda^2$$
$$\sin.\theta^2)].$$

En résolvant l'équation du second degré, on aura (n° 168)

$$r_2 - r_1 = 2 \sqrt{(e^2 - p^2 \cos.\theta^2)} + \frac{2}{\sqrt{(e^2 - p^2 \cos.\theta^2)}} [he^2 \cos.\lambda^2 -$$
$$(e^2 + p^2 - 2\,p^2 \cos.\theta^2)\,(h \cos.\lambda^2 - h \sin.\lambda^2 \cos.\eta'^2 - i \sin.\eta'^2)$$
$$\cos.\theta^2 - 2\,h\,(e^2 - 2\,p^2 \cos.\theta^2) \cos.\lambda \sin.\lambda \sin.\theta \cos.\theta \cos.\eta'].$$

(194). Il sera facile de s'assurer que l'équation $r2 - r1 = 0$ est impossible relativement à n'; que l'équation $n'2 - n'1 = 0$ qu'on en tirera, est encore impossible relativement à θ : il faudra donc intégrer, par rapport à n', et au complément de θ, depuis 0 jusqu'à $180°$. Or si on veut se rappeler qu'en intégrant de cette manière on a

$$\int dn' = \frac{\pi}{2}, \quad \int dn' \sin. n'^2 \text{ et } \int dn' \cos. n'^2 = \frac{\pi}{4}, \quad \int dn' \sin. n'$$

nulle aussi-bien que celles-ci :

$$\int dn' \cos. n', \quad \int dn' \sin. n' \cos. n'^2, \quad \int dn' \cos. n' \sin. n'^2,$$
$$\int dn' \sin. n'^3, \quad \int dn' \cos. n'^3,$$

on verra aisément que

$$\int (r2 - r1) \, dn' = (P) \cdots \pi \sqrt{(e^2 - p^2 \cos.\theta^2)} + \frac{\pi}{\sqrt{(e^2 - p^2 \cos.\theta^2)}}$$
$$[h e^2 \cos. \lambda^2 + \left(\frac{h+i}{2} - \frac{3h}{2} \cos. \lambda^2\right) (e^2 + p^2 - 2 p^2 \cos.\theta^2) \cos. \theta^2],$$

$$\int (r2 - r1) \sin. n' \, dn' = 0;$$

$$\int (r2 - r1) \cos. n' \, dn' = (Q) \cdots - \pi h \cos. \lambda \sin. \lambda \cos. \theta \sin. \theta \cdot$$
$$\frac{e^2 - 2 p^2 \cos. \theta^2}{\sqrt{(e^2 - p^2 \cos. \theta^2)}}.$$

De plus, en faisant $e^2 - p^2 \cos. \theta^2 = t$, on trouve

$$\int P \sin.\theta \cos.\theta \, d\theta = \frac{\pi \sqrt{t}}{2 p^2} \left[\frac{2t}{3} + 2 h e^2 \cos. \lambda^2 + \left(\frac{h+i}{2} - \frac{3h}{2} \cos. \lambda^2\right)\right.$$
$$\left. \left(2 e^2 \cdot \frac{p^2 - e^2}{p^2} + \frac{2 e^2 t}{p^2} - \frac{2t}{3} - \frac{4 t^2}{5 p^2}\right)\right],$$

$$\int Q \cos. \theta^2 \, d\theta = \frac{\pi h}{p^4} \cos. \lambda \sin. \lambda (e^4 - e^2 t + \tfrac{2}{5} t^2) \sqrt{t}.$$

Ces intégrales doivent commencer au complément de $\theta = 0$, et être completes lorsque ce même complément $= 180°$: mais dans l'un et l'autre cas $t = e^2$; il faudra donc faire cette substitution dans les expressions précédentes, et prendre ensuite le double des résultats. En opérant ainsi, on aura

$$Z = \frac{2 \pi D e^3}{3 p^2} \left[1 + h + i - \frac{3 e^2}{5 p^2} (h + i - 3h \cos. \lambda^2)\right];$$

$$Y = \frac{4 \pi h}{5 p^4} D e^5 \sin. \varphi \sin. \lambda \cos. \lambda,$$

$$X = \frac{4 \pi h}{5 p^4} D e^5 \cos. \varphi \cos. \lambda \sin. \lambda,$$

(195). Substituons à X et Y deux autres forces X' et Y', dont l'une agisse

agisse suivant AF, l'autre perpendiculairement à cette ligne ; nous aurons (n° 25)

$$X' \cos.\varphi + Y' \sin.\varphi = X,$$

$$X' \sin.\varphi - Y' \cos.\varphi = Y,$$

d'où il résulte, suivant AF, une force

$$X' = \tfrac{4\pi h}{5 p^4} \, D\, e^5 \cos.\lambda \sin.\lambda.$$

Mais si, aux forces X' et Z, on en substitue deux autres qui agissent, l'une parallèlement à l'axe AO, l'autre parallèlement au diametre, qui est la commune section de l'équateur et du méridien qui passe par le point G, on aura pour ces deux forces

$$Z \sin.\lambda + X' \cos.\lambda = \tfrac{2\pi D e^3}{3 p^2} \sin.\lambda \left[1 + h + i - \tfrac{3 e^2}{5 p^2} \left(h + i - 5h \cos.\lambda^2 \right) \right],$$

$$Z \cos.\lambda^2 - X' \sin.\lambda = \tfrac{2\pi D e^3}{3 p^2} \cos.\lambda \left[1 + h + i - \tfrac{3 e^2}{5 p^2} \left(3h + i - 5h \cos.\lambda^2 \right) \right].$$

Il suit de là que, pour déterminer ces attractions lorsque le sphéroïde elliptique est composé de couches dont les densités et les ellipticités varient comme les distances au centre, on nommera r le demi-axe d'une des couches quelconques, R sa densité, ρ l'ellipticité de celui de ses méridiens dans le plan duquel se trouve le point G, σ la somme des ellipticités du méridien précédent et de celui qui lui est perpendiculaire ; et ayant désigné par A, B, E, F, ce que deviennent

$$\textstyle\int R\,d\cdot r^3, \quad \int R\,d\cdot \sigma r^3, \quad \int R\,d\cdot \sigma r^5, \quad \int R\,d\cdot \rho r^5,$$

lorsqu'on y met e, h, $h + i$, au lieu de r, ρ, σ, on aura les attractions demandées exprimées de la maniere suivante :

$$\tfrac{2\pi \sin \lambda}{3 p^2} \left[A + B - \tfrac{3}{5 p^2} \left(E - 5F \cos.\lambda^2 \right) \right],$$

$$\tfrac{2\pi \cos.\lambda}{3 p^2} \left[A + B - \tfrac{3}{5 p^2} \left(E + (2 - 5\cos.\lambda^2) F \right) \right].$$

(196). Si le point G est à la surface du sphéroïde, on abaissera de ce point sur un premier méridien, que nous supposons faire, avec celui qui passe par le point G, un angle $\mathcal{G}$, une perpendiculaire $p \cos.\lambda \sin.\mathcal{G}$; et du point où elle le rencontre, une perpendiculaire $p \cos.\lambda \cos.\mathcal{G}$ sur l'axe AO, qui sera à la distance $p \sin.\lambda$ du centre A ; et nommant H l'ellipticité du premier méridien, I l'ellipticité de celui

X

qui lui est perpendiculaire, on aura, en négligeant les produits de
deux dimensions des quantités de l'ordre des ellipticités,

$$\frac{e^2}{p^2} = 1 - 2\cos.\lambda^2\,(H - (H - I)\sin.6^2).$$

Partant, B, E, F, étant du même ordre ; au lieu des expressions
précédentes des deux attractions, on aura celles-ci :

$$\frac{2\,\pi\sin.\lambda}{3\,e^2}\,[A + B - 2A\cos.\lambda^2\,(H - (H - I)\sin.6^2) -$$
$$\frac{3}{5\,e^2}\,(E - 5F\cos.\lambda^2)]\,,$$

$$\frac{2\,\pi\cos.\lambda}{3\,e^2}\,[A + B - 2A\cos.\lambda^2\,(H - (H - I)\sin.6^2) -$$
$$\frac{3}{5\,e^2}\,(E + (2 - 5\cos.\lambda^2)\,F)]\,.$$

Nous ajouterons que le sphéroïde tourne autour de l'axe AO, et nous
nommerons δ le rapport de la force centrifuge à la pesanteur sous
l'équateur. Ainsi la force centrifuge sous l'équateur est égale au produit de la pesanteur au même lieu, multipliée par δ : et comme δ
est déja de l'ordre des ellipticités, on se contentera de prendre de
l'expression de la pesanteur sous l'équateur, où λ est nul, le terme
$\frac{2\,\pi}{3\,e^2}$ A. On aura donc la force centrifuge sous l'équateur égale à $\frac{2\,\pi\delta}{3\,e^2}$ A,
la force centrifuge au point G égale à $\frac{2\,\pi\delta}{3\,e^2}$ A cos.λ; et les deux attractions qu'exerce sur ce point le sphéroïde seront exprimées par

$$(U)\cdots\cdots\frac{2\pi\sin.\lambda}{3\,e^2}\,[A + B - 2A\cos.\lambda^2\,(H - (H - I)\sin.6^2) -$$
$$\frac{3}{5\,e^2}\,(E - 5F\cos.\lambda^2)]\,,$$

$$(V)\cdots\cdots\frac{2\pi\cos.\lambda}{3\,e^2}\,[A + B - A\delta - 2A\cos.\lambda^2\,(H - (H - I)\sin.6^2)$$
$$- \frac{3}{5\,e^2}\,(E + (2 - 5\cos.\lambda^2)\,F]\,.$$

Pour l'équilibre, la résultante de ces deux forces doit être normale
au point G : et comme, en continuant de négliger les produits de
deux dimensions des quantités de l'ordre des ellipticités, on peut
supposer que la force V agit parallèlement à la sous-normale, on aura
pour l'expression de la résultante, ou pour la pesanteur au point G,

$$(W)\cdots\cdots\frac{2\pi}{3\,e^2}\,[A + B - A\delta\cos.\lambda^2 - 2A\cos.\lambda^2\,(H - (H - I)$$
$$\sin.6^2) - \frac{3}{5\,e^2}\,(E - 3F\cos.\lambda^2)]\,.$$

Mais la sous-normale est égale à $p \cos.\lambda \left[1 - 2\left(H - (H - I)\sin.\mathcal{C}^2\right)\right]$ (C. I. p. 163); on aura donc aussi

$$U : V :: p \sin.\lambda : p \cos.\lambda \left[1 - 2\left(H - (H - I)\sin.\mathcal{C}^2\right)\right];$$

partant on aura l'équation

$$(K)\cdots \partial A + \tfrac{2\cdot3}{5\,e^2} F - 2A\left(H - (H - I)\sin.\mathcal{C}^2\right) = 0.$$

(197). La pesanteur au pôle étant ce que devient W lorsqu'on y fait $\cos.\lambda$ nul, on aura

$$\tfrac{2\pi}{e^2}\cos.\lambda^2 \left[\tfrac{A\partial}{3} + \tfrac{2}{3}A\left(H - (H - I)\sin.\mathcal{C}^2 - \tfrac{3\,F}{5\,e^2}\right)\right]$$

pour ce dont la pesanteur au pôle surpasse la pesanteur en tout autre lieu; et cette quantité sera proportionnelle au quarré du cosinus de la latitude, si $H = I$, ou si le sphéroïde est un solide de révolution. En effet, à cause de $h = H - (H - I)\sin.\mathcal{C}^2$, A et F ne seront alors que des fonctions de e et H; quant à $\cos.\lambda$, il ne diffère du cosinus de la latitude que des quantités de l'ordre de l'ellipticité H que nous pouvons négliger, puisqu'il est déja multiplié par des quantités du même ordre. Dans la même hypothese l'équation (K) devient

$$\tfrac{\partial - 2H}{3} A + \tfrac{2}{5\,e^2} F = 0,$$

qui ne renferme plus aucune quantité dépendante de la position du point G. Si le même sphéroïde est recouvert d'un fluide de densité constante que nous ferons $= 1$, le tout formant un sphéroïde ayant pour demi petit axe a, pour ellipticité K; on calculera l'attraction du sphéroïde total, et celle du noyau, comme étant l'une et l'autre de densité 1, la différence de ces deux attractions sera celle de la couche fluide. Ainsi pour trouver dans le cas présent l'équation de l'équilibre, il suffira de mettre dans celle qui précede

$$A + a^3 - e^3, \quad F + K a^5 - H e^5, \quad K, \; a, \quad \text{au lieu de A, F, H, } e;$$

par ces substitutions, on la change en celle-ci:

$$\tfrac{\partial - 2K}{3}\left(A + a^3 - e^3\right) + \tfrac{2}{5\,a^2}\left(F + K a^5 - H e^5\right) = 0,$$

de laquelle on tire

$$K = \frac{6\left(F - H e^5\right) + 5\,\partial\,a^2\left(A + a^3 - e^3\right)}{2\,a^2\left(5A + 2a^3 - 5e^5\right)}.$$

Le sphéroïde total ayant l'ellipticité qu'exige cette équation, sera

coupé en chacun de ses points, par la direction de la pesanteur, sous
un angle qui ne différera de l'angle droit que de quantités de l'ordre
du quarré des ellipticités; et par conséquent la figure de ce sphéroïde
sera, à ces quantités près, celle que doit prendre le fluide pour être
en équilibre.

(198). Ce résultat est bien conforme à ce qui est démontré par
M. Clairaut §. XXIX de la seconde partie de *la Figure de la terre*.
Mais il n'en faut pas conclure avec lui (§. XXXVII) que, dans le cas
où la couche fluide seroit assez mince pour qu'on pût prendre $a = e$,
on auroit aussi K $=$ H, ou les deux ellipticités égales. En effet lorsque
$a = e$, l'équation précédente devient

$$K = \frac{6(F - He^5) + 5\delta e^2 A}{10 e^2 A - 6 e^5},$$

qui se réduit à

$$K = \frac{6H(D - 1) + 5\delta D}{10 D - 6}$$

lorsque le noyau est homogene. Si dans celle-ci on fait H $=$ K, on
en tirera K $= \frac{5\delta}{4}$, formule où n'entre pas le rapport des densités
du fluide et du noyau, et qui ne donne que la figure d'un sphéroïde
homogene. Mais revenons au sphéroïde recouvert d'une couche fluide
de densité constante. Dans ce sphéroïde l'excès de la pesanteur au
pôle, par-dessus la pesanteur à l'équateur, est égal à

$$\frac{2\pi}{a^2} \left[\frac{\delta + 2K}{3} (A + a^3 - e^3) - \frac{3}{5} \cdot \frac{F + Ka^5 - He^5}{a^2} \right].$$

En divisant cette quantité par la pesanteur à l'équateur, ou simplement par $\frac{2\pi}{3a^2} (A + a^3 - e^3)$, on a

$$\delta + 2K - \frac{9}{5a^2} \cdot \frac{F + Ka^5 - He^5}{A + a^3 - e^3},$$

qui devient, lorsque $a = e$,

$$\delta + 2K - \frac{9}{5} \cdot \frac{F + (K - H)e^5}{e^2 A}.$$

Mais lorsque $a = e$, $\frac{F + e^5(K - H)}{5 e^2 A} = \frac{2K - \delta}{6}$; donc le rapport en
question est égal à $\frac{5}{2}\delta - K$. Si tout le sphéroïde avoit été supposé
homogene, δ seroit les $\frac{4}{5}$ de son ellipticité ; donc le quotient de la
quantité, dont la pesanteur au pôle surpasse la pesanteur à l'équateur, divisée par la pesanteur à l'équateur, est égal au double de

l'ellipticité qu'auroit le sphéroïde s'il étoit homogene, moins celle qu'il a effectivement.

(199). Nous ajouterons que le même sphéroïde est encore recouvert d'une masse fluide de densité variable, et que le point G est pris dans l'intérieur de cette masse. Alors si nous nommons b le demi-axe du sphéroïde total, h son ellipticité, t le demi-axe de la couche qui passe par le point G, σ son ellipticité, Δ sa densité, il faudra faire les substitutions convenables dans l'équation

$$\frac{\delta}{2b^3} A - \frac{2\sigma}{3t^3} A + \frac{2}{5t^5} F = 0.$$

Mais auparavant convenons de désigner par A' et B' ce que devient $\int \Delta d \cdot t^3$, lorsqu'on fait $t = b$, et lorsqu'on fait $t = a$; par F', G', ce que deviennent $\int \Delta d \cdot \sigma t^5$, $\int \Delta d \sigma$, la premiere lorsqu'on fait $t = a$ et $\sigma = K$, l'autre lorsqu'on fait $t = b$ et $\sigma = h$. Cela posé, le premier terme de l'équation ne provenant que de l'attraction sous l'équateur, il suffira d'y substituer à A,

$$A + a^3 - e^3 + A' - B';$$

dans le second terme, il faudra substituer à A, d'abord $A + a^3 - e^3$ qui provient de l'attraction du noyau et de la couche fluide de densité 1, puis $\int \Delta d \cdot t^3 - B'$ qui provient de l'attraction de la masse fluide de densité Δ terminée par la couche qui passe par le point G; pour les mêmes raisons, il faudra substituer à F,

$$F + K a^5 - H e^5 + \int \Delta d \cdot \sigma t^5 - F'.$$

Il nous reste à calculer le terme qui provient de l'attraction de l'orbe terminé du côté du centre par la couche qui passe par le point G : or, comme dans ce calcul on pourra supposer t constant, il suffira de diminuer la quantité que nous nous proposons de substituer à F de $t^5 (\int \Delta d \sigma - G')$. En faisant donc, pour abréger,

$$A - B' + a^3 - e^3 = a', \quad a' + A' = b',$$
$$F - F' + K a^5 - H e^5 = f',$$

nous aurons l'équation

$$\frac{\delta b'}{3b^3} t^5 - \frac{2}{3} \sigma t^2 (a' + \int \Delta d \cdot t^3) + \frac{2}{5} (f' + \int \Delta d \cdot \sigma t^5) +$$
$$\frac{2}{5} t^5 (G' - \int \Delta d \sigma) = 0.$$

Cette équation différentiée une premiere fois, donne

$$\frac{t\,d\sigma + 2\,\sigma\,dt}{3\,t^{3}dt}\,(a' + \int \Delta d \cdot t^{3}) + \int \Delta\,d\sigma = G' + \frac{5\,t\,b'}{6\,b^{3}}:$$

si on la différentie une seconde fois, en faisant dt constant, il en résultera l'équation du second ordre

$$\frac{t^{2}d^{2}\sigma - 6\,\sigma\,dt^{2}}{6\,t^{3}dt} + \frac{\Delta\,(t\,d\sigma + \sigma\,dt)}{a' + \int \Delta\,d \cdot t^{3}} = 0.$$

Celle-ci étant linéaire par rapport à σ, on en pourra tirer dans beaucoup de cas la valeur de σ, lorsque Δ sera donné en fonction de t. Si c'est la loi des ellipticités qui est connue, il sera toujours possible d'en conclure celle des densités.

(200). Lorsque $a' = 0$, ou lorsque le sphéroïde est une masse entièrement fluide composée de couches de différentes densités, cette équation est celle que M. Clairaut a donnée page 276 de *la Figure de la terre*. En prenant $\Delta = t^{i}$, on la réduit à

$$\frac{d^{2}\sigma}{dt^{2}} + 2\,(i + 3)\,\frac{d\sigma}{t\,dt} + 2\,i\,\frac{\sigma}{t^{2}} = 0,$$

à laquelle on satisfait en supposant $\sigma = t^{n}$, n étant donnée par l'équation du second degré

$$n^{2} + (2\,i + 5)\,n + 2\,i = 0.$$

Maintenant si l'on désigne par n' l'une des valeurs de n, savoir

$$- i - \tfrac{5}{2} + \sqrt{(i^{2} + 3\,i + \tfrac{25}{4})},$$

l'autre sera $- n' - 2\,i - 5$;

et la proposée aura pour intégrale complete

$$\sigma = \mathcal{C}\,t^{n'} + \gamma\,t^{-n'-2\,i-5},$$

$\mathcal{C}$ et γ étant les constantes arbitraires.

Mais i doit être négatif pour que les densités diminuent du centre à la surface, conformément aux loix de l'hydrostatique; donc n' est positif, et l'autre racine négative : et comme il ne peut pas entrer dans la valeur de σ de terme où t ait un exposant négatif, puisque ce terme donneroit de très grandes ellipticités pour les couches voisines du centre, ce qui seroit contraire à la supposition sur laquelle tout ce calcul est fondé ; il s'ensuit que $\sigma = \mathcal{C}\,t^{n'}$ est la seule valeur qui convienne au problème. On la substituera dans la premiere équation du n° précédent, après y avoir fait les réductions nécessaires, et on en tirera

$$\tfrac{2}{5}\,G' + \tfrac{\delta}{3\,b^3}\,A' = 0 : \text{celle-ci donne } \mathfrak{G} = -\,\frac{5\,\delta}{2\,n'}\cdot\frac{i+n'}{i+3}\,b^{-n'}.$$

Mais $\dfrac{i+n'}{n'(i+3)} = \dfrac{-1}{n'+2}$; donc $\sigma = \dfrac{5\,\delta}{2\,(n'+2)}\left(\dfrac{t}{b}\right)^{n'},$

où tout est déterminé.

Voici la conclusion que M. Clairaut en a tirée : Une masse sphérique composée de couches fluides, dont les densités diminuent du centre à la surface, comme une puissance i de la distance à ce centre, changera de figure en vertu de la rotation et des forces d'attractions mutuelles de toutes ses parties ; et étant parvenue à l'état d'équilibre, elle prendra celle d'un sphéroïde dont les couches, aux quantités près de l'ordre du quarré des ellipticités, seront des surfaces

d'ellipsoïdes ayant des ellipticités telles que $\sigma = \dfrac{5\,\delta\,t^{n'}}{2\,(n'+2)}$, le rayon de la sphere primitive étant pris pour l'unité, et n' étant égal à $-\,i - \tfrac{5}{2} + \sqrt{(i^2 + 3\,i + \tfrac{25}{4})}$, pourvu qu'à l'équateur la force centrifuge soit très petite relativement à la pesanteur.

(201). Nous pourrons encore supposer le point G dans l'axe AD; alors le plan BAD n'étant plus fixe, il faudra tout rapporter à un autre plan dont la position soit donnée. Mettons qu'il coupe le premier dans la droite AK (*fig. XIV*) ; et nommons μ la longitude du point G par rapport à lui, ou l'angle que ce plan fait avec le plan BAD ; $\mu + \omega$ la longitude du point Z ; les distances AG, p, AZ, r; les angles KAG, λ, KAZ, ζ. Nous aurons

$$MZ = R \sin.MAZ,$$
$$AM = R \cos.MAZ,$$
$$PM = R \cos.MAZ \sin.DAM,$$
$$AP = R \cos.MAZ \cos.DAM;$$

partant (n° 167),

$$r \sin.\theta = -\,R \sin.MAZ,$$
$$r \cos.\theta \sin.\eta = -\,R \cos.MAZ \sin.DAM,$$
$$p - r \cos.\theta \cos.\eta = R \cos.MAZ \cos.DAM.$$

On en tirera d'abord

$$R^2 = p^2 - 2\,p\,r \cos.\eta \cos.\theta + r^2,$$

et, résolvant l'équation du second degré,

$$r = p \cos.\eta \cos.\theta \pm \sqrt{(R^2 - p^2 + p^2 \cos.\eta^2 \cos.\theta^2)}.$$

Si le corps differe infiniment peu de la sphere, et que le point G soit à sa surface ; en nommant e le rayon de la sphere, et désignant par α une quantité très petite, on pourra prendre

$$p = e\,(1 + \alpha p_1), \quad R = e\,(1 + \alpha R_1),$$

p_1 et R_1 étant deux fonctions pareilles, l'une de λ, μ, l'autre de ζ, $\mu + \omega$. On aura

$$\frac{r}{e} = (1 + \alpha p_1)\cos.n\cos.\theta \pm \sqrt{[(1 + \alpha p_1)^2(\cos.n^2\cos.\theta^2 - 1)}$$
$$+ (1 + \alpha R_1)^2];$$

et négligeant dans le développement du radical toutes les puissances de α supérieures à la premiere,

$$\frac{r}{e} = (1 + \alpha p_1)\cos.n\cos.\theta \pm \left[(1 + \alpha p_1)\cos.n\cos.\theta - \frac{\alpha(p_1 - R_1)}{\cos.n\,\cos.\theta}\right].$$

Comme le point G est à la surface du sphéroïde, il suffira de prendre une des valeurs de r (n° 168). Or en adoptant le signe —, on a

$$\frac{r}{e} = \frac{\alpha(p_1 - R_1)}{\cos.n\,\cos.\theta};$$

ce qui demande que la distance entre les points G et Z soit toujours très petite. Cette supposition ne pouvant point être admise, on prendra

$$\frac{r}{e} = 2\,(1 + \alpha p_1)\cos.n\cos.\theta - \alpha\,\frac{p_1 - R_1}{\cos.n\,\cos.\theta}.$$

(202). Les formules du n° 169 deviendront

$$Z = eD\!\iint\!\left[2\,(1 + \alpha p_1)\cos.n\cos.\theta^2 - \frac{\alpha(p_1 - R_1)}{\cos.n}\right]\sin.\theta\,dn\,d\theta,$$

$$Y = eD\!\iint\!\left[2\,(1 + \alpha p_1)\cos.n\cos.\theta^2 - \frac{\alpha(p_1 - R_1)}{\cos.n}\right]\sin.n\cos.\theta\,dn\,d\theta,$$

$$X = eD\!\iint\!\left[2\,(1 + \alpha p_1)\cos.n\cos.\theta^2 - \frac{\alpha(p_1 - R_1)}{\cos.n}\right]\cos.n\cos.\theta\,dn\,d\theta.$$

Ces intégrales doivent être prises depuis n et le complément de θ nuls, jusqu'à ce que ces mêmes angles soient égaux à 180° : c'est pourquoi, ayant intégré par rapport à n, on effacera les termes qui seront multipliés par le sinus ou le cosinus de cet angle, et on mettra $\frac{\pi}{2}$ pour n. On trouvera de cette maniere

$$\iint\cos.n\sin.\theta\cos.\theta^2\,dn\,d\theta, \quad \iint\sin.n\cos.n\cos.\theta^3\,dn\,d\theta, \text{ nulles ;}$$

$$\text{puis } \iint\cos.\theta\,dn\,d\theta = \frac{\pi}{2}\sin.\theta,$$

car

car elle doit être nulle lorsque $\theta = 0$; on la complétera en faisant $\theta = 90°$, et en prenant le double du résultat ; ce qui donnera

$$\iint \cos.\theta \, d\varkappa \, d\theta = \pi.$$

Pour les mêmes raisons on aura

$$\iint \cos.\varkappa^2 \cos.\theta^3 \, d\varkappa \, d\theta = \frac{\pi}{3} ;$$

et, à cause de

$$\int \frac{d\varkappa}{\cos.\varkappa} = \frac{1}{2} \log. \frac{1 + \sin.\varkappa}{1 - \sin.\varkappa} , \quad \int \frac{d\varkappa \, \sin.\varkappa}{\cos.\varkappa} = - \log. \cos.\varkappa ,$$

on trouvera que celles-ci

$$\iint \frac{\sin.\theta}{\cos.\varkappa} \, d\varkappa \, d\theta, \quad \iint \frac{\sin.\varkappa \, \cos.\theta}{\cos.\varkappa} \, d\varkappa \, d\theta,$$

doivent être nulles. Ainsi puisque p_1 ne peut renfermer ni $\varkappa$ ni θ, les équations précédentes se réduiront à

$$Z = \alpha e \mathrm{D} \cdot \iint \mathrm{R}_1 \, \frac{\sin.\theta}{\cos.\varkappa} \, d\varkappa \, d\theta,$$

$$Y = \alpha e \mathrm{D} \iint \mathrm{R}_1 \, \frac{\sin.\varkappa \, \cos.\theta}{\cos.\varkappa} \, d\varkappa \, d\theta,$$

$$X = \frac{\pi e \mathrm{D}}{3} (2 - \alpha p_1) + \alpha e \mathrm{D} \iint \mathrm{R}_1 \cos.\theta \, d\varkappa \, d\theta.$$

On peut transformer

$$\iint \mathrm{R}_1 \frac{\sin.\theta}{\cos.\varkappa} \, d\varkappa \, d\theta \text{ en } - \cos.\theta \int (\mathrm{R}_1 - p_1) \frac{d\varkappa}{\cos.\varkappa} + \iint \frac{d\mathrm{R}_1}{d\theta} \frac{\cos.\theta}{\cos.\varkappa} \, d\varkappa \, d\theta,$$

$$\iint \mathrm{R}_1 \frac{\sin.\varkappa \, \cos.\theta}{\cos.\varkappa} \, d\varkappa \, d\theta \text{ en } \sin.\theta \int \mathrm{R}_1 \frac{\sin.\varkappa}{\cos.\varkappa} \, d\varkappa - \iint \frac{d\mathrm{R}_1}{d\theta} \frac{\sin.\varkappa \, \sin.\theta}{\cos.\varkappa} \, d\varkappa \, d\theta,$$

ces intégrales étant prises de maniere à devenir nulles lorsque $\theta = 0$; on les complétera en faisant $\theta = 90°$, et en prenant le double du résultat : mais alors $\mathrm{R}_1 = p_1$; ce qui rend nul le premier terme de la premiere ; le premier terme de l'autre le deviendra aussi, puisqu'il sera multiplié par $\int \frac{\sin.\varkappa}{\cos.\varkappa} \, d\varkappa$; ainsi nos deux premieres équations deviendront

$$Z = \alpha e \mathrm{D} \iint \frac{d\mathrm{R}_1}{d\theta} \frac{\cos.\theta}{\cos.\varkappa} \, d\varkappa \, d\theta,$$

$$X = - \alpha e \mathrm{D} \iint \frac{d\mathrm{R}_1}{d\theta} \frac{\sin.\varkappa \, \sin.\theta}{\cos.\varkappa} \, d\varkappa \, d\theta.$$

(203). Nous supposerons que R_1 est une fonction quelconque de ζ et ω, cette supposition est la plus générale qu'on puisse faire ; et

Y

nous chercherons les valeurs de ces angles en n et θ. Pour cela nous abaisserons (*fig. XIV*) des perpendiculaires ZT, PO, sur AK, et une autre perpendiculaire MQ sur PO. Nous formerons de cette manière les triangles rectangles ZTA, AOP, MQP, qui donnent

$$ZT = R \sin.\zeta, \; AT = R \cos.\zeta,$$
$$AO = x \cos.\lambda = (p - r \cos.\theta \cos.n) \cos.\lambda,$$
$$MQ = y \sin.\lambda = - r \cos.\theta \sin.n \sin.\lambda :$$

mais $MQ = OT$; car si je tirois MT, elle seroit aussi perpendiculaire sur AK; de plus $AT = AO + OT$; donc

$$R \cos.\zeta = p \cos.\lambda - r \cos.\theta \cos.(\lambda - n).$$

Nous remarquerons encore que l'angle ZTM étant égal à ω, on a, à cause du triangle rectangle ZTM,

$$\sin.\omega = \frac{ZM}{ZT} = \frac{- r \sin.\theta}{R \sin.\zeta}.$$

Cela posé, comme R_1 seul renferme ω, ζ, dans les formules X, Y, Z, et que cette quantité y est déja multipliée par α, on pourra négliger dans les valeurs de ζ, ω, les termes de l'ordre α; il suffira par conséquent de prendre

$$\cos.\zeta = \cos.\lambda - 2 \cos.\theta^2 \cos.n \cos.(\lambda - n),$$
$$\sin.\omega \sin.\zeta = - 2 \cos.n \cos.\theta \sin.\theta.$$

Maintenant pour exprimer que R_1 est fonction de ζ, ω, qui eux-mêmes sont fonctions de λ, n, θ, nous écrivons

$$\frac{dR_1}{d\lambda} = \frac{dR_1}{d\zeta}\frac{d\zeta}{d\lambda} + \frac{dR_1}{d\omega}\frac{d\omega}{d\lambda},$$
$$\frac{dR_1}{dn} = \frac{dR_1}{d\zeta}\frac{d\zeta}{dn} + \frac{dR_1}{d\omega}\frac{d\omega}{dn},$$
$$\frac{dR_1}{d\theta} = \frac{dR_1}{d\zeta}\frac{d\zeta}{d\theta} + \frac{dR_1}{d\omega}\frac{d\omega}{d\theta};$$

ce qui pourra fournir quelque autre moyen de déterminer Z, Y, X. Imaginons que ces formules ont entre elles quelque dépendance ; qu'il y a, par exemple, entre X et Y une certaine relation renfermée dans l'équation

$$\frac{dX}{d\lambda} + CY = \alpha e DB,$$

B et $\mathcal{C}$ étant des indéterminées qui ne dépendent que de la position du point G ; on aura

$$-\frac{\pi}{3}\frac{dp_1}{d\lambda}+\int\int\left[\frac{dR_1}{d\zeta}\left(\cos.\theta\,\frac{d\zeta}{d\lambda}-\mathcal{C}\,\frac{\sin.n\,\sin.\theta}{\cos.n}\frac{d\zeta}{d\theta}\right)+\frac{dR_1}{d\alpha}\left(\cos.\theta\,\frac{d\alpha}{d\lambda}-\right.\right.$$
$$\left.\left.\mathcal{C}\,\frac{\sin.n\,\sin.\theta}{\cos.n}\frac{d\alpha}{d\theta}\right)\right]dn\,d\theta=\mathrm{B}.$$

Or si l'on fait

$$\cos.\theta\,\frac{d\zeta}{d\lambda}-\mathcal{C}\,\frac{\sin.n\,\sin.\theta}{\cos.n}\frac{d\zeta}{d\theta}=\Pi\,\frac{d\zeta}{dn},\Bigg\}$$
$$\cos.\theta\,\frac{d\alpha}{d\lambda}-\mathcal{C}\,\frac{\sin.n\,\sin.\theta}{\cos.n}\frac{d\alpha}{d\theta}=\Pi\,\frac{d\alpha}{dn},\Bigg\}\quad\ldots\ldots\;(\mathrm{K}),$$

Π étant une indéterminée absolument indépendante de n, le terme affecté du double signe d'intégration deviendra

$$\int\int\frac{dR_1}{dn}\,\Pi\,dn\,d\theta,$$

qui étant intégré, par rapport à n, depuis $n=0$ jusqu'à $n=180°$, est nul, puisque R_1 devient p_1 dans l'une et l'autre hypothese. Partant on aura

$$\mathrm{B}=-\frac{\pi}{3}\frac{dp_1}{d\lambda}\,;$$

et il ne sera plus question que de déterminer $\mathcal{C}$ et Π de maniere que les équations (K) soient identiques.

(204). De $\cos.\zeta=\cos.\lambda-2\cos.\theta^2\cos.n\,\cos.(\lambda-n)$, on tire

$$\sin.\zeta\,\frac{d\zeta}{d\lambda}=\sin.\lambda-2\cos.\theta^2\cos.n\,\sin.(\lambda-n),$$
$$\sin.\zeta\,\frac{d\zeta}{d\theta}=-4\cos.\theta\,\sin.\theta\,\cos.n\,\cos.(\lambda-n),$$
$$\sin.\zeta\,\frac{d\zeta}{dn}=-2\cos.\theta^2\sin.n\,\cos.(\lambda-n)+2\cos.\theta^2\cos.n\,\sin.(\lambda-n).$$

Ces substitutions étant faites dans la premiere des équations (K), elle devient

$$\sin.\lambda-2\cos.\theta^2\cos.n\,\sin.(\lambda-n)+4\,\mathcal{C}\,\sin.\theta^2\sin.n\,\cos.(\lambda-n)$$
$$=-2\,\Pi\,\cos.\theta\left[\sin.n\,\cos.(\lambda-n)-\cos.n\,\sin.(\lambda-n)\right],$$

où il faudra mettre pour $2\sin.n\,\cos.(\lambda-n)$, $2\cos.n\,\sin.(\lambda-n)$, leurs valeurs

$$\sin.\lambda+\sin.(2n-\lambda),\;\sin.\lambda-\sin.(2n-\lambda),$$

afin de la changer en celle-ci :

$$\sin.\lambda - \cos.\theta^2\,[\sin.\lambda - \sin.(2n - \lambda)] + 2\,\mathfrak{C}\,\sin.\theta^2\,[\sin.\lambda + \sin.(2n - \lambda)] = -2\,\Pi\,\cos.\theta\,\sin.(2n - \lambda),$$

qu'on rendra identique en prenant

$$\mathfrak{C} = \frac{-1}{2},\quad \Pi = \frac{\sin.\theta^2 - \cos.\theta^2}{2\cos.\theta}.$$

Mais, à cause de $\sin.\zeta\,\sin.\omega = -2\cos.n\,\cos.\theta\,\sin.\theta$, on a

$$\cos.\omega\,\frac{d\omega}{d\lambda} = 2\cos.n\,\cos.\theta\,\sin.\theta\,\frac{\cos.\zeta}{\sin.\zeta^2}\,\frac{d\zeta}{d\lambda},$$

$$\cos.\omega\,\frac{d\omega}{d\theta} = \frac{2\cos.n}{\sin.\zeta}\,(\sin.\theta^2 - \cos.\theta^2) + 2\cos.n\,\cos.\theta\,\sin.\theta\,\frac{\cos.\zeta}{\sin.\zeta^2}\,\frac{d\zeta}{d\theta},$$

$$\cos.\omega\,\frac{d\omega}{dn} = \frac{2\sin.n\,\sin.\theta\,\cos.\theta}{\sin.\zeta} + 2\cos.n\,\sin.\theta\,\cos.\theta\,\frac{\cos.\zeta}{\sin.\zeta^2}\,\frac{d\zeta}{dn},$$

qui, étant substituées dans la seconde des équations (K), la changent en la premiere ; les mêmes valeurs de $\mathfrak{C}$ et Π les rendront donc l'une et l'autre identiques. Ainsi nous aurons entre X et Y l'équation

$$(1)\cdots\cdots\ \frac{dX}{d\lambda} - \tfrac{1}{2}Y + \frac{\pi e}{3}\,\alpha D\,\frac{dp_1}{d\lambda} = 0:$$

elle a été donnée par M. de la Place dans les *Mémoires de l'académie des sciences* pour 1775 ; il en avoit trouvé une analogue, pour les sphéroïdes de révolution, dans le second volume de 1772. On l'en déduit aisément en prenant

$$p = e\,(1 + \alpha\varphi\,{:}\,e\cos.\lambda),$$

où $\varphi\,{:}\,e\cos.\lambda$ désigne une fonction quelconque de $e\cos.\lambda$; car on tire de là

$$\frac{dp_1}{d\lambda} = -e\,\sin.\lambda\,\varphi'\,{:}\,e\cos.\lambda.$$

Il s'agit maintenant de trouver la relation qui peut exister entre X et Z ; M. de la Place y parvient de la maniere suivante.

(205). Si l'on prend à la surface du solide (*fig. XIV*), et dans le plan BAD, un point g infiniment près du point G, on aura $GAg = d\lambda$; et si on convient de représenter par $'X$ et $'p_1$ ce que deviennent X et p_1 à ce point G, il sera facile de voir que $\frac{'X - X}{d\lambda}$ et $\frac{'p_1 - p_1}{d}$ ne sont autres choses que $\frac{dX}{d\lambda}$ et $\frac{dp_1}{d\lambda}$. Ainsi on peut tirer de l'équation (1)

$$'X - X - \tfrac{1}{2}Y\,d\lambda + \frac{\pi e}{3}\,\alpha D\,('p_1 - p_1) = 0.$$

Imaginons ensuite, toujours à la surface du solide, et infiniment près du point G, un autre point g' dans un plan perpendiculaire à BAD, et qui le coupe dans la droite AD ; en nommant $d\lambda'$ le petit angle g'AG, X' et $p'1$ ce que deviennent X et $p1$ au point g', nous aurons

$$X' - X - \tfrac{1}{2}Z\,d\lambda' + \tfrac{\pi e}{3}\,\alpha D\,(p'1 - p1) = 0.$$

Mais en abaissant des perpendiculaires $g'm$, $g't$, sur AD et AK, on verra que $g'tm = d\mu$. De plus les triangles rectangles $g'm$A, $g'mt$, donnent $g'm = Ag'd\lambda'$, $g'm = g't \cdot d\mu$; et, à cause de $tg' =$ $Ag' \cdot$ sin.KAg', ils donnent sin.KA$g' = \frac{d\lambda'}{d\mu}$. Enfin on tirera de deux équations du n° 203,

$$\cos.\text{KA}g' = \cos.\lambda\,(1 - 2\cos.\overline{g'\text{GA}^2}),$$

$$\sin.\text{KA}g'\,d\mu = - 2\cos.g'\text{GA}\,\sin.g'\text{GA},$$

et en éliminant g'GA,

$$d\mu^2\cos.\lambda^2\cos.\overline{\text{KA}g'^2} = \sin.\overline{\text{KA}g'^2} - \sin.\lambda^2.$$

Donc sin. KAg' diffère de sin. λ d'un infiniment petit du premier ordre ; et comme Z est déja de l'ordre α, on pourra mettre dans l'équation dont il s'agit $d\mu\sin.\lambda$ pour $d\lambda'$. Mais lorsque les sinus diffèrent d'un infiniment petit du premier ordre, les angles ne diffèrent que d'un infiniment petit du second ; on pourra donc regarder KAg' et λ comme des angles égaux, et mettre $\frac{dX}{d\mu}$, $\frac{dp1}{d\mu}$, au lieu de $\frac{X'-X}{d\mu}$, $\frac{p'1-p1}{d\mu}$. Ainsi il faut conclure de ce qui précede, qu'on doit avoir entre X et Z l'équation

$$(2)\cdots\cdots \frac{dX}{d\mu} - \frac{\sin.\lambda}{2}Z + \frac{\pi e}{3}\alpha D\,\frac{dp1}{d\mu} = 0.$$

(206). Supposons que le corps ait un mouvement de rotation autour de l'axe AK, et nommons αf la force centrifuge au point où $\lambda = 90°$; nous aurons, en abaissant une perpendiculaire GF sur AK, et supposant qu'elle devient $= e$ lorsque $\lambda = 90°$; nous aurons, dis-je, e : GF $:: \alpha f$: à la force centrifuge au point G qu'on trouvera

$$= \alpha f\sin.\lambda \cdot (1 + \alpha p1) = \alpha f\sin.\lambda,$$

en négligeant les termes de l'ordre α^2. Ayant pris sur GF une partie

$Gf = - \alpha f \sin.\lambda$, on abaissera une perpendiculaire fh sur AG, et les triangles semblables $G\,hf$, GFA, donneront

$$G f : f h : G h :: 1 : \cos.\lambda : \sin.\lambda.$$

On menera ensuite une tangente GL à la section déterminée par le plan KAD; et parceque tang. AGL $= \frac{p\,d\lambda}{dp}$, d'où l'on tire

$$\sin.AGL = \frac{p\,d\lambda}{\sqrt{(p^2 d\lambda^2 + dp^2)}} ,$$

on aura, en négligeant les quantités de l'ordre α^2, $\sin.AGL = 1$, et on pourra prendre GL pour être parallele à fh. On pourra donc décomposer la force centrifuge au point G en deux autres, l'une dans la direction de AG, et $= - \alpha f \sin.\lambda^2$, l'autre dans la direction de GL, et $= \alpha f \sin.\lambda \cos.\lambda$. On menera encore par le point G une tangente GI à la section déterminée par un plan perpendiculaire à KAD, et qui le coupe dans la droite AD; et on supposera que toutes les parties du solide sont animées par des forces qui, décomposées suivant GL, GI et GA, donnent α M, α N, α P; il ne sera plus question ensuite que de décomposer X, Y, Z, dans les mêmes directions.

(207). La force X, décomposée comme nous venons de le dire, donne, dans la direction de GL, X cos.AGL, et dans la direction de GI, X sin.AGL cos.AGI, où, en négligeant les quantités de l'ordre α^2,

$$\sin.AGL = 1, \quad \cos.AGL = - \alpha \frac{dp\imath}{d\lambda}.$$

En menant une tangente GH à la section déterminée par un plan perpendiculaire à BAD, et qui le coupe dans la droite GF, on formera l'angle HGF qui a pour tangente $\frac{p \sin \lambda d\mu}{d \cdot p \sin.\lambda}$, et pour cosinus $- \alpha \frac{dp\imath}{d\lambda}$, parceque λ ne varie point dans le plan dont il s'agit : de plus

$$\cos.AGI : \cos.HGF :: 1 : \sin.\lambda ;$$

donc la force X donne, dans la direction de GL, $- \alpha X \frac{dp\imath}{d\lambda}$, et, dans la direction de GI, $- \frac{\alpha X}{\sin.\lambda} \frac{dp\imath}{d\mu}$.

Nous avons vu dans le numéro précédent, qu'aux quantités de l'ordre α^2 près, on pouvoit regarder GL comme perpendiculaire à AG, et supposer par conséquent que Y agit toute dans la direction de GL. On supposera, pour les mêmes raisons, que Z agit toute dans la direction de GI ; et on aura

suivant GL, la force $\alpha\left(M + f\sin.\lambda\cos.\lambda - X\frac{dp_1}{d\lambda}\right) + Y$,

suivant GI , la force $\alpha\left(N - \frac{X}{\sin.\lambda}\frac{dp_1}{d\mu}\right) + Z$.

Or, comme il suffira de prendre pour X, $\frac{2\pi e D}{3}$, on aura, dans le cas de l'équilibre,

$$(3)\ldots\ldots\alpha\left(M + f\sin.\lambda\cos.\lambda - \frac{2\pi e D}{3}\frac{dp_1}{d\lambda}\right) + Y = 0,$$

$$(4)\ldots\ldots\alpha\left(N - \frac{2\pi e D}{3\sin.\lambda}\frac{dp_1}{d\mu}\right) + Z = 0.$$

(208). Le point G est animé, suivant GA, par la force

$$X + \alpha P - \alpha f\sin.\lambda^2,$$

qui ne diffère de la résultante des trois forces, suivant GA, GL et GI, que de quantités de l'ordre α^2 ; on aura donc, en nommant g la pesanteur au point G,

$$g = X + \alpha(P - f\sin.\lambda^2).$$

On différentiera cette équation successivement par rapport à λ et μ, et on en tirera

$$\frac{dg}{d\lambda} = \frac{dX}{d\lambda} + \alpha\left(\frac{dP}{d\lambda} - 2f\sin.\lambda\cos.\lambda\right),$$

$$\frac{dg}{d\mu} = \frac{dX}{d\mu} + \alpha\frac{dp}{d\mu},$$

où il faudra mettre pour $\frac{dX}{d\lambda}$, $\frac{dX}{d\mu}$, leurs valeurs, tirées des équations (1) et (2), et il viendra

$$\frac{dg}{d\lambda} = \frac{1}{2}Y + \alpha\left(\frac{dP}{d\lambda} - 2f\sin.\lambda\cos.\lambda - \frac{\pi e D}{3}\frac{dp_1}{d\lambda}\right),$$

$$\frac{dg}{d\mu} = \frac{\sin.\lambda}{2}Z + \alpha\left(\frac{dP}{d\mu} - \frac{\pi e D}{3}\frac{dp_1}{d\mu}\right).$$

Si dans celles-ci l'on met pour Y, Z, leurs valeurs, tirées des équations (3) et (4), on aura

$$\frac{dg}{d\lambda} = \alpha\left(\frac{dP}{d\lambda} - \frac{M}{2} - \frac{5}{2}f\sin.\lambda\cos.\lambda\right), \quad \frac{dg}{d\mu} = \alpha\left(\frac{dP}{d\mu} - \frac{N\sin.\lambda}{2}\right).$$

Mais $dg = \frac{dg}{d\lambda}d\lambda + \frac{dg}{d\mu}d\mu$; il suit donc de ce qui précède, que

$$dg = \alpha(dP + \frac{5}{4}fd\cdot\cos.\lambda^2) - \frac{\alpha}{2}(Md\lambda + N\sin.\lambda\cdot d\mu).$$

Ainsi pour que l'équilibre soit possible, il faut que $M d\lambda + N \sin.\lambda \cdot d\mu$ soit une différentielle exacte ; nommons-la $d\varepsilon$, et nous aurons

$$g = \text{const.} + \alpha \left(P - \frac{\cdot}{2} + \frac{5}{4} f \cos.\lambda^2 \right),$$

équation qui renferme la loi de la pesanteur à la surface du solide. Enfin les forces M, N, P, étant nulles, si nous désignons par g_1 la pesanteur à l'équateur, où $\lambda = 90°$, nous aurons

$$g = g_1 + \tfrac{5}{4} \alpha f \cos.\lambda^2 ;$$

et si nous supposons $\dfrac{\alpha f}{g_1 - \alpha f}$, ou $\dfrac{\alpha f}{g_1}$, en négligeant les quantités de l'ordre α^2, égal à $\alpha \delta$, nous aurons

$$\frac{g}{g_1} = 1 + \tfrac{5}{4} \alpha \delta \cos.\lambda^2.$$

Donc 1°. la pesanteur diminue, en allant du pôle vers l'équateur, comme le quarré du sinus de latitude ; 2°. la pesanteur au pôle est à la pesanteur à l'équateur, comme $1 + \tfrac{5}{4} \alpha \delta : 1$: et ces propositions sont vraies, quelle que soit la figure du solide homogene en équilibre, pourvu qu'il diffère infiniment peu de la sphere.

CHAPITRE V.

CHAPITRE V.

Des changements qui peuvent arriver à la figure des corps par leur action mutuelle.

(209). $\mathbf{N}$ous nous occuperons principalement dans ce chapitre des questions relatives à celle du flux et reflux de la Mer; et nous supposerons d'abord que la Terre soit un globe solide composé de tranches de différentes densités, et recouvert d'un fluide homogene, dont la hauteur soit très petite par rapport au rayon de la Terre; que les parties du globe et du fluide s'attirent mutuellement et soient attirées par le Soleil et la Lune, que nous regarderons comme immobiles, la Terre elle-même n'ayant d'autre mouvement que celui autour de son axe; qu'en vertu de toutes ces forces la surface du fluide devienne celle d'un sphéroïde elliptique dont on déterminera les dimensions par les méthodes du chapitre précédent : alors (*fig. XV*) l'astre qui agit étant dans le prolongement du rayon CB, si on coupe le sphéroïde par deux sections perpendiculaires entre elles abC, $a'bC$, et qu'on nomme le rayon CB de la sphere, a; le demi-axe Cb du sphéroïde, e; le demi-diametre Ca, $e(1-h)$; le demi-diametre Ca', $e(1-i)$; les ellipticités h et i étant assez petites pour qu'on en puisse négliger les secondes puissances; π le rapport de la circonférence au rayon; on aura, pour les solidités de la sphere du sphéroïde (n° 188),

$$\frac{2\pi a^3}{3} \text{ et } \frac{2\pi e^3}{3}(1 - h - i);$$

et comme ces solidités doivent être égales entre elles, on en tirera

$$\frac{e^3}{a^3} = 1 + h + i, \quad \frac{e}{a} = 1 + \frac{h+i}{3}.$$

Partant

$$Aa = a\,\frac{2h-i}{3}, \quad A'a' = a\,\frac{2i-h}{3}, \quad Bb = a\,\frac{h+i}{3};$$

d'où il suit que la hauteur à laquelle monte l'eau autour de la ligne qui passe par les centres de la terre et de l'astre, est égale à la somme de ce dont elle descend aux points A et A', distants entre eux et éloignés du point B de 90°.

Z

(210). Si on imagine une autre section quelconque $hb\,\mathrm{C}$ faisant avec la section $ab\,\mathrm{C}$ un angle γ, on aura

$$\overline{\mathrm{C}h}^2 = e^2\left[\,1 - 2i - 2\,(h - i)\,\cos.\gamma^2\,\right];$$

de plus ayant tiré $\mathrm{CN}q$, et une perpendiculaire QNP à l'axe $\mathrm{C}b$, on pourra regarder l'angle $Qq\mathrm{N}$ comme différant peu d'un angle droit, et les deux triangles $\mathrm{N}q\mathrm{Q}$, NPC comme étant semblables, d'où l'on tirera $\mathrm{N}q = \frac{\mathrm{NQ}\,.\,\mathrm{NP}}{\mathrm{CN}}$. Mais, nommant l'angle NCP, $\mathcal{C}$, les propriétés du cercle et de l'ellipse donnent

$$\mathrm{NP} = a\,\sin.\mathcal{C},$$
$$\mathrm{QP} = a\left[\sin.\mathcal{C} + \frac{h + i - 3\,(i + (h - i)\,.\,\cos.\gamma^2)\,\sin.\mathcal{C}^2}{3\,\sin.\mathcal{C}}\right];$$

et par conséquent

$$\mathrm{N}q = a\left[\frac{h+i}{3} - (i + (h - i)\cdot\cos.\gamma^2)\,\sin.\mathcal{C}^2\right].$$

Ainsi ôtant $\mathrm{N}q$ de $\mathrm{B}b$, on aura, pour la différence des hauteurs de l'eau,

$$a\left[\,i + (h - i)\cdot\cos.\gamma^2\,\right]\sin.\mathcal{C}^2;$$

d'où il suit que les quantités dont l'eau baisse dans une même section sont proportionnelles aux quarrés des sinus des angles $\mathcal{C}$, et par conséquent aux quarrés des sinus des angles horaires, si cette section est l'équateur du sphéroïde. Nous n'avons considéré qu'un seul astre ; pour calculer l'action des deux, nous supposerons qu'ils agissent indépendamment l'un de l'autre, c'est-à-dire que nous négligerons les petites différences qui proviennent de la combinaison des deux forces. De cette maniere, en nommant H, I, $\mathcal{C}'$, γ', les quantités relatives à h, i, $\mathcal{C}$, γ, et qui conviennent au sphéroïde produit par l'action du second astre, nous aurons, pour la hauteur de l'eau à un point quelconque,

$$a\left[\frac{h+i}{3} + \frac{\mathrm{H}+\mathrm{I}}{3} - (i + (h - i)\cdot\cos.\gamma^2)\,\sin.\mathcal{C}^2,\right.$$
$$\left.- (\mathrm{I} + (\mathrm{H} - \mathrm{I})\cos.\gamma'^2)\,\sin.\mathcal{C}'^2\right].$$

(211). Premièrement, pour déterminer la hauteur de l'eau dans une section quelconque, lorsque les deux astres sont dans le plan de cette section, on fera γ et γ' nuls dans la formule précédente, et on aura

$$a\left[\frac{h+i}{3} + \frac{\mathrm{H}+\mathrm{I}}{3} - h\,\sin.\mathcal{C}^2 - \mathrm{H}\,\sin.\mathcal{C}'^2\right].$$

Nommons φ la distance des deux astres vue du centre de la terre ;
à cause de

$$\sin.\mathcal{C}' = \sin.\varphi \cos.\mathcal{C} \pm \cos.\varphi \sin.\mathcal{C},$$

$$\sin.\mathcal{C}'^2 = \sin.\varphi^2 + \cos.2\varphi \sin.\mathcal{C}^2 \pm \sin.2\varphi \cos.\mathcal{C} \sin.\mathcal{C},$$

la formule précédente se changera en celle-ci :

$$a\left[\frac{h+i}{3} + \frac{H+I}{3} - H\sin.\varphi^2 - (h + H\cos.2\varphi)\sin.\mathcal{C} \right.$$
$$\left. \pm H\sin.2\varphi\cos.\mathcal{C}\sin.\mathcal{C}\right].$$

Pour trouver le *maximum* ou le *minimum* de cette quantité, on la
différentiera en ne faisant varier que $\mathcal{C}$, et on aura

$$2(h + H\cos.2\varphi)\sin.\mathcal{C}\cos.\mathcal{C} \pm H\sin.2\varphi(\cos.\mathcal{C}^2 - \sin.\mathcal{C}^2) = 0,$$

d'où il sera facile de tirer

$$\tan.2\mathcal{C} = \mp\frac{H\sin.2\varphi}{h + H\cos.2\varphi}.$$

Mais la tangente d'un angle est encore celle de cet angle augmenté
de la demi-circonférence ; donc si pour l'angle $\mathcal{C}$ la mer est la plus
haute, elle sera la plus basse pour l'angle $\mathcal{C} + 90°$; elle sera la plus
haute pour l'arc $\mathcal{C} + 180°$, et la plus basse pour l'arc $\mathcal{C} + 270°$. En
différentiant l'expression de $\tan.2\mathcal{C}$, on trouve

$$h\cos.2\varphi + H = 0, \text{ ou}$$
$$\cos.\varphi = \pm\sqrt{\left(\frac{h-H}{2h}\right)}, \ \sin.\varphi = \pm\sqrt{\left(\frac{h+H}{2h}\right)};$$

c'est la valeur de l'angle φ pour que $\mathcal{C}$ soit un plus grand. En supposant que les deux astres agissent avec des forces égales, on trouvera
$h = H$, et $\varphi = 90°$; mais la force de la lune étant beaucoup plus
considérable que celle du soleil, on doit avoir φ moindre que $90°$; il
seroit $= 45°$, si la force du soleil étoit assez peu considérable pour
pouvoir être négligée vis-à-vis celle de la lune. Donc lorsque $\mathcal{C}$ est
un plus grand, l'angle φ est nécessairement moindre que $90°$, et plus
grand que $45°$; alors on a

$$\sin.\mathcal{C} = \pm\sqrt{\left(\frac{1}{2} - \frac{\sqrt{(h^2-H^2)}}{2h}\right)}.$$

(212). En regardant h et i comme différant assez peu pour
pouvoir négliger $h - i$, la hauteur due à l'action de la lune seule
$= a\left[h\cos.\mathcal{C}^2 - \frac{h}{3}\right]$, et la distance au centre de l'ellipsoïde

$= b + a h \cos.6^2$, dans laquelle b est le plus petit diametre, ou $a \left(1 - \frac{h}{3} \right)$. Mais si l'on nomme le complément de la déclinaison de la lune, d; le complément de la latitude du lieu, λ; l'arc de l'équateur, compris entre les cercles de déclinaison et de latitude, s; on aura un triangle sphérique qui aura pour côtés d, λ, 6, et l'angle s compris entre les côtés d et λ; on en tirera

$$\cos.6 = \sin.\lambda \, \sin.d \, \cos.s + \cos.\lambda \, \cos.d.$$

Par cette substitution la formule précédente deviendra

$$(u) \ldots \ldots b + a h \, (\sin.\lambda \, \sin.d \, \cos.s + \cos.\lambda \, \cos.d)^2;$$

où il faut remarquer que s variant seul, u sera d'autant plus grand que s sera plus grand, ou que $\cos.s$ approchera plus de l'unité. Je différentie cette quantité en faisant varier s, et je trouve

$$(\sin.\lambda \, \sin.d \, \cos.s + \cos.\lambda \, \cos.d) \, \sin.s = 0,$$

dont les deux racines

$$\sin.s = 0, \text{ ou } \cos.s = 1, \text{ et } \cos.s = - \frac{\cos.\lambda \, \cos.d}{\sin.\lambda \, \sin.d},$$

donnent, l'une le *maximum*, l'autre le *minimum*. La différence entre la plus grande et la moindre valeur de u, ou la hauteur de la marée, sera donc

$$a h \, (\sin.\lambda \, \sin.d + \cos.\lambda \, \cos.d)^2,$$

qui elle-même est un plus grand lorsque la déclinaison de la lune est égale à la latitude du lieu. D'où il suit que si la déclinaison de la lune étoit nulle, ou si cet astre restoit dans le plan de l'équateur, les hauteurs des marées seroient comme les quarrés des sinus des distances au pôle. Voilà pour la marée qui répond au passage supérieur de la lune par le méridien; pour trouver celle qui répond au passage inférieur, nous ferons dans u, $\cos.s = -1$, et nous trouverons pour la hauteur de la marée cette expression:

$$a h \, (- \sin.\lambda \, \sin.d + \cos.\lambda \, \cos.d)^2.$$

(213). Daniel Bernouilli appelle la premiere, *marée de dessus*, l'autre, *marée de dessous*; et il remarque que les marées de dessus sont égales à celles de dessous lorsque la déclinaison de la lune est nulle; que, pour les pays septentrionaux, les marées de dessus sont plus grandes que celles de dessous, lorsque la déclinaison de la lune est septentrionale, et plus petite, lorsque cette déclinaison est méridionale ; que la différence de deux marées d'un même jour

$$= 4\,a\,\sin.\lambda\,\cos.\lambda\,\sin.d\,\cos.d\,;$$

que la hauteur moyenne des deux marées

$$= a\,h\,(\sin.\lambda^2\,\sin.d^2 + \cos.\lambda^2\,\cos.d^2),$$

quantité qui est constamment la même à la latitude 45°, puisqu'elle devient

$$\tfrac{a\,h}{2}\,(\sin.d^2 + \cos.d^2) = \tfrac{a\,h}{2}.$$

Au reste toutes ces questions seront résolues d'une maniere plus générale en prenant pour la hauteur de l'eau

$$a\,\left[\tfrac{h+i}{3} + \tfrac{H+I}{3} - (i + (h-i)\cdot\cos.\gamma^2)\,\sin.\mathcal{C}^2 - (I + (H-I)\cdot\cos.\gamma'^2)\,\sin.\mathcal{C}'^2\right],$$

et remarquant ensuite que si on nomme φ la distance de la lune au soleil, vue du centre de la terre, on a, en comptant les angles γ et γ' de la section qui passe par ces deux astres, un triangle sphérique dont les côtés sont φ, $\mathcal{C}$, $\mathcal{C}'$, et dont les angles, qui comprennent le côté φ, sont γ et $180° - \gamma'$. Ce triangle donne

$$\tan.\gamma' = \frac{\sin.\mathcal{C}\,\sin.\gamma}{\sin.\mathcal{C}\,\cos.\gamma\,\cos.\varphi - \cos.\mathcal{C}\,\sin.\varphi},$$

$$\cos.\mathcal{C}' = \sin.\mathcal{C}\,\cos.\gamma\,\sin.\varphi + \cos.\mathcal{C}\,\cos.\varphi :$$

on a de plus

$$\cos.\mathcal{C} = \sin.\lambda\,\sin.d\,\cos.s + \cos.\lambda\,\cos.d\,;$$

et nommant le complément de la déclinaison du soleil, D ; l'arc de l'équateur compris entre ce cercle et celui de latitude, S ;

$$\cos.\mathcal{C}' = \sin.\lambda\,\sin.D\,\cos.S + \cos.\lambda\,\cos.D.$$

Au moyen de ces formules on déterminera plus généralement que nous venons de le faire toutes les circonstances des marées ; mais supposant toujours que les deux astres qui agissent sur les eaux de la mer sont sans mouvement ; que leurs actions peuvent être regardées comme indépendantes ; suppositions trop éloignées d'être vraies pour qu'on doive s'en contenter. Nous nous proposons donc de déterminer dans les articles suivants les oscillations des eaux de la mer, en ayant égard au mouvement de rotation de la terre, et au mouvement · du soleil et de la lune dans leurs orbites.

(214). Toute cette théorie doit se déduire des équations générales du mouvement des fluides dont nous allons nous occuper. Si le fluide est en mouvement, à chaque instant il passera par le point Z (*fig. XIII*) une nouvelle molécule. On ne pourra plus regarder (n°s 176, 177, 178) la pression, la densité, et les différentes forces qui agissent, comme n'étant fonctions que des trois co-ordonnées x, y, z, mais comme devant aussi renfermer le temps t. Les vîtesses de la molécule, parallèlement aux trois axes AD, AB, AC, vîtesses que nous désignerons dans la suite par v, u, w, seront de même fonctions de x, y, z et t. Nous supposerons qu'à la fin du temps dt, la molécule a passé en Z$'$ pour y former un nouveau parallélipipede, que nous ne regarderons comme rectangle, que parcequ'il est facile de s'assurer qu'en le calculant dans cette supposition l'erreur ne peut jamais être qu'un infiniment petit du second ordre. Or en se rappellant que l'espace parcouru pendant le temps dt, dans une certaine direction, est égal à udt, si u est la vîtesse dans la même direction, on verra aisément qu'on doit avoir

$$AP' = x + udt, \quad P'M' = y + vdt, \quad M'Z' = z + wdt;$$

et que par conséquent la formule du n° 167 donne, pour le volume de la molécule qui est en Z$'$,

$$\left[\frac{dw}{dx} \, dt \left(\frac{du}{dy}\frac{dv}{dz} - \frac{du}{dz}\frac{dv}{dy}\right) dt^2 + \frac{dw}{dy} \, dt \left(\frac{dv}{dx}\frac{du}{dz} \, dt^2 + \left(1 + \frac{du}{dx}dt\right)\right.\right.$$
$$\frac{dv}{dz} \, dt\bigg) + \left(1 + \frac{dw}{dz} \, dt\right) \left(\left(1 + \frac{du}{dx} \, dt\right)\left(1 + \frac{dv}{dy} \, dt\right) - \right.$$
$$\left.\left.\frac{dv}{dx}\frac{du}{dy} \, dt\right)\right] dx\,dy\,dz;$$

expression qu'on réduit à

$$\left(1 + \left(\frac{du}{dx} + \frac{dv}{dy} + \frac{dw}{dz}\right)\right) dx\,dy\,dz;$$

en négligeant, comme cela doit être, les quantités infiniment petites du second et du troisieme ordre.

(215). Si le fluide n'est pas susceptible de compression, les deux parallélipipedes doivent être égaux, et l'on a l'équation

$$(1)\ldots\ldots \frac{du}{dx} + \frac{dv}{dy} + \frac{dw}{dz} = 0.$$

Supposons-le compressible, et nommons D' la densité au point Z'; nous aurons

$$D' - D = \frac{dD}{dt} dt + \left(\frac{dD}{dx} u + \frac{dD}{dy} v + \frac{dD}{dz} w \right) dt;$$

car, comme nous l'avons déja remarqué, $u\,dt$, $v\,dt$, $w\,dt$, sont les incréments que prennent x, y, z, dans le passage de la particule de Z en Z'. Mais les densités étant réciproquement comme les volumes, on a

$$D' : D :: dx\,dy\,dz : \left(1 + \left(\frac{du}{dx} + \frac{dv}{dy} + \frac{dw}{dz} \right) dt \right) dx\,dy\,dz;$$

partant

$$\frac{dD}{dt} + \frac{dD}{dx} u + \frac{dD}{dy} v + \frac{dD}{dz} w + D \left(\frac{du}{dx} + \frac{dv}{dy} + \frac{dw}{dz} \right) = 0,$$

équation qu'on réduira facilement à celle-ci :

$$(2)\ldots\ldots \frac{dD}{dt} + \frac{d.Du}{dx} + \frac{d.Dv}{dy} + \frac{d.Dw}{dz} = 0.$$

(216). Les vîtesses u, v, w, devenant u', v', w', au point Z', on a

$$\frac{u' - u}{dt} = \frac{du}{dt} + \frac{du}{dx} u + \frac{du}{dy} v + \frac{du}{dz} w,$$

$$\frac{v' - v}{dt} = \frac{dv}{dt} + \frac{dv}{dx} u + \frac{dv}{dy} v + \frac{dv}{dz} w,$$

$$\frac{w' - w}{dt} = \frac{dw}{dt} + \frac{dw}{dx} u + \frac{dw}{dy} v + \frac{dw}{dz} w;$$

ce sont les forces accélératrices simples qui agissent sur la molécule fluide parallèlement aux trois axes AD, AB, AC : et comme elles ont aussi pour expressions (n° 176)

$$P - \frac{1}{D} \frac{d\Pi}{dx}, \quad Q - \frac{1}{D} \frac{d\Pi}{dy}, \quad R - \frac{1}{D} \frac{d\Pi}{dz},$$

il est clair qu'on aura les trois équations

$$(3)\ldots P - \frac{1}{D} \frac{d\Pi}{dx} = (U1)\ldots \frac{du}{dt} + \frac{du}{dx} u + \frac{du}{dy} v + \frac{du}{dz} w,$$

$$(4)\ldots Q - \frac{1}{D} \frac{d\Pi}{dy} = (U2)\ldots \frac{dv}{dt} + \frac{dv}{dx} u + \frac{dv}{dy} v + \frac{dv}{dz} w,$$

$$(5)\ldots R - \frac{1}{D} \frac{d\Pi}{dz} = (U3)\ldots \frac{dw}{dt} + \frac{dw}{dx} u + \frac{dw}{dy} v + \frac{dw}{dz} w.$$

On en tirera

$$(6)\ldots \frac{1}{D} d\Pi = (P - U1)\,dx + (Q - U2)\,dy + (R - U3)\,dz.$$

(217). Toute la théorie du mouvement des fluides est renfermée dans les six équations précédentes; pour l'appliquer d'abord à un problême fort simple, nous nous en servirons pour trouver la courbure que doit prendre la surface de l'eau renfermée dans un vase qu'on fait tourner autour d'un axe AC pris dans l'intérieur du vase. La distance de la molécule, qui est en Z, à l'axe de rotation, est $\sqrt{(x^2+y^2)}$; et comme, le fluide étant incompressible, cette distance ne doit pas varier dans le mouvement de rotation, ou lorsque x et y deviennent $x+u\,dt$, $y+v\,dt$, on aura la différentielle de x^2+y^2, prise, comme nous venons de le dire, égale à zéro, ou $ux+vy=0$; quant à la vîtesse w, elle est évidemment nulle. Donc si l'on fait $u=\varepsilon y$, on aura $v=-\varepsilon x$, et la résultante de ces deux vîtesses, ou $\sqrt{(u^2+v^2)}=\varepsilon\sqrt{(x^2+y^2)}$. On satisfait généralement à l'équation (1) qui devient, lorsque w est nulle, $\frac{du}{dx}+\frac{dv}{dy}=0$, en prenant $\varepsilon=\varphi:(x^2+y^2)$: mais x^2+y^2 ne variant point, dans le mouvement de rotation, de $u=y\varphi:(x^2+y^2)$, $v=-x\varphi:(x^2+y^2)$, on doit conclure $\frac{du}{dx}=0$; $\frac{dv}{dy}=0$; donc

$$U_1=-x\varepsilon^2,\quad U_2=-y\varepsilon^2,\quad U_3=0;$$

et par conséquent

$$d\Pi=P\,dx+Q\,dy+R\,dz+\varepsilon^2(x\,dx+y\,dy).$$

Or $\varepsilon^2(x\,dx+y\,dy)$ est une différentielle exacte; si on la suppose $=dE$, on aura

$$\Pi=\int(P\,dx+Q\,dy+R\,dz)+E+f:t,$$

où $P\,dx+Q\,dy+R\,dz$ doit être une différentielle exacte. Elle en est une dans ce problême, puisque les forces P, Q, R, s'y réduisent à la gravité ; c'est-à-dire que P, Q, étant nulles, on a $R=-g$. Ainsi supposant Π indépendant de t, on a $\Pi=g(h-z)+E$, et pour l'équation de la surface supérieure où la pression est nulle,

$$z=h+\frac{E}{g}.$$

(218). Si le vase étoit cylindrique, on pourroit supposer $y=0$; et nommant X la vîtesse de la molécule, on auroit $\varepsilon=\frac{X}{x}$, et par conséquent $z=h+\int\frac{X^2\,dx}{g\,x}$. Mais reprenons l'équation du numéro précédent, et supposons la vîtesse de la molécule à la distance $\sqrt{(x^2+y^2)}$

$\sqrt{(x^2 + y^2)}$ que nous ferons $= r$, ou $\sqrt{(u^2 + v^2)} = a\,r^n$; à cause de $\epsilon = a\,r^{n-1}$, et de $x\,dx + y\,dy = r\,dr$, on a

$$d\mathrm{E} = a^2 r^{2n-1}\,dr, \text{ et } \mathrm{E} = \frac{a^2 r^{2n}}{2n}; \text{ donc } z = h + \frac{a^2 r^{2n}}{2ng}.$$

On s'assurera aisément que $z = h$ sera un *minimum* toutes les fois que n sera un nombre positif; alors au point où $z = h$ la surface supérieure aura sa plus grande dépression. Dans le cas particulier de $n = 1$, tout le fluide fera sa révolution dans le même temps, et la courbure que prendra la surface de l'eau sera celle d'un paraboloïde concave qui aura pour parametre $\frac{2g}{a^2}$. Le temps de toute une révolution sera $\frac{\pi}{a}$, π étant le rapport de la circonférence au rayon : nommons-le T, et nous aurons le parametre du paraboloïde $= \frac{2g}{\pi^2}\,\mathrm{T}^2$; nous aurons par conséquent $\Pi = \frac{\pi^2 r^2}{2\,\mathrm{T}^2} + g\,(h - z)$; donc pour une même hauteur z, la pression sera d'autant plus grande contre les parois du vase qu'il aura plus d'amplitude. Si n est un nombre négatif, $r = 0$ donnera z infini; et il se formera autour de l'axe une espece de gouffre qui, dans le cas de $n = -\frac{1}{2}$, sera terminé par une surface convexe formée par la révolution d'une hyperbole autour de son asymptote AC.

(219). La densité étant toujours constante, on tirera de l'équation (6)

$$\frac{d(\mathrm{P} - \mathrm{U}1)}{dy} = \frac{d(\mathrm{Q} - \mathrm{U}2)}{dx}, \quad \frac{d(\mathrm{P} - \mathrm{U}1)}{dz} = \frac{d(\mathrm{R} - \mathrm{U}3)}{dz}.$$

La troisieme équation qu'on pourroit former sera satisfaite d'abord que ces deux-ci le seront : or comme on peut leur donner les formes suivantes,

$$\frac{d\mathrm{P}}{dy} - \frac{d\mathrm{Q}}{dx} = \frac{d\left(\frac{du}{dy} - \frac{dv}{dx}\right)}{dt} + \frac{d.u\left(\frac{du}{dy} - \frac{dv}{dx}\right)}{dx} + \frac{d.v\left(\frac{du}{dy} - \frac{dv}{dx}\right)}{dy}$$

$$+\, w\,\frac{d\left(\frac{du}{dy} - \frac{dv}{dx}\right)}{dz} + \frac{du}{dz}\frac{dw}{dy} - \frac{dv}{dz}\frac{dw}{dx},$$

$$\frac{d\mathrm{P}}{dz} - \frac{d\mathrm{R}}{dx} = \frac{d\left(\frac{du}{dz} - \frac{dw}{dx}\right)}{dt} + \frac{d.u\left(\frac{du}{dz} - \frac{dw}{dx}\right)}{dx} + \frac{d.w\left(\frac{du}{dz} - \frac{dw}{dx}\right)}{dz}$$

$$+\, v\,\frac{d\left(\frac{du}{dz} - \frac{dw}{dx}\right)}{dy} + \frac{du}{dy}\frac{dv}{dt} - \frac{dv}{dx}\frac{dw}{dy},$$

il est clair qu'elles auront lieu toutes les fois que

$$P\,dx + Q\,dy + R\,dz, \text{ et } u\,dx + v\,dy + w\,dz,$$

seront des différentielles exactes, puisque ces suppositions sont ren-fermées dans les équations

$$\frac{dP}{dy} = \frac{dQ}{dx}, \quad \frac{dP}{dz} = \frac{dR}{dx},$$

$$\text{et } \frac{du}{dy} = \frac{dv}{dx}, \quad \frac{du}{dz} = \frac{dw}{dx}, \quad \frac{dv}{dz} = \frac{dw}{dy}.$$

Ayant satisfait aux deux premieres conditions , le problême ne dépendra plus que des trois autres, auxquelles on joindra l'équation (1).

(220). Reprenons donc les quatre équations

$$\frac{du}{dx} + \frac{dv}{dy} + \frac{dw}{dz} = 0, \quad \frac{du}{dy} = \frac{dv}{dx}, \quad \frac{du}{dz} = \frac{dw}{dx}, \quad \frac{dv}{dz} = \frac{dw}{dy}.$$

Ayant différentié la premiere successivement par rapport à x, y, z, et y ayant fait les substitutions convenables tirées des trois autres, nous aurons

$$\frac{d^2u}{dx^2} + \frac{d^2u}{dy^2} + \frac{d^2u}{dz^2} = 0,$$

$$\frac{d^2v}{dx^2} + \frac{d^2v}{dy^2} + \frac{d^2v}{dz^2} = 0,$$

$$\frac{d^2w}{dx^2} + \frac{d^2w}{dy^2} + \frac{d^2w}{dz^2} = 0.$$

Si nous n'avions supposé que deux dimensions à la molécule fluide, nous serions tombés dans les équations données par M. d'Alembert dans sa *Théorie de la résistance des fluides* (C. I. pag. 311). Nous remarquerons de plus que, lorsque le fluide se mouvra dans un vase dont on pourra toujours représenter la figure par l'équation

$$dz' = \frac{dz'}{dx'}\,dx' + \frac{dz'}{dy'}\,dy'$$

(C. I. pag. 159), il ne suffira pas de trouver les valeurs générales de u, v, w, au moyen des équations précédentes; il faudra encore que les molécules contiguës aux parois du vase puissent couler le long de ces parois. Or si l'on nomme u', v', w', ce que deviennent les vîtesses u, v, w, lorsque les co-ordonnées x, y, z, se changent en x', y', z', et que dans l'équation de la figure du vase on mette pour dx', dy', dz', leurs valeurs $u'dt$, $v'dt$, $w'dt$, on aura celle-ci

$$w' = \frac{dz'}{dx'} u' + \frac{dz'}{dy'} v',$$

qui devra être vraie indépendamment du temps t.

(221). Quelle que soit la densité, on pourra l'éliminer au moyen des trois équations

$$\frac{d.D(P - U_1)}{dy} = \frac{d.D(P - U_1)}{dx},$$
$$\frac{d.D(P - U_1)}{dz} = \frac{d.D(R - U_3)}{dx},$$
$$\frac{d.D(Q - U_2)}{dz} = \frac{d.D(R - U_3)}{dy};$$

et on aura (C. I. pag. 291)

$$(Q - U_2)\left(\frac{d(R - U_3)}{dx} - \frac{d(P - U_1)}{dz}\right) + (R - U_3)\left(\frac{d(P - U_1)}{dy} - \frac{d(Q - U_2)}{dx}\right) + (P - U_1)\left(\frac{d(Q - U_2)}{dz} - \frac{d(R - U_3)}{dy}\right) = 0,$$

à laquelle on satisfera en y faisant les suppositions du n° 219. Quoi qu'il en soit, elle indique que

$$(P - U_1)\,dx + (Q - U_2)\,dy + (R - U_3)\,dz$$

doit être une différentielle exacte, ou susceptible de le devenir par la multiplication d'un facteur. En nommant μ ce facteur, qui pourra renfermer t, et dS la différentielle exacte qu'on obtiendra, on aura $d\Pi = \frac{D\,dS}{\mu}$, qui, comme dans le cas de l'équilibre, sera possible toutes les fois que $\frac{D}{\mu}$ ne renfermera que S et Π. Le problême le plus simple est celui où $\frac{D}{\mu}$ seroit fonction de S, ou bien S fonction de dimension nulle de D et μ. Il faut encore remarquer que lorsque D ne renferme que Π, $\mu = 1$, comme dans le cas où la densité seroit constante ; c'est-à-dire que la différentielle doit être alors intégrable indépendamment de la multiplication d'un facteur.

(222). Je suppose que le rapport entre la densité et la pression soit renfermé dans l'équation $\Pi = \rho D$, ρ étant une certaine fonction de x, y, z et t, qu'on pourra connoître par expérience ; qui, par exemple, pourra dépendre des différents degrés de chaleur, comme cela arrive dans notre atmosphere : alors les équations (3), (4) et (5) deviendront

$$(A)\ldots\ldots\ldots\begin{cases} \dfrac{1}{D}\dfrac{dD}{dx} = \dfrac{P - U_1 - \frac{d\rho}{dx}}{\rho}, \\[2ex] \dfrac{1}{D}\dfrac{dD}{dy} = \dfrac{Q - U_2 - \frac{d\rho}{dy}}{\rho}, \\[2ex] \dfrac{1}{D}\dfrac{dD}{dz} = \dfrac{R - U_3 - \frac{d\rho}{dz}}{\rho}; \end{cases}$$

desquelles on tirera d'abord

$$(B)\ldots\ldots\begin{cases} \dfrac{d\,[(P - U_1):\rho]}{dy} = \dfrac{d\,[(Q - U_2):\rho]}{dx}, \\[2ex] \dfrac{d\,[(P - U_1):\rho]}{dz} = \dfrac{d\,[(R - U_3):\rho]}{dx}, \\[2ex] \dfrac{d\,[(Q - U_2):\rho]}{dz} = \dfrac{d\,[(R - U_3):\rho]}{dy}. \end{cases}$$

Mais en substituant dans l'équation (2) pour $\frac{1}{D}\frac{dD}{dx}$, $\frac{1}{D}\frac{dD}{dy}$, $\frac{1}{D}\frac{dD}{dz}$, leurs valeurs, on la changera en celle-ci,

$$\frac{1}{D}\frac{dD}{dt} = (W)\ldots\ldots \frac{\frac{d\rho}{dx} + U_1 - P}{\rho}\,u + \frac{\frac{d\rho}{dy} + U_2 - Q}{\rho}\,v + \frac{\frac{d\rho}{dz} + U_3 - R}{\rho}\,w - \frac{du}{dx} - \frac{dv}{dy} - \frac{dw}{dz},$$

qui donne, étant combinée avec les équations (A),

$$(C)\ldots\ldots\begin{cases} \dfrac{dW}{dx} = \dfrac{d\,[(P - U_1 - \frac{d\rho}{dx}):\rho]}{dt}, \\[2ex] \dfrac{dW}{dx} = \dfrac{d\,[(Q - U_2 - \frac{d\rho}{dy}):\rho]}{dt}, \\[2ex] \dfrac{dW}{dz} = \dfrac{d\,[(R - U_3 - \frac{d\rho}{dz}):\rho]}{dt}. \end{cases}$$

Ainsi lorsque le rapport entre la pression et la densité sera connu, on pourra éliminer cette derniere quantité des équations propres à résoudre le problême.

(223). Supposons qu'au commencement du mouvement, lorsque

$t = 0$, les co-ordonnées x, y, z, aient été m, n, p; nous pourrons regarder x, y, z, comme des fonctions de m, n, p et t, et nous aurons en général

$$dx = \frac{dx}{dt}\, dt + \frac{dx}{dm}\, dm + \frac{dx}{dn}\, dn + \frac{dx}{dp}\, dp,$$

$$dy = \frac{dy}{dt}\, dt + \frac{dy}{dm}\, dm + \frac{dy}{dn}\, dn + \frac{dy}{dp}\, dp,$$

$$dz = \frac{dz}{dt}\, dt + \frac{dz}{dm}\, dm + \frac{dz}{dn}\, dn + \frac{dz}{dp}\, dp;$$

d'où il suit qu'en faisant abstraction des termes affectés de dt, si on tire de ces équations

$$K\, dm = L\, dx + M\, dy + N\, dz,$$

$$K\, dn = L'dx + M'dy + N'dz,$$

$$K\, dp = L''dx + M''dy + N''dz,$$

la différentielle de u, considérée comme fonction de m, n, p, t, prise sans faire varier t, est égale à

$$\frac{L\, dx + M\, dy + N\, dz}{K}\, \frac{du}{dm} + \frac{L'dx + M'dy + N'dz}{K}\, \frac{du}{dn} + \frac{L''dx + M''dy + N''dz}{K}\, \frac{du}{dp}:$$

on trouvera pour celles de v, w, les quantités suivantes :

$$\frac{L\, dx + M\, dy + N\, dz}{K}\, \frac{dv}{dm} + \frac{L'dx + M'dy + N'dz}{K}\, \frac{dv}{dn} + \frac{L''dx + M''dy + N''dz}{K}\, \frac{dv}{dp},$$

$$\frac{L\, dx + M\, dy + N\, dz}{K}\, \frac{dw}{dm} + \frac{L'dx + M'dy + N'dz}{K}\, \frac{dw}{dn} + \frac{L''dx + M''dy + N''dz}{K}\, \frac{dw}{dp}.$$

(224). Il faut remarquer que m, n, p, ne variant pas dans le passage de la molécule de Z en Z', les vîtesses u, v, w, ne peuvent être autres choses que $\frac{dx}{dt}$, $\frac{dy}{dt}$, $\frac{dz}{dt}$; partant

$$K\, \frac{du}{dx} = L\, \frac{d^2x}{dm\, dt} + L'\, \frac{d^2x}{dn\, dt} + L''\, \frac{d^2x}{dp\, dt},$$

$$K\, \frac{du}{dy} = M\, \frac{d^2x}{dm\, dt} + M'\, \frac{d^2x}{dn\, dt} + M''\, \frac{d^2x}{dp\, dt},$$

$$K\, \frac{du}{dz} = N\, \frac{d^2x}{dm\, dt} + N'\, \frac{d^2x}{dn\, dt} + N''\, \frac{d^2x}{dp\, dt}:$$

on trouvera les différences partielles de v, w, en mettant dans celles de u, au lieu de x, successivement y et z.

Voici maintenant ce qui résulte des éliminations supposées ci-dessus :

$$K = \frac{dx}{dm}\frac{dy}{dn}\frac{dz}{dp} - \frac{dx}{dn}\frac{dy}{dm}\frac{dz}{dp} + \frac{dx}{dn}\frac{dy}{dp}\frac{dz}{dm} - \frac{dx}{dp}\frac{dy}{dn}\frac{dz}{dm} + \frac{dx}{dp}\frac{dy}{dm}\frac{dz}{dn}$$
$$- \frac{dx}{dm}\frac{dy}{dp}\frac{dz}{dn},$$

$$L = \frac{dy}{dn}\frac{dz}{dp} - \frac{dy}{dp}\frac{dz}{dn}, \quad M = \frac{dx}{dp}\frac{dz}{dn} - \frac{dx}{dn}\frac{dz}{dp}, \quad N = \frac{dx}{dn}\frac{dy}{dp} - \frac{dx}{dp}\frac{dy}{dn},$$

$$L' = \frac{dy}{dp}\frac{dz}{dm} - \frac{dy}{dm}\frac{dz}{dp}, \quad M' = \frac{dx}{dm}\frac{dz}{dp} - \frac{dx}{dp}\frac{dz}{dm}, \quad N' = \frac{dx}{dp}\frac{dy}{dm} - \frac{dx}{dm}\frac{dy}{dp},$$

$$L'' = \frac{dy}{dm}\frac{dz}{dn} - \frac{dy}{dn}\frac{dz}{dm}, \quad M'' = \frac{dx}{dn}\frac{dz}{dm} - \frac{dx}{dm}\frac{dz}{dn}, \quad N'' = \frac{dx}{dm}\frac{dy}{dn} - \frac{dx}{dn}\frac{dy}{dm}.$$

(225). Une autre remarque qui facilitera beaucoup les substitutions que nous avons à faire, c'est que

$$\frac{1}{K}\frac{dK}{dt} = \frac{du}{dx} + \frac{dv}{dy} + \frac{dw}{dz} :$$

on en tirera d'abord, à cause de l'équation (1), que, dans le cas où le fluide n'a point d'élasticité, on doit avoir $\frac{dK}{dt} = 0$, et K égal à une fonction de m, n, p, seulement, fonction qui n'est autre chose que ce que devient K lui-même lorsque $t = 0$. Mais l'équation (2) se change en celle-ci :

$$\frac{dD}{dt} + \frac{dD}{dx}u + \frac{dD}{dy}v + \frac{dD}{dz}w + \frac{D}{K}\frac{dK}{dt} = 0,$$

que je puis réduire à

$$\frac{1}{D}\frac{dD}{dt} + \frac{1}{K}\frac{dK}{dt} = 0,$$

en regardant D comme fonction de m, n, p et t, et ne perdant pas de vue que m, n, p, ne varient pas dans le passage de la particule de Z en Z'. Nous réduirons de même U_1, U_2, U_3, à

$$\frac{du}{dt}, \frac{dv}{dt}, \frac{dw}{dt}, \text{ ou à } \frac{d^2x}{dt^2}, \frac{d^2y}{dt^2}, \frac{d^2z}{dt^2}.$$

Revenons à l'équation (2). On en tire que KD est égal à une certaine fonction de m, n, p, qu'on déterminera de la manière suivante : au commencement du mouvement $dx = dm$, $dy = dn$, $dz = dp$; on a donc à ce point $\frac{dx}{dm}$, $\frac{dy}{dn}$, $\frac{dz}{dp}$, égaux chacun à l'unité, chacun des autres coëfficiens nul, et par conséquent $K = 1$ (n° 224);

ainsi la fonction dont il s'agit est égale à ce que devient D lorsque $t = 0$; si nous la nommons e, nous aurons $D = \frac{e}{K}$.

(226). En regardant D comme une fonction de m, n, p, t, où on suppose pour un moment t constant, on a

$$dD = \frac{dD}{dm}\,dm + \frac{dD}{dn}\,dn + \frac{dD}{dp}\,dp,$$

et mettant pour dm, dn, dp, leurs valeurs,

$$dD = \frac{dD}{dm} \cdot \frac{L\,dx + M\,dy + N\,dz}{K} + \frac{dD}{dn} \cdot \frac{L'\,dx + M'\,dy + N'\,dz}{K} + \frac{dD}{dp} \cdot \frac{L''\,dx + M''\,dy + N''\,dz}{K}.$$

Donc si l'on fait, pour abréger,

$$L\,\frac{dD}{dm} + L'\,\frac{dD}{dn} + L''\,\frac{dD}{dp} = A,$$
$$M\,\frac{dD}{dm} + M'\,\frac{dD}{dn} + M''\,\frac{dD}{dp} = B,$$
$$N\,\frac{dD}{dm} + N'\,\frac{dD}{dn} + N''\,\frac{dD}{dp} = C,$$

on aura

$$\frac{1}{D}\,\frac{dD}{dx} = \frac{A}{e}, \quad \frac{1}{D}\,\frac{dD}{dy} = \frac{B}{e}, \quad \frac{1}{D}\,\frac{dD}{dz} = \frac{C}{e}.$$

On mettra ces valeurs, et celles de U1, U2, U3 (n° 225), dans les équations (A) qui deviendront par-là

$$(E)\ldots\ldots \begin{cases} \dfrac{d^2x}{dt^2} = P - \dfrac{d\rho}{dx} - \dfrac{A\rho}{e}, \\[2mm] \dfrac{d^2y}{dt^2} = Q - \dfrac{d\rho}{dy} - \dfrac{B\rho}{e}, \\[2mm] \dfrac{d^2z}{dt^2} = R - \dfrac{d\rho}{dz} - \dfrac{C\rho}{e}. \end{cases}$$

(227). Je suppose les forces P, Q, R nulles, ρ une quantité constante, et les ondulations infiniment petites : en prenant α pour une quantité infiniment petite, et $x1$, $x2$, $x3$, $y1$, $y2$, $y3$, $z1$, $z2$, $z3$, pour des fonctions indéterminées de m, n, p, t, on fera, pour exprimer la dernière supposition,

$$\frac{dx}{dm} = 1 + \alpha x1, \quad \frac{dx}{dn} = \alpha x2, \quad \frac{dx}{dp} = \alpha x3,$$
$$\frac{dy}{dm} = \alpha y1, \quad \frac{dy}{dn} = 1 + \alpha y2, \quad \frac{dy}{dp} = \alpha y3,$$
$$\frac{dz}{dm} = \alpha z1, \quad \frac{dz}{dn} = \alpha z2, \quad \frac{dz}{dp} = 1 + \alpha z3.$$

On en tirera, en négligeant les termes de l'ordre α^2,

$$K = 1 + \alpha (x_1 + y_2 + z_3),$$
$$L = 1 + \alpha (y_2 + z_3),\ M = - \alpha x_2,\ N = - \alpha x_3,$$
$$L' = - \alpha y_1,\ M' = 1 + \alpha (x_1 + z_3),\ N' = - \alpha y_3,$$
$$L'' = - \alpha z_1,\ M'' = - \alpha z_2,\ N'' = 1 + \alpha (x_1 + y_2).$$

Donc, à cause de

$$D = \frac{e}{K} = e\,[\,1 - \alpha\,(x_1 + y_2 + z_3)\,],$$

on aura

$$\frac{dD}{dm} = - e \left(\frac{d^2 x}{dm^2} + \frac{d^2 y}{dm\,dn} + \frac{d^2 z}{dm\,dp} \right),$$
$$\frac{dD}{dn} = - e \left(\frac{d^2 x}{dm\,dn} + \frac{d^2 y}{dn^2} + \frac{d^2 z}{dn\,dp} \right),$$
$$\frac{dD}{dp} = - e \left(\frac{d^2 x}{dm\,dp} + \frac{d^2 y}{dn\,dp} + \frac{d^2 z}{dp^2} \right).$$

Ces quantités sont évidemment de l'ordre α; or, puisque nous sommes convenus de négliger celles de l'ordre α^2, il faudra effacer dans les facteurs de $\frac{dD}{dm}$, $\frac{dD}{dn}$, $\frac{dD}{dp}$ (n° 226), les termes multipliés par α, et on aura

$$A = \frac{dD}{dm},\ B = \frac{dD}{dn},\ C = \frac{dD}{dp}.$$

Ainsi, dans l'hypothese d'ondulations infiniment petites, les équations (E), après avoir fait, pour abréger, $\frac{dx}{dm} + \frac{dy}{dn} + \frac{dz}{dp} = \sigma$, deviendront

$$\frac{d^2 x}{dt^2} = \rho\,\frac{d\sigma}{dm},\ \frac{d^2 y}{dt^2} = \rho\,\frac{d\sigma}{dn},\ \frac{d^2 z}{dt^2} = \rho\,\frac{d\sigma}{dp}.$$

On verra aisément qu'à cause de

$$\frac{d^2 x}{dm\,dt^2} + \frac{d^2 y}{dn\,dt^2} + \frac{d^2 z}{dp\,dt^2} = \frac{d^2 \left(\frac{dx}{dm} + \frac{dy}{dn} + \frac{dz}{dp} \right)}{dt^2},$$

celles-ci donnent

$$\frac{1}{\rho}\,\frac{d^2 \sigma}{dt^2} = \frac{d^2 \sigma}{dm^2} + \frac{d^2 \sigma}{dn^2} + \frac{d^2 \sigma}{dp^2}.$$

(228). Si les ondulations partent d'un centre dont, au commencement du mouvement, la molécule étoit éloignée de la quantité $\sqrt{(m^2 + n^2 + p^2)}$, que je fais $= q$ pour abréger; si, dis-je,
elles

elles partent d'un centre pour se propager en tout sens, on pourra faire

$$x = m s, \quad y = n s, \quad z = p s,$$

s étant une fonction de q et t. Cela posé, à cause de

$$ds = \frac{ds}{dt} dt + \frac{ds}{dq} \frac{m \, dm + n \, dn + p \, dp}{q} , \text{ on aura}$$

$$\frac{dx}{dm} = s + \frac{m^2}{q} \frac{ds}{dq} , \quad \frac{dy}{dn} = s + \frac{n^2}{q} \frac{ds}{dq} , \quad \frac{dz}{dp} = s + \frac{p^2}{q} \frac{ds}{dq} ;$$

et par conséquent $\sigma = 3 s + q \frac{ds}{dq}$.

De plus $\frac{d^2 s}{dm \, dq} = \frac{d^2 s}{dq^2} \frac{dq}{dm} = \frac{m}{q} \frac{d^2 s}{dq^2}$;

donc $\frac{d\sigma}{dm} = \frac{4m}{q} \frac{ds}{dq} + m \frac{d^2 s}{dq^2}$;

et l'équation $\frac{d^2 x}{dt^2} = \rho \frac{d\sigma}{dm}$ sera changée en celle-ci,

$$\frac{1}{\rho} \frac{d^2 s}{dt^2} = \frac{4}{q} \frac{ds}{dq} + \frac{d^2 s}{dq^2} ,$$

à laquelle se réduisent aussi les deux autres. A la fin du temps t, la molécule sera éloignée du centre de $\sqrt{(x^2 + y^2 + z^2)} = q s$; si l'on fait $q s = r$, d'où l'on tire

$$s = \frac{r}{q} , \quad \frac{ds}{dq} = \frac{1}{q} \frac{dr}{dq} - \frac{r}{q^2} , \quad \frac{d^2 s}{dq^2} = \frac{1}{q} \frac{d^2 r}{dq^2} - \frac{2}{q^2} \frac{dr}{dq} + \frac{2r}{q^3} ,$$

la derniere équation deviendra

$$\frac{1}{\rho} \frac{d^2 r}{dt^2} = \frac{d^2 r}{dq^2} + \frac{2}{q} \frac{dr}{dq} - \frac{2r}{q^2} ,$$

que nous savons intégrer complètement (C. I. pag. 696). Si nous n'eussions donné que deux dimensions à la molécule fluide, l'équation auroit été

$$\frac{1}{\rho} \frac{d^2 r}{dt^2} = \frac{d^2 r}{dq^2} + \frac{1}{q} \frac{dr}{dq} - \frac{r}{q^2} ,$$

qu'on ne peut intégrer de la même manière : M. de la Place a fait voir, *Mémoires de l'académie des sciences,* année 1779, qu'elle dépend d'intégrales définies. Au reste cette théorie du mouvement des fluides est due à Euler, qui l'a donnée pour la première fois, *Mémoires de Berlin,* année 1755 : M. de la Grange y a ajouté des remarques importantes dans un savant mémoire qui se trouve dans le second volume des *Mélanges de la société royale de Turin.*

B b

(229). Je fais passer par le point Z (*fig. IV*) un plan perpendiculaire au plan BAD, et qui le coupe dans la droite AM ; je nomme la distance AZ, r ; l'angle ZAM, θ ; l'angle DAM, n ; donc

$$z = r \sin.\theta, \quad y = r \cos.\theta \sin.n, \quad x = r \cos.\theta \cos.n :$$

et si, au commencement du mouvement, r, n, θ, étoient R, μ, λ, on doit aussi avoir

$$p = R \sin.\lambda, \quad n = R \cos.\lambda \sin.\mu, \quad m = R \cos.\lambda \cos.\mu.$$

Ainsi r, n, θ, seront fonctions de R, μ, λ, et on aura

$$dx = \cos.\theta \cos.n \left(\frac{dr}{dR} dR + \frac{dr}{d\mu} d\mu + \frac{dr}{d\lambda} d\lambda \right) - r \cos.\theta \sin.n \left(\frac{dn}{dR} dR \right.$$
$$\left. + \frac{dn}{d\mu} d\mu + \frac{dn}{d\lambda} d\lambda \right) - r \sin.\theta \cos.n \left(\frac{d\theta}{dR} dR + \frac{d\theta}{d\mu} d\mu + \frac{d\theta}{d\lambda} d\lambda \right) :$$

mais on a aussi

$$dx = \frac{dx}{dm} d \cdot R \cos.\lambda \cos.\mu + \frac{dx}{dn} d \cdot R \cos.\lambda \sin.\mu + \frac{dx}{dp} d \cdot R \sin.\lambda ;$$

donc

$$\frac{dx}{dm} \cos.\lambda \cos.\mu + \frac{dx}{dn} \cos.\lambda \sin.\mu + \frac{dx}{dp} \sin.\lambda = \frac{dr}{dR} \cos.\theta \cos.n$$
$$- \frac{dn}{dR} r \cos.\theta \sin.n - \frac{d\theta}{dR} r \sin.\theta \cos.n,$$

$$- \frac{dx}{dm} R \sin.\lambda \cos.\mu - \frac{dx}{dn} R \sin.\lambda \sin.\mu + \frac{dx}{dp} \cdot R \cos.\lambda =$$
$$\frac{dr}{d\lambda} \cos.\theta \cos.n - \frac{dn}{d\lambda} r \cos.\theta \sin.n - \frac{d\theta}{d\lambda} r \sin.\theta \cos.n,$$

$$- \frac{dx}{dm} R \cos.\lambda \sin.\mu + \frac{dx}{dn} R \cos.\lambda \cos.\mu = \frac{dr}{d\mu} \cos.\theta \cos.n -$$
$$\frac{dn}{d\mu} r \cos.\theta \sin.n - \frac{d\theta}{d\mu} r \sin.\theta \cos.n.$$

On tirera des trois équations précédentes

$$R \cos.\lambda \frac{dx}{dm} = \cos.\lambda \sin.\mu \left[R \cos.\lambda \left(\frac{dr}{dR} \cos.n \cos.\theta - \frac{dn}{dR} r \sin.n \cos.\theta \right. \right.$$
$$\left. - \frac{d\theta}{dR} r \cos.n \sin.\theta \right) - \sin.\lambda \left(\frac{dr}{d\lambda} \cos.\theta \cos.n - \frac{dn}{d\lambda} r \cos.\theta \sin.n \right.$$
$$\left. \left. - \frac{d\theta}{d\lambda} r \sin.\theta \cos.n \right) \right] - \sin.\mu \left(\frac{dr}{d\mu} \cos.\theta \cos.n - \frac{dn}{d\mu} r \cos.\theta \sin.n \right.$$
$$\left. - \frac{d\theta}{d\mu} r \sin.\theta \cos.n \right),$$

$$R \cos.\lambda \frac{dx}{dn} = \cos.\lambda \sin.\mu \left[R \cos.\lambda \left(\frac{dr}{dR} \cos.n \cos.\theta - \frac{dn}{dR} r \sin.n \cos.\theta \right. \right.$$

$$- \frac{d\vartheta}{dR}\, r \cos. n \, \sin. \theta) - \sin. \lambda \left(\frac{dr}{d\lambda} \cos. \theta \, \cos. n - \frac{dn}{d\lambda} r \cos. \theta \, \sin. n \right.$$

$$\left. - \frac{d\theta}{d\lambda} r \sin. \theta \, \cos. n \right)] + \cos. \mu \left(\frac{dr}{d\mu} \cos. \theta \, \cos. n - \frac{dn}{d\mu} r \cos. \theta \, \sin. n \right.$$

$$\left. - \frac{d\vartheta}{d\mu} r \sin. \theta \, \cos. n \right),$$

$$R \cos. \lambda \, \frac{dx}{dp} = R \cos. \lambda \, \sin. \lambda \left(\frac{dr}{dR} \cos. \theta \, \cos. n - \frac{dn}{dR} r \cos. \theta \, \sin. n \right.$$

$$\left. - \frac{d\vartheta}{dR} r \sin. \theta \, \cos. n \right) + \cos. \lambda^2 \left(\frac{dr}{d\lambda} \cos. \theta \, \cos. n - \frac{dn}{d\lambda} r \cos. \theta \, \sin. n \right.$$

$$\left. - \frac{d\vartheta}{d\lambda} r \sin. \theta \, \cos. n \right).$$

On verra aisément qu'on doit trouver les différences partielles de y, en mettant dans celles de x, $\sin. n$ pour $\cos. n$, et en y changeant le signe de dn; qu'on doit trouver celles de z, en mettant dans les mêmes $\sin. \theta$ pour $\cos. \theta$, en y changeant le signe de $d\theta$, et en y faisant n nul.

(230). Donc $R \cos. \lambda \left(\frac{dx}{dm} + \frac{dy}{dn} + \frac{dz}{dp} \right) =$

$$\frac{dr}{dR} \left(R \cos. \lambda^2 \cos. \theta \, \cos. (\mu - n) + R \sin. \lambda \, \cos. \lambda \, \sin. \theta \right) +$$

$$\frac{dn}{dR} R r \cos. \lambda^2 \cos. \theta \, \sin. (\mu - n) - \frac{d\vartheta}{dR} \left(R r \cos. \lambda^2 \sin. \theta \, \cos. (\mu - n) \right.$$

$$\left. - R r \sin. \lambda \, \cos. \lambda \, \cos. \theta \right) - \frac{dr}{d\lambda} \left(\sin. \lambda \, \cos. \lambda \, \cos. \theta \, \cos. (\mu - n) \right.$$

$$\left. - \cos. \lambda^2 \sin. \theta \right) - \frac{dn}{d\lambda} r \sin. \lambda \, \cos. \lambda \, \cos. \theta \, \sin. (\mu - n) + \frac{d\vartheta}{d\lambda} \left(r \sin. \lambda \right.$$

$$\left. \cos. \lambda \, \sin. \theta \, \cos. (\mu - n) + r \cos. \lambda^2 \cos. \theta \right) - \frac{dr}{d\mu} \cos. \theta \, \sin. (\mu - n)$$

$$+ \frac{dn}{d\mu} r \cos. \theta \, \cos. (\mu - n) + \frac{d\vartheta}{d\mu} r \sin. \theta \, \sin. (\mu - n).$$

Lorsque les angles μ et λ diffèrent assez peu de n et θ pour qu'on puisse prendre

$$\sin. (\mu - n) = 0, \quad \cos. (\mu - n) = 1,$$

$$\sin. (\lambda - \theta) = 0, \quad \cos. (\lambda - \theta) = 1,$$

le second membre de l'équation précédente se réduit à

$$\frac{dr}{dR} R \cos. \lambda + \frac{d\vartheta}{d\lambda} r \cos. \lambda + \frac{dn}{d\mu} r \cos. \theta.$$

Ce cas est celui où l'on peut supposer les ondulations infiniment petites : pour le mieux exprimer encore, soit

$$r = R + \alpha R_1, \quad n = \mu + \alpha u_1, \quad \theta = \lambda + \alpha \lambda_1,$$

R_1, μ_1, λ_1, étant des fonctions de R, λ, μ, et α une quantité infiniment petite ; on aura, en négligeant les quantités de l'ordre α^2,

$$\cos.\theta = \cos.\lambda - \alpha \lambda_1 \sin.\lambda, \text{ et}$$

$$\frac{dx}{dm} + \frac{dy}{dn} + \frac{dz}{dp} - 2 = 1 + \alpha \left(\frac{dR_1}{dR} + \frac{2R_1}{R} + \frac{d\mu_1}{d\mu} + \frac{d\lambda_1}{d\lambda} - \lambda_1 \text{ tang.}\lambda \right).$$

Il faut remarquer que le premier membre de cette équation est précisément la quantité que nous avons nommée K ($n° 227$).

(231). Nous supposerons, premièrement, que le fluide n'a pas d'élasticité ; alors ($n° 225$) K ne peut être qu'une fonction de R, λ, μ, qu'on déterminera aisément en remarquant qu'au commencement du mouvement R_1, μ_1, λ_1, sont nuls : on aura donc évidemment l'équation suivante :

$$(a)\cdots\cdots \frac{dR_1}{dR} + \frac{2R_1}{R} + \frac{d\mu_1}{d\mu} + \frac{d\lambda_1}{d\lambda} - \lambda_1 \text{ tang.}\lambda = 0.$$

Mais $\cos.n = \cos.\mu - \alpha \mu_1 \sin.\mu$, $\sin.n = \sin.\mu + \alpha \mu_1 \cos.\mu$,

$$\cos.\theta = \cos.\lambda - \alpha \lambda_1 \sin.\lambda, \quad \sin.\theta = \sin.\lambda + \alpha \lambda_1 \cos.\lambda;$$

ces valeurs étant substituées dans

$$x = r \cos.\theta \cos.n, \quad y = r \cos.\theta \sin.n, \quad z = r \sin.\theta,$$

il vient

$$x = R \cos.\lambda \cos.\mu + \alpha (R_1 \cos.\lambda \cos.\mu - R\mu_1 \cos.\lambda \sin.\mu - R\lambda_1 \sin.\lambda \cos.\mu),$$

$$y = R \cos.\lambda \sin.\mu + \alpha (R_1 \cos.\lambda \sin.\mu + R\mu_1 \cos.\lambda \cos.\mu - R\lambda_1 \sin.\lambda \sin.\mu),$$

$$z = R \sin.\lambda + \alpha (R_1 \sin.\lambda + R\lambda_1 \cos.\lambda):$$

ce sont là les valeurs de x, y, z, qu'il faudra mettre dans l'équation (6) ($n° 216$), après l'avoir changée en celle-ci ($n° 224$)

$$P\,dx + Q\,dy + R\,dz - \frac{1}{D} d\Pi = \frac{d^2x}{dt^2} dx + \frac{d^2y}{dt^2} dy + \frac{d^2z}{dt^2} dz.$$

Or R, λ, μ, ne renferment point t; on aura donc, en continuant de négliger les quantités de l'ordre α^2, au lieu de l'équation précédente, celle-ci :

$$(b)\ldots\ldots P\,dx + Q\,dy + R\,dz - \tfrac{1}{D}\,d\Pi = \alpha\left[\left(\tfrac{d^2 R_1}{dt^2}\cos.\lambda - \tfrac{d^2\lambda_1}{dt^2}R\sin.\lambda\right)d\cdot R\cos.\lambda + \tfrac{d^2\mu_1}{dt^2}(R\cos.\lambda)^2 d\mu + \left(\tfrac{d^2 R_1}{dt^2}\sin.\lambda + \tfrac{d^2\lambda_1}{dt^2}R\cos.\lambda\right)d\cdot R\sin.\lambda\right].$$

(232). Si la masse fluide a un mouvement de rotation autour de l'axe AC, l'angle μ n'augmentera pas seulement de $\alpha\mu_1$ dans le temps t, mais de $\alpha\mu_1 + e\,t$, e étant la vîtesse angulaire de la molécule, ou la vîtesse de rotation de la molécule divisée par sa distance perpendiculaire à l'axe AC ; et comme la force centrifuge de cette molécule est égale, dans l'hypothese de la courbe polygone, au quarré de la vîtesse de rotation divisée par cette même distance perpendiculaire, e a encore pour expression la racine quarrée de la force centrifuge à la distance 1. On aura, en négligeant les quantités de l'ordre α^2,

$$\frac{dx}{dt} = -e\,R\cos.\lambda\sin.(\mu + e\,t) + \alpha\left[\frac{dR_1}{dt}\cos.\lambda\cos.(\mu + e\,t)\right.$$
$$-e\,R_1\cos.\lambda\sin.(\mu + e\,t) - \frac{d\mu_1}{dt}R\cos.\lambda\sin.(\mu + e\,t)$$
$$-e\,R\mu_1\cos.\lambda\cos.(\mu + e\,t) - \frac{d\lambda_1}{dt}R\sin.\lambda\cos.(\mu + e\,t)$$
$$\left.+e\,R\lambda_1\sin.\lambda\sin.(\mu + e\,t)\right],$$

$$\frac{dy}{dt} = e\,R\cos.\lambda\cos.(\mu + e\,t) + \alpha\left[\frac{dR_1}{dt}\cos.\lambda\sin.(\mu + e\,t)\right.$$
$$+e\,R_1\cos.\lambda\cos.(\mu + e\,t) + \frac{d\mu_1}{dt}R\cos.\lambda\cos.(\mu + e\,t)$$
$$-e\,R\mu_1\cos.\lambda\sin.(\mu + e\,t) - \frac{d\lambda_1}{dt}R\sin.\lambda\sin.(\mu + e\,t)$$
$$\left.-e\,R\lambda_1\sin.\lambda\cos.(\mu + e\,t)\right];$$

et parceque t est de l'ordre α, en différentiant une seconde fois, on mettra $e\,t$ pour $\sin.e\,t$, et 1 pour le cosinus du même angle ; on effacera aussi les termes qui seront multipliés par $\alpha\,t$ comme étant de l'ordre α^2 : on aura de cette maniere

$$\frac{d^2 x}{dt^2} = -R\cos.\lambda\cos.\mu\left(e^2 + 2\alpha e\frac{d\mu_1}{dt}\right) + R\cos.\lambda\sin.\mu\left(e^3 t\right.$$
$$\left.+\alpha e^2\mu_1 - \alpha\frac{d^2\mu_1}{dt^2}\right) + \alpha\cos.\mu\left(\frac{d^2 R_1}{dt^2}\cos.\lambda - \frac{d^2\lambda_1}{dt^2}R\sin.\lambda\right)$$
$$-2\alpha e\sin.\mu\left(\frac{dR_1}{dt}\cos.\lambda - \frac{d\lambda_1}{dt}R\sin.\lambda\right) - \alpha e^2\cos.\mu\left(R_1\cos.\lambda\right.$$
$$\left.-R\lambda_1\sin.\lambda\right),$$

$$\frac{d^2 y}{dt^2} = - R \cos.\lambda \sin.\mu \left(e^2 + 2 a e \frac{d\mu 1}{dt} \right) - R \cos.\lambda \cos.\mu \left(e^3 t \right.$$
$$+ a e^2 \mu 1 - a \frac{d^2 \mu 1}{dt^2} \left.\right) + a \sin.\mu \left(\frac{d^2 R 1}{dt^2} \cos.\lambda - \frac{d^2 \lambda 1}{dt^2} R \sin.\lambda \right)$$
$$+ 2 a e \cos.\mu \left(\frac{d R 1}{dt} \cos.\lambda - \frac{d \lambda 1}{dt} R \sin.\lambda \right) - a e^2 \sin.\mu \left(R 1 \cos.\lambda \right.$$
$$\left. - R \lambda 1 \sin.\lambda \right).$$

(233). Ainsi dans le cas où la masse fluide aura un mouvement de rotation autour de l'axe AC, il faudra ajouter au second membre de l'équation (b) les termes

$$- a e \left[2 R \cos.\lambda \frac{d\mu 1}{dt} + e \left(R 1 \cos.\lambda - R \lambda 1 \sin.\lambda \right) \right] d \cdot R \cos.\lambda$$
$$+ 2 a e \left(\frac{d R 1}{dt} \cos.\lambda - \frac{d \lambda 1}{dt} R \sin.\lambda \right) R \cos.\lambda \, d\mu - e^2 R$$
$$\cos.\lambda \, d \left[R \cos.\lambda + a \left(R 1 \cos.\lambda - R \lambda 1 \sin.\lambda \right) \right].$$

Les équations (a) et (b), qui sont identiquement celles que M. de la Place a nommées (1) et (2), *Mémoires de l'académie royale des sciences,* année 1775, appartiennent à tous les points de l'intérieur du fluide : on aura celle qui convient à la surface extérieure, en faisant $d\Pi$ nul dans l'équation (b); il faudra de plus que les différentielles dR, $d\lambda$, $d\mu$, aient entre elles les rapports déterminés par la nature de cette surface.

(234). A cause de D qui est constant, si $P\,dx + Q\,dy + R\,dz$ est une différentielle exacte, ce qui arrivera toujours lorsque les forces P, Q, R, ne résulteront que des attractions mutuelles de toutes les parties du fluide et des différents corps qui peuvent agir sur lui ; si, dis-je, le premier membre de l'équation (b) est une différentielle exacte, le second en sera une aussi : et comme

$$a e^2 \left(R 1 \cos.\lambda - R \lambda 1 \sin.\lambda \right) d \cdot R \cos.\lambda + e^2 R \cos.\lambda \left[d \cdot R \cos.\lambda \right.$$
$$\left. + a d \left(R 1 \cos.\lambda - R \lambda 1 \sin.\lambda \right) \right].$$

est elle-même une différentielle exacte, il sera nécessaire que le reste de ce second membre en fasse une. Il suit de là que

$$\frac{d \left(\frac{d^2 R 1}{dt^2} - 2 e R \cos.\lambda^2 \frac{d\mu 1}{dt} \right)}{d\lambda} =$$
$$\frac{d \cdot R^2 \left(\frac{d^2 \lambda 1}{dt^2} + 2 e \sin.\lambda \cos.\lambda \frac{d\mu 1}{dt} \right)}{dR},$$

$$d\left[R^2\cos.\lambda^2\,\frac{d^2\mu_1}{dt^2}+2eR\cos.\lambda\left(\frac{dR_1}{dt}\cos.\lambda-\frac{d\lambda_1}{dt}R\sin.\lambda\right)\right]$$
$$\overline{}$$
$$d\lambda$$
$$=\frac{d\cdot R^2\left(\frac{d^2\lambda_1}{dt^2}+2e\sin.\lambda\cos.\lambda\,\frac{d\mu_1}{dt}\right)}{d\mu}.$$

$$d\left[R^2\cos.\lambda^2\,\frac{d^2\mu_1}{dt^2}+2eR\cos.\lambda\left(\frac{dR_1}{dt}\cos.\lambda-\frac{d\lambda_1}{dt}R\sin.\lambda\right)\right]$$
$$\overline{}$$
$$dR$$
$$=\frac{d\left(\frac{d^2R_1}{dt^2}-2eR\cos.\lambda^2\,\frac{d\mu_1}{dt}\right)}{d\mu}.$$

Mais R, λ, μ, ne renfermant pas t, on pourra intégrer, par rapport à t, sans aucune préparation ; et parceque R_1, λ_1, μ_1, doivent être nuls, au commencement du mouvement, aussi-bien que

$$\frac{dR_1}{dt},\ \frac{d\lambda_1}{dt},\ \frac{d\mu_1}{dt},\ \text{on aura les trois équations}$$

$$(C)\ldots\begin{cases}\dfrac{d\left(\frac{dR_1}{dt}-2eR\mu_1\cos.\lambda^2\right)}{d\lambda}=\dfrac{d\cdot R^2\left(\frac{d\lambda_1}{dt}+2e\mu_1\sin.\lambda\cos.\lambda\right)}{dR},\\[4ex]\dfrac{d\left[R^2\cos.\lambda^2\,\frac{d\mu_1}{dt}+2eR\cos.\lambda\,(R_1\cos.\lambda-R\lambda_1\sin.\lambda)\right]}{d\lambda}\\[3ex]\quad=\dfrac{d\cdot R^2\left(\frac{d\lambda_1}{dt}+2e\mu_1\sin.\lambda\cos.\lambda\right)}{d\mu},\\[4ex]\dfrac{d\left[R^2\cos.\lambda^2\,\frac{d\mu_1}{dt}+2eR\cos.\lambda\,(R_1\cos.\lambda-R\lambda_1\sin.\lambda)\right]}{dR}\\[3ex]\quad=\dfrac{d\left(\frac{dR_1}{dt}-2eR\mu_1\cos.\lambda^2\right)}{d\mu}.\end{cases}$$

(235). Lorsque la masse fluide n'a pas de mouvement de rotation, les équations précédentes s'intègrent une seconde fois, et on en tire

$$\frac{d\cdot R^2\lambda_1}{dR}=\frac{dR_1}{d\lambda},\quad \frac{d\lambda_1}{d\mu}=\frac{d\cdot\mu_1\cos.\lambda^2}{d\lambda},\quad \frac{dR_1}{d\mu}=\cos.\lambda^2\,\frac{d\cdot R^2\mu_1}{dR}:$$

et si cette même masse a assez peu de profondeur pour qu'on puisse supposer que R varie infiniment peu relativement à λ, μ, c'est-à-dire pour qu'on puisse supposer R_1 nul auprès de λ_1, μ_1, ces dernières équations et l'équation (a) deviendront

$$\frac{d\cdot R^2\lambda_1}{dR}=0,\quad \frac{d\lambda_1}{d\mu}=\frac{d\cdot\mu_1\cos.\lambda^2}{d\lambda},$$
$$\frac{d\cdot R^2\mu_1}{dR}=0,\quad \cos.\lambda\,\frac{d\mu_1}{d\mu}+\frac{d\cdot\lambda_1\cos.\lambda}{d\lambda},$$

dont la premiere et la troisieme nous apprennent que $R^2 \lambda 1$ et
$R^2 \mu 1$ doivent être indépendants de R. Si l'on suppose $\lambda 1 \cos.\lambda = p$,
$\mu 1 \cos.\lambda^2 = q$, on change les deux autres en celles-ci :

$$\frac{dp}{d\mu} = \cos.\lambda \, \frac{dq}{d\lambda}, \quad \frac{dq}{d\mu} = -\cos.\lambda \, \frac{dp}{d\lambda},$$

desquelles on tire (C. I. pag. 311)

$$p = \varphi : (L + \mu \sqrt{-1}) + f : (L - \mu \sqrt{-1}),$$
$$q = \sqrt{-1} \, [\varphi : (L + \mu \sqrt{-1}) - f : (L - \mu \sqrt{-1})],$$

en faisant, pour abréger, $L = \log. \frac{\cos.\lambda}{1 - \sin.\lambda}$.

(236). Ces formules serviront à déterminer les ondulations de
toutes les parties internes du fluide ; à la surface on aura de plus
l'équation (b) dans laquelle on fera $d\Pi$ nul. En admettant toutes les
hypotheses de l'article précédent, on pourra y supposer R constant ;
nous le ferons $= 1$, et nous discuterons le cas où le fluide n'est animé
d'autre force que de la gravité. Alors nous aurons

$$- g dz = \alpha \left(\frac{d^2 p}{dt^2} \, dL + \frac{d^2 q}{dt^2} \, d\mu \right),$$

où dz est de l'ordre αdL et $\alpha d\mu$; nous pourrons faire $\sin.\lambda = l$
$+ \alpha r'$, r' étant une fonction de L, μ, et l une constante ; car, à
cause de $z = \sin.\lambda + \alpha p$ (n° 231), nous tirerons de cette supposition

$$dz = \alpha \left(\frac{dr'}{dL} + \frac{dp}{dL} \right) dL + \alpha \left(\frac{dr'}{d\mu} + \frac{dp}{d\mu} \right) d\mu.$$

Nous comparerons les deux valeurs de dz, et nous aurons les deux
équations

$$\frac{d^2 p}{dt^2} = g \left(\frac{dr'}{dL} + \frac{dp}{dL} \right),$$
$$- \frac{d^2 q}{dt^2} = g \left(\frac{dr'}{d\mu} + \frac{dp}{d\mu} \right),$$

auxquelles il s'agit de satisfaire.

(237). Or M et N étant deux fonctions de $L + \mu \sqrt{-1}$, P et Q
deux autres fonctions de $L - \mu \sqrt{-1}$, toutes indépendantes de t,
et θ une fonction de t seul ; si l'on suppose

$$p = M + P + \theta (N + Q),$$
$$q = \sqrt{-1} \, [(M - P) + \theta (N - Q)],$$

nos

nos deux équations deviendront

$$(N + Q) \frac{d^2\theta}{dt^2} = - g \left(\frac{dr'}{dL} + \frac{d(M + P)}{dL} + \theta \frac{d(N + Q)}{dL} \right),$$

$$\sqrt{-1} (N - Q) \frac{d^2\theta}{dt^2} = - g \left(\frac{dr'}{d\mu} + \frac{d(M + P)}{d\mu} + \theta \frac{d(N + Q)}{d\mu} \right).$$

On verra aisément que

$$\frac{d(M + P)}{d\mu} = \sqrt{-1} \frac{d(M - P)}{dL}, \quad \frac{d(N + Q)}{d\mu} = \sqrt{-1} \frac{d(N - Q)}{dL} :$$

c'est pourquoi si l'on fait

$$\frac{dr'}{dL} + \frac{d(M + P)}{dL} = m \frac{d(N + Q)}{dL},$$

$$\frac{dr'}{d\mu} + \sqrt{-1} \frac{d(M - P)}{dL} = \sqrt{-1} \, m \frac{d(N - Q)}{dL},$$

et ensuite

$$\frac{d(N + Q)}{dL} = i (N + Q), \quad \frac{d(N - Q)}{dL} = i (N - Q),$$

i et m étant des constantes, ces deux équations se réduiront à une seule,

$$\frac{d^2\theta}{dt^2} = - g i (m + \theta),$$

qui donne $\theta = - m (1 - \cos. t \sqrt{gi})$;

étant intégrée de maniere que θ et $\frac{d\theta}{dt}$ soient nuls à l'origine du mouvement. Quant aux fonctions N et Q, elles doivent être telles que

$$N + Q = I \left(e^{i(L + \mu \sqrt{-1})} + e^{i(L - \mu \sqrt{-1})} \right),$$

$$N - Q = I \left(e^{i(L + \mu \sqrt{-1})} - e^{i(L - \mu \sqrt{-1})} \right),$$

où I est constant; on aura donc

$$p = M + P - I m (1 - \cos. t \sqrt{gi}) \left(e^{i(L + \mu \sqrt{-1})} + e^{i(L - \mu \sqrt{-1})} \right),$$

$$q = \sqrt{-1} \left[M - P - I m (1 - \cos. t \sqrt{gi}) \left(e^{i(L + \mu \sqrt{-1})} - e^{i(L - \mu \sqrt{-1})} \right) \right];$$

et il sera facile d'en tirer

$$z = l + a \left[\text{const.} + I m \cos. t \sqrt{gi} \left(e^{i(L + \mu \sqrt{-1})} + e^{i(L - \mu \sqrt{-1})} \right) \right],$$

où l est la profondeur du canal dans l'état d'équilibre.

Cc

(238). Nous avons fait (n° 235) $L = \log. \frac{\cos.\lambda}{1-\sin.\lambda}$; et il suffira de mettre dans cette expression, l pour $\sin.\lambda$, $\sqrt{(1-l^2)}$ pour $\cos.\lambda$, puisque dans la valeur de z la quantité L est déja multipliée par α. Il faudra donc substituer à L, dans e^{iL},

$$\tfrac{1}{2}\log.\tfrac{1+l}{1-l}, \text{ ou mettre pour } e^{iL}, \left[\tfrac{1+l}{1-l}\right]^{\frac{i}{2}};$$

de cette maniere on aura

$$z = l + \alpha\left[\text{const.} + 2\,\mathrm{I}\,m\left(\tfrac{1+l}{1-l}\right)^{\frac{i}{2}}\cos.t\sqrt{gi}\cos.i\mu\right],$$

ou, déterminant la constante arbitraire de façon que $z = l$ lorsque $t = 0$ et $\mu = a$,

$$z = l + \alpha\,m\,\mathrm{I}\left(\tfrac{1+l}{1-l}\right)^{\frac{i}{2}}\left[\cos.(i\mu + t\sqrt{gi}) + \cos.(i\mu - t\sqrt{gi}) - 2\cos.ia\right].$$

Il n'y aura pas d'ondulation tant que $\cos.(i\mu + t\sqrt{gi}) + \cos.(i\mu - t\sqrt{gi})$ sera moindre que $2\cos.ia$. Si l'on fait $\cos.(i\mu + t\sqrt{gi}) = \cos.ia$; à cause de $\cos.ia = \cos.-ia$, il faudra que $i\mu - t\sqrt{gi}$ soit compris entre les deux limites ia et $-ia$ pour qu'il y ait ondulation : et si l'on suppose μ plus grand que a, le fluide commencera à s'ébranler lorsqu'on aura

$$i\mu - t\sqrt{gi} = ia, \text{ ou } t = (\mu - a)\sqrt{\tfrac{i}{g}};$$

les ondulations cesseront lorsqu'on aura

$$i\mu - t\sqrt{gi} = -ia, \text{ ou } t = (\mu + a)\sqrt{\tfrac{i}{g}};$$

la différence des deux temps donne la durée des ondulations égale à $2a\sqrt{\tfrac{i}{g}}$. Mais (n° 127) $\tfrac{\pi}{2}\sqrt{\tfrac{i}{g}}$ est la durée de l'oscillation d'un pendule simple dont la longueur seroit $= i$: si nous nommons T ce temps, nous aurons $\frac{4aT}{\pi}$ pour la durée de l'ondulation, et $\frac{2T}{\pi}(\mu - a)$ pour le tems où le fluide a commencé à se mouvoir. On auroit trouvé même résultat, si l'on avoit fait $\cos.(i\mu - t\sqrt{gi}) = \cos.ia$, et ensuite $i\mu + t\sqrt{gi} = \pm ia$.

(239). Nous supposons maintenant que le fluide est élastique ; alors (n° 225) $KD = E$, E étant une fonction de R, λ, μ, seulement :

et si, au bout du temps t, la densité devient $E(1+\alpha\delta)$, on aura
(n° 230)

$$E(1+\alpha\delta)\left[1+\alpha\left(\frac{dR_1}{dR}+\frac{2R_1}{R}+\frac{d\mu_1}{d\mu}+\frac{d\lambda_1}{d\lambda}-\lambda_1\,\text{tang}.\lambda\right)\right]=E,\ \text{ou}$$

$$(a_1)\ldots\ldots\delta+\frac{dR_1}{dR}+\frac{2R_1}{R}+\frac{d\mu_1}{d\mu}+\frac{d\lambda_1}{d\lambda}-\lambda_1\,\text{tang}.\lambda=0,$$

en négligeant les quantités de l'ordre α^2. L'équation (b) subsistera telle qu'elle est ; il suffira d'y mettre $E(1+\alpha\delta)$ au lieu de D, et d'y regarder δ comme variable. Si $\Pi=Eh(1+\alpha\delta)$, h étant constant, on aura

$$\frac{d\Pi}{D}=\frac{\alpha h\,d\delta}{1+\alpha\delta}=\alpha h\,d\delta\,;$$

et les remarques que nous avons faites relativement à l'équation (b) auront lieu comme lorsque le fluide n'avoit pas d'élasticité.

(240). Pour appliquer les équations que nous avons trouvées à la question du flux et reflux de la mer, nous supposerons que la terre est composée d'un noyau solide infiniment peu différent de la sphere, et que ce noyau est recouvert d'une couche fluide infiniment mince. Le fluide, n'étant animé d'aucune force extérieure, prendra à la longue le mouvement de rotation du noyau, et finira par être en équilibre : s'il est dérangé de cet état par des forces qui lui fassent faire des oscillations infiniment petites, on déterminera la nature de ces oscillations au moyen des équations (a), (b), et des équations (c), dans lesquelles on regardera R_1 comme infiniment petit par rapport à λ_1. En effet, en prenant le demi petit axe pour l'unité, si $R=1+\mathcal{C}q+\gamma r$, où $\mathcal{C}$, γ, sont des quantités trés petites, et où γr exprime la profondeur du fluide ; lorsque λ se change en $\lambda+\alpha\lambda_1$, par le théorême de Taylor, q, r doivent se changer en

$$q+\alpha\lambda_1\frac{dq}{d\lambda},\ r+\alpha\lambda_1\frac{dr}{d\lambda},$$

et R en $1+\mathcal{C}q+\gamma r+\alpha\lambda_1\left(\mathcal{C}\frac{dq}{d\lambda}+\gamma\frac{dr}{d\lambda}\right)$;

mais dans la même hypothese R devient $R+\alpha R_1$; donc

$$R_1=\lambda_1\left(\mathcal{C}\frac{dq}{d\lambda}+\gamma\frac{dr}{d\lambda}\right),$$

quantité infiniment petite par rapport à λ_1.

(241). L'équation (b) renferme $P\,dx+Q\,dy+R\,dz$ qui dépend des forces d'attraction du sphéroïde et des différents corps qui peuvent agir sur lui. Pour les déterminer, imaginons en Z (*fig. XIV*) un point quelconque de la surface fluide, et qu'à ce point

$$AZ = 1 + 6q + \gamma r + \alpha \lambda_1 \left(6 \frac{dq}{d\lambda} + \gamma \frac{dr}{d\lambda} \right);$$

nommons aussi H_1 ce que devient, à l'origine du mouvement, l'attraction que le sphéroïde exerce sur la molécule qui est en Z : la force H_1 aura pour direction une droite qui coïncidera avec AZ, aux quantités près de l'ordre 6, et que nous pourrons supposer avoir pour différentielle $d(AZ + 6s_1)$. Mais dans le cas d'équilibre, $\frac{d\lambda_1}{dt}$, $\frac{d^2\lambda_1}{dt^2}$, $\frac{d\mu_1}{dt}$, $\frac{d^2\mu_1}{dt^2}$, sont nuls, et toutes les forces qui agissent sur la molécule se réduisent à l'attraction du sphéroïde ; alors l'équation (b), où il faudra faire $d\Pi$ nul, donnera

$$H_1 d(AZ + 6s_1) = \frac{e^2}{2} d \cdot [AZ (\cos.\lambda - \alpha\lambda_1 \sin.\lambda)]^2.$$

Supposons qu'une autre molécule fluide, qui seroit arrivée pendant l'oscillation sur le rayon AZ, se fût trouvée à la distance $R + \alpha R_1$ du centre A ; la différence

$$R + \alpha R_1 - AZ, \text{ ou } \alpha \left[R_1 - \lambda_1 \left(6 \frac{dq}{d\lambda} + \gamma \frac{dr}{d\lambda} \right) \right],$$

que nous ferons $= \alpha\sigma$ pour simplifier, seroit la hauteur de cette molécule au-dessus de la surface d'équilibre. Le sphéroïde, j'entends toujours par-là le noyau solide et le fluide qui le recouvre, agiroit sur elle par une force d'attraction qui, à l'origine du mouvement, ne différeroit de H_1 que de quantités de l'ordre $\alpha\sigma$. Supposons qu'alors on puisse représenter cette force par $H_1 + \alpha\sigma H_2$, et que la droite dans laquelle elle agit ait pour différentielle

$$d(AZ + \alpha\sigma + 6s_1 + \alpha\sigma \cdot 6s_2);$$

on aura, pour le produit de cette force, par la différentielle de sa direction,

$$(H_1 + \alpha\sigma H_2) [d(AZ + 6s_1) + \alpha d(\sigma + 6\sigma s_2)],$$

dont il faudra ôter

$$\frac{e^2}{2} d \cdot [R (\cos.\lambda - \alpha\lambda_1 \sin.\lambda)]^2.$$

Or si on veut se rappeller que e^2 est de l'ordre α, que dAZ est de l'ordre $6 d\lambda$; on verra aisément que puisqu'on est convenu de négliger les infiniment petits du second ordre, la différence dont il s'agit se réduit à $\alpha H_1 d\sigma$, ou même à $\alpha g d\sigma$, g étant la pesanteur qui diffère infiniment peu de H_1.

(242). Après le temps t, le sphéroïde, à cause du fluide qui en fait partie, n'aura pas la même figure qu'à l'origine du mouvement : pour trouver l'attraction qu'exerce alors la partie fluide, on cherchera les attractions de deux sphéroïdes de même densité que le fluide, l'un ayant AZ et l'autre $AZ + \alpha\sigma$ pour rayons, ou, aux quantités près du second ordre, les attractions de deux sphéroïdes, dont le premier auroit pour rayon 1, et seroit par conséquent une sphere, l'autre auroit pour rayon $1 + \alpha\sigma$; la différence de ces deux attractions sera celle de la partie fluide. Nommons-la $\alpha\sigma h_1$, et τ la droite suivant laquelle elle agit, nous aurons $\alpha\sigma h_1 d\tau$ pour l'attraction du fluide, multipliée par la différentielle de sa direction. Or $d\tau = \frac{d\tau}{d\lambda} d\lambda + \frac{d\tau}{d\mu} d\mu$; donc $- \alpha\sigma h_1 \frac{d\tau}{d\lambda}$ est l'attraction perpendiculaire à AZ qui agit dans le plan du méridien ; $- \alpha\sigma h_1 \frac{d\tau}{d\mu}$ est l'attraction perpendiculaire au plan du méridien qui agit dans le plan de l'équateur : celle-ci, transportée au point Z, ou dans le plan du parallele qui a pour rayon $\cos.\lambda$, est $- \frac{\alpha\sigma h_1}{\cos.\lambda} \frac{d\tau}{d\mu}$; ainsi Δ étant la densité du fluide, si on nomme la premiere $\alpha\Delta Y$, l'autre $\alpha\Delta Z$, on aura

$$\alpha\sigma h_1 d\tau = \alpha\Delta (Y d\lambda + Z \cos.\lambda d\mu).$$

(243). Maintenant nous supposons qu'un corps extérieur agisse sur le sphéroïde par une force d'attraction proportionnelle à sa masse divisée par le quarré de la distance ; en nommant M la masse, et ρ la distance à la molécule fluide, on aura $\frac{M}{\rho^2} d\rho$, ou $- M d\frac{1}{\rho}$, pour le produit de cette action par la différentielle de sa direction : et comme il ne s'agit pas de déterminer les oscillations absolues du fluide dans l'espace, mais ses oscillations sur le sphéroïde, nous pourrons regarder le centre A comme immobile, et transporter en sens contraire à la molécule l'action du corps sur ce centre. Au lieu du centre, prenons un point qui en soit à la distance a ; alors, ρ_1 étant ce que devient ρ lorsqu'on y change $R + \alpha R_1$ en a, l'action à transporter sera $- M d\frac{1}{\rho_1}$; mais l'action de M sur le point que nous venons de choisir, transportée à la molécule fluide, seroit égale à l'action du même corps sur cette molécule s'il étoit situé, par rapport à elle, comme il l'est par rapport au point qui est à la distance a ;

de plus, ayant pris ce point pour le centre des angles $d\lambda$, $d\mu$ dans la différentielle $d\frac{1}{\rho^1}$, si on vouloit qu'il fût en A, il faudroit changer dans cette différentielle $d\lambda$, $d\mu$, en $\frac{R + \alpha R_1}{a} d\lambda$, $\frac{R + \alpha R_1}{a} d\mu$, et da en $dR + \alpha \frac{dR_1}{dR} dR$, et faire ensuite a nul : soit désigné par $(d\frac{1}{\rho^1})$ ce que deviendroit $d\frac{1}{\rho^1}$ par toutes ses transformations ; on auroit $M(d\frac{1}{\rho^1})$ pour l'action de M sur A transportée en sens contraire à la molécule. Donc $M\left[d\frac{1}{\rho} - (d\frac{1}{\rho^1})\right]$ est la partie de $P\,dx + Q\,dy + R\,dz$ qui dépend de l'action du corps M.

(244). Pour trouver la valeur de ρ, j'imagine que la molécule fluide est en Z (*fig. VI*), où

$$AZ = R + \alpha R_1, \quad ZAM = \lambda + \alpha \lambda_1, \quad DAM = \mu + et + \alpha \mu_1,$$

et que le corps extérieur qui agit sur cette molécule est en Z′ où

$$AZ' = H, \quad Z'AM' = \Phi, \quad DAM' = \varphi :$$

à cause de $\overline{ZZ'}^2 = (Z'M' - ZM)^2 + (M'P' - MP)^2 + (AP' - AP)^2$, et de $ZM = AZ \sin.ZAM$, $Z'M' = AZ' \sin. Z'AM'$, $MP = AZ \cos.ZAM \sin.DAM$, $M'P' = AZ' \cos. Z'AM' \sin.DAM'$, $AP = AZ \cos.ZAM \cos.DAM$, $AP' = AZ' \cos. Z'AM' \cos.DAM'$; on aura, en faisant $DAM - DAM' = \Psi$,

$$\rho^2 = H^2 + (R + \alpha R_1)^2 - 2H(R + \alpha R_1)\,[\sin.\Phi \sin.(\lambda + \alpha \lambda_1) + \cos.\Phi \cos.(\lambda + \alpha \lambda_1) \cos.\Psi].$$

Si H est très grand par rapport à R, on pourra prendre

$$\frac{H}{\rho} = 1 - \left(\frac{R + \alpha R_1}{2H}\right)^2 + \frac{R + \alpha R_1}{H}\,[\sin.\Phi \sin.(\lambda + \alpha \lambda_1) + \cos.\Phi \cos.(\lambda + \alpha \lambda_1) \cos.\Psi] + \frac{3}{2}\left(\frac{R + \alpha R_1}{H}\right)^2\,[\sin.\Phi \sin.(\lambda + \alpha \lambda_1) + \cos.\Phi \cos.(\lambda + \alpha \lambda_1) \cos.\Psi]^2 + \text{etc.}$$

et si on peut regarder $\frac{1}{H^3}$ comme étant de l'ordre α, la différentielle de R à la surface comme étant infiniment petite relativement à celles de λ et μ, on en tirera, en ne conservant que les infiniment petits du premier ordre,

$$d \frac{1}{\rho} = \frac{R}{H^2} d \left[\sin.\Phi \sin.\lambda + \cos.\Phi \cos.\lambda \cos.(\mu + e t - \varphi) \right] +$$
$$\frac{3 R^2}{2 H^3} d \cdot \left[\sin.\Phi \sin.\lambda + \cos.\Phi \cos.\lambda \cos.(\mu + e t - \varphi) \right].$$

On mettra dans cette différentielle a pour R, et $\frac{R}{a} d\lambda$, $\frac{R}{a} d\mu$ au lieu de $d\lambda$, $d\mu$, et, y faisant a nul, on aura

$$\left(d \frac{1}{\rho^1} \right) = \frac{R}{H^2} d \left[\sin.\Phi \sin.\lambda + \cos.\Phi \cos.\lambda \cos.(\mu + e t - \varphi) \right]:$$

et comme à la surface R diffère infiniment peu de l'unité, on pourra se contenter en faisant, pour abréger, $\frac{3 M}{2 H^3} = \alpha I$, de

$$M \left[d \frac{1}{\rho} - \left(d \frac{1}{\rho^1} \right) \right] = \alpha I d \cdot \left[\sin.\Phi \sin.\lambda + \cos.\Phi \cos.\lambda \right.$$
$$\cos.(\mu + e t - \varphi) \big]^2.$$

(245). Ainsi $P dx + Q dy + R dz + \frac{e^2}{2} d \cdot [R (\cos.\lambda - \alpha \lambda_1 \sin.\lambda)]^2 = - \alpha g d\sigma + \alpha \Delta (Y d\lambda + Z \cos.\lambda d\mu) + \alpha I d \cdot [\sin.\Phi \sin.\lambda + \cos.\Phi \cos.\lambda \cos.(\mu + e t - \varphi)]^2:$

et l'équation (b) (n°s 231 et 233), dans laquelle on fera $R = 1$ et $d\Pi$ nuls, toutes réductions faites, deviendra

$$\left(\frac{d^2\lambda_1}{dt^2} + 2 e \cos.\lambda \sin.\lambda \frac{d\mu_1}{dt} \right) d\lambda + \left(\cos.\lambda^2 \frac{d^2\mu_1}{dt^2} - 2 e \cos.\lambda \right.$$
$$\sin.\lambda \frac{d\lambda_1}{dt} \right) d\mu = - g \left(\frac{d\sigma}{d\lambda} d\lambda + \frac{d\sigma}{d\mu} d\mu \right) + \Delta (Y d\lambda +$$
$$Z \cos.\lambda d\mu) + I [\sin.2\lambda (1 - \tfrac{1}{2} \cos.\Phi^2 (3 + \cos.2 (\mu + e t - \varphi))$$
$$+ 2 \sin.\Phi \cos.\Phi \cos.2\lambda \cos.(\mu + e t - \varphi)] d\lambda - I [\sin.\Phi \cos.\Phi$$
$$\sin.2\lambda \sin.(\mu + e t - \varphi) + \cos.\Phi^2 \cos.\lambda^2 \sin.2 (\mu + e t - \varphi)] d\mu.$$

Mais dans cette équation les différentielles $d\lambda$ et $d\mu$ sont entièrement indépendantes ; on en tirera donc

$$(e) \ldots \ldots \begin{cases} \dfrac{d^2\lambda_1}{dt^2} + 2 e \cos.\lambda \sin.\lambda \dfrac{d\mu_1}{dt} + g \dfrac{d\sigma}{d\lambda} - \Delta Y - \\ I \sin.2\lambda \left[1 - \tfrac{1}{2} \cos.\Phi^2 (3 + \cos.2 (\mu + e t - \varphi)) \right] \\ - 2 I \sin.\Phi \cos.\Phi \cos.2\lambda \cos.(\mu + e t - \varphi) = 0, \\ \cos.\lambda^2 \dfrac{d^2\mu_1}{dt^2} - 2 e \cos.\lambda \sin.\lambda \dfrac{d\lambda_1}{dt} + g \dfrac{d\sigma}{d\mu} - \Delta Z \cos.\lambda \\ + I \sin.\Phi \cos.\Phi \sin.2\lambda \sin.(\mu + e t - \varphi) + \\ I \cos.\Phi^2 \cos.\lambda^2 \sin.2 (\mu + e t - \varphi) = 0. \end{cases}$$

(246). L'équation (a) (n° 231), que nous a fournie la considé-
ration de la continuité du fluide, peut être changée en celle-ci :

$$\frac{d.\,R^2 R_1}{dR} = R^2 \left(\lambda_1 \,\text{tang.}\,\lambda - \frac{d\lambda_1}{d\lambda} - \frac{d\mu_1}{d\mu} \right),$$

qu'on intégrera de maniere que l'intégrale s'étende depuis la surface
du noyau jusqu'à celle du fluide. Alors on pourra regarder le second
membre comme étant constant ; et comme γr est la profondeur du
fluide, et $6\lambda_1 \frac{dq}{d\lambda}$ ce que devient R_1 à la surface du noyau (n° 240),
on aura

$$R_1 = \gamma r \left(\lambda_1 \,\text{tang.}\,\lambda - \frac{d\lambda_1}{d\lambda} - \frac{d\mu_1}{d\mu} \right) + 6\lambda_1 \frac{dq}{d\lambda};$$

et par conséquent (n° 241)

$$\sigma = \gamma r \left(\lambda_1 \,\text{tang.}\,\lambda - \frac{d\lambda_1}{d\lambda} - \frac{d\mu_1}{d\mu} \right) - \gamma \lambda_1 \frac{dr}{d\lambda}.$$

Il faudra encore satisfaire aux équations (c) (n° 234), ou simplement
aux deux premieres, qui, dans l'hypothese actuelle, deviennent

$$(g)\ldots\ldots\begin{cases} \dfrac{d \cdot R^2 \left(\frac{d\lambda_1}{dt} + 2e\mu_1 \sin.\lambda \cos.\lambda \right)}{dR} = -2eR\,\dfrac{d.\,\mu_1 \cos.\lambda^2}{d\lambda}, \\[3ex] \dfrac{d \left(\frac{d\lambda_1}{dt} + 2e\mu_1 \sin.\lambda \cos.\lambda \right)}{d\mu} = \\[3ex] \dfrac{d \left(\cos.\lambda^2 \frac{d\mu_1}{dt} - 2c\lambda_1 \sin.\lambda \cos.\lambda \right)}{d\lambda}; \end{cases}$$

il faudra de plus remplir les conditions de maniere que l'on ait, à
l'origine du mouvement,

$$\sigma = 0,\ \frac{d\sigma}{dt} = 0,\ \lambda_1 = 0,\ \frac{d\lambda_1}{dt} = 0,\ \mu_1 = 0,\ \frac{d\mu_1}{dt} = 0.$$

(247). On pourra objecter que nous n'avons pas transporté en
sens contraire à la molécule l'attraction qu'exerce la partie fluide du
sphéroïde sur le point A, comme nous avons fait pour celle qu'exerce
sur le même point le corps extérieur (n° 243). On répond à cela que
le corps extérieur est à une distance telle qu'on peut supposer qu'il
agit sur le centre de gravité comme si toutes les particules qui composent le sphéroïde y étoient réunies ; que la position de ce centre
ne peut changer par l'action mutuelle de ces particules ; d'où il suit
que si le point A est, à l'origine du mouvement, le centre de gravité
du

du noyau et du fluide qui le recouvre, il le sera encore après l'action du corps extérieur ; et par conséquent qu'on peut regarder comme nulle l'attraction du fluide sur le point A ; nous négligerons aussi celle qu'il exerce sur le noyau, et sa pression, étant dérangé de l'état d'équilibre. Mais, avant l'action de tout corps extérieur, le fluide pourroit avoir reçu un ébranlement tel que le point A fît des oscillations autour du centre de gravité, supposé immobile, du système du noyau et du fluide ; dans ce cas, il ne seroit permis de regarder le centre de gravité du noyau comme immobile qu'ayant transporté en sens contraire aux molécules fluides les forces qui l'agitent. Il est donc important d'examiner de quel ordre seroient ces oscillations du point A ; elles seroient de l'ordre $\alpha\sigma$, et la force qui l'anime à chaque instant, de l'ordre $\alpha\frac{d^2\sigma}{dt^2}$, ou de l'ordre $\alpha\epsilon\frac{d^2\lambda_1}{dt^2}$, c'est-à-dire infiniment petite du second ordre.

(248). La seule remarque qui nous reste à faire sera relative aux quantités $\alpha\Delta Y$, $\alpha\Delta Z$, introduites n° 242 : si, dans les équations (1) et (2) des n°s 204, 205, on met σ, ΔX, $\alpha\Delta Y$, $\alpha\Delta Z$, pour p_1, X, Y, Z, on en tirera

$$\alpha Y = \frac{2\alpha\pi e}{3}\frac{d\sigma}{d\lambda} + 2\frac{dX}{d\lambda},$$

$$\alpha Z \cos.\lambda = \frac{2\alpha\pi e}{3}\frac{d\sigma}{d\mu} + 2\frac{dX}{d\mu};$$

et, faisant $e = 1$,

$$\alpha(Y\,d\lambda + Z\,d\mu \cos.\lambda) = 2\,dX + \frac{2\alpha\pi}{3}\,d\sigma.$$

Mais (n° 202)

$$X = \frac{2\pi}{3} - \frac{\alpha\pi\sigma}{3} + \alpha\iint\sigma_1 \cos.\theta\,d\pi\,d\theta,$$

et cette quantité $\iint\sigma_1 \cos.\theta\,d\pi\,d\theta$, que nous ferons $= \frac{U}{2}$, sera facile à déterminer lorsqu'on connoîtra σ ; donc

$$\alpha U = 2X + \frac{2\alpha\pi\sigma}{3} - \frac{4\pi}{3},$$

et par conséquent $Y = \frac{dU}{d\lambda}$, $Z \cos.\lambda = \frac{dU}{d\mu}$.

Nous pouvons conclure maintenant que les équations du n° 246 ont toute la généralité qu'il faut pour déterminer les oscillations des eaux de la mer.

(249). Pour déterminer les oscillations de l'atmosphere, au lieu

Dd

de l'équation de laquelle nous avons tiré σ (n° 246), nous prendrons celle-ci (n° 239)

$$\frac{d.\,\mathrm{R}^2\mathrm{R}_1}{d\mathrm{R}} = \mathrm{R}^2 \left(\lambda_1 \, \text{tang.}\lambda - \frac{d\lambda_1}{d\lambda} - \frac{d\mu_1}{d\mu} - \delta \right).$$

Plus exactement : soit à l'origine du mouvement $\mathrm{R} + \mathrm{S}$ la distance du point A à la molécule de l'atmosphere, R étant, comme ci-dessus, la distance à la surface de la mer; et supposons qu'après le temps t R, S, λ, μ, se changent en

$$\mathrm{R} + a\mathrm{R}_1, \quad \mathrm{S} + a\mathrm{S}_2, \quad \lambda + a\lambda_2, \quad \mu + et + a\mu_2;$$

on pourra substituer à l'équation précédente celle-ci :

$$(a_1)\cdots\cdots \delta + \frac{d\mathrm{S}_2}{d\mathrm{S}} + \frac{d\mu_2}{d\mu} + \frac{d\lambda_2}{d\lambda} - \lambda_2 \, \text{tang.}\lambda = 0.$$

L'équation (b) deviendra

$$(b_1)\cdots\cdots \mathrm{P}dx + \mathrm{Q}dy + \mathrm{R}dz - \frac{d\Pi}{\mathrm{E}(1 + a\delta)} = a\,\Big[(\mathrm{R} + \mathrm{S})^2\Big(\Big(\frac{d^2\lambda_2}{dt^2}$$

$$+ 2e\,\frac{d\mu_2}{dt}\,\sin.\lambda\,\cos.\lambda\Big)\,d\lambda + \Big(\frac{d^2\mu_2}{dt^2}\,\cos.\lambda^2 - 2e\,\frac{d\lambda_2}{dt}\,\cos.\lambda$$

$$\sin.\lambda\Big)\,d\mu\Big) - 2e\,(\mathrm{R} + \mathrm{S})\,\cos.\lambda^2\,\frac{d\mu_2}{dt}\,d\mathrm{S}\Big] - \frac{e^2}{2}\,d\cdot\Big[(\mathrm{R} + \mathrm{S}$$

$$+ a\cdot(\mathrm{R}_1 + \mathrm{S}_2))\,\cos.(\lambda + a\lambda_2)\Big]^2,$$

où $\mathrm{P}dx + \mathrm{Q}dx + \mathrm{R}dz + \frac{e^2}{2}\,d\cdot\big[(\mathrm{R} + \mathrm{S} + a\cdot(\mathrm{R}_1 + \mathrm{S}_2))$ $\cos.(\lambda + a\lambda_2)\big]^2 = -\,agd\,(\sigma + \sigma_2) + a\Delta\,d\mathrm{U} +$ $a\mathrm{I}d\cdot[\sin.\Phi\,\sin.\lambda + \cos.\Phi\,\cos.\lambda\,\cos.(\mu + et - \varphi)]^2,$

en désignant par $\sigma + \sigma_2$ la hauteur de la molécule au-dessus de la surface d'équilibre.

(250). Si la couche de l'atmosphere est supposée parallele à la surface de la mer, on pourra faire $d\mathrm{S}$ nul, et $\mathrm{R} + \mathrm{S} = 1$: alors $d\Pi$ étant nul, on égalera à zéro les coëfficients de $d\lambda$, $d\mu$, dans l'équation (b_1), et on aura

$$\frac{d^2\lambda_2}{dt^2} + 2e\,\frac{d\mu_2}{dt}\,\sin.\lambda\,\cos.\lambda + g\left(\frac{d\sigma}{d\lambda} + \frac{d\sigma_2}{d\lambda}\right) - \Delta\,\frac{d\mathrm{U}}{d\lambda} -$$

$$\mathrm{I}\,\sin.2\lambda\,\Big(1 - \tfrac{1}{2}\cos.\Phi^2\,(3 + \cos.2\,(\mu + et - \varphi))\Big)\Big] -$$

$$2\mathrm{I}\,\sin.\Phi\,\cos.\Phi\,\cos.2\lambda\,\cos.(\mu + et - \varphi) = 0,$$

$$\frac{d^2\mu 2}{dt^2}\cos.\lambda^2 - 2e\frac{d\lambda 2}{dt}\cos.\lambda\,\sin.\lambda + g\left(\frac{d\sigma}{d\mu} + \frac{d\sigma 2}{d\mu}\right) - \Delta\frac{dU}{d\mu}$$
$$+ \,\mathrm{I}\,\sin.\Phi\,\cos.\Phi\,\sin.2\lambda\,\sin.(\mu + et - \varphi) - \mathrm{I}\cos.\Phi^2\cos.\lambda^2$$
$$\sin.2(\mu + et - \varphi) = 0.$$

Ces équations étant retranchées des équations (e), il vient, en faisant, pour abréger, $\lambda 2 - \lambda 1 = \lambda 3$, $\mu 2 - \mu 1 = \mu 3$,

$$(e1).\,.\,.\,.\,.\,.\begin{cases} \dfrac{d^2\lambda 3}{dt^2} + 2e\cos.\lambda\,\sin.\lambda\,\dfrac{d\mu 3}{dt} + g\dfrac{d\sigma 2}{d\lambda} = 0, \\[2ex] \dfrac{d^2\mu 3}{dt^2}\cos.\lambda^2 - 2e\cos.\lambda\,\sin.\lambda\,\dfrac{d\lambda 3}{dt} + g\dfrac{d\sigma 2}{d\mu} = 0. \end{cases}$$

Si, de quelque maniere, on parvient à tirer des équations (e) les valeurs de $\lambda 1$, $\mu 1$, on aura facilement ensuite celles de $\lambda 3$, $\mu 3$, au moyen des équations $(e1)$: ainsi toute méthode propre à déterminer les oscillations des eaux de la mer sera également applicable aux oscillations de l'atmosphere ; je reviens donc au premier problême dont je m'occuperai uniquement.

(251). Soit $r\cos.\lambda = u$, $u\lambda 1 = u1$, on aura (n° 246)

$$\sigma\cos.\lambda = -\gamma\frac{du1}{d\lambda} - \gamma u\frac{d\mu 1}{d\mu},$$

et faisant, pour abréger (n° 245),

$$(\mathrm{K})\,.\,.\,.\,.\,g\sigma - \Delta\mathrm{U} - \mathrm{I}\,[\sin.\Phi\,\sin.\lambda + \cos.\Phi\,\cos.\lambda\,\cos.(\mu + et$$
$$- \varphi)]^2 = g\mathrm{E},$$

$$\frac{d^2 u1}{dt^2} + 2eu\cos.\lambda\,\sin.\lambda\,\frac{d\mu 1}{dt} + gu\frac{d\mathrm{E}}{d\lambda} = 0,$$

$$\cos.\lambda^2\,\frac{d^2\mu 1}{dt^2} - \frac{2e\cos.\lambda\,\sin.\lambda}{u}\frac{du1}{dt} + g\frac{d\mathrm{E}}{d\mu} = 0.$$

Si l'on fait

$$\sigma = \mathrm{A}\cos.(\mathcal{E}'t + \epsilon'\mu + \Lambda), \quad \mathrm{E} = \mathrm{B}\cos.(\mathcal{E}'t + \epsilon'\mu + \Lambda),$$
$$u1 = \mathrm{C}\cos.(\mathcal{E}'t + \epsilon'\mu + \Lambda), \quad \mu 1 = \mathrm{D}\sin.(\mathcal{E}'t + \epsilon'\mu + \Lambda),$$

A, B, C, D, étant des fonctions de λ, les trois équations précédentes seront changées en celles-ci :

$$\mathrm{A}\cos.\lambda = -\gamma\frac{d\mathrm{C}}{d\lambda} - \gamma\epsilon' u\mathrm{D},$$
$$-\mathcal{E}'^2\mathrm{C} + 2eu\cos.\lambda\,\sin.\lambda\cdot\mathcal{E}'\mathrm{D} + gu\frac{d\mathrm{B}}{d\lambda} = 0,$$
$$\mathcal{E}'^2\mathrm{D}\cos.\lambda^2 - \frac{2e\cos.\lambda\,\sin.\lambda}{u}\mathcal{E}'\mathrm{C} + g\epsilon'\mathrm{B} = 0:$$

on tire des deux dernieres

D d ij

$$D = \frac{g}{\mathfrak{C}'\cos.\lambda^2} \cdot \frac{2\,e\cos.\lambda\,\sin.\lambda\,\frac{dB}{d\lambda} - \mathfrak{C}'\varepsilon'B}{\mathfrak{C}'^2 - 4\,e^2\sin.\lambda^2},$$

$$C = \frac{g''}{\mathfrak{C}'\cos.\lambda} \cdot \frac{\mathfrak{C}'\cos.\lambda\,\frac{dB}{d\lambda} - 2\,e\varepsilon'B\,\sin.\lambda}{\mathfrak{C}'^2 - 4\,e^2\sin.\lambda^2};$$

et ces valeurs étant substituées dans la premiere, elle devient

$$(H)\ldots\ldots\,\mathfrak{C}'\cos.\lambda\,\frac{d^2B}{d\lambda^2} - (\mathfrak{C}' + 2\,e\varepsilon')\sin.\lambda\,\frac{dB}{d\lambda} - 2\,e\varepsilon'B\cos.\lambda$$

$$+\left(\frac{1}{u}\frac{du}{d\lambda} + \frac{\sin.\lambda}{\cos.\lambda} + \frac{8\,e^2\sin.\lambda\,\cos.\lambda}{\mathfrak{C}'^2 - 4\,e^2\sin.\lambda^2}\right)\left(\mathfrak{C}'\cos.\lambda\,\frac{dB}{d\lambda} - 2\,e\varepsilon'B\,\sin.\lambda\right)$$

$$+\frac{\varepsilon'}{\cos.\lambda}\left(2\,e\cos.\lambda\,\sin.\lambda\,\frac{dB}{d\lambda} - \mathfrak{C}'\varepsilon'B\right) + \mathfrak{C}'\Lambda\cos.\lambda^2 \cdot \frac{\mathfrak{C}'^2 - 4\,e^2\sin.\lambda^2}{g\gamma''}$$

$$= 0.$$

C'est de cette équation que M. de la Place a tiré toute la théorie des oscillations des eaux de la mer : il suffit d'y satisfaire, puisque nous ne desirons connoître que les oscillations dépendantes de l'action du soleil et de la lune, et non celles qui sont relatives à l'état primitif du fluide ; celles - ci se seront anéanties à la longue, à cause des frottements et de toutes les autres résistances que le fluide éprouve, qui l'auroient fait parvenir à l'état d'équilibre sans les attractions des deux astres qui l'en dérangent sans cesse.

(252). Mais cette équation dépend de quantités que nous ne connoissons pas bien encore, et d'abord de

$$I\,[\sin.\Phi\,\sin.\lambda + \cos.\Phi\,\cos.\lambda\,\cos.(\mu + et - \varphi)]^2,$$

qu'on peut mettre sous cette forme

$$(O)\ldots\ldots I\,\Big[\sin.\Phi^2 + \frac{\cos.\Phi^2 - 2\sin.\Phi^2}{2}\cos.\lambda^2 + 2\sin.\Phi\,\cos.\Phi\,\sin.\lambda$$

$$\cos.\lambda\,\cos.(\mu + et - \varphi) + \tfrac{1}{2}\cos.\Phi^2\cos.\lambda^2\cos.2\,(\mu + et - \varphi)\Big]:$$

elle dépend de ΔU qui renferme σ_1, qui est fonction de ζ, ω, comme σ l'est de λ, μ ; ces angles ζ, ω, étant tels que

$$\sin.\zeta = \sin.\lambda - 2\cos.\theta^2\cos.n\,\sin.(\lambda + n),$$

$$\sin.(\omega - \mu) = -\frac{2\cos.n\,\cos.\vartheta\,\sin.\vartheta}{\cos.\zeta};$$

ce dont on s'assurera aisément en mettant dans les formules du n° 203, au lieu de λ, son complément, et ω pour $\omega + \mu$. C'est donc σ qu'il faut premièrement connoître ; ce qui n'auroit point de difficulté si l'on pouvoit supposer que la densité du fluide est nulle, et que tout le sphéroïde n'a pas de mouvement de rotation autour de son axe.

(253). En effet lorsque $e = 0$, on a (n° 235)

$$\frac{d\lambda_1}{d\mu} = \frac{d \cdot \mu_1 \cos.\lambda^2}{d\lambda} ;$$

et si l'on fait $\lambda_1 = \Psi \cos.2\lambda + \Omega \sin.2\lambda$, Ψ et Ω ne renfermant que μ, t, on en tire

$$2\mu_1 \cos.\lambda^2 = \sin.2\lambda \frac{d\Psi}{d\mu} - \cos.2\lambda \frac{d\Omega}{d\mu} = 2\sin.\lambda \cos.\lambda \frac{d\Psi}{d\mu} +$$
$$(1 - 2\cos.\lambda^2) \frac{d\Omega}{d\mu} ,$$

ou $\mu_1 = \tang.\lambda \frac{d\Psi}{d\mu} - \frac{d\Omega}{d\mu} + \frac{\Gamma}{\cos.\lambda^2} ,$

Γ étant une fonction de μ et t qui renferme la fonction arbitraire qu'on devoit ajouter en intégrant. Alors, faisant $r = 1$, on a (n° 246)

$$\sigma = \gamma \left[3\Psi \sin.2\lambda - 3\Omega \cos.2\lambda + \Omega + \frac{d^2\Omega}{d\mu^2} \right] ,$$

pourvu que l'on puisse supposer

$$\frac{d^2\Psi}{d\mu^2} + \Psi = 0, \quad \frac{d\Gamma}{d\mu} = 0.$$

Mais ces valeurs de λ_1, μ_1, σ, doivent satisfaire aux équations (e) (n° 245) où l'on fera $e = 0$, $\Delta = 0$; pour qu'elles satisfassent à la première, il faut que

$$(g_1) \ldots \begin{cases} \dfrac{d^2\Psi}{dt^2} + 6g\gamma\Psi - 2I \sin.\Phi \cos.\Phi \cos.(\mu - \varphi) = 0, \\[2mm] \dfrac{d^2\Omega}{dt^2} + 6g\gamma\Omega - I[1 - \tfrac{1}{2}\cos.\Phi^2(3 + \cos.2(\mu - \varphi))] = 0 : \end{cases}$$

en les substituant dans la seconde, elle devient

$$\sin.\lambda \cos.\lambda \left[\frac{d^3\Psi}{d\mu dt^2} + 6g\gamma \frac{d\Psi}{d\mu} + 2I \sin.\Phi \cos.\Phi \sin.(\mu - \varphi) \right] -$$
$$\cos.\lambda^2 \left[\frac{d^3\Omega}{d\mu dt^2} + 6g\gamma \frac{d\Omega}{d\mu} - I \cos.\Phi^2 \sin.2(\mu - \varphi) \right] + \frac{d^2\Gamma}{dt^2} +$$
$$g\gamma \left(\frac{d^3\Omega}{d\mu^3} + 4\frac{d\Omega}{d\mu} \right) = 0,$$

qui sera satisfaite par les équations (g_1), si

$$\frac{d^2\Gamma}{dt^2} = 0, \quad \frac{d^3\Omega}{d\mu^3} + 4\frac{d\Omega}{d\mu} = 0.$$

Il est donc nécessaire que ces équations

$$\frac{d^2\Psi}{d\mu^2} + \Psi = 0, \quad \frac{d^3\Omega}{d\mu^3} + 4\frac{d\Omega}{d\mu} = 0,$$

puissent subsister avec les équations ($g\,1$) : or, ayant différentié la première de celles-ci deux fois par rapport à μ, si on y met $-\Psi$ pour $\frac{d^2\Psi}{d\mu^2}$, on aura cette équation elle-même ; elle donnera donc la même valeur de Ψ que $\frac{d^2\Psi}{d\mu^2} + \Psi = 0$, puisqu'à l'origine du mouvement on a

$$\Psi = 0, \quad \frac{d\Psi}{dt} = 0, \quad \frac{d^2\Psi}{d\mu^2} = 0, \quad \frac{d^3\Psi}{d\mu^2 dt} = 0.$$

(254). La seconde des équations ($g\,1$) satisfait à

$$\frac{d^3\Omega}{d\mu\, dt^2} + 6g\gamma\frac{d\Omega}{d\mu} - I\cos.\Phi^2\sin.2(\mu - \varphi) = 0;$$

elles donneront l'une et l'autre la même valeur complete de Ω, puisqu'à l'origine du mouvement

$$\Omega = 0, \quad \frac{d\Omega}{dt} = 0, \quad \frac{d\Omega}{d\mu} = 0, \quad \frac{d^2\Omega}{d\mu\, dt} = 0.$$

Mais si l'on différentie la derniere deux fois par rapport à μ, et qu'on y mette $-4\frac{d\Omega}{d\mu}$ pour $\frac{d^3\Omega}{d\mu^3}$, on aura cette équation elle-même ; de plus, à l'origine du mouvement, $\frac{d^3\Omega}{d\mu^3} = 0$, $\frac{d^4\Omega}{d\mu^3 dt} = 0$; on pourra donc substituer $\frac{d^3\Omega}{d\mu^3} + 4\frac{d\Omega}{d\mu} = 0$ à l'équation dont il s'agit. Partant les valeurs completes de Ψ et Ω pourront être tirées de

$$\frac{d^2\Psi}{d\mu^2} + \Psi = 0, \quad \frac{d^3\Omega}{d\mu^3} + 4\frac{d\Omega}{d\mu} = 0, \quad \text{et on aura}$$

$$\Psi = a_1\sin.(\varphi - \mu) + a_2\cos.(\varphi - \mu),$$

$$\Omega = b_1 + b_2\sin.2(\varphi - \mu) + b_3\cos.2(\varphi - \mu).$$

Il suit de là que si l'on pouvoit regarder e et Δ comme nuls, on auroit

$$\sigma = -2\gamma b_1(1 - 3\sin.\lambda^2) + 6\gamma\sin.\lambda\cos.\lambda(a_1\sin.(\varphi - \mu)$$
$$+ a_2\cos.(\varphi - \mu)) - 6\gamma\cos.\lambda^2(b_2\sin.2(\varphi - \mu) +$$
$$b_3\cos.2(\varphi - \mu)),$$

a_1, a_2, b_1, b_2, b_3, ne renfermant ni λ ni μ, mais seulement t.

(255). Pour plus de généralité, nous supposerons

$$\sigma = n_1 \, (3\sin.\lambda^2 - 1) + (a_1 \sin.(\varphi - \mu) + a_2 \cos.(\varphi - \mu))$$
$$\sin.\lambda \, \cos.\lambda \cdot (p_1 + p_2 \cos.\lambda^2 + p_4 \cos.\lambda^4 + \text{etc.}) +$$
$$(b_2 \sin.2(\varphi - \mu) + b_3 \cos.2(\varphi - \mu)) \cdot \cos.\lambda^2 \cdot (q_1 +$$
$$q_2 \cos.\lambda^2 + q_4 \cos.\lambda^4 + \text{etc.}) :$$

nous trouverons la valeur de σ_1 en changeant dans celle de σ, λ en ζ, et μ en ω. Mais

$$\sin.(\varphi - \omega) = \sin.(\varphi - \mu) \cos.(\mu - \omega) + \cos.(\varphi - \mu) \sin.(\mu - \omega),$$
$$\cos.(\varphi - \omega) = \cos.(\varphi - \mu) \cos.(\mu - \omega) - \sin.(\varphi - \mu) \sin.(\mu - \omega),$$
$$\sin.2(\varphi - \omega) = \sin.2(\varphi - \mu) \cos.2(\mu - \omega) + \cos.2(\varphi - \mu)$$
$$\sin.2(\mu - \omega),$$
$$\cos.2(\varphi - \omega) = \cos.2(\varphi - \mu) \cos.2(\mu - \omega) - \sin.2(\varphi - \mu)$$
$$\sin.2(\mu - \omega) ;$$

partant

$$\sigma_1 = n_1 \, (3\sin.\zeta^2 - 1) + [(a_1 \sin.(\varphi - \mu) + a_2 \cos.(\varphi - \mu))$$
$$\cos.(\mu - \omega) + (a_1 \cos.(\varphi - \mu) - a_2 \sin.(\varphi - \mu)) \sin.(\mu - \omega)]$$
$$\sin.\zeta \, \cos.\zeta \, (p_1 + p_2 \cos.\zeta^2 + p_4 \cos.\zeta^4 + \text{etc.}) +$$
$$[(b_2 \sin.2(\varphi - \mu) + b_3 \cos.2(\varphi - \mu)) \cos.2(\mu - \omega) +$$
$$(b_2 \cos.2(\varphi - \mu) - b_3 \sin.2(\varphi - \mu)) \sin.2(\mu - \omega)]$$
$$\cos.\zeta^2 \, (q_1 + q_2 \cos.\zeta^2 + q_4 \cos.\zeta^4 + \text{etc.}).$$

On tire des formules du n° 252

$$\sin.(\mu - \omega) = \frac{2\cos.n \sin.\theta \cos.\theta}{\cos.\zeta},$$

$$\cos.(\mu - \omega) = \frac{\cos.\lambda - 2\cos.\theta^2 \cos.n \cos.(\lambda + n)}{\cos.\zeta},$$

$$\sin.2(\mu - \omega) = \frac{4\cos.n \sin.\theta \cos.\theta \, [\cos.\lambda \sin.\theta^2 - \cos.\theta^2 \cos.(\lambda + 2n)]}{\cos.\zeta^2},$$

à cause de $2\cos.n \cos.(\lambda + n) = \cos.\lambda + \cos.(\lambda + 2n)$,

$$\cos.2(\mu - \omega) = \frac{[\cos.\lambda \sin.\theta^2 - \cos.\theta^2 \cos.(\lambda + 2n)]^2 - 4\cos.n^2 \cos.\theta^2 \sin.\theta^2}{\cos.\zeta^2} ;$$

partant

$$\sigma_1 = n_1 \, (3\sin.\zeta^2 - 1) + [(a_1 \sin.(\varphi - \mu) + a_2 \cos.(\varphi - \mu))$$
$$(\cos.\lambda - 2\cos.\theta^2 \cos.n \cos.(\lambda + n)) + (a_1 \cos.(\varphi - \mu) -$$

$a\, 2 \sin.(\varphi - \mu)\, 2 \cos. n \sin.\theta \cos.\theta]\, \sin.\zeta\, (p\, 1 + p^2 \cos.\zeta^2 + p\, 4 \cos.\zeta^4 + \text{etc.}) + [(b\, 2 \sin. 2\, (\varphi - \mu) + b\, 3 \cos. 2\, (\varphi - \mu))$
$([\cos.\lambda \sin.\theta^2 - \cos.\theta^2 \cos.(\lambda + 2 n)]^2 - 4 \cos. n^2 \cos.\theta^2 \sin.\theta^2)$
$+ (b\, 2 \cos. 2\, (\varphi - \mu) - b\, 2 \sin. 2\, (\varphi - \mu)) \cdot 4 \cos. n \sin.\theta$
$\cos.\theta\, (\cos.\lambda \sin.\theta^2 - \cos.\theta^2 \cos.(\lambda + 2 n))]\, (q\, 1 + q\, 2 \cos.\zeta^2$
$+ q^4 \cos.\zeta^4 + \text{etc.}).$

(256). A cause de $U = 2 \iint \sigma\, 1 \cos.\theta\, d n\, d\theta$, on aura ΔU par des intégrations analogues à celles que nous avons si souvent employées dans le chapitre précédent. Si, dans la valeur de ΔU, A' est le coëfficient de $\cos.(\mathcal{C}' t + \varepsilon' \mu + \Lambda)$, et B' le coëfficient du même cosinus dans O ($n° 252$), on tirera de l'équation (K) ($n° 251$) $g B = g A - A' - B'$. Mais O est composé de différents termes : en ne considérant d'abord que le premier $I\, (\sin.\Phi^2 + \frac{\cos.\Phi^2 - \sin\,\Phi^2}{2} \cos.\lambda^2)$, qui est évidemment de la forme $(I' + I'' \cos.\lambda^2) \cos.(\mathcal{C}' t + \Lambda)$, on pourra traiter $\mathcal{C}'$, qui seroit nul si l'astre attirant n'avoit aucun mouvement dans son orbite ($n° 244$), comme très petit par rapport à e, qui dépend du mouvement de rotation de la terre ($n° 232$). En conséquence on négligera dans l'équation (H), $\mathcal{C}'^2$ auprès de e^2 ; on y supposera ε' nul : et B, A, Λ', étant les coëfficients de ε, σ, ΔU, on y fera

$$g B = g A - A' - I' - I'' \cos.\lambda^2.$$

De plus, en regardant le sphéroïde terrestre comme une ellipsoïde de révolution, la profondeur de la mer seroit $\gamma + \gamma' \cos.\lambda^2$ ($n° 239$), γ' étant un coëfficient très petit de l'ordre de γ, et on auroit

$$r = 1 + \frac{\gamma'}{\gamma} \cos.\lambda^2, \quad u = \cos.\lambda + \frac{\gamma'}{\gamma} \cos.\lambda^3 \ (n° 251).$$

Donc, lorsqu'on ne considere que le premier terme de O, l'équation (H) devient

$$\left(1 + \frac{\gamma'}{\gamma} \cos.\lambda^2\right) \cos.\lambda \sin.\lambda \frac{d^2 B}{d\lambda^2} - \left[1 + \cos.\lambda^2 + \frac{\gamma'}{\gamma} (3 - \cos.\lambda^2) \cos.\lambda^2 \right] \frac{d B}{d\lambda} = \frac{4 e^2}{g\gamma} A \cos.\lambda \sin.\lambda^3.$$

(257). Pour y satisfaire nous supposerons

$$A = s + s\, 1 \cos.\lambda^2 + s\, 2 \cos.\lambda^4 + \text{etc.}$$
$$A' = s' + s'\, 1 \cos.\lambda^2 + s'\, 2 \cos.\lambda^4 + \text{etc.}$$

et par conséquent

$$g B = g s - s' - I' + (g s\, 1 - s'\, 1 - I'') \cos.\lambda^2 + (g s\, 2 - s'\, 2) \cos.\lambda^4 + \text{etc.}$$

En

En substituant ces valeurs dans l'équation dont il s'agit, nous parviendrons à une transformée dans laquelle, si on égale à zéro les coëfficients des différentes puissances de cos.λ, on aura cette suite d'équations

$$g s 1 - s'1 - I'' = \frac{c'^2 s}{\gamma},$$

$$16\,(g s 2 - s'2) + 2\left(\frac{4\gamma'}{\gamma} - 1\right)(g s 1 - s'1 - I'') = \frac{4 c^2}{\gamma}\,(s 1 - s),$$

$$36\,(g s 3 - s'3) + 12\left(\frac{2\gamma'}{\gamma} - 1\right)(g s 2 - s'2) - \frac{6\gamma'}{\gamma}\,(g s 1 - s'1 - I'')$$
$$= \frac{4 c^2}{\gamma}\,(s 2 - s 1),$$

$$64\,(g s 4 - s'4) + 6\left(\frac{8\gamma'}{\gamma} - 5\right)(g s 3 - s'3) - \frac{20\gamma'}{\gamma}\,(g s 2 - s'2)$$
$$= \frac{4 c^2}{\gamma}\,(s 3 - s 2),$$

etc. on s'assurera aisément que la $n + 3$ de ces équations est

$$(2 n + 6)^2\,[g s\,(n + 3) - s'(n + 3)] + (2 n + 4)\frac{\gamma'}{\gamma}\,(2 n + 6)$$
$$- 2 n - 3]\,[g s\,(n + 2) - s'(n + 2)] - (2 n + 2)$$
$$(2 n + 3)\frac{\gamma'}{\gamma}\,[g s\,(n + 1) - s'(n + 1)] = \frac{4 c^2}{\gamma}\,[s\,(n + 2)$$
$$- s\,(n + 1)].$$

Mais si les séries s, $s 1$, etc. s', $s'1$, etc. doivent se terminer aux termes $s\,(n + 1)$, $s'(n + 1)$, les suivants seront nuls, et l'équation précédente deviendra

$$(2 n + 2)\,(2 n + 3)\frac{\gamma'}{\gamma}\,[g s\,(n + 1) - s'(n + 1)] = \frac{4 c^2}{\gamma}\,s\,(n + 1),$$

qui donne
$$\gamma' = \frac{2 c^2}{g\,(2 n^2 + 5 n + 3)\left[1 - \frac{s'(n + 1)}{s\,(n + 1)}\right]}.$$

Ainsi γ' approchera d'autant plus d'être nul qu'on aura pris un plus grand nombre de termes des deux séries ; et la valeur de A, qu'on déterminera par la méthode précédente, sera la même, à très peu près, que si la profondeur de la mer étoit constante.

(258). Une condition à remplir, c'est que la masse entière du fluide reste constamment la même ; et il faut pour cela que la double intégrale $\iint \sigma\, d\lambda\, \mu\, \cos.\lambda$ soit $= 0$, étant prise depuis le complément de λ nul jusqu'à ce même complément $= 180°$, et depuis $\mu = 0$ jusqu'à $\mu = 360°$. En mettant pour σ sa valeur A $\cos.\,(6't + \Lambda)$, cette double intégrale devient $\int\int A\, d\lambda\, d\mu \cos.\lambda \cos.(\mathfrak{C}'t + A)$; donc tout se réduit à faire voir que $\int A\, d\lambda \cos.\lambda$, prise depuis le complément de $\lambda = 0$ jusqu'à ce même complément $= 180°$, doit être nulle. Or nous avons trouvé (n° 251)

$$A \cos.\lambda = -\gamma\frac{dC}{d\lambda} - \gamma\epsilon' u D,$$

qui devient, lorsque ϵ' est nul, $A\cos.\lambda = -\gamma\frac{dC}{d\lambda}$:

dans la même hypothese $C = \dfrac{g u \frac{dB}{d\lambda}}{\mathfrak{C}'^2 - 4\,e^2\sin.\lambda^2}$;

donc $\int A\, d\lambda \cos.\lambda = K - \dfrac{g\gamma u\frac{dB}{d\lambda}}{\mathfrak{C}'^2 - 4\,e^2\sin.\lambda^2}.$

On déterminera la constante arbitraire K de maniere qu'elle soit nulle lorsque le complément de λ est nul ; et comme dans ce cas $-g\gamma u\frac{dB}{d\lambda}$ est nul, on aura $K = 0$: de plus l'intégrale doit se terminer lorsque le complément de $\lambda = 180°$, ce qui donne encore $-g\gamma u\frac{dB}{d\lambda} = 0$; donc $\int A\, d\lambda \cos.\lambda = 0$, étant prise comme nous venons de le dire : et la condition que la masse entiere du fluide reste constamment la même est remplie par la nature des équations qui servent à déterminer s, s_1, s_2, etc.

(259). Le second terme de O (n° 252), ou

$$2\,I \sin.\Phi \cos.\Phi \sin.\lambda \cos.\lambda \cos.(e t + \mu - \varphi)$$

étant développé, donnera des termes de cette forme

$$I' \sin.\lambda \cos.\lambda \cos.(\mathfrak{C}'t + \mu + A).$$

Alors il faudra faire $\epsilon' = 1$ dans l'équation (H) qui devient, en faisant, pour abréger, $\mathfrak{C}'^2 - 4\,e^2 = h^2$,

$$\left(1 + \frac{\gamma'}{\gamma}\cos.\lambda^2\right)\left(h^2 + 4\,e^2\cos.\lambda^2\right)\left(\mathfrak{C}'\cos.\lambda^2\frac{d^2B}{d\lambda^2} - \mathfrak{C}'\sin.\lambda\cos.\lambda\frac{dB}{d\lambda}\right.$$
$$\left. - 2\,e B\cos.\lambda^2 - \mathfrak{C}'B\right) + \left(8\,e^2 - \frac{2\gamma'}{\gamma}h^2\right)\left(\mathfrak{C}'\cos.\lambda\frac{dB}{d\lambda}\right.$$
$$\left. - 2\,e B\sin.\lambda\right)\sin.\lambda\cos.\lambda^2 + \mathfrak{C}'A\cos.\lambda^2\frac{(h^2 + 4\,e^2\cos.\lambda^2)^2}{g\gamma} = 0.$$

On y satisfera en supposant

$$A = \sin.\lambda \cos.\lambda\,(s + s_1\cos.\lambda^2 + s_2\cos.\lambda^4 + \text{etc.}),$$
$$A' = \sin.\lambda \cos.\lambda\,(s' + s'_1\cos.\lambda^2 + s'_2\cos.\lambda^4 + \text{etc.}),$$

et par conséquent

$$g\,\mathrm{B} = \sin.\lambda \cos.\lambda\,(gs - s' - \mathrm{I}' + (gs\,1 - s'\,1)\cos.\lambda^2 + (gs\,2 - s'\,2)\cos.\lambda^4 + \text{etc.}).$$

En effet on parviendra de cette manière à une transformée dans laquelle, si on égale à zéro les coëfficients des différentes puissances de $\cos.\lambda$, on aura cette suite d'équations

$$8\,h^2 \mathfrak{C}'(gs\,1 - s'\,1) - 2\,h^2(3\,\mathfrak{C}' + e)\,(gs - s' - \mathrm{I}') - 2\,(4\,e^2 - \tfrac{\gamma'}{\gamma}\,h^2)(\mathfrak{C}' + 2\,e)\,(gs - s' - \mathrm{I}') + \tfrac{\mathfrak{C}'}{\gamma}\,h^4\,s = 0,$$

$$3 \cdot 8\,h^2\mathfrak{C}'(gs\,2 - s'\,2) - 2\,h^2(10\,\mathfrak{C}' + e)\,(gs\,1 - s'\,1) + 2\,(4\,e^2 + \tfrac{\gamma'}{\gamma}\,h^2)\,[4\,\mathfrak{C}'(gs\,1 - s'\,1) - (3\,\mathfrak{C}' + e)\,(gs - s' - \mathrm{I}')] - 2\,(4\,e^2 - \tfrac{\gamma'}{\gamma}\,h^2)\,[(3\,\mathfrak{C}' + 2\,e)\,(gs\,1 - s'\,1) - 2\,(\mathfrak{C}' + e)\,(gs - s' - \mathrm{I}')] + \tfrac{\mathfrak{C}'}{\gamma}\,(h^4\,s\,1 + 8\,h^2\,e^2\,s) = 0.$$

$$6 \cdot 8\,h^2\mathfrak{C}'(gs\,3 - s'\,3) - 2\,h^2(21\,\mathfrak{C}' + e)\,(gs\,2 - s'\,2) + 2\,(4\,e^2 + \tfrac{\gamma'}{\gamma}\,h^2)\,[12\,\mathfrak{C}'(gs\,2 - s'\,2) - (10\,\mathfrak{C}' + e)\,(gs\,1 - s'\,1)] + 8\,e^2\tfrac{\gamma'}{\gamma}\,[4\,\mathfrak{C}'(gs\,1 - s'\,1) - (3\,\mathfrak{C}' + e)\,(gs - s' - \mathrm{I}')] - 2\,(4\,e^2 - \tfrac{\gamma'}{\gamma}\,h^2)\,[(5\,\mathfrak{C}' + 2\,e)\,(gs\,2 - s'\,2) - 2\,(2\,\mathfrak{C}' + e)\,(gs\,1 - s'\,1)] + \tfrac{\mathfrak{C}'}{\gamma}\,[h^4\,s\,2 + 8\,h^2\,e^2\,s\,1 + 16\,e^4\,s] = 0,$$

etc. la $n + 3$ de ces équations est

$$4\,h^2\mathfrak{C}'(n+3)\,(n+4)\,[gs\,(n+3) - s'\,(n+3)] - 2\,h^2\,[c + (2\,n^2 + 13\,n + 21)\,\mathfrak{C}']\,[gs\,(n+2) - s'\,(n+2)] + 2\,(4\,e^2 + \tfrac{\gamma'}{\gamma}\,h^2)\,[2\,\mathfrak{C}'(n+2)\,(n+3)\,(gs\,(n+2) - s'\,(n+2)) - (e + (2\,n^2 + 9\,n + 10)\,\mathfrak{C}')\,(gs\,(n+1) - s'\,(n+1))] + \tfrac{8\,e^2\gamma'}{\gamma}\,[2\,\mathfrak{C}'(n+1)\,(n+2)\,(gs\,(n+1) - s'\,(n+1)) - (e + (2\,n^2 + 5\,n + 3)\,\mathfrak{C}')\,(gs\,n - s'\,n)] - 2\,(4\,e^2 - \tfrac{\gamma'}{\gamma}\,h^2)\,[(2\,e + (2\,n+5)\,\mathfrak{C}')\,(gs\,(n+2) - s'\,(n+2)) - 2\,(e + (n+2)\,\mathfrak{C}')\,(gs\,(n+1) - s'\,(n+1))] + \tfrac{\mathfrak{C}'}{\gamma}\,[h^4\,s\,(n+2) + 8\,h^2\,e^2\,s\,(n+1) + 16\,e^4\,s\,n] = 0.$$

Et si les séries s, $s\,1$, etc. s', $s'\,1$, etc. doivent se terminer aux termes sn, $s'n$, les suivants seront nuls, et l'équation précédente deviendra

$$\gamma' \left[e + (2 n^2 + 5 n + 3) \mathfrak{c}' \right] (g s n - s' n) = 2 e^2 \mathfrak{c}' s n,$$

de laquelle on tire

$$\gamma' = \frac{2 e^2 \mathfrak{c}'}{g \left[e + (2 n^2 + 5 n + 3) \mathfrak{c}' \right] \left[1 - \frac{s' n}{g s n} \right]};$$

il est donc clair que γ' approchera d'autant plus d'être nul qu'on aura pris un plus grand nombre de termes des deux séries : et la valeur de Λ sera encore telle, à très peu près, que si la profondeur de la mer étoit constante. Quant à la condition que la masse entière du fluide reste constamment la même, elle est évidemment satisfaite, puisqu'on a

$$\int d\mu \, \cos. (\mathfrak{c}' t + \mu + \Lambda) = 0,$$

cette intégrale étant prise depuis $\mu = 0$ jusqu'à $\mu = 360°$.

(260). Les termes de O qui résultent du développement de

$$\tfrac{1}{2} \, I \cos.\Phi^2 \, \cos.\lambda^2 \, \cos.2 \, (\mu + c t - \varphi) \text{ étant de la forme}$$

$$I' \cos. \lambda^2 \, \cos. 2 \, (\mathfrak{c}' t + \mu + \Lambda),$$

on mettra dans l'équation (H), $2 \mathfrak{c}'$ pour $\mathfrak{c}'$, et on y fera

$$\varepsilon' = 2, \quad h^2 = \mathfrak{c}'^2 - e^2 ; \text{ ce qui donnera}$$

$$\left(1 + \tfrac{\gamma'}{\gamma} \cos. \lambda^2 \right) \left(\mathfrak{c}'^2 - e^2 \sin. \lambda^2 \right) \left(\mathfrak{c}' \cos. \lambda^2 \tfrac{d^2 B}{d \lambda^2} - \mathfrak{c}' \cos. \lambda \sin. \lambda \tfrac{d B}{d \lambda} \right.$$
$$\left. - 2 e B \cos. \lambda^2 - 4 \mathfrak{c}' B \right) + 2 \left(e^2 - \tfrac{\gamma'}{\gamma} h^2 \right) \left(\mathfrak{c}' \cos. \lambda \tfrac{d B}{d \lambda} - \right.$$
$$\left. 2 e B \sin. \lambda \right) \cos. \lambda^2 \sin. \lambda + 4 \mathfrak{c}' A \cos. \lambda^2 \tfrac{(\mathfrak{c}'^2 - e^2 \sin. \lambda^2)^2}{\mathfrak{c} \gamma} = 0.$$

Pour y satisfaire, on supposera

$$A = \cos. \lambda^2 (s + s_1 \cos. \lambda^2 + s_2 \cos. \lambda^4 + \text{etc.}),$$
$$A' = \cos. \lambda^2 (s' + s'_1 \cos. \lambda^2 + s'_2 \cos. \lambda^4 + \text{etc.}),$$

et par conséquent

$$g B = \cos. \lambda^2 (g s - s' - I' + (g s_1 - s'_1) \cos. \lambda^2 + $$
$$(g s_2 - s'_2) \cos. \lambda^4 \text{ etc.});$$

et on aura, pour déterminer les coëfficients, cette suite d'équations :

$$12\,h^2\,\epsilon' \, (g\,s_1 - s'_1) - 2\,h^2(e + 3\,\epsilon') \, (g\,s - s' - I') - 4\,(e^2 -$$
$$\tfrac{\gamma'}{\gamma}\,h^2)(e + \epsilon') \, (g\,s - s' - I') + \tfrac{4\,\epsilon'}{\gamma}\,h^4\,s = 0,$$

$$32\,h^2\,\epsilon' \, (g\,s_2 - s'_2) - 2\,h^2(e + 10\,\epsilon') \, (g\,s_1 - s'_1) + 2\,(e^2 -$$
$$\tfrac{\gamma'}{\gamma}\,h^2) \, [6\,\epsilon' \, (g\,s_1 - s'_1) - (e + 3\,\epsilon') \, (g\,s - s' - I')] -$$
$$4\,(e^2 - \tfrac{\gamma'}{\gamma}\,h^2) \, [(e + 2\,\epsilon') \, (g\,s_1 - s'_1) - (e + \epsilon') \, (g\,s -$$
$$s' - I')] + \tfrac{4\,\epsilon'}{\gamma} \, (h^4\,s_1 + 2\,h^2\,e^2\,s) = 0,$$

$$60\,h^2\,\epsilon'(g\,s_3 - s'_3) - 2\,h^2(e + 21\,\epsilon') \, (g\,s_2 - s'_2) + 2\,(e^2 +$$
$$\tfrac{\gamma'}{\gamma}\,h^2) \, [16\,\epsilon'(g\,s_2 - s'_2) - 2\,(e + 10\,\epsilon') \, (g\,s_1 - s'_1)] +$$
$$2\,e^2\,\tfrac{\gamma'}{\gamma} \, [6\,\epsilon'(g\,s_1 - s'_1) - (e + 3\,\epsilon') \, (g\,s - s' - I')] -$$
$$4\,(e^2 - \tfrac{\gamma'}{\gamma}\,h^2) \, [(e + 3\,\epsilon') \, (g\,s_2 - s'_2) - (e + 2\,\epsilon')$$
$$(g\,s_1 - s'_1)] + \tfrac{4\,\epsilon'}{\gamma} \, (h^4\,s_2 + 2\,h^2\,e^2\,s_1 + 4\,e^4\,s) = 0,$$

etc. la $n + 3$ de ces équations est

$$4\,h^2\,\epsilon' \, (n+3) \, (n+5) \, (g\,s(n+3) - s'(n+3)) - 2\,h^2(e +$$
$$(2\,n^2 + 13\,n + 21)\,\epsilon') \, (g\,s(n+2) - s'(n+2)) + 4\,(e^2 +$$
$$\tfrac{\gamma'}{\gamma}\,h^2) \, [\epsilon'(n+2)(n+4)(g\,s(n+2) - s'(n+2)) -$$
$$(e + (2\,n^2 + 9\,n + 10)\,\epsilon') \, (g\,s(n+1) - s'(n+1))] +$$
$$\tfrac{2\,e^2\,\gamma'}{\gamma} \, [2\,\epsilon'(n+1)(n+3)(g\,s(n+1) - s'(n+1)) -$$
$$(e + (2\,n^2 + 5\,n + 3)\,\epsilon') \, (g\,s\,n - s'\,n)] - 4\,(e^2 -$$
$$\tfrac{\gamma'}{\gamma}\,h^2) \, [(e + (n+3)\,\epsilon') \, (g\,s(n+2) - s'(n+2)) - (e +$$
$$(n+2)\,\epsilon') \, (g\,s(n+1) - s'(n+1))] + \tfrac{4\,\epsilon'}{\gamma} \, [h^4\,s(n+2) +$$
$$2\,h^2\,e^2\,s(n+1) + 4\,e^4\,s\,n] = 0.$$

Nous tirerons de l'équation précédente la même valeur de γ' que dans le n° 259, et il en résultera qu'on pourra déterminer les oscillations du fluide toutes les fois que sa profondeur sera égale à (n° 256)

$$\gamma + \frac{2\,e^2\,\epsilon'\,\cos.\lambda^2}{g\,[e + (2\,n^2 + 5\,n + 3)\,\epsilon']\,[1 - \frac{s'\,n}{g\,s\,n}]},$$

γ étant une constante très petite relativement au demi-axe du sphéroïde, et n étant un nombre entier quelconque; il y a donc une infinité de cas où il est possible de résoudre rigoureusement le problême du flux et reflux de la mer.

(261). Il est bien clair que la condition que la masse entiere du fluide ne change pas sera encore satisfaite, puisqu'on a

$$\int d\mu \; \cos.(2\,\xi' t + 2\,\mu + \Lambda)$$

nulle, cette intégrale étant prise depuis $\mu = 0$ jusqu'à $\mu = 360°$: mais est-il de la même évidence que la loi précédente de la profondeur de la mer s'accorde avec la figure de la terre qui résulte des observations? Le sphéroïde étant une ellipsoïde dont les densités et les ellipticités des différentes couches varient du centre à la surface : si l'on nomme, comme dans le n° 195, r le demi-axe d'une des couches, R sa densité, ρ son ellipticité, H l'ellipticité du sphéroïde, K celle que les observations donnent à la terre ; et qu'on fasse $\int R\,d\cdot r^3 = A$, $\int R\,d\cdot \rho r^5 = F$, ces intégrales étant prises depuis $r = 0$ jusqu'à $r = 1$; on aura (n° 197)

$$K = \frac{6\,(F - H) + 5A\,\frac{e^2}{g}}{10A - 6}.$$

Cela posé, l'intégrale $\int d\cdot r^3$, prise, comme nous venons de le dire, étant 1, A doit être le rapport de la densité moyenne de la terre à celle de l'eau. Cette condition remplie, il faudra de plus que H $+$ $\gamma' = K$. Ainsi nommant h le rapport de la densité moyenne de la terre à celle de l'eau, les équations à satisfaire seront

$$H = K - \gamma', \quad A = h, \quad 6F = 10\,hK - 6\gamma' - 5h\,\frac{e^2}{g}.$$

La premiere donne l'ellipticité du sphéroïde ; et on peut toujours prendre les indéterminées R et ρ de maniere que les deux autres soient satisfaites.

(262). Il suit de ce qui précede que, quelle que soit la loi de la profondeur de la mer, on a généralement

$$\sigma = S + S_1 \cos.\lambda \sin.\lambda \cos.\Phi \sin.\Phi \cos.(\xi' t + \mu - \varphi) +$$
$$S_2 \cos.\lambda^2 \cos.\Phi^2 \cos.2\,(\xi' t + \mu - \varphi),$$

S, S_1, S_2, étant des suites finies de la forme

$$s + s_1 \cos.\lambda^2 + s_2 \cos.\lambda^4 + \text{etc.}$$

Pour avoir la plus grande élévation et le plus grand abaissement des eaux, il faut faire $\frac{d\sigma}{dt} = 0$, ou

$$S_1 \sin.\lambda \sin.\Phi \sin.(6't + \mu - \varphi) + 2 S_2 \cos.\lambda \cos.\Phi \sin.2 (6't + \mu - \varphi) = [S_1 \sin.\lambda \sin.\Phi + 4 S_2 \cos.\lambda \cos.\Phi \cos.(6't + \mu - \varphi)]$$
$$\sin.(6't + \mu - \varphi) = 0.$$

On en tire ces deux équations

$$\sin.(6't + \mu - \varphi) = 0,$$
$$S_1 \sin.\lambda \sin.\Phi + 4 S_2 \cos.\lambda \cos.\Phi \cos.(6't + \mu - \varphi) = 0,$$

dont la premiere se rapporte à la plus grande élévation qui a lieu lorsque $6't + \mu - \varphi$ est égal à zéro ou à 180°, et par conséquent lorsque l'astre qui agit passe au méridien : l'autre équation donne

$$\cos.(6't + \mu - \varphi) = \frac{- S_1 \sin.\lambda \sin \Phi}{4 S_2 \cos.\lambda \cos.\Phi},$$

et est relative au plus grand abaissement. Ainsi dans la marée de dessus (n° 213)

$$\sigma = S + S_1 \cos.\lambda \sin.\lambda \cos.\Phi \sin.\Phi + S_2 \cos.\lambda^2 \cos.\Phi^2 ;$$

dans le plus grand abaissement des eaux

$$\sigma = S - \frac{(S_1 \sin.\lambda \sin.\varphi)^2}{8 S_2} - S_2 \cos.\lambda^2 \cos.\Phi^2 :$$

la différence de ces deux valeurs, ou

$$\frac{2}{S_2} \left[S_2 \cos.\lambda \cos.\Phi + \frac{S_1}{4} \sin.\lambda \sin.\Phi \right]^2,$$

est la différence de la haute à la basse mer que l'observation donne immédiatement. Dans la marée de dessous,

$$\sigma = S - S_1 \cos.\lambda \sin.\lambda \cos.\Phi \sin.\Phi + S_2 \cos.\lambda^2 \cos.\Phi^2 ;$$

d'où il suit que $2 S_1 \cos.\lambda \sin.\lambda \cos.\Phi \sin.\Phi$ est la différence des deux marées de dessus et de dessous, et que le rapport de cette différence à celle de la haute à la basse mer est égal à

$$\frac{S_1 S_2 \cos.\lambda \sin.\lambda \cos.\Phi \sin.\Phi}{\left[S_2 \cos.\lambda \cos.\Phi + \frac{S_1}{4} \sin.\lambda \sin.\Phi \right]^2},$$

quantité qui est nulle lorsque l'astre ou lorsque le lieu de l'observation est dans l'équateur.

(263). Nous avons déja remarqué que plus on prenoit de termes des séries s, s_1, etc. s', s'_1, etc. moins la valeur de A différoit de celle qu'on auroit trouvée en supposant que la profondeur de la mer fût par-tout la même. Cette profondeur a pour expression $\gamma + \gamma' \cos.\lambda^2$, quantité qui devient constante lorsqu'on suppose γ' nul ; contentons-nous aussi de c pour c', qui en diffère très peu, et l'équation du n° 260 sera changée en celle-ci qui est beaucoup plus simple :

$$\cos.\lambda^2 \frac{d^2 B}{d\lambda^2} + \cos.\lambda \sin.\lambda \frac{d B}{d\lambda} - 2B(4 - \cos.\lambda^2) + \frac{4c^2}{g\gamma} A \cos.\lambda^4 = 0.$$

En y satisfaisant, il faudra prendre un assez grand nombre de termes : mais M. de la Place remarque qu'on peut faire abstraction de la densité de la mer qui n'est pas bien connue, et qui d'ailleurs paroît être beaucoup moindre que la densité moyenne de la terre ; il croit donc qu'on peut absolument négliger les termes qui proviennent de ΔU (n° 256), et se contenter de

$$gB = gA - \frac{1}{2}\cos.\Phi^2 \cos.\lambda^2.$$

On fera cette substitution dans l'équation précédente, et, pour abréger,

$$\frac{2c^2}{g\gamma} = b, \quad \frac{2 I \cos.\Phi^2}{g} = i, \quad A = z\cos.\lambda^2, \quad \text{et on aura}$$

$$\cos.\lambda^2 \frac{d^2 z}{d\lambda^2} - 3\cos.\lambda \sin.\lambda \frac{dz}{d\lambda} + 2z(b\cos.\lambda^4 - 4) + 2i = 0.$$

Soit $z = s + s_1 \cos.\lambda^2 + s_2 \cos.\lambda^4 + $ etc.

les équations propres à déterminer s, s_1, s_2, etc. seront

$$2i - 8s = 0,$$
$$8s_2 - 5s_1 + bs = 0,$$
$$20s_3 - 14s_2 + bs_1 = 0,$$
$$\dots \dots \dots \dots \dots \dots \dots \dots \dots \dots \dots \dots \dots$$
$$(2n^2 + 2n - 4)s(n) - (2n^2 - n - 1)s(n-1) + bs(n-2) = 0.$$

Si cette série devoit se terminer au terme $s(n+1)$, on auroit en outre

$$(2n^2 + 3n)s(n) - bs(n-1) = 0, \quad bs(n) = 0 ;$$

conclusion absurde, puisque de $s(n) = 0$ on tire

$$s(n-1) = 0. \quad s(n-2) = 0, \text{ etc.}$$

Mais

Mais s'il y avoit dans l'équation différentielle un terme de la forme
$- h \cos . \lambda^{2(n+2)}$; alors la derniere équation seroit $b s (n) = h$:
il s'agit donc d'examiner si, quel que soit b, on peut prendre h de
maniere que le terme $- h \cos . \lambda^{2(n+2)}$ puisse être ajouté sans
erreur sensible à l'équation différentielle. Le moyen de s'en assurer
est bien simple ; car les équations précédentes, dont on exceptera
$b s (n) = h$, donneront facilement les valeurs de s, s_1, s_2.... $s (n)$.
La valeur de $s (n)$ déterminera celle de h, qui sera d'autant moindre
que n sera plus grand ; elle seroit absolument nulle si on pouvoit
prendre n infini.

(264). Les coëfficients s, s_1, etc. dépendent des différentes hypotheses qu'on peut faire sur la profondeur de la mer. Si on la suppose
d'une demi-lieue, on trouve que, dans les mers libres situées sous
l'équateur, la différence entre la haute et la basse mer dans les syzygies est de 19 pieds $\frac{85}{100}$; ce qui est trop considérable. Il en résulte
aussi que la basse mer a lieu lorsque les deux astres sont dans le méridien, et la haute lorsqu'ils sont à l'horizon ; au lieu que le moment
de la haute mer approche beaucoup plus de l'instant du midi que
de celui où le soleil est à l'horizon. Les résultats seront toujours contraires aux observations, tant qu'on supposera la profondeur de la mer
moindre que quatre lieues. Mais cette profondeur étant supposée de
quatre lieues, on tire des calculs du n° précédent que, pour tous les
climats, l'instant de la haute mer est celui du passage des astres par
le méridien, et que la différence de la haute à la basse mer, dans les
mers libres situées sous l'équateur, est, dans les syzygies, de cinq
pieds $\frac{137}{1000}$. Si cette différence paroît trop considérable ; comme les
calculs précédents donnent des marées d'autant plus petites que la
profondeur est plus grande, il faudra admettre une profondeur plus
grande que quatre lieues. Voilà sur quoi sont fondées ces conjectures
très probables de M. de la Place, que la profondeur moyenne de la
mer doit surpasser quatre lieues, et que dans les mers libres, loin des
continents, et aux environs de l'équateur, la hauteur des marées doit
être moindre de 5 pieds. C'est dans ce même mémoire qu'il fait la
remarque importante dont nous avons déja parlé ; savoir que, dans
les recherches sur la précession des équinoxes, il ne suffit pas d'avoir
égard à l'action du soleil et de la lune sur la partie solide de la terre,
et que les eaux qui la recouvrent, agitées par les attractions de ces
deux astres, peuvent influer très sensiblement sur ce phénomene.

(265). Sans l'attraction des deux astres sur le fluide, il seroit demeuré en équilibre ; et nous ne devons avoir égard qu'au petit changement que produit dans la figure de la couche fluide l'action de l'astre qui l'attire. Ainsi la pression et l'attraction des molécules fluides sur la surface de la partie solide de la terre sont, à très peu près, les mêmes que celles d'un sphéroïde fluide dont le rayon seroit $1 + \alpha\sigma$ (n° 242), moins celle d'une sphere de même densité dont le rayon seroit 1 ; c'est-à-dire que tout se réduit à déterminer la pression et l'attraction d'un sphéroïde qui a pour rayon $1 + \alpha\sigma$, en ne conservant que les termes affectés de α : encore même dans l'évaluation de σ suffit-il du terme de O (n° 252)

$$2\,\mathrm{I}\,\sin.\Phi\,\cos.\Phi\,\sin.\lambda\,\cos.\lambda\,\cos.(et + \mu - \varphi).$$

La valeur de σ que nous emploierons sera donc de cette forme

$$6\,\mathrm{I}\,\sin.\Phi\,\cos.\Phi\,\sin.\lambda\,\cos.\lambda.\cos.(et + \mu - \varphi);$$

et si l'on suppose que le sphéroïde terrestre est partagé en deux parties égales par l'équateur, il sera nécessaire que 6 soit fonction de $\cos.\lambda^2$, ou une fonction qui ne change point, quels que soient les signes de $\sin.\lambda$, $\cos.\lambda$, pour que les valeurs de σ, relatives à deux molécules semblablement situées de l'un et de l'autre côté de l'équateur, soient égales lorsqu'on change dans chacune le signe de la déclinaison de l'astre. Cela posé, il s'agit de déterminer l'attraction et la pression d'un sphéroïde fluide dont le rayon est

$$1 + \alpha 6\,\mathrm{I}\,\sin.\Phi\,\cos.\Phi\,\sin.\lambda\,\cos.\lambda\,\cos.(et + \mu - \varphi):$$

l'attraction se déterminera par des méthodes analogues à celles que nous avons données dans le chapitre précédent; quant à la pression, ayant nommé p la pression dans le cas d'équilibre sur un point placé à la surface de la partie solide de la terre, q l'attraction du fluide et du sphéroïde sur le même point, $d\tau$ l'élément de la direction suivant laquelle cette seconde force agit, on tirera de l'équation (b) (n°^{os} 231, 233), où l'on fera d'abord R 1 nul et R $=$ 1, et que par-là on changera en celle-ci :

$$\mathrm{P}\,dx + \mathrm{Q}\,dy + \mathrm{R}\,dz - \frac{1}{\Delta}\,d\Pi = \alpha\left[\frac{d^2\lambda_1}{dt^2}\,d\lambda + \frac{d^2\mu_1}{dt^2}\cos.\lambda^2\,d\mu\right.$$
$$\left. + 2e\cos.\lambda\,\sin.\lambda\left(\frac{d\mu_1}{dt}\,d\lambda - \frac{d\lambda_1}{dt}\,d\mu\right) - \frac{c^2}{2}\,d\cdot(\cos.\lambda - \alpha\lambda_1\sin.\lambda)^2;\right.$$

on tirera, dis-je, de cette équation, dans le cas d'équilibre,

$$-\frac{c^2}{2}\,d\cdot(\cos.\lambda - \alpha\lambda_1\sin.\lambda)^2 = -\frac{1}{\mathrm{D}}\,dp - q\,d\tau.$$

Ainsi, faisant $\Pi = p + \alpha p_1$, on a, à la surface du sphéroïde,

$$\frac{d^2\lambda_1}{dt^2}\, d\lambda + \frac{d^2\mu_1}{dt^2}\, \cos.\lambda^2 d\mu + 2\,e\,\cos.\lambda\,\sin.\lambda\left(\frac{d\mu_1}{dt}\, d\lambda - \frac{d\lambda_1}{dt}\, d\mu\right)$$
$$- D\,(Y\,d\lambda + Z\cos.\lambda\,d\mu) - I\,dO + \tfrac{1}{\Delta}\, dp_1 = 0.$$

Mais, à la surface du fluide, la même équation (b) donne $(n° 245)$

$$\frac{d^2\lambda_1}{dt^2}\, d\lambda + \frac{d^2\mu_1}{dt^2}\, \cos.\lambda^2 d\mu + 2\,e\,\cos.\lambda\,\sin.\lambda\left(\frac{d\mu_1}{dt}\, d\lambda - \frac{d\lambda_1}{dt}\, d\mu\right)$$
$$- D\,(Y\,d\lambda + Z\cos.\lambda\,d\mu) - I\,dO + g\,d\sigma = 0;$$

partant $\frac{1}{\Delta}\, dp_1 = g\,d\sigma$, si $\frac{d\lambda_1}{dt}$, $\frac{d\mu_1}{dt}$, varient peu de la surface du sphéroïde à la surface du fluide, comme cela est effectivement. Donc

$$p_1 = g\,\Delta\,\mathcal{C}\,I\,\sin.\Phi\,\cos.\Phi\,\sin.\lambda\,\cos.\lambda\,\cos.(et + \mu - \varphi).$$

Cette force et celle d'attraction étant prises de maniere qu'elles s'étendent à toute la surface du sphéroïde, et étant décomposées convenablement, on trouve ce qu'il faut ajouter aux équations du n° 137 pour qu'elles satisfassent à la condition que l'agitation des eaux de la mer peut influer sur la précession des équinoxes et la nutation de l'axe de la terre. En supposant la terre très peu différente d'une sphere, on n'écrira de P_1, Q_1, R_1, que les termes qui ne sont pas affectés de $A - 2B$, m, n; et nommant φ' l'angle que fait le méridien de l'astre qui agit avec le premier méridien, E une constante qui dérive des deux forces d'attraction et de pression étendues à toute la surface du sphéroïde, on aura

$$d\zeta + \cos.\varepsilon\,d\eta = a\,dt,$$

$$d\,(d\eta + \cos.\varepsilon\,d\zeta) - \alpha\,I\,E\,dt^2\,\sin.\Phi\,\cos.\Phi\,\sin.\varphi'\,\sin.\varepsilon = 0,$$

$$d^2\varepsilon + \sin.\varepsilon\,d\eta\,d\zeta + \alpha\,I\,E\,dt^2\,\sin.\Phi\,\cos.\Phi\,\cos.\varphi' = 0.$$

(266). Puisque la terre tourne à très peu près uniformément autour de son axe, $\frac{d\zeta}{dt}$ ne differe de e que de quantités de l'ordre α; de plus $\frac{d\eta}{dt}$ est du même ordre : c'est pourquoi si, dans le terme $\sin.\varepsilon\,d\eta\,\frac{d\zeta}{dt}$, on met e pour $\frac{d\zeta}{dt}$, et qu'on y regarde $\sin.\varepsilon$ comme étant constant, on aura, aux quantités de l'ordre α^2 près,

$$\frac{d\varepsilon}{dt} + e\,\eta\,\sin.\varepsilon = -\int \alpha\,I\,E\,dt\,\sin.\Phi\,\cos.\Phi\,\cos.\varphi'.$$

Pour les mêmes raisons la seconde équation devient

$$d^2\eta - e\,d\varepsilon\,dt \sin.\varepsilon + \cos.\varepsilon\,d^2\zeta - \alpha\,\mathrm{I}\mathrm{E}\,dt^2 \sin.\Phi\cos.\Phi\sin.\varphi'\sin.\varepsilon = 0,$$

où l'on mettra pour $d^2\zeta$ sa valeur $- \cos.\varepsilon\,d^2\eta + d\varepsilon\,d\eta\,\sin.\varepsilon$, ou simplement $- \cos.\varepsilon\,d^2\eta$, puisque $\frac{d\varepsilon}{dt}$ et $\frac{d\eta}{dt}$ sont l'un et l'autre de l'ordre α; ce qui la changera en celle-ci :

$$\sin.\varepsilon^2\,\frac{d^2\eta}{dt} - e\,d\varepsilon\,\sin.\varepsilon - \alpha\,\mathrm{I}\,\mathrm{E}\,dt\,\sin.\Phi\,\cos.\Phi\,\sin.\varphi'\,\sin.\varepsilon = 0.$$

En y substituant à $d\varepsilon$ sa valeur, et divisant par $\sin.\varepsilon^2$, on en tire

$$\frac{d^2\eta}{dt^2} + e^2\eta = - \frac{e\int\alpha\,\mathrm{I}\,\mathrm{E}\,dt\,\sin.\Phi\,\cos.\Phi\,\cos.\varphi'}{\sin.\varepsilon} + \frac{\alpha\,\mathrm{I}\,\mathrm{E}\,\sin.\Phi\,\cos.\Phi\,\sin.\varphi'}{\sin.\varepsilon},$$

équation dans laquelle on pourra regarder $\sin.\varepsilon$ comme étant constant, puisque nous sommes convenus de négliger les quantités de l'ordre α^2, et que par conséquent il sera facile d'intégrer, lorsqu'on connoîtra I, $\sin.\Phi\cos.\Phi\cos.\varphi'$, et $\sin.\Phi\cos.\Phi\sin.\varphi'$ en fonctions de t. Or I (n° 244) dépend du mouvement de l'astre, et pourra être supposé constant, puisque l'orbite est, à très peu près, circulaire; il ne nous reste donc que les deux autres quantités dont il faut chercher les valeurs.

(267). Il est clair que $90° - \varphi'$ étant la distance du méridien de l'astre à l'équinoxe d'automne, cet angle, augmenté de 180°, exprime son ascension droite, et Φ le complément de la déclinaison : et si l'on nomme p sa longitude, q sa latitude, l'une et l'autre rapportées à l'écliptique, on tirera des formules connues de la *Trigonométrie sphérique*

$$\cos.\Phi = \cos.\varepsilon\sin.q + \sin.\varepsilon\cos.q\sin.p,$$
$$\sin.\Phi\sin.\varphi' = - \cos.q\cos.p,$$
$$\sin.\Phi\cos.\varphi' = \sin.\varepsilon\sin.q - \cos.\varepsilon\cos.q\sin.p;$$

et par conséquent

$$\sin.\Phi\cos.\Phi\sin.\varphi' = - \frac{\cos.\varepsilon\cos.q}{2}\left[\sin.(p+q) - \sin.(p-q)\right] - \frac{\sin.\varepsilon\cos.q^2\sin.2p}{2},$$

$$\sin.\Phi\cos.\Phi\cos.\varphi' = \frac{\sin.\varepsilon\cos.\varepsilon}{2}\left[1 - \cos.q^2(2 - \cos.2p)\right] + \frac{2\cos.\varepsilon^2 - 1}{2}\cos.q\left[\cos.(p+q) - \cos.(p-q)\right].$$

Mais si l'on fait $p = mt + m'$, tang. $q = l\sin.(nt + n')$,
l sera (n°141) la tangente de l'inclinaison moyenne de l'orbite, et
$(m - n)t + m' - n'$ la distance moyenne du nœud ascendant :
donc $m - n$ est très peu considérable par rapport à m ; et dans les
termes affectés de l on pourra ne conserver que les sinus et cosinus
de l'angle $(m - n)t + m' - n'$, parceque ces termes deviendront
très grands par les intégrations. On pourra encore se contenter de
sin. $q = $ tang. q, en négligeant la seconde puissance de l ; partant
on aura

$$\sin.\Phi\,\cos.\Phi\,\sin.\varphi' = \frac{l\cos.\iota}{2}\sin.[(m-n)t+m'-n'] - \frac{\sin.\iota}{2}\sin.2(mt+m'),$$

$$\sin.\Phi\,\cos.\Phi\,\cos.\varphi' = \frac{\sin.\iota\cos.\iota}{2}[\cos.2(mt+m')-1] - l\frac{2\cos.\iota^2-1}{2}\cos.[(m-n)t+m'-n'],$$

$$\int dt\,\sin.\Phi\,\cos.\Phi\,\cos.\varphi' = \frac{\sin.\iota\cos.\iota}{2}\left[\frac{\sin.2(mt+m')}{2m} - t\right] - l\frac{2\cos.\iota^2-1}{2}\frac{\sin.[(m-n)t+m'-n']}{m-n} + A,$$

A étant une constante arbitraire. En substituant ces valeurs, l'équation qu'il s'agit d'intégrer deviendra

$$\frac{d^2n}{dt^2} + e^2n = \frac{\alpha IE}{2}\left[\left(\frac{l\cos.\iota}{\sin.\iota} + \frac{el}{m-n}\frac{2\cos.\iota^2-1}{\sin.\iota}\right)\sin.((m-n)t+m'-n') - \left(\frac{e\cos.\iota}{2m}+1\right)\sin.2(mt-m') + et\cos.\varepsilon - eA\right].$$

(268). On observera que $(m - n)^2$ est beaucoup plus petit
que e^2, et qu'on peut négliger la première de ces quantités vis-à-vis
de l'autre ; alors l'intégrale complète de l'équation précédente sera
(n° 32)

$$n = B\sin.et + C\cos.et + \frac{\alpha IE}{2e^2}\left\{\left[\frac{\cos.\iota}{\sin.\iota} + \frac{e}{m-n}\frac{2\cos.\iota^2-1}{\sin.\iota}\right]l\sin.[(m-n)t+m'-n'] - \left[\frac{e\cos.\iota}{2m}+1\right]\sin.2(mt+m') + et\cos.\varepsilon - A\right\},$$

qu'on peut réduire à celle-ci :

$$n = B\sin.et + C\cos.et + \frac{\alpha IE}{2e^2}\left\{\frac{el}{m-n}\frac{\cos.2\iota}{\sin.\iota}\sin.[(m-n)t+m'-n'] - \frac{e}{2m}\cos.\varepsilon\,\sin.2(mt+m') + et\cos.\varepsilon - A\right\}.$$

Mais nous avons trouvé plus haut

$$\frac{d\varepsilon}{dt} + e n \sin.\varepsilon = \frac{\alpha \mathrm{I E}}{2} \left\{ \frac{l}{m-n} \cos.2\varepsilon \sin.[(m-n)t + m' - n'] - \sin.\varepsilon \cos.\varepsilon \left[\frac{\sin.2(mt+m')}{2m} - t \right] - \mathrm{A} \right\},$$

ou, mettant pour n sa premiere valeur, et négligeant toujours les quantités de l'ordre α^2,

$$\frac{d\varepsilon}{dt} = e \sin.\varepsilon (\mathrm{B} \sin.et + \mathrm{C} \cos.et) - \frac{\alpha \mathrm{I E}}{2e} \left\{ l \cos.\varepsilon \sin.[(m-n)t + m' - n'] - \sin.\varepsilon \sin.2(mt+m') \right\};$$

donc

$$\varepsilon = \mathrm{D} - e \sin.\varepsilon (\mathrm{B} \cos.et - \mathrm{C} \sin.et) + \frac{\alpha \mathrm{I E}}{2e} \left\{ \frac{l \cos.\varepsilon}{m-n} \cos.[(m-n)t + m' - n'] - \frac{\sin.\varepsilon}{2m} \cos.2(mt+m') \right\}.$$

On a aussi $\zeta = b + at - n \cos.\varepsilon$; et ces valeurs de ε, n, ζ, renfermeront six constantes arbitraires a, b, A, B, C, D, qu'on déterminera par les conditions primitives du mouvement du sphéroïde.

(269). Nous avons supposé que les valeurs précédentes de ε, n, ζ, étoient celles qui résultoient de l'action de la lune ; pour trouver celles qui résultent de l'action du soleil, on fera dans les valeurs précédentes l nul, et on y changera les quantités relatives à la lune dans celles qui sont relatives au soleil. Si I' est pour le soleil ce qu'est I pour la lune, la précession moyenne des équinoxes, qui résultent des actions réunies du soleil et de la lune, sera

$$\frac{\alpha \mathrm{E}\, t \cos.\varepsilon}{2e} (\mathrm{I} + \mathrm{I}') :$$

mais on a pour l'équation la plus sensible de la précession

$$\frac{\alpha \mathrm{I E}}{2e} \frac{l}{m-n} \frac{\cos.2\varepsilon}{\sin.\varepsilon} \sin.[(m-n)t + m' - n'],$$

et, pour l'équation la plus sensible de la nutation de l'axe de la terre,

$$- \frac{\alpha \mathrm{I E}}{2e} \frac{l}{m-n} \cos.\varepsilon \cos.[(m-n)t + m' - n'].$$

Les variations $d\varepsilon$, dn, étant très petites relativement à dt, on a cru pouvoir négliger dans P_1, Q_1, R_1, les termes multipliés par

$$\mathrm{A} - 2\mathrm{B}, m, n.$$

Dans la solution du n° 141, on a en outre négligé $d^2\varepsilon$, $d^2 n$, $d\varepsilon^2$, dn^2, auprès de $d\varepsilon\,dt$, $d\eta\,dt$, et on a réduit les équations à n'être que du premier ordre. Cela a fait que les valeurs de ε, η, ζ, trouvées dans cet article, n'ont pas renfermé le nombre suffisant de constantes arbitraires pour que la solution fût aussi générale qu'il est nécessaire. Ainsi les remarques que nous venons de faire sur les problèmes de la précession des équinoxes, et de la nutation de l'axe de la terre, seroient encore importantes, quand bien même on ne voudroit pas tenir compte des termes qui proviennent de la réaction des eaux de la mer.

(270). En nommant R la densité, ρ l'ellipticité de la couche du sphéroïde, dont le demi petit axe est r, ρ_1 ce que devient ρ lorsque $r = 1$, Δ la densité des eaux de la mer, D la densité moyenne du sphéroïde, γ' la quantité qui seroit nulle si la mer étoit par-tout de la même profondeur ($n° 260$), on a

$$E = \frac{4\,\Delta\,\gamma'\,\rho_1 - 2\left(2\,\gamma' - \frac{e^2}{g}\right)\int R\,d\cdot\rho\,r^5}{\left[2\,\gamma'\left(1 - \frac{3\,\Delta}{5\,D}\right) - \frac{e^2}{g}\right]\int R\,d\cdot r^5},$$

qui devient $E = -\dfrac{2\int R\,d\cdot\rho\,r^5}{\int R\,d\cdot r^5}$,

lorsque $\gamma' = 0$, cas où l'agitation des eaux de la mer n'auroit aucune influence sur les phénomenes dont il s'agit. Ainsi la précession moyenne des équinoxes, et la nutation de l'axe de la terre, lorsqu'on a égard à la réaction des eaux de la mer, sont à cette précession et à cette nutation, lorsqu'on n'y a aucun égard, dans le rapport de

$$\left(2\,\gamma' - \frac{e^2}{g}\right)\int R\,d\cdot\rho\,r^5 - 2\,\Delta\,\gamma'\,\rho_1$$
$$\text{à } \left[2\,\gamma'\left(1 - \frac{3\,\Delta}{5\,D}\right) - \frac{e^2}{g}\right]\int R\,d\cdot\rho\,r^5.$$

Mais lorsqu'on considere la mer comme formant une masse solide avec la terre, ce même rapport devient

$$\Delta\,\gamma' + \int R\,d\cdot\rho\,r^5 : \int R\,d\cdot\rho\,r^5;$$

en égalant ces deux valeurs, on en tire une équation qu'on peut mettre sous la forme suivante :

$$(\gamma' + \rho_1)(10\,D - 6\,\Delta) = 6\int R\,d\cdot\rho\,r^5 - 6\,\Delta\,\rho_1 + \frac{5\,e^2}{g}\,D.$$

Celle-ci est la même que l'équation qui résulte de l'équilibre des eaux de la mer (n° 198) : il suit donc de ce qui précede, *que la terre étant supposée une ellipsoïde de révolution recouverte par la mer, la fluidité des eaux ne nuit en rien à l'effet des attractions du soleil et de la lune sur la précession et la nutation , en sorte que cet effet est entièrement le même que si la mer formoit une masse solide avec la terre.*

Cette conclusion si remarquable n'est pas bornée à la seule supposition de l'ellipticité du sphéroïde terrestre ; elle a généralement lieu, quelle que soit la figure de ce sphéroïde, comme M. de la Place l'a démontré dans un autre mémoire imprimé parmi ceux de l'académie royale des sciences, année 1777.

CHAPITRE VI.

CHAPITRE VI.

Remarques sur les méthodes d'approximation dont on fait usage dans l'astronomie physique.

Nous avons vu, dans le second chapitre, que la maniere d'intégrer l'équation qui doit donner le rayon vecteur de l'orbite d'une planete pouvoit être très inexacte, en introduisant dans l'expression de ce rayon des arcs de cercle ce qui le rendoit susceptible d'augmenter à l'infini. Si cette difficulté ne nous a pas arrêtés dans la théorie de la lune, c'est que la supposition qui fait disparoître les arcs de cercle est celle qui donne le mouvement de l'apogée de cette planete. Il est bien vrai que ce sont aussi les mouvements des aphélies des planetes principales qui introduisent des arcs de cercle dans les expressions des rayons vecteurs ; mais ces mouvements sont bien plus difficiles à déterminer que celui de l'apogée de la lune, parcequ'ils dépendent de la variation des autres éléments, et qu'il n'est pas possible de les calculer séparément pour chaque planete. Voilà ce qui a déterminé les géometres qui ont travaillé sur le système du monde à s'occuper des méthodes d'approximation. Elles sont fondées sur l'intégration des équations linéaires dont nous nous sommes beaucoup occupés dans nos leçons de calcul intégral, et que nous allons rappeller en peu de mots.

(269). L'intégrale complete de l'équation linéaire du second ordre

$$\frac{d^2y}{dt^2} + M^2 y + N + p_1 \cos.Pt + p_2 \sin.Pt + \text{etc.} = 0$$

est (n° 32)

$$y = f \cos. Mt + g \sin. Mt - \frac{N}{M^2} - \frac{p_1}{P^2 - M^2} (\cos. Mt - \cos. Pt)$$
$$- \frac{p_2}{P^2 - M^2} (\sin. Mt - \sin. Pt) - \text{etc.}$$

Mais si $P = M$, on supposera pour un instant qu'ils different d'une quantité infiniment petite ρ (C. I. p. 250), et on aura, en négligeant les infiniment petits du second ordre,

$$P = M + \rho, \quad P^2 - M^2 = 2M\rho, \quad \cos. Mt - \cos. Pt = \rho t \sin. Mt,$$
$$\sin. Mt - \sin. Pt = - \rho t \cos. Mt, \quad (n° 15);$$

partant les termes $\frac{-p_1}{P^2 - M^2}$ (cos. Mt — cos. Pt),

$$\frac{-p_2}{P^2 - M^2} \text{ (sin. } Mt \text{ — sin. } Pt \text{),}$$

se réduiront à

$$-\frac{p_1 t}{2M} \text{ sin. } Mt, \quad +\frac{p_2 t}{2M} \text{ cos. } Mt.$$

D'où il suit que si la proposée étoit

$$\frac{d^2 y}{dt^2} + M^2 y + N + p_1 \text{ cos. } Mt + p_2 \text{ sin. } Mt + q_1 \text{ cos. } Qt +$$
$$q_2 \text{ sin. } Qt + \text{etc.} = 0,$$

elle auroit pour intégrale complete

$$y = f \text{ cos. } Mt + g \text{ sin. } Mt - \frac{N}{M^2} - \frac{p_1 t}{2M} \text{ sin. } Mt + \frac{p_2 t}{2M} \text{ cos. } Mt +$$
$$\frac{q_1}{Q^2 - M^2} \text{ cos. } Qt + \frac{q_2}{Q^2 - M^2} \text{ sin. } Qt + \text{etc.}$$

Si l'équation proposée renfermoit un terme de cette forme

$$(r_1 \text{ cos. } Rt + r_2 \text{ sin. } Rt) \, t^n,$$

n étant un nombre entier positif; en nommant y' le terme de y qui en proviendroit, il faudroit que

$$\frac{d^2 y'}{dt^2} + M^2 y' + (r_1 \text{ cos. } Rt + r_2 \text{ sin. } Rt) \, t^n = 0.$$

Or soit $y' = (A t^n + B t^{n-1} + C t^{n-2} + \text{etc.}) \text{ cos. } Rt +$
$$(A' t^n + B' t^{n-1} + C' t^{n-2} + \text{etc.}) \text{ sin. } Rt;$$

ayant fait cette substitution dans l'équation précédente, on égalera à zéro les termes qui seront affectés de la même puissance de t, et mettant μ pour $R^2 - M^2$, on aura

$$- \mu A + r_1 = 0, \quad - \mu B + 2 n R A' = 0;$$
$$- \mu A' + r_2 = 0, \quad - \mu B' - 2 n R A = 0,$$
$$- \mu C + 2 (n-1) R B' + n (n-1) A = 0,$$
$$- \mu C' - 2 (n-1) R B + n (n-1) A' = 0,$$
$$- \mu D + 2 (n-2) R C' + (n-1)(n-2) B = 0, \text{ etc.}$$
$$- \mu D' - 2 (n-2) R C + (n-1)(n-2) B' = 0.$$

Au moyen de ces équations on trouvera facilement A, A', B, B', etc.

Si le terme de la proposée étoit $(r_1 \cos.R\,t + r_2 \sin.R\,t)\,t$, le terme correspondant de y seroit

$$(A\,t + B)\cos.R\,t + (A'\,t + B')\sin.R\,t,$$

où $A = \frac{r_1}{\mu}$, $A' = \frac{r_2}{\mu}$, $B = \frac{2R r_2}{\mu^2}$, $B' = -\frac{2R r_1}{\mu^2}$.

Lorsque $R = M$, ces équations ne donnent rien ; mais dans ce cas on fera

$$y' = (a\,t^{n+1} + b\,t^n + c\,t^{n-1} + \text{etc.})\cos.M\,t +$$
$$(a'\,t^{n+1} + b'\,t^n + c'\,t^{n-1} + \text{etc.})\sin.M\,t,$$

et, au lieu des équations précédentes, on aura celles-ci :

$$-2M(n+1)a + r_2 = 0,$$
$$2M(n+1)a' + r_1 = 0,$$
$$-2Mb + (n+1)a' = 0,$$
$$2Mb' + (n+1)a = 0,$$
$$-2Mc + nb' = 0,\ \text{etc.}$$
$$2Mc' + nb = 0 :$$

ainsi le terme de la proposée étant $(r_1 \cos.M\,t + r_2 \sin.M\,t)\,t$, le terme correspondant de y sera

$$(a\,t^2 + b\,t)\cos.M\,t + (a'\,t^2 + b'\,t)\sin.M\,t,$$

où $a = \frac{r_2}{4M}$, $a' = \frac{-r_1}{4M}$, $b = \frac{-r_1}{4M^2}$, $b' = \frac{-r_2}{4M^2}$.

(270). Cela posé, nous nous proposons de faire usage de la méthode des substitutions successives (n° 60) pour intégrer par approximation l'équation du second ordre

$$(A)\cdots\cdots \frac{d^2y}{dt^2} + m^2 y + n + \alpha p y^2 + \alpha^2 q y^3 + \text{etc.} = 0,$$

dans laquelle m, n, p, q, etc. sont des constantes, et α un coëfficient très petit. On négligera d'abord les termes affectés de α, et on aura pour première équation approchée

$$\frac{d^2y}{dt^2} + m^2 y + n = 0,$$

qui a pour intégrale complete

$$y = f\cos.m\,t + g\sin.m\,t - \frac{n}{m^2} ;$$

des deux constantes arbitraires f et g, l'une exprime la valeur de y, l'autre celle de $\frac{dy}{dt}$, lorsque $t = 0$. On mettra cette première valeur de y dans $\alpha p y^2$, en négligeant $\alpha^2 q y^3$; et, à cause de

$$(f\cos.mt + g\sin.mt)^2 = h\cos.2mt + fg\sin.2mt + i,$$

en faisant, pour abréger,

$$\frac{f^2 - g^2}{2} = h, \quad \frac{f^2 + g^2}{2} = i, \text{ on aura}$$

$$\frac{d^2y}{dt^2} + m^2y + n + \alpha p\left[i + \frac{n^2}{m^4} - \frac{2n}{m^2}(f\cos.mt + g\sin.mt) + h\cos.2mt + fg\sin.2mt\right] = 0,$$

qui, étant intégrée comme nous l'avons enseigné dans le n° précédent, donne

$$y = f\cos.mt + g\sin.mt - \frac{n}{m^2} - \frac{\alpha p}{m^2}\left(i + \frac{n^2}{m^4}\right) + \frac{\alpha p}{m^2}\left(\frac{nf}{m}t\sin.mt - \frac{ng}{m}t\cos.mt + \frac{h\cos.2mt + fg\sin.2mt}{3}\right).$$

Si, t pouvant croître à l'infini, y ne doit pas passer certaines limites, la valeur que nous venons de trouver est fautive à cause du terme

$$\frac{\alpha pn}{m^3}t(f\sin.mt - g\cos.mt);$$

mais il ne dérive que celui-ci de l'équation différentielle

$$-\frac{2\alpha pn}{m^2}(f\cos.mt + g\sin.mt):$$

d'où il suit que tout se réduit à préparer l'équation différentielle de maniere qu'elle ne renferme pas les termes qui ont pour facteur

$$\cos.mt, \sin.mt \ (\text{n° 58}).$$

(271). Pour cela nous supposerons $y = y' + K + \alpha H + \alpha^2 I$, K, H, I, étant des constantes indéterminées, et y' une nouvelle variable ; nous aurons, en négligeant les termes affectés de α^3, et faisant, pour abréger, $m^2 + 2\alpha pK + \alpha^2(2pH + 3qK^2) = \mu^2$,

$$n + m^2K = A, \quad m^2H + pK^2 = B, \quad m^2I + 2pKH + qK^3 = C,$$

$$\frac{d^2y'}{dt^2} + \mu^2y' + A + \alpha(B + py'^2) + \alpha^2(C + 3qKy'^2 + qy'^3) = 0.$$

La première valeur de y' sera

$$y' = f' \cos. \mu t + g' \sin. \mu t - \frac{A}{\mu^2};$$

substituant cette valeur dans le terme $\alpha p y'^2$, et négligeant ceux qui sont affectés de α^2, on changera l'équation transformée en celle-ci :

$$\frac{d^2 y'}{dt^2} + \mu^2 y' + A + \alpha B + \alpha p \left[i' + \frac{A^2}{\mu^4} - \frac{2A}{\mu^2} (f' \cos.\mu t + g' \sin.\mu t) + h' \cos.2\mu t + f'g' \sin.2\mu t \right] = 0,$$

où $h' = \frac{f'^2 - g'^2}{2}$, $i' = \frac{f'^2 + g'^2}{2}$.

Il suffira de faire $A = 0$, pour qu'elle ne contienne pas de termes multipliés par $\cos.\mu t$, $\sin.\mu t$; alors elle devient

$$\frac{d^2 y'}{dt^2} + \mu^2 y' + \alpha B + \alpha p \left[i' + h' \cos.2\mu t + f'g' \sin.2\mu t \right] = 0,$$

dont l'intégrale est

$$y' = f' \cos. \mu t + g' \sin.\mu t - \alpha \frac{B + i'p}{\mu^2} + \frac{\alpha p}{3\mu^2} (h' \cos. 2\mu t + f'g' \sin. 2\mu t).$$

L'équation $A = 0$ donnera $K = - \frac{n}{m^2}$; et comme dans cette première approximation on pourra se contenter de $\mu^2 = m^2 + 2\alpha p K$, on aura $\mu^2 = m^2 - \frac{2\alpha p n}{m^2}$: quant à l'indéterminée H, on la supposera nulle, et B sera $= \frac{p n^2}{m^4}$; ainsi, aux quantités de l'ordre α^2 près,

$$y = - \frac{n}{m^2} + y'.$$

(272). Pour pousser plus loin l'approximation, il faudra substituer la valeur précédente de y' dans les termes $\alpha p y'^2$, $3\alpha^2 q K y'^2$, $\alpha^2 q y'^3$, de la transformée, et négligeant les quantités qui se trouveront affectées de α^3, on aura

$$\frac{d^2 y'}{dt^2} + \mu^2 y' + A + \alpha B + \alpha^2 C - \alpha^2 \left(\frac{2Bp}{\mu^2} + \frac{5 i'p^2}{3\mu^2} - \frac{3}{2} i'q \right)$$
$$(f' \cos.\mu t + g' \sin.\mu t) + \alpha (p + 3\alpha q K) (h' \cos.2\mu t + f'g' \sin.2\mu t + i') + \alpha^2 \left(\frac{p}{3\mu^2} + \frac{q}{2} \right) \left[(h' - g'^2) f' \cos.3\mu t + (h' + f'^2) g' \sin.3\mu t \right] = 0,$$

où il faudra égaler à zéro le coëfficient de $f' \cos. \mu t + g' \sin. \mu t$; ce qui donnera

$$B = - i' \left(\frac{5p}{6} - \frac{3q\mu^2}{4p} \right). \text{ Mais } B = m^2 H + p K^2 ;$$

donc $H = - \frac{p K^2}{m^2} + i' \left(\frac{3q}{4p} \cdot \frac{\mu^2}{m^2} - \frac{5p}{6m^2} \right).$

En substituant cette valeur de H dans celle de μ^2, on pourra mettre pour $\frac{\mu^2}{m^2}$ sa valeur approchée 1, et on aura

$$\mu^2 = m^2 - \frac{2\alpha p n}{m^2} + \alpha^2 \left[i' \left(\frac{3q}{2} - \frac{5p^2}{3m^2} \right) + \frac{n^2}{m^4} \left(3q - \frac{2p^2}{m^2} \right) \right].$$

On pourra supposer I nul ; et, continuant de négliger les quantités de l'ordre α^3, on trouvera

$$C = - \frac{i' n}{m^2} \left(\frac{3q}{2} - \frac{5p^2}{3m^2} \right) + \frac{n^2}{m^4} \left(\frac{2p^2}{m^2} - q \right).$$

Cela fait, on intégrera l'équation différentielle qui donnera une nouvelle valeur de y', laquelle ne contiendra, comme la précédente, que des cosinus et des sinus d'angles, et le problême sera résolu, aux quantités de l'ordre α^3 près.

(273). Si la méthode des substitutions successives avoit besoin d'être éclaircie, nous dirions qu'elle se réduit à supposer

$$y = y' + \alpha u + \alpha^2 v + \alpha^3 w + \text{ etc.}$$

y', u, v, w, etc. étant des indéterminées quelconques ; à substituer cette valeur dans l'équation différentielle, où l'on pourra ensuite égaler à zéro les termes de même dénomination, ou qui sont affectés des mêmes puissances de α, puisqu'on n'aura de cette maniere qu'autant d'équations qu'il y a d'indéterminées. Pour intégrer l'équation (A) par cette méthode, en ne poussant pas l'approximation au-delà des quantités de l'ordre α^2, on fera $y = y' + \alpha u + \alpha^2 v$, et, cette valeur étant substituée, on égalera à zéro les termes de même dénomination ; ce qui fournira les trois équations

$$\frac{d^2 y'}{dt^2} + m^2 y' + n = 0,$$

$$\frac{d^2 u}{dt^2} + m^2 u + p y'^2 = 0,$$

$$\frac{d^2 v}{dt^2} + m^2 v + 2 p y' u + q y'^3 = 0.$$

La première a pour intégrale complète

$$y' = f \cos. m t + g \sin. m t - \frac{n}{m^2}.$$

On fera cette substitution dans la seconde ; ce qui la changera en celle-ci (n° 270) :

$$\frac{d^2 u}{dt^2} + m^2 u + p \left(i + \frac{n^2}{m^4} + h \cos. 2\, m\, t + fg \sin. 2\, m\, t - \right.$$
$$\left. \frac{2\, n}{m^2} \left(f \cos. m\, t + g \sin. m\, t \right) \right) = 0.$$

En l'intégrant, on n'ajoutera pas de constantes arbitraires qui sont déja renfermées dans la valeur de y', et on aura

$$u = - \frac{p}{m^2} \left(i + \frac{n^2}{m^4} \right) + \frac{p}{m^2} \left(\frac{nf}{m} t \sin. m\, t - \frac{ng}{m} t \cos. m\, t + \right.$$
$$\left. \frac{h \cos. 2\, m\, t + fg \sin. 2\, m\, t}{3} \right).$$

On cherchera les valeurs de $y'u$, y'^3, qu'on mettra dans la troisieme équation ; et après avoir fait, pour abréger,

$$\frac{2\, n\, p^2}{m^4} \left(i + \frac{n^2}{m^4} \right) - \frac{n q}{m^2} \left(3 i + \frac{n^2}{m^4} \right) = e,$$
$$\frac{2\, p^2}{m^2} \left(\frac{5 i}{6} + \frac{n^2}{m^4} \right) - \frac{3 q}{2} \left(i + \frac{2\, n^2}{m^4} \right) = h',$$
$$\frac{n}{m^2} \left(\frac{2\, p^2}{3\, m^2} + 3 q \right) = i',$$
$$\frac{h - g^2}{2} \left(\frac{2\, p^2}{3\, m^2} + q \right) f = f',$$
$$\frac{h + f^2}{2} \left(\frac{2\, p^2}{3\, m^2} + q \right) g = g',$$

on aura, pour déterminer v, l'équation

$$\frac{d^2 v}{dt^2} + m^2 v + e - h' \left(f \cos. m\, t + g \sin. m\, t \right) - i' \left(h \cos. 2\, m\, t + \right.$$
$$fg \sin. 2\, m\, t) + f' \cos. 3\, m\, t + g' \sin. 3\, m\, t + \frac{2\, n\, p^2 t}{m^3} \left[h \sin. 2\, m\, t \right.$$
$$\left. - fg \cos. 2\, m\, t - \frac{n}{m^2} \left(f \sin. m\, t - g \cos. m\, t \right) \right] = 0.$$

Indépendamment du dernier terme, qui a pour facteur t, l'intégrale de cette équation est

$$v = - \frac{c}{m^2} + \frac{h' t}{2\, m} \left(f \sin. m\, t - g \cos. m\, t \right) - \frac{i'}{3\, m^2} \left(h \cos. 2\, m\, t + \right.$$
$$fg \sin. 2\, m\, t) + \frac{f' \cos. 3\, m\, t + g' \sin. 3\, m\, t}{3} ;$$

il nous reste à trouver les termes de cette intégrale qui doivent résulter de ceux que nous avons négligés dans l'équation différentielle.

Or, de $(h \sin. 2\,mt - fg \cos. 2\,mt)\,t$, il résulte

$$\left(ht - \tfrac{4\,fg}{3\,m}\right) \frac{\cos. 2\,mt}{3\,m^2} - \left(fgt + \tfrac{4\,h}{3\,m}\right) \frac{\sin. 2\,mt}{3\,m^2} ;$$

et de $(f \sin. mt - g \cos. mt)\,t$, il résulte

$$\left(gt^2 - \tfrac{ft}{m}\right) \frac{\sin. mt}{4\,m} + \left(ft^2 + \tfrac{gt}{m}\right) \frac{\cos. mt}{4\,m} ;$$

ainsi le terme qu'il faut ajouter à l'intégrale trouvée est

$$\tfrac{2\,np^2}{3\,m^3} \left[\left(ht - \tfrac{4\,fg}{3\,m}\right) \cos. 2\,mt - \left(fgt + \tfrac{4\,h}{3\,m}\right) \sin. 2\,mt -\right.$$
$$\left.\tfrac{3\,n}{4\,m} \left(\left(gt^2 - \tfrac{ft}{m}\right) \sin. mt + \left(ft^2 + \tfrac{gt}{m}\right) \cos. mt\right)\right].$$

(274). Pour intégrer par la même méthode les deux équations

$$\frac{d^2 y}{dt^2} + m^2 y + \alpha\left(M z \cos. pt + N \frac{dz}{dt} \sin. pt\right) = X,$$
$$\frac{d^2 z}{dt^2} + n^2 z + \alpha\left(P y \cos. pt + Q \frac{dy}{dt} \sin. pt\right) = Y,$$

où m, n, p, M, N, P, Q, sont des constantes, et X, Y, des fonctions de sinus et cosinus d'angles multiples de t, en ne poussant pas l'approximation au-delà des quantités de l'ordre α^2, on fera

$$y = y' + \alpha r + \alpha^2 s, \quad z = z' + \alpha x + \alpha^2 u;$$
et si $X = X' + \alpha R + \alpha^2 S, \quad Y = Y' + \alpha U + \alpha^2 V,$

on tirera de cette substitution les six équations suivantes :

$$\frac{d^2 y'}{dt^2} + m^2 y' = X', \quad \frac{d^2 z'}{dt^2} + n^2 z' = Y',$$
$$\frac{d^2 r}{dt^2} + m^2 r + M z' \cos. pt + N \frac{dz'}{dt} \sin. pt = R,$$
$$\frac{d^2 x}{dt^2} + n^2 x + P y' \cos. pt + Q \frac{dy'}{dt} \sin. pt = U,$$
$$\frac{d^2 s}{dt^2} + m^2 s + M x \cos. pt + N \frac{dx}{dt} \sin. pt = S,$$
$$\frac{d^2 u}{dt^2} + n^2 u + P r \cos. pt + Q \frac{dr}{dt} \sin. pt = V.$$

Les deux premieres ont pour intégrales completes

$$y' = f \cos. mt + g \sin. mt + \frac{\sin. mt}{m} \int X' \cos. mt \cdot dt -$$
$$\frac{\cos. mt}{m} \int X' \sin. mt \cdot dt,$$
$$z' = h \cos. nt + i \sin. nt + \frac{\sin. nt}{n} \int Y' \cos. nt \cdot dt -$$
$$\frac{\cos. nt}{n} \int Y' \sin. nt \cdot dt.$$

On

On mettra ces valeurs dans la troisieme et la quatrieme ; et ayant intégré sans ajouter de constantes arbitraires, puisqu'elles sont déja renfermées dans les valeurs de y' et z', on en tirera

$$r = \frac{\sin.mt}{m} \int \{ \mathrm{R} \cos.mt - [h - \frac{\int \mathrm{Y}'\sin.nt\,dt}{n}] [\frac{\mathrm{M}+n\mathrm{N}}{4} (\cos.(m+n+p)t + \cos.(m-n-p)t + \frac{\mathrm{M}-n\mathrm{N}}{4} (\cos.(m+n-p)t + \cos.(m-n+p)t)] - [i + \frac{\int \mathrm{Y}'\cos.nt\,dt}{n} [\frac{\mathrm{M}+n\mathrm{N}}{4} (\sin.(m+n+p)t - \sin.(m-n-p)t) + \frac{\mathrm{M}-n\mathrm{N}}{4} (\sin.(m+n-p)t - \sin.(m-n+p)t)] \} \, dt - \frac{\cos.mt}{m} \int \{ \mathrm{R} \sin.mt - [h - \frac{\int \mathrm{Y}'\sin.nt\,dt}{n}] [\frac{\mathrm{M}+n\mathrm{N}}{4} (\sin.(m+n+p)t + \sin.(m-n-p)t) + \frac{\mathrm{M}-n\mathrm{N}}{4} (\sin.(m+n-p)t + \sin.(m-n+p)t)] + [i + \frac{\int \mathrm{Y}'\cos.nt\,dt}{n}] [\frac{\mathrm{M}+n\mathrm{N}}{4} (\cos.(m+n+p)t - \cos.(m-n-p)t) + \frac{\mathrm{M}-n\mathrm{N}}{4} (\cos.(m+n-p)t - \cos.(m-n+p)t)] \} \, dt,$$

$$x = \frac{\sin.nt}{n} \int \{ \mathrm{U} \cos.nt - [f - \frac{\int \mathrm{X}'\sin.mt\,dt}{m}] [\frac{\mathrm{P}+m\mathrm{Q}}{4} (\cos.(m+n+p)t + \cos.(m-n+p)t) + \frac{\mathrm{P}-m\mathrm{Q}}{4} (\cos.(m+n-p)t + \cos.(m-n-p)t] - [g + \frac{\int \mathrm{X}'\cos.mt\,dt}{m}] [\frac{\mathrm{P}+m\mathrm{Q}}{4} (\sin.(m+n+p)t + \sin.(m-n+p)t) + \frac{\mathrm{P}-m\mathrm{Q}}{4} (\sin.(m+n-p)t + \sin.(m-n-p)t)] \} \, dt - \frac{\cos.nt}{n} \int \{ \mathrm{U} \sin.nt - [f - \frac{\int \mathrm{X}'\sin.mt\,dt}{m}] [\frac{\mathrm{P}+m\mathrm{Q}}{4} (\sin.(m+n+p)t - \sin.(m-n+p)t) + \frac{\mathrm{P}-m\mathrm{Q}}{4} (\sin.(m+n-p)t - \sin.(m-n-p)t)] + [g - \frac{\int \mathrm{X}'\cos.mt\,dt}{m}] [\frac{\mathrm{P}+m\mathrm{Q}}{4} (\cos.(m+n+p)t - \cos.(m-n+p)t) + \frac{\mathrm{P}-m\mathrm{Q}}{4} (\cos.(m+n-p)t - \cos.(m-n-p)t)] \} \, dt.$$

Par des calculs analogues, on trouvera les valeurs de s et u, et on pourra pousser l'approximation plus loin s'il est nécessaire.

Hh

(275). Supposons $y' = 0$, et $R = \cos. \varepsilon t$, nous aurons

$$r = \frac{\cos. \varepsilon t}{m^2 - \varepsilon^2} - \frac{h}{2} \left[\frac{M + n N}{m^2 - (n+p)^2} \cos.(n+p)t + \frac{M - n N}{m^2 - (n-p)^2} \cos.(n-p)t \right] - \frac{i}{2} \left[\frac{M + n N}{m^2 - (n+p)^2} \sin.(n+p)t + \frac{M - n N}{m^2 - (n-p)^2} \sin.(n-p)t \right].$$

Si $m - n$ ne différoit de p que de quantités de l'ordre α, comme cela arriveroit dans les théories de jupiter et de saturne, le terme

$$\frac{M + n N}{m^2 - (n+p)^2} \left[\frac{h}{2} \cos.(n+p)t + \frac{i}{2} \sin.(n+p)t \right]$$

ne seroit plus de l'ordre α; il appartiendroit à la valeur de y'. Faute de cette attention, on pourroit négliger, comme étant de l'ordre α^3, des termes qui ne seroient que de l'ordre α^2, ou de l'ordre α, ou même qui devroient entrer dans les premieres valeurs de y et z. Mais on surmontera aisément cette difficulté en poussant l'approximation assez loin pour les découvrir. Il n'en seroit pas de même si $m - n$ et p, au lieu d'être à-peu-près égales, l'étoient exactement, ou si l'on avoit $m^2 = \varepsilon^2$; alors la valeur de r contiendroit des arcs de cercle qu'il faudroit faire disparoître. M. de la Grange, qui a le premier vu cet inconvénient de la méthode que nous venons d'exposer, lui en a substitué une autre qu'il a développée dans le troisieme volume des *Mémoires de Turin*, et dont il a fait depuis un très bel usage dans sa piece sur les inégalités des satellites de jupiter. M. de la Place, dans ses recherches sur le systême du monde (*Mémoires de l'académie royale des sciences*, année 1772 et 1777), emploie les substitutions successives; mais il donne un moyen très élégant de se débarrasser des arcs de cercle, en faisant varier les constantes arbitraires. Nous commencerons par la méthode de M. de la Grange.

(276). Nous prendrons toujours pour exemple l'équation (A), de laquelle on tire, en la multipliant par $2\,dy$, et intégrant ensuite,

$$(\text{B}) \ldots \ldots \frac{dy^2}{dt^2} + m^2 y^2 + 2ny + \frac{2\alpha p}{3} y^3 + \frac{\alpha^2 q}{2} y^4 + \text{etc.} = c.$$

Soit $y^2 = u$, $y^3 = v$, etc. et par conséquent

$$\frac{d^2 u}{dt^2} = 2 \left(\frac{dy}{dt} \right)^2 + 2y \frac{d^2 y}{dt^2},$$

$$\frac{d^2 v}{dt^2} = 6y \left(\frac{dy}{dt} \right)^2 + 3y^2 \frac{d^2 y}{dt^2}, \text{ etc.}$$

En n'allant pas au-delà de la seconde puissance de α, l'équation (A) deviendra

$$\frac{d^2 y}{dt^2} + m^2 y + n + \alpha\, p\, u + \alpha^2 q\, v = 0.$$

Cette même équation, multipliée par $2y$, et ajoutée à l'équation (B) multipliée par 2, donnera

$$\frac{d^2 u}{dt^2} + 4\, m^2 u + 6\, n y + \tfrac{10}{3}\, \alpha\, p\, v = 2\, c,$$

où l'on a pu négliger le terme affecté de α^2, puisque u est déja multiplié par α dans l'équation (A). Cette équation (A), multipliée par $3y^2$, et ajoutée à l'équation (B) multipliée par $6y$, donnera

$$\frac{d^2 v}{dt^2} + 9\, m^2 v + 15\, n u = 6\, c y,$$

où, pour les mêmes raisons que ci-dessus, nous avons négligé les termes affectés de α et α^2. Nous aurons donc, entre les trois variables y, u, v, trois équations du second ordre, intégrables par les méthodes connues (C. I. n° 50). On multipliera la première par $H\, e^{\lambda t}\, dt$, la seconde par $I\, e^{\lambda t}\, dt$, la troisieme par $K\, e^{\lambda t}\, dt$, H, I, K et λ étant des constantes indéterminées ; et, les ayant ajoutées ensemble, on aura

$$e^{\lambda t}\left(H\, \frac{d^2 y}{dt} + I\, \frac{d^2 u}{dt} + K\, \frac{d^2 v}{dt} + Z\, dt\right) = 0,\ \text{où}$$

$$Z = (m^2 H + 6\, n I - 6\, c K)\, y + n H - 2\, c I + (\alpha\, p\, H + 4\, m^2 I$$
$$+ 15\, n K)\, u + (\alpha^2 q\, H + \tfrac{10}{3}\, \alpha\, p\, I + 9\, m^2 K)\, v.$$

Cette équation a pour intégrale complete

$$e^{\lambda t}\left(H\, \frac{dy}{dt} + I\, \frac{du}{dt} + K\, \frac{dv}{dt}\right) + S = 0\, ;$$

S étant une fonction indéterminée de y, u, v, t; partant

$$e^{\lambda t} Z\, dt = \lambda\, e^{\lambda t}\, (H\, dy + I\, du + K\, dv) + dS,$$

d'où l'on tire

$$S = -\lambda\, e^{\lambda t}\, (H y + I u + K v) + T,$$

T ne devant renfermer de variable que t. En comparant les deux valeurs de dS, on a

$$dT = e^{\lambda t}\, (Z\, dt + \lambda^2\, (H y + I u + K v)\, dt),$$

dont le second membre ne doit pas renfermer y, u, v ; de plus on ne doit point en tirer de relation entre ces variables ; on a donc nécessairement les trois équations

$$\tfrac{dZ}{dy} + \lambda^2 H = 0, \quad \tfrac{dZ}{du} + \lambda^2 I = 0, \quad \tfrac{dZ}{dv} + \lambda^2 K = 0,$$

qui serviront à déterminer H, I, K et λ. Donc

$$dT = (nH - 2cI)\,e^{\lambda t}, \text{ et } T = \tfrac{nH - 2cI}{\lambda} e^{\lambda t} + \text{constante} ;$$

donc l'équation dont il s'agit a pour intégrale première complete

$$(C) \ldots\ldots e^{\lambda t} \left[H\tfrac{dy}{dt} + I\tfrac{du}{dt} + K\tfrac{dv}{dt} - \lambda(Hy + Iu + Kv) + \tfrac{nH - 2cI}{\lambda} \right] = \text{const.}$$

(277). En supposant que $\tfrac{dZ}{du}$ soit de l'ordre α, et $\tfrac{dZ}{dv}$ de l'ordre α^2, I devra être de l'ordre α, et K de l'ordre α^2. Si l'on suppose $I = \alpha HA$, $K = \alpha^2 HB$, on aura les trois équations

$$\lambda^2 + m^2 + 6\alpha(nA - \alpha cB) = 0,$$
$$p + A(\lambda^2 + 4m^2) + 15\alpha nB = 0,$$
$$q + \tfrac{10}{3}pA + B(\lambda^2 + 9m^2) = 0;$$

on en tirera $\quad \lambda^2 = -m^2 - 6\alpha(nA - \alpha cB),$

et par conséquent

$$p + 3m^2A - 6\alpha A(nA - \alpha cB) + 15\alpha nB = 0;$$
$$q + \tfrac{10}{3}pA + 8m^2B - 6\alpha B(nA - \alpha cB) = 0.$$

Mais B étant déja multiplié par α^2, on pourra négliger dans la seconde équation les termes affectés de α, et y mettre pour A sa valeur approchée $\tfrac{-p}{3m^2}$, tirée de la premiere ; ce qui donnera

$$B = -\tfrac{q}{8m^2} + \tfrac{5p^2}{36m^4} :$$

de même A étant déja multiplié par α, on pourra négliger dans la premiere équation le terme affecté de α^2, et, dans le terme affecté de α, mettre pour A^2 sa valeur approchée $\tfrac{p^2}{9m^4}$, d'où l'on tirera

$$A = - \frac{p}{3 m^2} + \frac{\alpha n}{4 m^4} \left(\frac{5 q}{2} - \frac{17 p^2}{9 m^2} \right) ; \text{ donc}$$

$$\lambda^2 = - m^2 + \frac{2 \alpha n p}{m^2} - \frac{\alpha^2 n^2}{2 m^4} \left(\frac{15 q}{2} - \frac{17 p^2}{3 m^2} \right) - \frac{\alpha^2 c}{2 m^2} \left(\frac{3 q}{2} - \frac{5 p^2}{3 m^2} \right),$$

$$\lambda = \pm \sqrt{-1} \left[m - \frac{\alpha n p}{m^3} + \frac{\alpha^2 n^2}{m^5} \left(\frac{15 q}{8} - \frac{10 p^2}{3 m^2} \right) + \frac{\alpha^2 c}{4 m^3} \left(\frac{3 q}{2} - \frac{5 p^2}{3 m^2} \right) \right].$$

Ces deux valeurs de λ étant substituées successivement dans l'équation (C), on aura deux intégrales premieres completes, au moyen desquelles il sera facile de trouver l'intégrale finie : auparavant nous mettrons l'équation (C) sous cette forme :

$$e^{\lambda t} \left[(1 + 2 \alpha A y + 3 \alpha^2 B y^2) \frac{dy}{dt} - \lambda (y + \alpha A y^2 + \alpha^2 B y^3) + \frac{n - 2 \alpha c A}{\lambda} \right] = \text{const.}$$

où nous déterminerons la constante arbitraire de maniere que $y = f$, et $\frac{dy}{dt} = g$, lorsque $t = 0$. Soit fait, pour abréger,

$$(1 + 2 \alpha A f + 3 \alpha^2 B f^2) g = G,$$

$$f + \alpha A f^2 + \alpha^2 B f^3 - \frac{n - 2 \alpha c A}{\lambda^2} = F,$$

cette constante sera $G - F \lambda$; et supposant $\lambda = \pm \lambda' \sqrt{-1}$, on aura pour intégrale finie

$$y + \alpha A y^2 + \alpha^2 B y^3 + \frac{n - 2 \alpha c A}{\lambda'^2} = \frac{G + F \lambda' \sqrt{-1}}{2 \lambda' \sqrt{-1}} e^{\lambda' t \sqrt{-1}} -$$

$$\frac{G - F \lambda' \sqrt{-1}}{2 \lambda' \sqrt{-1}} e^{- \lambda' t \sqrt{-1}} = (\text{C.I. p.} 177) \frac{G}{\lambda'} \sin. \lambda' t + F \cos. \lambda' t.$$

Pour tirer de cette équation la valeur de y, nous supposerons

$$y = V + \alpha U + \alpha^2 W,$$

V, U, W, étant des variables indéterminées ; et égalant à zéro les termes qui seront affectés de la même puissance de α, nous aurons

$$V = - \frac{n}{\lambda'^2} + \frac{G}{\lambda'} \sin. \lambda' t + F \cos. \lambda' t,$$

$$U = \frac{2 c A}{\lambda'^2} - A V^2,$$

$$W = - 2 A V U - B V^3.$$

On remarquera que, dans la valeur de y, c doit être multiplié par α^2 ; il suffira donc de sa valeur approchée $c = g^2 + 2 n f + m^2 f^2$

tirée de l'équation (B) : cette substitution faite, on s'assurera aisément que ce résultat est absolument conforme à celui que nous avons trouvé plus haut.

(278). Nous nous proposerons encore ces deux équations

$$\frac{d^2y}{dt^2} + m^2 y + \alpha\left(\mathrm{M}z\cos.pt + \mathrm{N}\frac{dz}{dt}\sin.pt\right) = \mathrm{X},$$

$$\frac{d^2z}{dt^2} + n^2 z + \alpha\left(\mathrm{P}y\cos.pt + \mathrm{Q}\frac{dy}{dt}\sin.pt\right) = \mathrm{Y},$$

que M. de la Grange integre de la maniere suivante. Il fait

$$y\cos.pt = q, \quad y\sin.pt = r, \quad y\cos.2pt = s, \quad y\sin.2pt = u;$$

$$z\cos.pt = \pi, \quad z\sin.pt = \rho, \quad z\cos.2pt = \sigma, \quad z\sin.2pt = \nu;$$

d'où il tire

$$\frac{dy}{dt}\cos.pt = \frac{dq}{dt} + pr, \quad \frac{dy}{dt}\sin.pt = \frac{dr}{dt} - pq,$$

$$\frac{dy}{dt}\cos.2pt = \frac{ds}{dt} + 2pu, \quad \frac{dy}{dt}\sin.2pt = \frac{du}{dt} - 2ps,$$

$$\frac{dz}{dt}\cos.pt = \frac{d\pi}{dt} + p\rho, \quad \frac{dz}{dt}\sin.pt = \frac{d\rho}{dt} - p\pi,$$

$$\frac{dz}{dt}\cos.2pt = \frac{d\sigma}{dt} + 2p\nu, \quad \frac{dz}{dt}\sin.2pt = \frac{d\nu}{dt} - 2p\sigma,$$

$$\frac{d^2y}{dt^2}\cos.pt = \frac{d^2q}{dt^2} + 2p\frac{dr}{dt} - p^2 q,$$

$$\frac{d^2y}{dt^2}\sin.pt = \frac{d^2r}{dt^2} - 2p\frac{dq}{dt} - p^2 r,$$

$$\frac{d^2y}{dt^2}\cos.2pt = \frac{d^2s}{dt^2} + 4p\frac{du}{dt} - 4p^2 s,$$

$$\frac{d^2y}{dt^2}\sin.2pt = \frac{d^2u}{dt^2} - 4p\frac{ds}{dt} - 4p^2 u,$$

$$\frac{d^2z}{dt^2}\cos.pt = \frac{d^2\pi}{dt^2} + 2p\frac{d\rho}{dt} - p^2 \pi,$$

$$\frac{d^2z}{dt^2}\sin.pt = \frac{d^2\rho}{dt^2} - 2p\frac{d\pi}{dt} - p^2 \rho,$$

$$\frac{d^2z}{dt^2}\cos.2pt = \frac{d^2\sigma}{dt^2} + 4p\frac{d\nu}{dt} - 4p^2 \sigma,$$

$$\frac{d^2z}{dt^2}\sin.2pt = \frac{d^2\nu}{dt^2} - 4p\frac{d\sigma}{dt} - 4p^2 \nu.$$

On aura donc d'abord, au lieu des deux proposées, ces deux-ci :

$$\frac{d^2y}{dt^2} + m^2 y + \alpha\left[(\mathrm{M} - \mathrm{N}p)\pi + \mathrm{N}\frac{d\rho}{dt}\right] = \mathrm{X},$$

$$\frac{d^2z}{dt^2} + n^2 z + \alpha\left[(\mathrm{P} - \mathrm{Q}p)q + \mathrm{Q}\frac{dr}{dt}\right] = \mathrm{Y}.$$

Les deux proposées étant multipliées successivement par cos. pt, sin. pt, donnent

$$\frac{d^2q}{dt^2} + 2p\frac{dr}{dt} + (m^2 - p^2)\,q + \frac{\alpha}{2}\left[Mz + (M - 2pN)\,\sigma + N\frac{dv}{dt}\right]$$
$$= X\cos. pt,$$

$$\frac{d^2r}{dt^2} - 2p\frac{dq}{dt} + (m^2 - p^2)\,r + \frac{\alpha}{2}\left[(M - 2pN)\,v + N\left(\frac{dz}{dt} - \frac{d\sigma}{dt}\right)\right]$$
$$= X\sin. pt,$$

$$\frac{d^2\pi}{dt^2} + 2p\frac{d\rho}{dt} + (n^2 - p^2)\,\pi + \frac{\alpha}{2}\left[Py + (P - 2pQ)\,s + Q\frac{du}{dt}\right]$$
$$= Y\cos. pt,$$

$$\frac{d^2\rho}{dt^2} - 2p\frac{d\pi}{dt} + (n^2 - p^2)\,\rho + \frac{\alpha}{2}\left[(P - 2pQ)\,u + Q\left(\frac{dy}{dt} - \frac{ds}{dt}\right)\right]$$
$$= Y\sin. pt.$$

Les mêmes étant encore multipliées successivement par cos. $2pt$, sin. $2pt$, donnent, en négligeant les termes affectés de α, ces quatre autres équations :

$$\frac{d^2s}{dt^2} + 4p\frac{du}{dt} + (m^2 - 4p^2)\,s = X\cos.2pt,$$

$$\frac{d^2u}{dt^2} - 4p\frac{ds}{dt} + (m^2 - 4p^2)\,u = X\sin.2pt,$$

$$\frac{d^2\sigma}{dt^2} + 4p\frac{dv}{dt} + (n^2 - 4p^2)\,\sigma = Y\cos.2pt,$$

$$\frac{d^2v}{dt^2} - 4p\frac{d\sigma}{dt} + (n^2 - 4p^2)\,v = Y\sin.2pt:$$

pour les dix inconnues, voilà dix équations qu'il s'agit d'intégrer.

(279). On les multipliera respectivement par les coëfficients A, B. . . . K, et, les ayant ajoutées ensemble, on aura une équation qui, étant multipliée par $e^{\lambda t}\,dt$, et intégrée ensuite, donne

$$e^{\lambda t}\left[A\frac{dy}{dt} + B\frac{dz}{dt} + C\frac{dq}{dt} + D\frac{dr}{dt} + E\frac{d\pi}{dt} + F\frac{d\rho}{dt} + G\frac{ds}{dt} + \right.$$
$$\left. H\frac{du}{dt} + I\frac{d\sigma}{dt} + K\frac{dv}{dt}\right] + S = \int e^{\lambda t}Z\,dt,$$

où $Z = X(A + C\cos. pt + D\sin. pt + G\cos.2pt + H\sin.2pt)$
$$+ Y(B + E\cos. pt + F\sin. pt + I\cos.2pt + K\sin.2pt).$$

Quant à S, il est tel que

$$dS = e^{\lambda t} \{ - (\lambda A - \tfrac{\alpha}{2} FQ) dy - (\lambda B - \tfrac{\alpha}{2} DN) dz - (\lambda C$$
$$+ 2pD) dq - (\lambda D - 2pC - \alpha BQ) dr - (\lambda E + 2pF) d\pi$$
$$- (\lambda F - 2pE - \alpha AN) d\rho - (\lambda G + 4pH + \tfrac{\alpha}{2} FQ) ds$$
$$- (\lambda H - 4pG - \tfrac{\alpha}{2} EQ) du - (\lambda I + 4pK + \tfrac{\alpha}{2} DN) d\sigma$$
$$- (\lambda K - 4pI - \tfrac{\alpha}{2} CN) dv + [(Am^2 + \tfrac{\alpha}{2} EP)y + (Bn^2$$
$$+ \tfrac{\alpha}{2} CM)z + (C(m^2 - p^2) - \alpha B(P - pQ))q + D(m^2$$
$$- p^2)r + (E(n^2 - p^2) + \alpha A(M - pN))\pi + F(n^2 - p^2)\rho$$
$$+ (G(m^2 - 4p^2) + \tfrac{\alpha E}{2}(P - 2pQ))s + (H(m^2 - 4p^2)$$
$$+ \tfrac{\alpha F}{2}(P - 2pQ))u + (I(n^2 - 4p^2) + \tfrac{\alpha C}{2}(M - 2pN))\sigma$$
$$+ (K(n^2 - 4p^2) + \tfrac{\alpha D}{2}(M - 2pN))v] dt \};$$

partant

$$S = e^{\lambda t} [- (\lambda A - \tfrac{\alpha}{2} FQ)y - (\lambda B - \tfrac{\alpha}{2} DN)z$$
$$- \cdots - (\lambda K - 4pI - \tfrac{\alpha}{2} CN)v] + T,$$

T étant une fonction de t et de constantes. On en tirera une valeur de dS qui, étant comparée à celle qui précède, donnera

$$dT = e^{\lambda t} [(A(m^2 + \lambda^2) + \tfrac{\alpha}{2}(EP - \lambda FQ))y + (B(n^2 + \lambda^2)$$
$$+ \tfrac{\alpha}{2}(CM - \lambda DN))z + (C(m^2 - p^2 + \lambda^2) + 2\lambda pD$$
$$- \alpha B(P - pQ))q + (D(m^2 - p^2 + \lambda^2) - \lambda(2pC$$
$$+ \alpha BQ))r + (E(n^2 - p^2 + \lambda^2) + 2\lambda pF + \alpha A(M - pN))\pi$$
$$+ (F(n^2 - p^2 + \lambda^2) - \lambda(2pE + \alpha AN))\rho + (G(m^2 - 4p^2$$
$$+ \lambda^2) + 4\lambda pH + \tfrac{\alpha}{2}(EP + Q(\lambda F - 2pE)))s + (H(m^2$$
$$- 4p^2 + \lambda^2) - 4\lambda pG + \tfrac{\alpha}{2}(FP - Q(\lambda E + 2pF)))u$$
$$+ (I(n^2 - 4p^2 + \lambda^2) + 4\lambda pK + \tfrac{\alpha}{2}(CM + N(\lambda D$$
$$- 2pC)))\sigma + (K(n^2 - 4p^2 + \lambda^2) - 4\lambda pI + \tfrac{\alpha}{2}(DM$$
$$- N(\lambda C + 2pD)))v] dt.$$

Comme T ne doit pas renfermer $y, z. \ldots v$, et qu'on ne doit tirer des calculs précédents aucune relation entre ces variables, on égalera à
zéro

zéro les coëfficients de y, z . . . . . v, dans la valeur de $d\mathrm{T}$; ce qui fournira autant d'équations que d'indéterminées A, B. . . . . K ; on en tirera de plus $d\mathrm{T} = 0$, et $\mathrm{T} = $ constante.

(280). Ayant multiplié la quatrieme de ces équations par $\pm \sqrt{-1}$, on l'ajoutera à la 3e, et on aura

$$(1) \ldots \ldots \ [m^2 - (p \pm \lambda \sqrt{-1})^2] (\mathrm{C} \pm \mathrm{D} \sqrt{-1}) =$$
$$\alpha\mathrm{B} \, [\mathrm{P} - \mathrm{Q} \, (p \mp \lambda \sqrt{-1})] ;$$

en opérant de la même maniere sur la 6e et la 5e, sur la 8e et la 7e, sur la 10e et la 9e, on en tirera

$$(2) \ldots \ldots \ [n^2 - (p \pm \lambda \sqrt{-1})^2] (\mathrm{E} \pm \mathrm{F} \sqrt{-1}) =$$
$$- \alpha\mathrm{A} \, [\mathrm{M} - \mathrm{N} \, (p \pm \lambda \sqrt{-1})],$$

$$(3) \ldots \ldots \ [m^2 - (2p \pm \lambda \sqrt{-1})^2] (\mathrm{G} \pm \mathrm{H} \sqrt{-1}) =$$
$$- \tfrac{\alpha}{2} (\mathrm{E} \pm \mathrm{F} \sqrt{-1}) \, [\mathrm{P} - \mathrm{Q} \, (2p \pm \lambda \sqrt{-1})],$$

$$(4) \ldots \ldots \ [n^2 - (2p \pm \lambda \sqrt{-1})^2] (\mathrm{I} \pm \mathrm{K} \sqrt{-1}) =$$
$$- \tfrac{\alpha}{2} (\mathrm{C} \pm \mathrm{D} \sqrt{-1}) \, [\mathrm{M} - \mathrm{N} \, (2p \pm \lambda \sqrt{-1})].$$

Quant aux deux premieres, elles donneront deux valeurs de λ^2 ; savoir :

$$- m^2 + \alpha \, \frac{\lambda\mathrm{FQ} - \mathrm{EP}}{2\,\mathrm{A}}, \quad - n^2 + \alpha \, \frac{\lambda\mathrm{DN} - \mathrm{CM}}{2\,\mathrm{B}},$$

que nous désignerons par $- (\lambda_1)^2$, $- (\lambda_2)^2$, et nous traiterons ces deux cas séparément.

1°. En mettant dans la seconde équation pour λ^2 sa valeur tirée de la premiere, elle donne

$$2\mathrm{B} = - \alpha \, \frac{\mathrm{CM} + \mathrm{DN}\lambda_1 \sqrt{-1}}{n^2 - (\lambda_1)^2},$$

qu'on mettra dans l'équation (1), de laquelle on tirera

$$\mathrm{C} \pm \mathrm{D} \sqrt{-1} = - \frac{\alpha^2}{2} \cdot \frac{\mathrm{CM} + \mathrm{DN}\lambda_1 \sqrt{-1}}{n^2 - (\lambda_1)^2} \cdot \frac{\mathrm{P} - \mathrm{Q} \, (p \pm \lambda_1)}{m^2 - (p \pm \lambda_1)^2}.$$

A cause de l'ambiguité du signe, cette équation équivaut à deux qui donnent $\mathrm{C} = 0$, $\mathrm{D} = 0$; donc $\mathrm{B} = 0$; on a aussi $\mathrm{I} = 0$, $\mathrm{K} = 0$, à cause de l'équation (4). On tirera des équations (2) et (3)

$$\mathrm{E} \pm \mathrm{F} \sqrt{-1} = - \alpha\mathrm{A} \cdot \frac{\mathrm{M} - \mathrm{N} \, (p \mp \lambda_1)}{n^2 - (p \mp \lambda_1)^2},$$

$$\mathrm{G} \pm \mathrm{H} \sqrt{-1} = - \tfrac{\alpha}{2} (\mathrm{E} \pm \mathrm{F} \sqrt{-1}) \, \frac{\mathrm{P} - \mathrm{Q} \, (2p \mp \lambda_1)}{m^2 - (2p \mp \lambda_1)^2},$$

au moyen desquelles on déterminera E, F, G, H ; et il faut remarquer que E, F, étant de l'ordre α, G, H, sont nécessairement de
l'ordre α^2.

2°. En mettant dans la premiere équation, pour λ^2, sa valeur tirée
de la seconde, on a

$$2\,\mathrm{A} = -\,\alpha \cdot \frac{\mathrm{EP} + \mathrm{FQ}\,\lambda 2\,\sqrt{-1}}{m^2 - (\lambda 2)^4}\,;$$

et cette substitution étant faite dans l'équation (2), on en tire

$$\mathrm{E} \pm \mathrm{F}\,\sqrt{-1} = \frac{\alpha^2}{2} \cdot \frac{\mathrm{EP} + \mathrm{FQ}\,\lambda 2\,\sqrt{-1}}{m^2 - (\lambda 2)^2} \cdot \frac{\mathrm{M} - \mathrm{N}\,(p \mp \lambda 2)}{n^2 - (p \mp \lambda 2)^2}\,,$$

qui donne séparément E $=$ o, F $=$ o ; donc A $=$ o. A cause de
l'équation (3), on a aussi G $=$ o, H $=$ o ; mais on tire des équations (1) et (4)

$$\mathrm{C} \pm \mathrm{D}\,\sqrt{-1} = \alpha\mathrm{B} \cdot \frac{\mathrm{P} - \mathrm{Q}\,(p \pm \lambda 2)}{m^2 - (p \mp \lambda 2)^2}\,,$$

$$\mathrm{I} \pm \mathrm{K}\,\sqrt{-1} = -\,\frac{\alpha}{2}\,(\mathrm{C} \pm \mathrm{D}\,\sqrt{-1})\,\frac{\mathrm{M} - \mathrm{N}\,(2p \mp \lambda 2)}{n^2 - (2p \mp \lambda 2)^2}\,,$$

qui serviront à déterminer C, D, I, K. On remarquera que C, D,
étant de l'ordre α, I, K, doivent être de l'ordre α^2 ; ainsi G, H, I, K,
étant de l'ordre α^2, on a pu négliger dans les quatre dernieres équations du n° 278, dont ils sont les facteurs, les termes déja multipliés
par α. A cause des deux valeurs de λ^2, on a deux séries de coëfficients
A, B, etc. qui, étant substituées successivement dans l'intégrale pre-
miere trouvée n° 279, donneront deux équations entre y, z, $\frac{dy}{dt}$, $\frac{dz}{dt}$,
et des sinus et cosinus d'angles multiples de t. En égalant dans cha-
cune les termes réels aux termes réels, et les imaginaires aux imaginaires, elles en fourniront quatre au moyen desquelles, ayant éliminé
$\frac{dy}{dt}$, $\frac{dz}{dt}$, on trouvera les valeurs completes de y et z.

(281). Nous nous arrêterons plus long-temps au cas où $m - n$
différeroit très peu de p ; et pour exprimer cette supposition, nous
ferons

$$p = h - i, \quad m = h + \alpha m', \quad n = i + \alpha n',$$

et $m - n = h - i + \alpha\,(m' - n')$.

Cela posé, soit $- \lambda 1 = h + \alpha \mu$; nous aurons

$$m^2 - (\lambda 1)^2 = 2\,\alpha h\,(m' - \mu) + \alpha^2\,(m'^2 - \mu^2),$$

et par conséquent ces trois équations

$$2h(m'-\mu) + \alpha(m'^2-\mu^2) = -\frac{1}{2A}[EP + FQ(h+\alpha\mu)\sqrt{-1}],$$

$$E \pm F\sqrt{-1} = -\alpha A \cdot \frac{M - N[h - i \pm (h+\alpha\mu)]}{(i+\alpha n')^2 - [h - i \pm (h+\alpha\mu)]^2},$$

$$G \pm H\sqrt{-1} = -\frac{\alpha}{2}(E \pm F\sqrt{-1})\frac{P - Q[2(h-i) \pm (h+\alpha\mu)]}{(h+\alpha m')^2 - [2(h-i) \pm (h+\alpha\mu)]^2}.$$

La seconde équation, étant prise en moins, donne

$$E - F\sqrt{-1} = A\frac{M + N(i+\alpha\mu)}{(\mu - n')(2i + \alpha(n'+\mu))},$$

qui n'est exacte qu'aux quantités de l'ordre α^2 près : nous négligerons donc dans la suite toutes celles du même ordre ; et de cette manière on tirera de la même équation, prise en $+$,

$$E + F\sqrt{-1} = \alpha A \cdot \frac{M - N(2h-i)}{4h(h-i)}.$$

Mais en négligeant les mêmes quantités, et en faisant la division indiquée, on a

$$E - F\sqrt{-1} = \frac{A}{\mu-n'}\left[\frac{M+Ni}{2i} + \alpha\left(\frac{\mu N}{2i} - \frac{\mu+n'}{2i} \cdot \frac{M+Ni}{2i}\right)\right];$$

donc si l'on suppose

$$\frac{\mu N}{4i(\mu-n')} - \frac{\mu+n'}{\mu-n'} \cdot \frac{M+Ni}{8i^2} + \frac{M - N(2h-i)}{8h(h-i)} = \gamma,$$

$$\frac{\mu N}{4i(\mu-n')} - \frac{\mu+n'}{\mu-n'} \cdot \frac{M+Ni}{8i^2} - \frac{M - N(2h-i)}{8h(h-i)} = \Gamma,$$

les valeurs de E et F pourront être exprimées de la maniere suivante :

$$E = A\left[\frac{M+Ni)}{4i(\mu-n')} + \alpha\gamma\right],$$

$$F = A\left[\frac{M+Ni}{4i(\mu-n')} + \alpha\Gamma\right]\sqrt{-1}.$$

Les ayant substituées dans la premiere équation, elle devient

$$(\mu - m')(\mu - n') - \frac{1}{4h}\frac{M+Ni}{4i}(P - hQ) + \alpha\Delta = 0,$$

où $\Delta = (\mu^2 - m'^2)(\mu - n') - (\mu - n')\frac{\gamma P - h\Gamma Q}{4h} + \frac{\mu Q}{2h}\frac{M+Ni}{8i}.$

(282). En négligeant dans l'équation précédente le terme $\alpha\Delta$, nous aurons une équation du second degré, qui donnera deux valeurs de μ, que nous désignerons par μ_1 et μ_2. On mettra ces valeurs dans Δ, et de la même équation on tirera des valeurs de μ_1, μ_2, qui seront exactes, aux quantités de l'ordre α^2 près. Il nous reste la troisieme équation qui devient

$$G \pm H \sqrt{-1} = - \frac{\alpha A}{2} \frac{M + Ni}{4i(\mu - n')} \frac{P - Q(2h - 2i \pm h)}{h^2 - (2h - 2i \pm h)^2} (1 \mp 1);$$

en faisant $- \dfrac{M + Ni}{8i(\mu - n')} \dfrac{P - Q(h - 2i)}{4i(h - i)^2} = \delta,$

on en tire $G = \alpha\delta A$, $H = \alpha\delta A \sqrt{-1}:$

quant aux coëfficients B, C, D, I, K, ils seront nuls comme nous l'avons trouvé plus haut. Voilà les substitutions qu'il faudra faire dans l'intégrale premiere du n° 279, après quoi on lui donnera la forme suivante :

$$\frac{dy}{dt} + hy\sqrt{-1} + \frac{M + Ni}{4i(\mu - n')}\left[\frac{d\pi}{dt} + \sqrt{-1}\,\frac{d\rho}{dt} + (h - 2p)\right.$$
$$(\pi\sqrt{-1} - \rho)] + \alpha\left[\frac{M + Ni}{4i(\mu - n')}(\mu(\pi\sqrt{-1} - \rho) + Q\right.$$
$$\left(\frac{u}{2} + \frac{y - s}{2}\sqrt{-1}\right)) + \gamma\left(\frac{d\pi}{dt} + h\pi\sqrt{-1} + 2p\rho\right) +$$
$$\Gamma\left(\frac{d\rho}{dt}\sqrt{-1} - h\rho - 2p\pi\sqrt{-1}\right) + \delta\left(\frac{ds}{dt} + \frac{du}{dt}\sqrt{-1} +\right.$$
$$(h - 4p)(s\sqrt{-1} - u)) + \mu y\sqrt{-1} + N\rho] =$$
$$e^{(h + \alpha\mu)t\sqrt{-1}}\left[\text{constante} + \int e^{-(h + \alpha\mu)t\sqrt{-1}}\left[X\left(1 +\right.\right.\right.$$
$$\alpha\delta(\cos.2pt + \sin.2pt\sqrt{-1})) + Y\left(\frac{M + Ni}{4i(\mu - n')}(\cos.pt +\right.$$
$$\sin.pt\sqrt{-1}) + \alpha(\gamma\cos.pt + \Gamma\sin.pt\sqrt{-1}))]\,dt.$$

(283). Si cette intégrale doit être prise de maniere qu'elle soit nulle lorsque $t = 0$, et qu'alors on ait

$$y = f, \quad \frac{dy}{dt} = g, \quad z = f, \quad \frac{dz}{dt} = g',$$

et par conséquent

$$s = f, \quad \frac{ds}{dt} = g, \quad u = 0, \quad \frac{du}{dt} = 2pf,$$
$$\pi = f', \quad \frac{d\pi}{dt} = g', \quad \rho = 0, \quad \frac{d\rho}{dt} = pf';$$

la constante arbitraire, à cause de $p = h - i$, pourra être exprimée comme il suit :

$$g + hf\sqrt{-1} + \frac{M + Ni}{4i(\mu - n')}(g' + if'\sqrt{-1}) + \alpha\left[\left(\frac{M + Ni}{4i(\mu - n')}\mu\right.\right.$$
$$+ \gamma h - \Gamma p)f'\sqrt{-1} + \gamma g' + \delta g + (\mu + \delta(2i$$
$$- h))f\sqrt{-1}].$$

On multipliera cette quantité par

$$\cos.(h + \alpha\mu)t + \sqrt{-1}\sin.(h + \alpha\mu)t;$$

on mettra aussi

$$\cos.(h + \alpha\mu)t - \sqrt{-1}\sin.(h + \alpha\mu)t$$

au lieu de $e^{-(h + \alpha\mu)t\sqrt{-1}}$;

puis ayant représenté tous les termes affectés du signe $\int$ par $U + V\sqrt{-1}$, on égalera ce qui, dans l'équation, est réel à ce qui est réel, ce qui est imaginaire à ce qui est imaginaire, et on aura

$$\frac{dy}{dt} + \frac{M + Ni}{4i(\mu - n')}\left[\frac{d\pi}{dt} - (i - p)\rho\right] - \alpha\frac{M + Ni}{4i(\mu - n')}\left(\rho - \frac{Qu}{2}\right) -$$
$$\gamma\left(\frac{d\pi}{dt} + 2p\rho\right) + \Gamma h\rho - \delta\left(\frac{ds}{dt} - (i - 3p)u\right) + N\rho] =$$
$$\Pi\cos.(h + \alpha\mu)t - \Omega\sin.(h + \alpha\mu)t + U,$$

$$hy + \frac{M + Ni}{4i(\mu - n')}\left[\frac{d\rho}{dt} + (i - p)\pi\right] + \alpha\frac{M + Ni}{4i(\mu - n')}\left(\mu\pi + Q\frac{y - s}{2}\right)$$
$$+ \gamma h\pi + \Gamma\left(\frac{d\rho}{dt} - 2p\pi\right) + \delta\left(\frac{du}{dt} + (i - 3p)s\right) + \mu y] $$
$$= \Omega\cos.(h + \alpha\mu)t + \Pi\sin.(h + \alpha\mu)t + V,$$

où $\Pi = g + \frac{M + Ni}{4i(\mu - n')}g' + \alpha(\gamma g' + \delta g)$,

$$\Omega = hf + \frac{M + Ni}{4i(\mu - n')}if' + \alpha\left[\left(\frac{M + Ni}{4i(\mu - n')}\mu + \gamma h - \Gamma p\right)f' + \right.$$
$$(\mu + \delta(2i - h))f].$$

(284). Au moyen des deux valeurs de μ, que nous avons nommées μ_1 et μ_2, il suffira de la seconde équation pour trouver la valeur de y. En effet, en négligeant d'abord les termes affectés de α, et désignant par V', Π', Ω', ce que deviennent V, Π, Ω, dans cette hypothese; par (V'), $[V']$, les deux valeurs de V' qui proviennent des substitutions successives de μ_1, μ_2, au lieu de μ; et ainsi de Π', Ω': on a

$$hy + \frac{M + Ni}{4i(\mu_1 - n')}\left[\frac{d\rho}{dt} + (i - p)\pi\right] = (\Omega')\cos.(h + \alpha\mu_1)t + (\Pi')\sin.(h + \alpha\mu_1)t + (V'),$$

$$h y + \frac{M + Ni}{4i(\mu_2 - n')} \left[\frac{d_t}{dt} + (i - p) \pi \right] = [\Omega'] \cos.(h + \alpha\mu_2) t + [\Pi'] \sin.(h + \alpha\mu_2) t + [V'];$$

d'où l'on tire, en multipliant la premiere par $\frac{\mu_2 - n'}{h(\mu_2 - \mu_1)}$, la seconde par $\frac{\mu_1 - n'}{h(\mu_2 - \mu_1)}$, et, retranchant la seconde de la premiere,

$$y = \frac{\mu_2 - n'}{h(\mu_2 - \mu_1)} \left[(\Omega') \cos.(h + \alpha\mu_1) t + (\Pi') \sin.(h + \alpha\mu_1) t + (V') \right] - \frac{\mu_1 - n'}{h(\mu_2 - \mu_1)} \left([\Omega'] \cos.(h + \alpha\mu_2) t + [\Pi'] \sin.(h + \alpha\mu_1) t + [V'] \right).$$

Nous ferons, pour abréger, $Q \frac{y - s}{2} = \theta$,

$$\gamma h \pi + \Gamma \left(\frac{d_t}{dt} - 2p\pi \right) + \delta \left(\frac{du}{dt} + (i - 3p) s \right) = \tau;$$

nous supposerons ensuite

$$y = y' + \alpha y_1, \quad y' \text{ étant la valeur précédente de } y,$$

$$\rho = \rho' + \alpha\rho_1, \text{ etc. } V = V' + \alpha V_1,$$

$$\Pi = \Pi' + \alpha\pi_1, \qquad \Omega = \Omega' + \alpha\Omega_1;$$

et, après avoir divisé par α, nous aurons, pour déterminer y_1;

$$h y_1 + \frac{M + Ni}{4i(\mu - n')} \left[\frac{d\rho_1}{dt} + (i - p) \pi_1 \right] + \mu y' + \tau' + \frac{M + Ni}{4i(\mu - n')} (\mu\pi' + \theta') = \Omega_1 \cos.(h + \alpha\mu) t + \Pi_1 \sin.(h + \alpha\mu) t + V_1.$$

On tire de cette équation, en employant les deux valeurs de μ,

$$y_1 = \frac{\mu_2 - n'}{h(\mu_2 - \mu_1)} \left[(\Omega_1) \cos.(h + \alpha\mu_1) t + (\Pi_1) \sin.(h + \alpha\mu_1) t + (V_1) - \mu_1 (y') - (\tau') - \frac{M + Ni}{4i(\mu_1 - n')} (\mu_1 (\pi') + (\theta')) \right]$$
$$- \frac{\mu_1 - n'}{h(\mu_2 - \mu_1)} \left([\Omega_1] \cos.(h + \alpha\mu_2) t + [\Pi_1] \sin.(h + \alpha\mu_2) t + [V_1] - \mu_2 [y'] - [\tau'] - \frac{M + Ni}{4i(\mu_2 - n')} (\mu_2 [\pi'] + [\theta']) \right).$$

Voilà la valeur de y, aux quantités de l'ordre α^2 près; si on vouloit pousser l'approximation plus loin, on auroit égard, dans les calculs du n° 278, aux quantités de l'ordre de α^3, que nous y avons négligées.

(285). On trouvera la valeur de z, en changeant dans celle de y les i, n', M, N, E, F, G, H, en h, m', P, Q, C, D, I, K, et *vice versâ*; les valeurs de μ seront, dans l'un et l'autre cas, les mêmes, aux quantités de l'ordre α près. Revenons à la partie de notre intégrale qui est affectée du signe $\int$; elle peut contenir un terme de cette forme

$$\cos.(h + \alpha\mu)\, t \int \sin.(h + \alpha\mu)\, t \cdot \cos.\varepsilon t \cdot dt -$$
$$\sin.(h + \alpha\mu)\, t \int \cos.(h + \alpha\mu)\, t \cdot \cos.\varepsilon t \cdot dt,$$

qui lui-même renferme celui-ci : $\dfrac{\cos.\varepsilon t}{\varepsilon^2 - (h + \alpha\mu)^2}$.

Si ε^2 différoit très peu de h^2, en sorte que $\varepsilon^2 - h^2$ fût de l'ordre α, nous aurions tort de négliger ce terme, quand bien même il seroit multiplié par α^2. Mais on ne peut jamais supposer ε^2 exactement égal à $(h + \alpha\mu)^2$; car la valeur de μ n'étant qu'approchée, on peut toujours la prendre telle que cette égalité n'ait pas lieu. Nous dirons la même chose de la différence $\mu_1 - \mu_2$; elle peut être assez petite pour exiger de pousser plus loin l'approximation, mais elle n'introduira jamais d'arcs de cercle. La seule supposition qui pourroit en introduire seroit que les racines μ_1, μ_2, fussent imaginaires. En effet, en substituant des exponentielles réelles au lieu des sinus et cosinus d'arcs imaginaires, les quantités imaginaires se détruiroient, et les valeurs de y, z, renfermeroient des quantités telles que $e^{\varepsilon t}$, $e^{-\varepsilon t}$, qui croissent ou décroissent à mesure que t croît.

(286). Nous représenterons l'intégrale de l'équation différentielle du second ordre, dont il faut faire disparoître les arcs de cercle, par

$$y = U + X t + Y t^2 + Z t^3 + \text{etc.}$$

U, X, Y, Z, etc. étant des fonctions rationnelles et entieres de sinus et cosinus d'angles multiples de t, et des deux constantes arbitraires f et g. Une remarque importante, c'est que si l'équation différentielle ne renferme point d'arcs, c'est-à-dire si elle ne renferme point t sans qu'il soit enveloppé sous des sinus et des cosinus, on peut écrire dans l'intégrale précédente $t + T$ au lieu de t, T étant une indéterminée quelconque ; ce qui lui donne cette autre forme,

$$y = U + X(t + T) + Y(t + T)^2 + Z(t + T)^3 + \text{etc.},$$

très différente de la premiere sans être plus générale. On s'en assurera aisément par le calcul ; mais, indépendamment de cette opéra-
tion, il est clair que, puisque l'équation différentielle ne renferme
point d'arcs, ils doivent disparoître d'eux-mêmes dans les différen-
tiations successives de l'intégrale pour satisfaire à l'équation différentielle. En différentiant deux fois la premiere valeur de y, nous aurons

$$\frac{dy}{dt} = \frac{dU}{dt} + X + \left(\frac{dX}{dt} + 2Y\right)t + \left(\frac{dY}{dt} + 3Z\right)t^2 + \text{etc.}$$

$$\frac{d^2y}{dt^2} = \frac{d^2U}{dt^2} + 2\frac{dX}{dt} + 2Y + \left(\frac{d^2X}{dt^2} + 4\frac{dY}{dt} + 6Z\right)t^2 + \text{etc.}$$

En substituant ces valeurs dans l'équation différentielle, les termes
affectés de t, t^2, etc. se détruiront mutuellement, puisqu'elle ne doit
pas renfermer de termes semblables ; donc elle sera satisfaite par la
substitution de

$$y = U, \quad \frac{dy}{dt} = \frac{dU}{dt} + X,$$

$$\frac{d^2y}{dt^2} = \frac{d^2U}{dt^2} + 2\frac{dX}{dt} + 2Y,$$

quelles que soient d'ailleurs les arbitraires f et g. Mais ces équations
ne peuvent pas subsister ensemble, puisque de $y = U$ on ne peut
pas conclure $\frac{dy}{dt} = \frac{dU}{dt} + X$, etc. à moins qu'en regardant f et g
comme des variables indéterminées, on ne se serve de cette suppo-
sition pour satisfaire aux conditions précédentes. Alors ces conditions seront

$$dy = \frac{dU}{dt}\,dt + \frac{dU}{df}\,df + \frac{dU}{dg}\,dg = \left(\frac{dU}{dt} + X\right)dt;$$

$$d\frac{dy}{dt} = \frac{d^2U}{dt^2}\,dt + \frac{d^2U}{dt\,df}\,df + \frac{d^2U}{dt\,dg}\,dg + \frac{dX}{dt}\,dt + \frac{dX}{df}\,df + \frac{dX}{dg}\,dg$$
$$= \left(\frac{d^2U}{dt^2} + 2\frac{dX}{dt} + 2Y\right)dt;$$

d'où l'on tire, en effaçant les termes qui se détruisent,

$$(W)\dots\begin{cases} \dfrac{dU}{df}\,df + \dfrac{dU}{dg}\,dg = X\,dt, \\[2ex] \dfrac{d^2U}{dt\,df}\,df + \dfrac{d^2U}{dt\,dg}\,dg + \dfrac{dX}{df}\,df + \dfrac{dX}{dg}\,dg = \left(\dfrac{dX}{dt} + 2Y\right)dt. \end{cases}$$

Les variables f et g étant déterminées par ces équations du premier
ordre, leurs valeurs renfermeront deux constantes arbitraires ; et
$y = U$, où l'on aura mis pour f et g leurs valeurs, sera l'intégrale
complete

complete de la proposée qui ne renfermera plus d'arcs de cercle. Il est bien remarquable que Z n'entre point dans les équations de condition, et que par conséquent on peut n'avoir point égard aux termes de y qui sont affectés de t^3; non plus qu'aux suivants qui seroient affectés de t^4, t^5, etc.

(287). Nous avons supposé que l'équation différentielle ne renfermoit pas d'arcs de cercle; mais quand elle en contiendroit, il ne s'ensuivroit pas qu'il en dût entrer dans son intégrale. Nous allons le faire voir par un exemple fort simple, en nous proposant d'intégrer les deux équations

$$\frac{dy}{dt} = (1 + 2\alpha t)z, \quad \frac{dz}{dt} = -(1 + 2\alpha t)y.$$

Si on les différentie l'une et l'autre, et qu'on élimine t, on aura deux équations du second ordre qui ne renfermeront pas d'arcs de cercle; ainsi leurs intégrales premieres, c'est-à-dire les deux proposées, ne satisferoient pas moins, quand bien même on mettroit $t + T$ au lieu de t. Je les changerai donc en celles-ci :

$$\frac{dy}{dt} = [1 + 2\alpha(t + T)]z,$$

$$\frac{dz}{dt} = -[1 + 2\alpha(t + T)]y;$$

ou, faisant $1 + 2\alpha T = m$, en celles-ci :

$$\frac{dy}{dt} = (m + 2\alpha t)z, \quad \frac{dz}{dt} = -(m + 2\alpha t)y.$$

Nous négligerons d'abord les termes affectés de α, et nous aurons ces équations approchées $\frac{dy}{dt} = mz$, $\frac{dz}{dt} = -my$, qui ont pour intégrales completes

$$y = f \sin.mt + g \cos.mt, \quad z = f \cos.mt - g \sin.mt.$$

Soit

$$y = f \sin. mt + g \cos. mt + \alpha y',$$

$$z = f \cos. mt - g \sin. mt + \alpha z';$$

nous aurons

$$\frac{dy'}{dt} = mz' + 2t(f \cos. mt - g \sin. mt),$$

$$\frac{dz'}{dt} = -my' - 2t(f \sin. mt + g \cos. mt),$$

K k

desquelles nous tirerons

$$y' = t^2 (f \cos. m t - g \sin. m t),$$
$$z' = - t^2 (f \sin. m t + g \cos. m t);$$

et nous ne pousserons pas plus loin l'approximation qui introduiroit des termes affectés de t^4, t^6, etc.

(288). Nous regarderons y, qui renferme deux arbitraires f et g, comme provenant de l'intégration d'une équation du second ordre, et nous ferons, dans les équations de condition,

$$U = f \sin. m t + g \cos. m t, \quad X = 0,$$
$$Y = \alpha (f \cos. m t - g \sin. m t);$$

à cause de $d m = 2 \alpha d T$, nous aurons

$$\sin. m t d f + \cos. m t d g + 2 \alpha t d T (f \cos. m t - g \sin. m t) = 0,$$
$$m (\cos. m t d f - \sin. m t d g) + 2 \alpha d T (f \cos. m t - g \sin. m t)$$
$$- 2 \alpha m t d T (f \sin. m t + g \cos. m t) = 2 \alpha (f \cos. m t -$$
$$g \sin. m t) d t.$$

Pour trouver les équations de condition relatives à z, nous ferons

$$U = f \cos. m t - g \sin. m t, \quad X = 0,$$
$$Y = - \alpha (f \sin. m t + g \cos. m t),$$

et nous aurons

$$\cos. m t d f - \sin. m t d g - 2 \alpha t d T (f \sin. m t + g \cos. m t) = 0,$$
$$m (\sin. m t d f + \cos. m t d g) + 2 \alpha d T (f \sin. m t + g \cos. m t)$$
$$+ 2 \alpha m t d T (f \cos. m t - g \sin. m t) = 2 \alpha (f \sin. m t +$$
$$g \cos. m t) d t.$$

La premiere ou la seconde des équations relatives à y étant comparée à la seconde ou à la premiere des équations relatives à z, il vient $d T = d t$, et $T = t + h$, h étant une constante arbitraire. En combinant la premiere des équations relatives à y avec la premiere de celles relatives à z, on en tire

$$df = 2 \alpha g t d t, \quad dg = - 2 \alpha f t d t;$$

partant

$$f = f' \sin. (\alpha t^2 + g'), \quad g = f' \cos. (\alpha t^2 + g');$$

f', g', étant deux constantes arbitraires. Ainsi, mettant pour m sa valeur $2\alpha(t+h)$, on a

$$y = f'\,[\sin.(\alpha t^2 + g')\sin.2\alpha t(t+h) + \cos.(\alpha t^2 + g')\cos.2\alpha t(t+h)] = f'\cos.(\alpha t^2 + 2\alpha h t - g'),$$

$$z = f'\,[\sin.(\alpha t^2 + g')\cos.2\alpha t(t+h) - \cos.(\alpha t^2 + g')\sin.2\alpha t(t+h)] = -f'\sin.(\alpha t^2 + 2\alpha h t - g').$$

Mais il y a une constante arbitraire de plus qu'il ne faut; il suffira, pour la déterminer, de substituer dans l'une des équations différentielles, au lieu de y et z, leurs valeurs : on trouvera de cette maniere $2\alpha h = 1$, et par conséquent

$$y = f'\cos.(\alpha t^2 + t - g'),$$
$$z = -f'\sin.(\alpha t^2 + t - g').$$

Ces valeurs ne sont point approchées, parceque les proposées se trouvent être intégrables absolument. (Voyez un mémoire de M. de la Grange parmi ceux de Berlin pour 1783.)

(289). Proposons-nous maintenant de faire disparoître les arcs de cercle de l'intégrale de l'équation (A) pour laquelle (n° 273)

$$U = f\cos.mt + g\sin.mt - \frac{n}{m^2} - \frac{\alpha p}{m^2}\left(i + \frac{n^2}{m^4} - \frac{h\cos.2mt + fg\sin.2mt}{3}\right)$$
$$- \frac{\alpha^2}{m^2}\left(e + i'\,\frac{h\cos 2mt + fg\sin.2mt}{3} - \frac{f'\cos.3mt + g'\sin.3mt}{8} + \frac{8np^2}{m^4}\cdot\frac{h\sin.2mt + fg\cos.2mt}{9}\right),$$

$$X = \frac{\alpha pn}{m^3}(f\sin.mt - g\cos.mt) + \frac{\alpha^2}{m}\left(h'\,\frac{f\sin.mt - g\cos.mt}{2} + \frac{2np^2}{3m^4}\left(h\cos.2mt - fg\sin.2mt + \frac{3n}{m^2}\cdot\frac{f\sin.mt - g\cos.mt}{4}\right)\right),$$

$$Y = -\frac{\alpha^2 n^2 p^2}{2m^6}(g\sin.mt + f\cos.mt).$$

En substituant ces valeurs dans les équations (W), et négligeant les termes affectés de α^2, on aura

$$\cos.mt\,df + \sin.mt\,dg - \frac{\alpha p}{m^2}\left(f\,df + g\,dg - \frac{f\cos.2mt + g\sin.2mt}{3}df\right.$$
$$\left. - \frac{f\sin.2mt - g\cos.2mt}{3}dg\right) = \frac{\alpha pn}{m^3}(f\sin.mt - g\cos.mt)\,dt,$$

$$-\sin. m\,t\,df + \cos. m\,t\,dg - \frac{2\,ap}{m^{2}}\left(\frac{f\sin. 2\,mt - g\cos. 2\,mt}{3}\,df - \right.$$

$$\frac{f\cos. 2\,mt + g\sin. 2\,mt}{3}\,dg + \frac{apn}{m^{4}}\,(\sin. m\,t\,df - \cos. m\,t\,dg) =$$

$$\frac{apn}{m^{3}}\,(f\cos. m\,t + g\sin. m\,t)\,dt;$$

il est donc clair que df et dg sont de l'ordre α : nous négligerons les termes qui ont pour facteurs $\alpha\,df$, $\alpha\,dg$, et les équations précédentes se réduiront à celles-ci :

$$\cos. m\,t\,df + \sin. m\,t\,dg = \frac{apn}{m^{3}}\,(f\sin. m\,t - g\cos. m\,t)\,dt,$$

$$-\sin. m\,t\,df + \cos. m\,t\,dg = \frac{apn}{m^{3}}\,(f\cos. m\,t + g\sin. m\,t)\,dt,$$

desquelles on tire

$$df = -\frac{apn}{m^{3}}\,g\,dt, \quad dg = \frac{apn}{m^{3}}\,f\,dt.$$

Soit fait, pour abréger, $\frac{apn}{m^{3}} = q$, et ensuite $f = f'e^{\lambda t}$, $g = g'e^{\lambda t}$; λ sera donné par l'équation $\lambda^{2} + q^{2} = 0$, d'où l'on tire $\lambda = \pm q\sqrt{-1}$, et on aura, pour les valeurs completes de f et g,

$$f = a\,e^{qt\sqrt{-1}} + b\,e^{-qt\sqrt{-1}},$$

$$g = -\sqrt{-1}\,(a\,e^{qt\sqrt{-1}} - b\,e^{-qt\sqrt{-1}},$$

ou, ce qui revient au même,

$$f = f_{1}\cos. q\,t + g_{1}\sin. q\,t, \quad g = f_{1}\sin. q\,t - g_{1}\cos. q\,t.$$

(290). Pour pousser l'approximation jusqu'aux quantités de l'ordre α^{2} inclusivement, on négligera les termes qui auroient pour facteurs $\alpha^{2}\,df$, $\alpha^{2}\,dg$. Ainsi tout est réduit à ajouter au second membre de la premiere équation

$$\frac{\alpha^{2}}{m}\left[h' \cdot \frac{f\sin. mt - g\cos. mt}{2} + \frac{2np^{2}}{3m^{4}}\left(h\cos. 2\,mt - fg\sin. 2\,mt + \right.\right.$$

$$\frac{3n}{m^{2}} \cdot \frac{f\sin. mt - g\cos. mt}{4}\right)\Big];$$

et, au second membre de la seconde,

$$\alpha^{2}\left[h' \cdot \frac{f\cos. mt + g\sin. mt}{2} - \frac{4np^{2}}{3m^{4}}\left(h\sin. 2\,mt + fg\cos. 2\,mt - \right.\right.$$

$$\frac{3n}{m^{2}} \cdot \frac{f\cos. mt + g\sin. mt}{4}\right) - \frac{n^{2}p^{2}}{m^{6}}\,(f\cos. mt + g\sin. mt)\Big].$$

On mettra dans les termes affectés de α, α^{2}, des deux nouvelles équations, au lieu de f, g, les valeurs que nous venons de trouver; et intégrant ensuite, sans ajouter de constantes arbitraires, on aura les valeurs de f, g, aux quantités de l'ordre α^3 près. On mettra ces valeurs dans $y = U$, et l'intégrale qu'on trouvera sera délivrée d'arcs de cercle, c'est-à-dire qu'elle ne contiendra que des sinus et cosinus d'angles multiples de t.

(291). Si la valeur de y résulte de l'intégration de deux équations différentielles du second ordre, elle renfermera quatre constantes arbitraires : elle sera dans le même cas que la valeur qui proviendroit de l'intégration d'une équation du quatrieme ordre ; dans l'une et l'autre valeur, on fera disparoître les arcs de cercle de la même maniere. Ainsi R, S, T, etc. étant des fonctions rationnelles entieres de sinus et cosinus d'angles multiples de t, et des quatre constantes arbitraires f, g, h, i; soit

$$y = R + St + T t^2 + X t^3 + Y t^4 + Z t^5 + \text{etc.}$$

l'intégrale complete d'une équation différentielle du quatrieme ordre, qui ne doit pas renfermer d'arcs de cercle : on la différentiera quatre fois, et on aura

$$\frac{dy}{dt} = \frac{dR}{dt} + S + \left(\frac{dS}{dt} + 2T\right) t + \left(\frac{dT}{dt} + 3X\right) t^2 + \left(\frac{dX}{dt} + 4Y\right) t^3 + \left(\frac{dY}{dt} + 5Z\right) t^4 + \text{etc.}$$

$$\frac{d^2y}{dt^2} = \frac{d^2R}{dt^2} + 2\frac{dS}{dt} + 2T + \left(\frac{d^2S}{dt^2} + 4\frac{dT}{dt} + 6X\right) t + \left(\frac{d^2T}{dt^2} + 6\frac{dX}{dt} + 12Y\right) t^2 + \left(\frac{d^2X}{dt^2} + 8\frac{dY}{dt} + 20Z\right) t^3 + \text{etc.}$$

$$\frac{d^3y}{dt^3} = \frac{d^3R}{dt^3} + 3\frac{d^2S}{dt^2} + 6\frac{dT}{dt} + 6X + \left(\frac{d^3S}{dt^3} + 6\frac{d^2T}{dt^2} + 18\frac{dX}{dt} + 24Y\right) t + \left(\frac{d^3T}{dt^3} + 9\frac{d^2X}{dt^2} + 36\frac{dY}{dt} + 60Z\right) t^2 + \text{etc.}$$

$$\frac{d^4y}{dt^4} = \frac{d^4R}{dt^4} + 4\frac{d^3S}{dt^3} + 12\frac{d^2T}{dt^2} + 24\frac{dX}{dt} + 24Y + \left(\frac{d^4S}{dt^4} + 8\frac{d^3T}{dt^3} + 36\frac{d^2X}{dt^2} + 96\frac{dY}{dt} + 120Z\right) t + \text{etc.}$$

L'équation sera satisfaite par les substitutions suivantes :

$$y = R, \quad \frac{dy}{dt} = \frac{dR}{dt} + S,$$

$$\frac{d^2y}{dt^2} = \frac{d^2R}{dt^2} + 2\frac{dS}{dt} + 2T,$$

$$\frac{d^3 y}{dt^3} = \frac{d^3 R}{dt^3} + 3\frac{d^2 S}{dt^2} + 6\frac{dT}{dt} + 6X,$$

$$\frac{d^4 y}{dt^4} = \frac{d^4 R}{dt^4} + 4\frac{d^3 S}{dt^3} + 12\frac{d^2 T}{dt^2} + 24\frac{dX}{dt} + 24Y,$$

pourvu que δR, $\delta\frac{dR}{dt}$, etc. désignant les différentielles de R, $\frac{dR}{dt}$, etc.
prises en faisant varier les quatre constantes abitraires, on ait

$$dy = \frac{dR}{dt}\,dt + \delta R = \left(\frac{dR}{dt} + S\right)dt,$$

$$d\frac{dy}{dt} = \frac{d^2 R}{dt^2}\,dt + \delta\frac{dR}{dt} + \frac{dS}{dt}\,dt + \delta S = \left(\frac{d^2 R}{dt^2} + 2\frac{dS}{dt} + 2T\right)dt,$$

$$d\frac{d^2 y}{dt^2} = \frac{d^3 R}{dt^3}\,dt + \delta\frac{d^2 R}{dt^2} + 2\frac{d^2 S}{dt^2}\,dt + 2\delta\frac{dS}{dt} + 2\frac{dT}{dt}\,dt + 2\delta T$$

$$= \left(\frac{d^3 R}{dt^3} + 3\frac{d^2 S}{dt^2} + 6\frac{dT}{dt} + 6X\right)dt,$$

$$d\frac{d^3 y}{dt^3} = \frac{d^4 R}{dt^4} + \delta\frac{d^3 R}{dt^3} + 3\frac{d^3 S}{dt^3}\,dt + 3\delta\frac{d^2 S}{dt^2} + 6\frac{d^2 T}{dt^2}\,dt + 6\delta\frac{dT}{dt}$$

$$+ 6\frac{dX}{dt}\,dt + 6\delta X = \left(\frac{d^4 R}{dt^4} + 4\frac{d^3 S}{dt^3} + 12\frac{d^2 T}{dt^2} + 24\frac{dX}{dt} + 24Y\right)dt.$$

On en tire, en effaçant les termes qui se détruisent,

$$\delta R = S\,dt, \quad \delta\frac{dR}{dt} + \delta S = \left(\frac{dS}{dt} + 2T\right)dt,$$

$$\delta\frac{d^2 R}{dt^2} + 2\delta\frac{dS}{dt} + 2\delta T = \left(\frac{d^2 S}{dt^2} + 4\frac{dT}{dt} + 6X\right)dt,$$

$$\delta\frac{d^3 R}{dt^3} + 3\delta\frac{d^2 S}{dt^2} + 6\delta\frac{dT}{dt} + 6\delta X = \left(\frac{d^3 S}{dt^3} + 6\frac{d^2 T}{dt^2} + 18\frac{dX}{dt} + 24Y\right)dt.$$

Les variables f, g, h, i, étant déterminées par ces équations du premier ordre, leurs valeurs renfermeront quatre constantes arbitraires ;
et $y = R$, où l'on aura mis pour f, g, h, i, leurs valeurs, sera l'intégrale complete de la proposée qui ne renfermera plus d'arcs de
cercle. Nous remarquerons que Z n'entre point dans les équations
de condition, et que par conséquent on peut n'avoir point égard aux
termes de y qui sont affectés de t^5, non plus qu'aux suivants qui seroient affectés de t^6, t^7, etc. etc.

(292). La maniere de faire varier les constantes arbitraires est un
des grands moyens de l'analyse. Nous en avons vu plusieurs applications dans le calcul intégral, et sur-tout l'usage ingénieux qu'en a fait

M. de la Grange dans la théorie des solutions particulieres (C. I. n° 75).
C'est d'après les mêmes principes qu'il détermine l'altération des
moyens mouvements des planetes dans les *Mémoires de Berlin* pour
l'année 1776. La masse du soleil étant prise pour l'unité, si l'on
nomme μ la masse de la planete dont on veut déterminer le mouvement autour de cet astre, μ', etc. les masses des planetes perturbatrices ; on aura (n° 73)

$$\left.\begin{array}{l} \dfrac{d^2x}{dt^2} + \dfrac{1+\mu}{\Delta^3}\, x + X = 0, \\[2mm] \dfrac{d^2y}{dt^2} + \dfrac{1+\mu}{\Delta^3}\, y + Y = 0, \\[2mm] \dfrac{d^2z}{dt^2} + \dfrac{1+\mu}{\Delta^3}\, z + Z = 0, \end{array}\right\} \ldots\ldots\ldots (A)$$

$$\text{où } X = \mu' \left[\frac{x-x'}{\delta^3} + \frac{x'}{\Delta'^3} \right] + \text{etc.}$$

$$Y = \mu' \left[\frac{y-y'}{\delta^3} + \frac{y'}{\Delta'^3} \right] + \text{etc.}$$

$$Z = \mu' \left[\frac{z-z'}{\delta^3} + \frac{z'}{\Delta'^3} \right] + \text{etc.}$$

$$\Delta = \sqrt{(x^2+y^2+z^2)}, \quad \Delta' = \sqrt{(x'^2+y'^2+z'^2)},$$

$$\delta = \sqrt{[(x-x')^2+(y-y')^2+(z-z')^2]}.$$

Nous ferons d'abord abstraction des forces perturbatrices ; et, ayant
intégré les trois équations différentielles du second ordre, leurs intégrales renfermeront six constantes arbitraires qui seront les six éléments de l'orbite elliptique. On en tirera (C. I. p. 181) six équations
du premier ordre, dont chacune renfermera une des constantes arbitraires. Soit $U = f$ une de ces intégrales premieres : $dU = 0$, qui
ne renferme plus de constante arbitraire, devra être identique avec
les équations du second ordre proposées ; en sorte que si, dans dU,
on met pour $d\dfrac{dx}{dt}$, $d\dfrac{dy}{dt}$, $d\dfrac{dz}{dt}$, ces valeurs

$$-\frac{1+\mu}{\Delta^3}\, x\, dt, \quad -\frac{1+\mu}{\Delta^3}\, y\, dt, \quad -\frac{1+\mu}{\Delta^3}\, z\, dt,$$

cette différentielle deviendra identiquement nulle, c'est-à-dire que
tous ses termes se détruiront, indépendamment de toute relation,
entre les quantités qu'elle renferme. La même chose aura lieu pour
les cinq autres intégrales premieres.

(293). Mais si on ne regarde pas X, Y, Z, comme nuls, tous les

termes de $d\,$U se détruiront, à l'exception de ceux qui proviendront
de la substitution de

$$-\,\mathrm{X}dt,\ -\,\mathrm{Y}dt,\ -\,\mathrm{Z}dt,$$

au lieu de $d\,\frac{dx}{dt},\ d\,\frac{dy}{dt},\ d\,\frac{dz}{dt}\,;$

et, comme l'effet des forces perturbatrices consiste à faire varier les
éléments, on aura

$$df = \frac{d\,\mathrm{U}}{d\,\frac{dx}{dt}}\,(-\,\mathrm{X}dt) + \frac{d\,\mathrm{U}}{d\,\frac{dy}{dt}}\,(-\,\mathrm{Y}dt) + \frac{d\,\mathrm{U}}{d\,\frac{dz}{dt}}\,(-\,\mathrm{Z}dt).$$

Il suit de là que, soit qu'on regarde les forces perturbatrices comme
nulles, ou qu'on les regarde comme agissantes, l'équation $\mathrm{U} = f$,
et les cinq autres intégrales premieres seront de la même forme, la
différence ne venant que des éléments tels que f, qui seront constants
dans le premier cas, et variables dans le second. Avec ces six équa-
tions, on éliminera $\frac{dx}{dt},\ \frac{dy}{dt},\ \frac{dz}{dt}$, et on aura trois équations finies
qui seront encore de la même forme dans les deux cas. Donc les
valeurs de $x,\ y,\ z$, et des rapports $\frac{dx}{dt},\ \frac{dy}{dt},\ \frac{dz}{dt}$, seront exprimées
de la même maniere par le temps t et les six éléments de l'orbite,
soit que ces éléments soient constants, soit qu'ils soient variables ;
et il sera toujours permis de les regarder comme constants pendant
un temps infiniment petit.

(294). Si l'orbite de la planete est exactement une ellipse, on a
(n° 39)

$$\frac{1}{r} = \frac{1 - e\cos.(\varphi - n)}{a\,(1 - e^2)},\quad \frac{r^4 d\varphi^2}{dt^2} = a\,(1 - e^2)\,(1 + \mu)\,;$$

partant

$$\frac{dr}{r^2} = -\,\frac{e\,d\varphi\sin.(\varphi - n)}{a\,(1 - e^2)},\quad \frac{dr^2}{r^4 d\varphi^2} = \frac{e^2}{a^2(1 - e^2)^2}\,(1 - \cos.(\varphi - n)^2),$$

où l'on mettra pour $\cos.(\varphi - n)$, et $1 - e^2$, leurs valeurs tirées
des deux premieres, et on aura

$$\frac{a}{1 + \mu}\cdot\frac{dr^2 + r^2 d\varphi^2}{dt^2} - \frac{2a}{r} + 1 = 0.$$

Ayant éliminé de cette maniere les éléments a et n, l'équation précédente

cédente sera une des intégrales premieres à laquelle nous donnerons la forme suivante :

$$\frac{1}{2a} = \frac{1}{\sqrt{(x^2+y^2+z^2)}} - \frac{dx^2 + dy^2 + dz^2}{2(1+\mu)dt^2}.$$

En la comparant à celle-ci, $U = f$, on a $\frac{1}{2a} = f$, et

$$\frac{dU}{d\frac{dx}{dt}} = -\frac{dx}{(1+\mu)dt}, \quad \frac{dU}{d\frac{dy}{dt}} = -\frac{dy}{(1+\mu)dt}, \quad \frac{dU}{d\frac{dz}{dt}} = -\frac{dz}{(1+\mu)dt};$$

ces valeurs seront substituées dans l'expression de df trouvée plus haut, et il en résultera cette équation ,

$$d\frac{1}{2a} = \frac{Xdx + Ydy + Zdz}{1+\mu},$$

qui est celle dont nous avons fait usage n° 93 pour déterminer les altérations du grand axe. Après cette courte digression, je reviens au sujet de ce chapitre.

(295). Je reprends les équations (A) (n° 292) où je fais X, Y, Z, nuls, et, les ayant multipliées respectivement par dx, dy, dz, je les ajoute ensemble ; ce qui me donne

$$\frac{dxd^2x + dyd^2y + dzd^2z}{dt^2} + (1+\mu)\frac{d\Delta}{\Delta^2} = 0,$$

laquelle a pour intégrale complete

$$(a)\ldots\ldots \frac{dx^2 + dy^2 + dz^2}{dt^2} - 2(1+\mu)\left(\frac{1}{\Delta} - \frac{1}{f}\right) = 0.$$

Je les ajoute ensemble, après les avoir multipliées respectivement par x, y, z, et j'ai

$$\frac{xd^2x + yd^2y + zd^2z}{dt^2} + \frac{1+\mu}{\Delta} = 0; \text{ mais}$$

$$\frac{d.\Delta^2}{2dt} = \frac{xdx + ydy + zdz}{dt}, \text{ donc}$$

$$(b)\ldots\ldots \frac{d^2.\Delta^2}{2dt^2} - (1+\mu)\left(\frac{1}{\Delta} - \frac{2}{f}\right) = 0;$$

qui a pour intégrale complete

$$(c)\ldots\ldots \left(\frac{d.\Delta^2}{2dt}\right)^2 - 2(1+\mu)\left(\Delta - \frac{\Delta^2}{f} - g\right) = 0.$$

On a aussi $\frac{d.\Delta^2}{2dt} = \Delta\frac{d\Delta}{dt}$, $\frac{d^2.\Delta^2}{2dt^2} = \Delta\frac{d^2\Delta}{dt^2} + \frac{d\Delta^2}{dt^2}$;

on tirera donc des deux équations (b) et (c),

$$\frac{d^2\Delta}{dt^2} + (1 + \mu)\left(\frac{1}{\Delta^2} - \frac{2g}{\Delta^3}\right) = 0,$$

qui devient, en faisant $2g - \Delta = \rho$,

$$\frac{d^2\rho}{dt^2} + (1 + \mu)\,\frac{\rho}{\Delta^3} = 0.$$

Celle-ci est de la même forme que $\frac{d^2 z}{dt^2} + (1 + \mu)\,\frac{z}{\Delta^3} = 0$;

elles ont pour intégrales completes

$$\left.\begin{array}{l} z = hx + iy, \\ \rho\;(= 2g - \Delta) = h'x + i'y, \end{array}\right\} \ldots\ldots\ldots (B)$$

puisque ces valeurs satisfont en supposant ces deux autres équations

$$\frac{d^2 x}{dt^2} + (1 + \mu)\,\frac{x}{\Delta^3} = 0, \quad \frac{d^2 y}{dt^2} + (1 + \mu)\,\frac{y}{\Delta^3} = 0.$$

On tire de l'équation (c),

$$\frac{\dfrac{\Delta\,d\Delta}{}}{\sqrt{\left(\Delta - \dfrac{\Delta^2}{f} - g\right)}} = dt\,\sqrt{[2(1 + \mu)]},$$

qui a pour intégrale complete (C) . . . .

$$-\frac{2\sqrt{\left(\Delta - \dfrac{\Delta^2}{f} - g\right)}}{\sqrt{f}} + A\sin.\frac{2\Delta - f}{\sqrt{f}\sqrt{(f - 4g)}} = \frac{2t\sqrt{[2(1 + \mu)]}}{f\sqrt{f}} + l.$$

(296). L'équation (C) donnera Δ en t, et celles qui précedent, x, y, z, en Δ. En effet on tire des équations (B)

$$x = \frac{i'z - i\rho}{hi' - h'i}, \quad y = \frac{h\rho - h'z}{hi' - h'i};$$

l'équation $x^2 + y^2 + z^2 = \Delta^2$ deviendra

$$[i'^2 + h'^2 + (hi' - h'i)^2]\,z^2 - 2(hh' + ii')\rho z + (i^2 + h^2)\rho^2 = (hi' - h'i)\,\Delta^2;$$

après avoir fait, pour abréger,

$$i'^2 + h'^2 + (hi' - h'i)^2 = l',$$
$$\sqrt{[l'\Delta^2 - (1 + h^2 + i^2)\rho^2]} = \sigma,$$

on en tirera

$$l'z = (ii' + hh')\,\rho + (h'i - hi')\,\sigma,$$

et par conséquent

$$l'y = [i' - h(h'i - hi')]\,\rho + h'\sigma,$$
$$l'x = [h' + i(h'i - hi')]\,\rho - i'\sigma.$$

Ces valeurs de x, y, z, renferment sept constantes arbitraires, au lieu de six que le problême exige; il y a donc entre ces constantes une équation de condition que nous trouverons de la maniere suivante. Les deux équations (a) et (c) donnent

$$dx^2 + dy^2 + dz^2 = \frac{1 - \dfrac{\Delta}{f}}{\Delta - g - \dfrac{\Delta^2}{f}}\,\Delta\,d\Delta^2 ;$$

mais on tire des valeurs précédentes de x, y, z,

$$l'(dx^2 + dy^2 + dz^2) = (1 + h^2 + i^2)\,d\rho^2 + d\sigma^2 :$$

ainsi, toutes réductions faites, on a

$$\frac{1 - \dfrac{1 + h^2 + i^2 - l'}{1 + h^2 + i^2}\cdot\dfrac{\Delta}{4g}}{\Delta - g - \dfrac{1 + h^2 + i^2 - l'}{1 + h^2 + i^2}\cdot\dfrac{\Delta^2}{4g}} = \frac{1 - \dfrac{\Delta}{f}}{\Delta - g - \dfrac{\Delta^2}{f}} ;$$

équation qui devient identique si

$$(D)\cdots\cdots\; \frac{4g}{f} = 1 - \frac{i'^2 + h'^2 + (hi' - h'i)^2}{1 + h^2 + i^2}.$$

(297). La premiere des équations (B) est l'équation du plan de l'orbite dont la position, relativement au plan des x, y, dépendra des constantes h et i; l'autre servira à déterminer la figure de cette orbite, et elle est évidemment celle d'une section conique. Or, comme les absides sont aux points où $\frac{d\Delta}{dt} = 0$, l'équation (c) donnera, pour les déterminer, $\Delta - \frac{\Delta^2}{f} - g = 0$, qui a pour racines

$$\frac{f \pm \sqrt{(f^2 - 4fg)}}{2} :$$

leur somme f est le grand axe; leur différence, divisée par le grand axe, ou $\frac{\sqrt{(f - 4g)}}{\sqrt{f}}$, est l'excentricité; quant au parametre, il est $= 4g$. Le rayon vecteur, perpendiculaire au grand axe, $= 2g$;

donc, à ce point, $h'x + i'y = 0$, d'où l'on tire $-\dfrac{h'}{i'} = \dfrac{y}{x} =$ la tangente de l'angle que fait, avec la ligne des x, la projection du rayon vecteur sur le plan des x, y. Si cet angle $= 90° + \gamma$, γ sera l'angle que la projection du grand axe de l'orbite fait avec la ligne des x, et on aura $\dfrac{i'}{h'} = \text{tang.}\, \gamma$. En supposant donc, ce que nous pouvons toujours faire, que le plan de l'orbite n'est autre que celui des x, y, on aura $h = 0$, $i = 0$, et γ sera l'angle que le grand axe de l'orbite fait avec l'axe des x; en sorte que si l'on suppose, ce qui est bien permis, que ces deux axes coïncident, on aura $\gamma = 0$, et par conséquent $i' = 0$: de plus l'équation (D) donnera dans ce cas h' égale à l'excentricité.

(298). Nous ne supposerons pas ces quantités h, i, i', absolument nulles ; mais qu'elles sont assez peu considérables pour qu'on en puisse négliger les produits de deux dimensions, et h' ne différera de l'excentricité que de quantités du même ordre. Alors nous aurons

$$h'^2 x = h'\rho - i'\sigma, \quad h'^2 y = i'\rho + h'\sigma, \quad h'z = h\rho + i\sigma;$$

ce sont les valeurs de x, y, z, lorsque l'orbite n'a point éprouvé d'altération. En vertu des forces perturbatrices, ces quantités changeront infiniment peu. Si nous supposons qu'elles deviennent

$$x + \delta x, \quad y + \delta y, \quad z + \delta z;$$

pour former δx, δy, δz, nous ferons varier non seulement Δ, mais encore les constantes qui sont les éléments de l'orbite. Or lorsque, dans les équations (A),

$\dfrac{d^2 x}{dt^2}$, $\dfrac{d^2 y}{dt^2}$, $\dfrac{d^2 z}{dt^2}$, se changeront en $\dfrac{d^2 \delta x}{dt^2}$, $\dfrac{d^2 \delta y}{dt^2}$, $\dfrac{d^2 \delta z}{dt^2}$, les quantités

$\dfrac{x}{\Delta^3}$, $\dfrac{y}{\Delta^3}$, $\dfrac{z}{\Delta^3}$, qui ne sont autres que $-\dfrac{d\frac{1}{\Delta}}{dx}$, $-\dfrac{d\frac{1}{\Delta}}{dy}$, $-\dfrac{d\frac{1}{\Delta}}{dz}$,

deviendront

$$-\left(\frac{d^2 \frac{1}{\Delta}}{dx^2} \delta x + \frac{d^2 \frac{1}{\Delta}}{dx\,dy} \delta y + \frac{d^2 \frac{1}{\Delta}}{dx\,dz} \delta z \right),$$

$$-\left(\frac{d^2 \frac{1}{\Delta}}{dx\,dy} \delta x + \frac{d^2 \frac{1}{\Delta}}{dy^2} \delta y + \frac{d^2 \frac{1}{\Delta}}{dy\,dz} \delta z \right), \quad (\text{n}° 16)$$

$$-\left(\frac{d^2 \frac{1}{\Delta}}{dx\,dz} \delta x + \frac{d^2 \frac{1}{\Delta}}{dy\,dz} \delta y + \frac{d^2 \frac{1}{\Delta}}{dz^2} \delta z \right);$$

ainsi nous aurons, pour déterminer les altérations de l'orbite, les équations suivantes :

$$\frac{d^2\delta x}{dt^2} - (1+\mu)\left(\frac{d^2\frac{1}{\Delta}}{dx^2}\,\delta x + \frac{d^2\frac{1}{\Delta}}{dx\,dy}\,\delta y + \frac{d^2\frac{1}{\Delta}}{dx\,dz}\,\delta z\right) + X = 0,$$

$$\frac{d^2\delta y}{dt^2} - (1+\mu)\left(\frac{d^2\frac{1}{\Delta}}{dx\,dy}\,\delta x + \frac{d^2\frac{1}{\Delta}}{dy^2}\,\delta y + \frac{d^2\frac{1}{\Delta}}{dy\,dz}\,\delta z\right) + Y = 0,$$

$$\frac{d^2\delta z}{dt^2} - (1+\mu)\left(\frac{d^2\frac{1}{\Delta}}{dx\,dz}\,\delta x + \frac{d^2\frac{1}{\Delta}}{dy\,dz}\,\delta y + \frac{d^2\frac{1}{\Delta}}{dz^2}\,\delta z\right) + Z = 0.$$

(299). Maintenant l'excentricité étant $\frac{\sqrt{(f-4g)}}{\sqrt{f}}$, si l'on nomme θ l'anomalie de l'excentrique (n° 42), on pourra prendre

$\Delta = \frac{f}{2}\,(1 - h'\cos.\theta)$, où θ est donné par l'équation

$$\theta - h'\sin.\theta = \frac{2t\sqrt{[2(1+\mu)]}}{f\sqrt{f}} + l.$$

Donc $\rho = \frac{fh'}{2}\,(\cos.\theta - h')$, $\quad \sigma = \frac{fh'}{2}\sqrt{(1-h'^2)}\,\sin.\theta,$

$$x = \frac{f}{2}\,(\cos.\theta - h' - \frac{i'}{h'}\sqrt{(1-h'^2)}\cdot\sin.\theta),$$

$$y = \frac{f}{2}\,(\sqrt{(1-h'^2)}\cdot\sin.\theta + \frac{i'}{h'}\,(\cos.\theta - h')),$$

$$z = \frac{f}{2}\,(h\,(\cos.\theta - h') + i\sqrt{(1-h'^2)}\cdot\sin.\theta).$$

Dans les valeurs de δx, δy, δz, nous négligerons toute variation affectée d'une des quantités très petites h, i, i', et nous aurons

$$\delta x = \frac{\cos.\theta - h'}{2}\,\delta f - \frac{f}{2}\,\delta h' - \frac{f}{2h'}\sqrt{(1-h'^2)}\,\delta i' - \frac{f}{2}\sin.\theta\,\delta\theta,$$

$$\delta y = \frac{\sqrt{(1-h'^2)}}{2}\sin.\theta\,\delta f - \frac{fh'}{2\sqrt{(1-h'^2)}}\sin.\theta\,\delta h' + \frac{f}{2}\,(\cos.\theta - h')\,\delta i'$$
$$+ \frac{f}{2}\sqrt{(1-h'^2)}\cos.\theta\,\delta\theta,$$

$$\delta z = \frac{f}{2}\,(\cos.\theta - h')\,\delta h + \frac{f}{2}\sqrt{(1-h'^2)}\sin.\theta\,\delta i,$$

où il faudra substituer à $\delta\theta$ sa valeur tirée de

$$(1 - h'\cos.\theta)\,\delta\theta = \sin.\theta\,\delta h' + \delta l - \frac{3t\sqrt{[2(1+\mu)]}}{f^2\sqrt{f}}\,\delta f.$$

Il suit de là que si nous supposons

$$\delta x = A\delta f + B\delta h' + C\delta i' + D\delta l,$$
$$\delta y = E\delta f + F\delta h' + G\delta i' + H\delta l,$$
$$\delta z = K\delta h + L\delta i,$$

il nous sera facile de déterminer A, B, etc. Mais ces valeurs satisferoient aux équations de l'orbite non altérée, soit qu'on regardât δf, $\delta h'$, etc. comme des constantes indéterminées, ou qu'on les regardât comme des variables; si donc on les substitue dans les équations du n° 298, les termes qui renferment les simples variations δf, $\delta h'$, etc. se détruiront mutuellement, et on aura

$$\frac{Ad^2\delta f + Bd^2\delta h' + Cd^2\delta i' + Dd^2\delta l}{dt^2} + 2\frac{dAd\delta f + dBd\delta h' + dCd\delta i' + dDd\delta l}{dt^2} = -X,$$

$$\frac{Ed^2\delta f + Fd^2\delta h' + Gd^2\delta i' + Hd^2\delta l}{dt^2} + 2\frac{dEd\delta f + dFd\delta h' + dGd\delta i' + dHd\delta l}{dt^2} = -Y,$$

$$\frac{Kd^2\delta h + Ld^2\delta i}{dt^2} + 2\frac{dKd\delta h + dLd\delta i}{dt^2} = -Z.$$

(300). Il y a six indéterminées, et nous n'avons que trois équations; nous sommes donc les maîtres de partager ces trois équations comme nous le croirons convenable : or si nous supposons

$$\frac{Ad\delta f + Bd\delta h' + Cd\delta i' + Dd\delta l}{dt} = 0,$$

$$\frac{Ed\delta f + Fd\delta h' + Gd\delta i' + Hd\delta l}{dt} = 0,$$

$$\frac{Kd\delta h + Ld\delta i}{dt} = 0,$$

nous aurons aussi

$$\frac{dAd\delta f + dBd\delta h' + dCd\delta i' + dDd\delta l}{dt^2} = -X,$$

$$\frac{dEd\delta f + dFd\delta h' + dGd\delta i' + dHd\delta l}{dt^2} = -Y,$$

$$\frac{dKd\delta h + dLd\delta i}{dt^2} = -Z.$$

Avec ces six équations, on trouvera facilement les valeurs de

$$d\delta f, \; d\delta h', \; d\delta i', \; d\delta l, \; d\delta h, \; d\delta i;$$

et intégrant ensuite, celles de

$$\delta f, \; \delta h', \; \delta i', \; \delta l, \; \delta h, \; \delta i,$$

qu'il faudra substituer dans les expressions de δx, δy, δz.

(301). A cause des trois premieres équations du n° précédent, j'aurai, en différentiant les valeurs de δx, δy, δz,

$$d\frac{\delta x}{dt} = \frac{dA}{dt}\,\delta f + \frac{dB}{dt}\,\delta h' + \frac{dC}{dt}\,\delta i' + \frac{dD}{dt}\,\delta l,$$

$$d\frac{\delta y}{dt} = \frac{dE}{dt}\,\delta f + \frac{dF}{dt}\,\delta h' + \frac{dG}{dt}\,\delta i' + \frac{dH}{dt}\,\delta l,$$

$$d\frac{\delta z}{dt} = \frac{dK}{dt}\,\delta h + \frac{dL}{dt}\,\delta i;$$

c'est ce que j'aurois trouvé, si j'eusse différentié en regardant δf, $\delta h'$, etc. comme des constantes. Je suppose que de ces trois équations, et des trois qui les ont fournies, on tire les valeurs de ces six quantités ; savoir,

$$\delta f = A'\delta x + B'\delta y + C'\,\frac{d\delta x}{dt} + D'\,\frac{d\delta y}{dt},$$

$$\delta h' = E'\delta x + F'\delta y + G'\,\frac{d\delta x}{dt} + H'\,\frac{d\delta y}{dt},$$

$$\delta i' = A''\delta x + B''\delta y + C''\,\frac{d\delta x}{dt} + D''\,\frac{d\delta y}{dt},$$

$$\delta l = E''\delta x + F''\delta y + G''\,\frac{d\delta x}{dt} + H''\,\frac{d\delta y}{dt},$$

$$\delta h = K'\delta z + L'\,\frac{d\delta z}{dt},$$

$$\delta i = K''\delta z + L''\,\frac{d\delta z}{dt}:$$

en comparant les six équations dont nous venons de faire usage avec celles du n° précédent, on verra aisément que, des valeurs précédentes de δf, $\delta h'$, etc. on peut former celles de $\frac{d\delta f}{dt}$, $\frac{d\delta h}{dt}$, etc. en y faisant δx, δy, δz, nuls, et mettant $- X$, $- Y$, $- Z$, au lieu de $\frac{d\delta x}{dt}$, $\frac{d\delta y}{dt}$, $\frac{d\delta z}{dt}$; on aura de cette maniere

$$\frac{d\delta f}{dt} = -C'X - D'Y, \qquad \frac{d\delta h'}{dt} = -G'X - H'Y,$$

$$\frac{d\delta i'}{dt} = -C''X - D''Y, \qquad \frac{d\delta l}{dt} = -G''X - H''Y,$$

$$\frac{d\delta h}{dt} = -L'Z, \qquad\qquad \frac{d\delta i}{dt} = -L''Z,$$

Donc les équations du n° précédent ne sont que les différentielles des six autres, en y faisant varier seulement δf, $\delta h'$, etc. $\frac{d\delta x}{dt}$, $\frac{d\delta y}{dt}$, $\frac{d\delta z}{dt}$, et mettant, au lieu des différentes secondes $\frac{d^2 \delta x}{dt}$, $\frac{d^2 \delta y}{dt}$, $\frac{d^2 \delta z}{dt}$, ces quantités — X, — Y, — Z ; en sorte que si l'on faisoit les mêmes opérations sur les équations qui ont donné directement δf, δh, etc. on auroit les valeurs de $\frac{d \delta f}{dt}$, $\frac{d \delta h'}{dt}$, etc. Ce moyen de déduire les intégrales des équations générales du n° 298, de celles d'équations plus simples qu'on formeroit en faisant dans les premieres X, Y, Z, nuls, méritoit bien d'être remarqué.

(302). Les équations précédentes seront de cette forme,

$$d \delta f = \frac{\mu'}{1 + \mu} \left(\frac{\Pi}{\delta^3} + \frac{\Omega}{\Delta'^3} \right) d\theta \ (\text{n}^{\text{os}} \ 292, \ 299),$$

où Π, Ω, pourront être exprimés par des fonctions rationnelles et entieres de x', y', z', et de sin. θ, cos. θ. Nous savons que, pour chaque planete perturbatrice, on peut exprimer x', y', z', $\frac{1}{\Delta'^3}$, $\frac{1}{\delta^3}$, par des séries très convergentes de sinus et cosinus de l'anomalie moyenne et de ses multiples ; il ne sera plus question ensuite que de substituer à cette anomalie moyenne l'anomalie de l'excentrique de la planete dont on calcule les dérangements. Or nommant a le grand axe de l'orbite de la planete perturbatrice, T' son anomalie moyenne, comptée depuis l'aphélie, T l'anomalie moyenne de la planete dont on calcule les dérangements, τ ce que devient cette quantité à l'instant où la planete perturbatrice passe par son aphélie ; on aura $T' : T - \tau$ en raison réciproque des révolutions des deux planetes, où $: \sqrt{f^3} : \sqrt{a^3}$ (n° 40). Donc $T' = \frac{\sqrt{f^3}}{\sqrt{a^3}} (T - \tau)$, où il faudra mettre pour T sa valeur $\theta - h'$ sin. θ (n° 299). Voilà une nouvelle méthode d'approximation pour calculer les perturbations qu'une planete peut éprouver par l'action des autres planetes. Si nous voulons l'appliquer aux cometes, comme l'a fait M. de la Grange dans la piece couronnée par l'académie en 1780 ; alors l'excentricité h' n'étant plus beaucoup moindre que 1, nous ne pourrons pas réduire x', y', z', $\frac{1}{\Delta'^3}$, $\frac{1}{\delta^3}$, en séries convergentes de sinus et cosinus de θ et de ses multiples. Mais cette difficulté est commune à toutes les méthodes, et ce que nous allons dire de celle-ci convient également aux autres.

(303). On ne parviendra à calculer avec quelque exactitude les perturbations que les cometes peuvent éprouver par l'action des planetes,

netes, qu'en partageant l'orbite en différentes portions dont on déterminera séparément les inégalités. Premièrement on pourra prendre une portion telle que l'angle $\frac{\sqrt{f^3}}{\sqrt{a^3}}$ T soit assez peu considérable pour qu'on puisse exprimer son sinus et son cosinus par des séries convergentes qui procedent suivant les puissances de l'arc; et Δ assez petit, relativement à Δ', pour qu'on puisse réduire $\frac{1}{\delta^3}$ en une série convergente dont $\frac{1}{\Delta'^3}$ sera le premier terme. Cette portion est celle qui s'étend depuis le périhélie jusqu'à un autre point de l'orbite où les quantités $\frac{\sqrt{f^3}}{\sqrt{a^3}}$ T et Δ soient encore assez petites. On intégrera pour cet intervalle les valeurs de $d\,\delta\,f$, etc. et V étant la valeur de l'anomalie de l'excentrique qui répond au point qui le termine, on fera $\theta = V + u$ pour mettre les formules à intégrer sous la forme rationnelle $(A + Bu + Cu^2 + \text{etc.})\,du$. Soit V' l'anomalie de l'excentrique qui répond au point où u n'est plus assez petit pour que les réductions précédentes soient possibles, on intégrera pour l'intervalle V' — V; et continuant toujours de la même maniere, on parviendra à déterminer par parties les inégalités du mouvement des cometes. Comme on sera forcé de prendre les intervalles V' — V très petit, le nombre des opérations qu'il faudra faire rendra cette détermination très pénible. Mais si les quantités qu'on aura à exprimer de cette maniere ne sont pas susceptibles d'éprouver de trop grandes et de trop fréquentes irrégularités, on se servira utilement de la méthode connue des suites paraboliques pour abréger les opérations.

(304). Les quantités que nous avons à réduire en suites paraboliques sont des fonctions rationnelles et entieres de sinus et cosinus de θ et T $\frac{\sqrt{f^3}}{\sqrt{a^3}}$; supposons que, θ variant de u, l'autre angle varie en même temps de v, on pourra représenter la suite parabolique par

$$L + Mu + Nv + Ou^2 + Puv + Qv^2 + \text{etc.}$$

dans laquelle L, M, etc. sont des fonctions rationnelles et entieres de sinus et cosinus des deux angles dont nous venons de parler. Mais $T = \theta - h' \sin.\theta$; donc faisant croître θ de u et T $\frac{\sqrt{f^3}}{\sqrt{a^3}}$ de v, on a

$$v = \frac{\sqrt{f^3}}{\sqrt{a^3}} \left[u - h' \left(u \cos.\theta - \frac{u^2}{2} \sin.\theta - \text{etc.} \right) \right].$$

M m

On mettra cette valeur de v dans la suite parabolique, qui, par-là, sera réduite à cette forme plus simple,

$$L + Mu + Nu^2 + \text{etc.}$$

Cela posé, nous reprendrons les équations dont il s'agit n° 302, et que nous représenterons par

$$d\pi = \frac{\mu'}{1 + \mu}\left(\Psi + \frac{\Pi}{r^{\frac{3}{2}}}\right)d\theta, \text{ où } r = \delta^2:$$

or si nous nous servons de

$$\Psi_0, \Psi_1, \Psi_2, \text{etc.} \quad \Pi_0, \Pi_1, \Pi_2, \text{etc.} \quad r_0, r_1, r_2, \text{etc.}$$

pour exprimer les valeurs de Ψ, Π, r, qui répondent à différentes valeurs de θ, θ_0, θ_1, θ_2, etc. et, se contentant des trois premiers termes, à cause de u qu'on peut prendre assez petit pour pouvoir négliger les quantités de l'ordre u^3, si nous nous servons aussi de

$$\Psi_1 + \Psi'_1 n + \Psi''_1 n^2,$$
$$\Pi_1 + \Pi'_1 n + \Pi''_1 n^2,$$
$$r_1 + r'_1 n + r''_1 n^2, \text{etc.}$$

pour exprimer les valeurs de Ψ, Π, r, qui répondent à $\theta_1 + nu$, etc. ayant calculé Ψ, Π, r, pour trois anomalies de l'excentrique θ_0, θ_1, θ_2, dont la commune différence soit u, nous aurons

$$d\pi = \frac{\mu'u}{1 + \mu}\left[\Psi_1 + \Psi'_1 n + \Psi''_1 n^2 + \frac{\Pi_1 + \Pi'_1 n + \Pi''_1 n^2}{(r_1 + r'_1 n + r''_1 n^2)^{\frac{3}{2}}}\right]dn,$$

où c'est n qui est regardé comme variable. On intégrera le second membre depuis $n = -1$, jusqu'à $n = 1$, et on aura, aux quantités près de l'ordre u^3, l'accroissement de π, depuis l'anomalie de l'excentrique θ_0, jusqu'à l'anomalie de l'excentrique θ_2. Soit π_0, π_2, les valeurs de π qui répondent à ces deux anomalies, l'intégrale qu'on trouvera, comme nous venons de le dire, sera la valeur de $\pi_2 - \pi_0$.

(305). L'intégrale de $(\Psi_1 + \Psi'_1 n + \Psi''_1 n^2)\,dn$, prise depuis $n = -1$ jusqu'à $n = 1$, est égale à $2\Psi_1 + \frac{2}{3}\Psi''_1$. Celle de $\dfrac{\Pi_1 + \Pi'_1 n + \Pi''_1 n^2}{(r_1 + r'_1 n + r''_1 n^2)^{\frac{3}{2}}}\,dn$ (C. I. n° 66) étant représentée par

$$\frac{A + Bn}{\sqrt{(r_1 + r'_1 n + r''_1 n^2)}} + \int \frac{K\,dn}{\sqrt{(r_1 + r'_1 n + r''_1 n^2)}},$$

$\mathbf{A}$, $\mathbf{B}$, $\mathbf{K}$, seront données par les équations

$$(\mathbf{K} + \mathbf{B})\, r1 - \frac{A}{2}\, r'1 = \Pi 1, \qquad \mathbf{K}\, r''1 = \Pi''1;$$

$$\left(\mathbf{K} + \frac{B}{2}\right) r'1 - A r''1 = \Pi'1,$$

et il ne s'agira plus que d'intégrer $\displaystyle\int \frac{\mathbf{K}\,dn}{\sqrt{(r1 + r'1 n + r''1 n^2)}}$.

En faisant, pour abréger, $\displaystyle \frac{1 + \sqrt{(r1 + r'1 n + r''1 n^2)}}{\frac{1}{2}r'1 + r''1 n} = \mathbf{N},$

on trouvera qu'elle a pour intégrale,

ou $\displaystyle \frac{\mathbf{K}}{2\sqrt{r''1}} \log. \frac{1 + \mathbf{N}\sqrt{r''1}}{1 - \mathbf{N}\sqrt{r''1}}$, si $r''1$ est positif,

ou $\displaystyle \frac{\mathbf{K}}{2\sqrt{-r''1}} \text{ A tang.} \mathbf{N}\sqrt{-r''1}$, si $r''1$ est négatif.

A cause de $r1 - r'1 + r''1 = r0$, $r1 + r'1 + r''1 = r2$, ces intégrales, étant prises depuis $n = -1$ jusqu'à $n = 1$, deviennent

$$\frac{\mathbf{K}}{2\sqrt{r''1}} \left(\log. \frac{\frac{1}{2}r'1 + r''1 + \sqrt{(r2\,r''1)}}{\frac{1}{2}r'1 + r''1 - \sqrt{(r2\,r''1)}} - \log. \frac{\frac{1}{2}r'1 - r''1 + \sqrt{(r0\,r''1)}}{\frac{1}{2}r'1 - r''1 - \sqrt{(r0\,r''1)}} \right),$$

$$\frac{\mathbf{K}}{2\sqrt{-r''1}} \left(\text{A tang.} \frac{\sqrt{(-r2\,r''1)}}{\frac{1}{2}r'1 + r''1} - \text{A tang.} \frac{\sqrt{(-r0\,r''1)}}{\frac{1}{2}r'1 - r''1} \right).$$

C'est pourquoi, si nous les représentons, l'une par $(r''1)$, l'autre par $(-r''1)$, nous aurons

$$\pi 2 - \pi 0 = \frac{\mu'n}{1 + \mu}\left[2\Psi1 + \tfrac{2}{3}\Psi''1 + \frac{A + B}{\sqrt{r2}} - \frac{A - B}{\sqrt{r0}} + (\pm r''1) \right],$$

et cette valeur renfermera un logarithme lorsque $r''1$ sera positif, et un arc lorsqu'il sera négatif.

(306). Ces deux intégrales ne pourront pas servir dans les deux cas suivants, lorsque $r''1 = 0$, et lorsque $r1\, r''1 = \left(\frac{r'1}{2}\right)^2$; nous discuterons ces deux cas séparément. Dans le premier, on a à intégrer

$$\frac{\Pi 1 + \Pi'1 n + \Pi''1 n^2}{(r1 + r'1 n)^{\frac{1}{2}}}\, dn :$$

si l'intégrale de cette différentielle est représentée par $\displaystyle \frac{E + F n + H n^2}{\sqrt{(r1 + r'1 n)}}$,

on aura, pour déterminer E, F, H, les trois équations

$$F\, r1 - \frac{E}{2}\, r'1 = \Pi 1, \qquad \frac{F}{2}\, r'1 + 2 H r1 = \Pi'1, \qquad \frac{3}{2}\, H r'1 = \Pi''1;$$

Mm ij

et complétant de maniere que l'intégrale s'étend depuis $n = -1$ jusqu'à $n = 1$, on aura

$$\pi 2 - \pi 0 = \frac{\mu' u}{1+\mu} \left[2 \Psi 1 + \tfrac{2}{3} \Psi'' 1 + \frac{E+F+H}{\sqrt{r2}} - \frac{E-F+H}{\sqrt{r0}} \right].$$

Dans le second cas $r1 + r'1 n + r''1 n^2 = \frac{(r1 + \frac{1}{2} r'1 n)^2}{r1}$,

et on a à intégrer $\frac{\Pi1 + \Pi'1 n + \Pi''1 n^2}{(r1 + \frac{1}{2} r'1 n)^3} (r1)^{\frac{3}{2}} d n$.

Représentons par $(r1)^{\frac{3}{2}} \left[\frac{G + In}{(r1 + \frac{1}{2} r'1 n)^2} + L \log.(r1 + \frac{1}{2} r'1 n) \right]$

l'intégrale de cette différentielle ; alors G, I, L, seront données par les équations

$$I r1 - G r'1 + \tfrac{1}{2} L r'1 (r1)^2 = \Pi1,$$
$$- \tfrac{1}{2} I r'1 + \tfrac{1}{2} L r1 (r'1)^2 = \Pi'1, \qquad L \left(\frac{r'1}{2}\right)^3 = \Pi''1 :$$

d'où il suit qu'en complétant comme nous avons fait jusqu'à présent, on aura

$$\pi 2 - \pi 0 = \frac{\mu' u}{1+\mu} \left[2 \Psi 1 + \tfrac{2}{3} \Psi'' 1 + \left(\frac{G + I}{r2} - \frac{G - I}{r0} \right) \sqrt{r1} \right.$$
$$\left. + \tfrac{1}{2} L (r1)^{\frac{3}{2}} \log. \frac{r2}{r0} \right].$$

(307). Il ne sera pas nécessaire d'employer cette méthode pour calculer les variations de π dans la partie supérieure de l'orbite où la distance de la comete au soleil surpasse beaucoup la distance de la planete au soleil. Dans ce cas x, y, z et Δ, sont des quantités beaucoup plus grandes que x', y', z' et Δ' ; il faudra développer $\frac{1}{\delta}$ de maniere que la série soit ordonnée relativement à x', y', z'. Or $\frac{1}{\delta}$ n'est autre que ce que devient $\frac{1}{\Delta}$ lorsqu'on met $x - x'$, $y - y'$, $z - z'$, au lieu de x, y, z ; donc (n° 16)

$$\frac{1}{\delta} = \frac{1}{\Delta} - \frac{d\frac{1}{\Delta}}{dx} x' - \frac{d\frac{1}{\Delta}}{dy} y' - \frac{d\frac{1}{\Delta}}{dz} z' + \frac{d^2\frac{1}{\Delta}}{2 dx^2} x'^2 + \frac{d^2\frac{1}{\Delta}}{dx dy} x' y'$$
$$+ \frac{d^2\frac{1}{\Delta}}{2 dy^2} y'^2 + \frac{d^2\frac{1}{\Delta}}{dx dz} x' z' + \frac{d^2\frac{1}{\Delta}}{dy dz} y' z' + \frac{d^2\frac{1}{\Delta}}{2 dz^2} z'^2 + \text{etc.}$$

partant

$$\frac{x-x'}{\delta^3} = \frac{d\frac{1}{\delta}}{dx'} = -\frac{d\frac{1}{\Delta}}{dx} + \frac{d^2\frac{1}{\Delta}}{dx^2}\,x' + \frac{d^2\frac{1}{\Delta}}{dx\,dy}\,y' + \frac{d^2\frac{1}{\Delta}}{dx\,dz}\,z' + \text{etc.}$$

$$\frac{y-y'}{\delta^3} = \frac{d\frac{1}{\delta}}{dy'} = -\frac{d\frac{1}{\Delta}}{dy} + \frac{d^2\frac{1}{\Delta}}{dx\,dy}\,x' + \frac{d^2\frac{1}{\Delta}}{dy^2}\,y' + \frac{d^2\frac{1}{\Delta}}{dy\,dz}\,z' + \text{etc.}$$

$$\frac{z-z'}{\delta^3} = \frac{d\frac{1}{\delta}}{dz'} = -\frac{d\frac{1}{\Delta}}{dz} + \frac{d^2\frac{1}{\Delta}}{dx\,dz}\,x' + \frac{d^2\frac{1}{\Delta}}{dy\,dz}\,y' + \frac{d^2\frac{1}{\Delta}}{dz^2}\,z' + \text{etc.}$$

On mettra ces valeurs dans les équations du n° 298, qui deviendront par-là

$$\frac{d^2\delta x}{dt^2} = (1+\mu)\left[\frac{d^2\frac{1}{\Delta}}{dx^2}\left(\delta x - \frac{\mu'}{1+\mu}x'\right) + \frac{d^2\frac{1}{\Delta}}{dx\,dy}\left(\delta y - \frac{\mu'}{1+\mu}y'\right)\right.$$
$$\left. + \frac{d^2\frac{1}{\Delta}}{dx\,dz}\left(\delta z - \frac{\mu'}{1+\mu}z'\right)\right] + \mu'\left(\frac{d\frac{1}{\Delta}}{dx} + \frac{d\frac{1}{\Delta'}}{dx'}\right),$$

$$\frac{d^2\delta y}{dt^2} = (1+\mu)\left[\frac{d^2\frac{1}{\Delta}}{dx\,dy}\left(\delta x - \frac{\mu'}{1+\mu}x'\right) + \frac{d^2\frac{1}{\Delta}}{dy^2}\left(\delta y - \frac{\mu'}{1+\mu}y'\right)\right.$$
$$\left. + \frac{d^2\frac{1}{\Delta}}{dy\,dz}\left(\delta z - \frac{\mu'}{1+\mu}z'\right)\right] + \mu'\left(\frac{d\frac{1}{\Delta}}{dy} + \frac{d\frac{1}{\Delta'}}{dy'}\right),$$

$$\frac{d^2\delta z}{dt^2} = (1+\mu)\left[\frac{d^2\frac{1}{\Delta}}{dx\,dz}\left(\delta x - \frac{\mu'}{1+\mu}x'\right) + \frac{d^2\frac{1}{\Delta}}{dy\,dz}\left(\delta y - \frac{\mu'}{1+\mu}y'\right)\right.$$
$$\left. + \frac{d^2\frac{1}{\Delta}}{dz^2}\left(\delta z - \frac{\mu'}{1+\mu}z'\right)\right] + \mu'\left(\frac{d\frac{1}{\Delta}}{dz} + \frac{d\frac{1}{\Delta'}}{dz'}\right),$$

(308). Si dans les équations (A) (n° 292) on met x', y', z', au lieu de x, y, z, on aura celles de la planete perturbatrice, où l'on pourra négliger, au moins dans une premiere approximation, X, Y, Z. Alors on en tirera

$$\frac{d\frac{1}{\Delta'}}{dx'} = \frac{1}{1+\mu'}\frac{d^2x'}{dt^2}, \quad \frac{d\frac{1}{\Delta'}}{dy'} = \frac{1}{1+\mu'}\frac{d^2y'}{dt^2}, \quad \frac{d\frac{1}{\Delta'}}{dz'} = \frac{1}{1+\mu'}\frac{d^2z'}{dt^2};$$

d'où il suit que si les équations précédentes ne renfermoient pas les termes

$$\mu'\,\frac{d\frac{1}{\Delta}}{dx}, \quad \mu'\,\frac{d\frac{1}{\Delta}}{dy}, \quad \mu'\,\frac{d\frac{1}{\Delta}}{dz},$$

et qu'on eût $\mu = \mu'$, on satisferoit en supposant

$$\delta x = \frac{\mu'}{1+\mu'}\, x', \quad \delta y = \frac{\mu'}{1+\mu'}\, y', \quad \delta z = \frac{\mu'}{1+\mu'}\, z'. \text{ Soit}$$

$$\delta x = \frac{\mu'}{1+\mu'}\, x' + n, \quad \delta y = \frac{\mu'}{1+\mu'}\, y' + p, \quad \delta z = \frac{\mu'}{1+\mu'}\, z' + q;$$

en négligeant les produits de deux dimensions de μ et μ', et par conséquent $\frac{\mu'}{1+\mu'} - \frac{\mu'}{1+\mu}$, on pourra se contenter de

$$\delta x - \frac{\mu'}{1+\mu}\, x' = n, \quad \delta y - \frac{\mu'}{1+\mu}\, y' = p, \quad \delta z - \frac{\mu'}{1+\mu}\, z' = q,$$

et on aura, pour déterminer n, p, q, les trois équations

$$\frac{d^2 n}{dt^2} = (1+\mu)\left(\frac{d^2\frac{1}{\Delta}}{dx^2}\, n + \frac{d^2\frac{1}{\Delta}}{dx\,dy}\, p + \frac{d^2\frac{1}{\Delta}}{dx\,dz}\, q \right) + \mu'\, \frac{d\frac{1}{\Delta}}{dx},$$

$$\frac{d^2 p}{dt^2} = (1+\mu)\left(\frac{d^2\frac{1}{\Delta}}{dx\,dy}\, n + \frac{d^2\frac{1}{\Delta}}{dy^2}\, p + \frac{d^2\frac{1}{\Delta}}{dy\,dz}\, q \right) + \mu'\, \frac{d\frac{1}{\Delta}}{dy},$$

$$\frac{d^2 q}{dt^2} = (1+\mu)\left(\frac{d^2\frac{1}{\Delta}}{dx\,dz}\, n + \frac{d^2\frac{1}{\Delta}}{dy\,dz}\, p + \frac{d^2\frac{1}{\Delta}}{dz^2}\, q \right) + \mu'\, \frac{d\frac{1}{\Delta}}{dz}.$$

(309). Si on fait attention que $\frac{1}{\Delta}$ est une fonction homogène de dimension -1, et ses différences partielles des fonctions homogènes de dimension -2, on verra que

$$\frac{d^2\frac{1}{\Delta}}{dx^2}\, x + \frac{d^2\frac{1}{\Delta}}{dx\,dy}\, y + \frac{d^2\frac{1}{\Delta}}{dx\,dz}\, z = -2\, \frac{d\frac{1}{\Delta}}{dx},$$

$$\frac{d^2\frac{1}{\Delta}}{dx\,dy}\, x + \frac{d^2\frac{1}{\Delta}}{dy^2}\, y + \frac{d^2\frac{1}{\Delta}}{dy\,dz}\, z = -2\, \frac{d\frac{1}{\Delta}}{dy} \quad (\text{C. I. p. 92}),$$

$$\frac{d^2\frac{1}{\Delta}}{dx\,dz}\, x + \frac{d^2\frac{1}{\Delta}}{dy\,dz}\, y + \frac{d^2\frac{1}{\Delta}}{dz^2}\, z = -2\, \frac{d\frac{1}{\Delta}}{dz};$$

d'où il suit qu'en supposant $n = \mathfrak{G}x$, $p = \mathfrak{G}y$, $q = \mathfrak{G}z$, $\mathfrak{G}$ étant un coëfficient constant, les équations précédentes deviendront

$$\mathfrak{G}\, \frac{d^2 x}{dt^2} = (\mu' - 2\,\mathfrak{G}\,(1+\mu))\, \frac{d\frac{1}{\Delta}}{dx},$$

$$\mathfrak{G}\, \frac{d^2 y}{dt^2} = (\mu' - 2\,\mathfrak{G}\,(1+\mu))\, \frac{d\frac{1}{\Delta}}{dy},$$

$$\mathfrak{G}\, \frac{d^2 z}{dt^2} = (\mu' - 2\,\mathfrak{G}\,(1+\mu))\, \frac{d\frac{1}{\Delta}}{dz},$$

qui seroient celles de l'orbite non altérée, si l'on avoit

$$6(1+\mu) = \mu' - 2\,6(1+\mu), \text{ ou } 6 = \frac{\mu'}{3(1+\mu)}.$$

Donc δx, δy, δz, approcheront d'autant plus d'être égales à

$$\mu'\left(\frac{x}{3(1+\mu)} + \frac{x'}{1+\mu'}\right),$$
$$\mu'\left(\frac{y}{3(1+\mu)} + \frac{y'}{1+\mu'}\right),$$
$$\mu'\left(\frac{z}{3(1+\mu)} + \frac{z'}{1+\mu'}\right),$$

que la comete s'éloignera davantage du soleil. Nous ferons

$$\delta x = \mu'\left(\frac{x}{3(1+\mu)} + \frac{x'}{1+\mu'}\right) + \delta\varepsilon,$$
$$\delta y = \mu'\left(\frac{y}{3(1+\mu)} + \frac{y'}{1+\mu'}\right) + \delta\zeta,$$
$$\delta z = \mu'\left(\frac{z}{3(1+\mu)} + \frac{z'}{1+\mu'}\right) + \delta\eta;$$

et, ayant substitué ces valeurs dans la premiere des trois équations trouvées n° 307, on la changera en celle-ci :

$$\frac{d^2\delta\varepsilon}{dt^2} + \mu'\left[\frac{d^2x}{3(1+\mu)\,dt^2} + \frac{d^2x'}{(1+\mu')\,dt^2}\right] = (1+\mu)\left[\frac{d^2\frac{1}{\Delta}}{dx^2}\left(\delta\varepsilon + \right.\right.$$
$$\mu'\left(\frac{x}{3(1+\mu)} + \frac{x'}{1+\mu'} - \frac{x'}{1+\mu}\right)\right) + \frac{d^2\frac{1}{\Delta}}{dx\,dy}\left(\delta\zeta + \mu'\left(\frac{y}{3(1+\mu)}\right.\right.$$
$$\left. + \frac{y'}{1+\mu'} - \frac{y'}{1+\mu}\right)\right) + \frac{d^2\frac{1}{\Delta}}{dx\,dz}\left(\delta\eta + \mu'\left(\frac{z}{3(1+\mu)} + \frac{z'}{1+\mu'} - \right.\right.$$
$$\left.\left.\left. \frac{z'}{1+\mu}\right)\right)\right] + \mu'\left(\frac{d\frac{1}{\Delta}}{dx} + \frac{d\frac{1}{\Delta'}}{dx'}\right).$$

On se contentera de

$$\frac{d^2x}{dt^2} = (1+\mu)\frac{d\frac{1}{\Delta}}{dx}, \quad \frac{d^2x'}{dt^2} = (1+\mu')\frac{d\frac{1}{\Delta'}}{dx'},$$

puisqu'on doit négliger les produits de deux dimensions de μ et μ'; alors, à cause de

$$\frac{d^2\frac{1}{\Delta}}{dx^2}\,x + \frac{d^2\frac{1}{\Delta}}{dx\,dy}\,y + \frac{d^2\frac{1}{\Delta}}{dx\,dz}\,z = -2\frac{d\frac{1}{\Delta}}{dx},$$
$$\frac{d^2\frac{1}{\Delta}}{dx^2}\,x' + \frac{d^2\frac{1}{\Delta}}{dx\,dy}\,y' + \frac{d^2\frac{1}{\Delta}}{dx\,dz}\,z' = \frac{d\frac{1}{\Delta}}{dx} - \frac{d\frac{1}{\delta}}{dx},$$

l'équation précédente deviendra

$$\frac{d^2\delta\epsilon}{dt^2} = (1+\mu)\left(\frac{d^2\frac{1}{\Delta}}{dx^2}\,\delta\epsilon + \frac{d^2\frac{1}{\Delta}}{dx\,dy}\,d\zeta + \frac{d^2\frac{1}{\Delta}}{dx\,dz}\,\delta\eta\right) - \mu'\left[\frac{d\frac{1}{\Delta}}{dx} - \right.$$
$$\left. \frac{1+\mu}{1+\mu'}\left(\frac{d^2\frac{1}{\Delta}}{dx^2}\,x' + \frac{d^2\frac{1}{\Delta}}{dx\,dy}\,y' + \frac{d^2\frac{1}{\Delta}}{dx\,dz}\,z'\right) - \frac{d\frac{1}{\delta}}{dx}\right].$$

(310). On changera de la même maniere les deux autres équations du n° 307; c'est pourquoi si l'on fait, pour abréger,

$$\frac{1}{\Delta} - \frac{1+\mu}{1+\mu'}\left(\frac{d\frac{1}{\Delta}}{dx}\,x' + \frac{d\frac{1}{\Delta}}{dy}\,y' + \frac{d\frac{1}{\Delta}}{dz}\,z'\right) = \frac{1}{S},$$

on aura

$$\frac{d^2\delta\epsilon}{dt^2} = (1+\mu)\left(\frac{d^2\frac{1}{\Delta}}{dx^2}\,\delta\epsilon + \frac{d^2\frac{1}{\Delta}}{dx\,dy}\,\delta\zeta + \frac{d^2\frac{1}{\Delta}}{dx\,dz}\,\delta\eta\right) - \mu'\frac{d\left(\frac{1}{S}-\frac{1}{\delta}\right)}{dx},$$

$$\frac{d^2\delta\zeta}{dt^2} = (1+\mu)\left(\frac{d^2\frac{1}{\Delta}}{dx\,dy}\,\delta\epsilon + \frac{d^2\frac{1}{\Delta}}{dy^2}\,\delta\zeta + \frac{d^2\frac{1}{\Delta}}{dy\,dz}\,\delta\eta\right) - \mu'\frac{d\left(\frac{1}{S}-\frac{1}{\delta}\right)}{dy},$$

$$\frac{d^2\delta\eta}{dt^2} = (1+\mu)\left(\frac{d^2\frac{1}{\Delta}}{dx\,dz}\,\delta\epsilon + \frac{d^2\frac{1}{\Delta}}{dy\,dz}\,\delta\zeta + \frac{d^2\frac{1}{\Delta}}{dz^2}\,\delta\eta\right) - \mu'\frac{d\left(\frac{1}{S}-\frac{1}{\delta}\right)}{dz}.$$

Dans le cas que nous avons discuté d'abord, où x, y, z et Δ sont des quantités assez petites relativement à x', y', z' et Δ', on a dû développer $\frac{1}{\delta}$ de maniere que

$$\frac{1}{\delta} = \frac{1}{\Delta'} - \frac{d\frac{1}{\Delta'}}{dx'}\,x - \frac{d\frac{1}{\Delta'}}{dy'}\,y - \frac{d\frac{1}{\Delta'}}{dz'}\,z + \frac{d^2\frac{1}{\Delta'}}{2\,dx'^2}\,x^2 + \frac{d^2\frac{1}{\Delta'}}{dx'\,dy'}\,xy +$$
$$\frac{d^2\frac{1}{\Delta'}}{2\,dy'^2}\,y^2 + \frac{d^2\frac{1}{\Delta'}}{dx'\,dz'}\,xz + \frac{d^2\frac{1}{\Delta'}}{dy'\,dz'}\,yz + \frac{d^2\frac{1}{\Delta'}}{2\,dz'^2}\,z^2\,;$$

mais $\dfrac{x-x'}{\delta^3} = -\dfrac{d\frac{1}{\delta}}{dx}$, $\quad \dfrac{y-y'}{\delta^3} = -\dfrac{d\frac{1}{\delta}}{dy}$, $\quad \dfrac{z-z'}{\delta^3} = -\dfrac{d\frac{1}{\delta}}{dz}$;

de plus si l'on suppose

$$\frac{1}{\Delta'} - \frac{d\frac{1}{\Delta'}}{dx'}\,x - \frac{d\frac{1}{\Delta'}}{dy'}\,y - \frac{d\frac{1}{\Delta'}}{dz'}\,z = \frac{1}{E},$$

on aura

$$\frac{d\frac{1}{\Delta'}}{dx'} = -\frac{d\frac{1}{E}}{dx}, \quad \frac{d\frac{1}{\Delta'}}{dy'} = -\frac{d\frac{1}{E}}{dy}, \quad \frac{d\frac{1}{\Delta'}}{dz'} = -\frac{d\frac{1}{E}}{dz};$$

et les

et les équations du n° 298 seront changées en celles-ci :

$$\frac{d^2\delta x}{dt^2}=(1+\mu)\left(\frac{d^2\frac{1}{\Delta}}{dx^2}\,\delta x+\frac{d^2\frac{1}{\Delta}}{dx\,dy}\,\delta y+\frac{d^2\frac{1}{\Delta}}{dx\,dz}\,\delta z\right)-\mu'\frac{d\left(\frac{1}{\mathrm{E}}-\frac{1}{\delta}\right)}{dx},$$

$$\frac{d^2\delta y}{dt^2}=(1+\mu)\left(\frac{d^2\frac{1}{\Delta}}{dx\,dy}\,\delta x+\frac{d^2\frac{1}{\Delta}}{dy^2}\,\delta y+\frac{d^2\frac{1}{\Delta}}{dy\,dz}\,\delta z\right)-\mu'\frac{d\left(\frac{1}{\mathrm{E}}-\frac{1}{\delta}\right)}{dy},$$

$$\frac{d^2\delta z}{dt^2}=(1+\mu)\left(\frac{d^2\frac{1}{\Delta}}{dx\,dz}\,\delta x+\frac{d^2\frac{1}{\Delta}}{dy\,dz}\,\delta y+\frac{d^2\frac{1}{\Delta}}{dz^2}\,\delta z\right)-\mu'\frac{d\left(\frac{1}{\mathrm{E}}-\frac{1}{\delta}\right)}{dz}.$$

Ainsi, pour l'un et l'autre cas, lés équations sont de la même forme. Dans le premier, $\frac{1}{S}$ contient, aux quantités près de l'ordre des produits de deux dimensions de μ et μ', les deux premiers termes de $\frac{1}{\delta}$, développée en suite ascendante par rapport aux puissances de x', y', z'; dans l'autre, $\frac{1}{\mathrm{E}}$ renferme les deux premiers termes de $\frac{1}{\delta}$, développée en suite ascendante relativement aux puissances de x, y, z.

(311). Il suit de là qu'ayant supposé

$$\mu'\frac{d\left(\frac{1}{\mathrm{E}}-\frac{1}{\delta}\right)}{dx}=\mathrm{X},\quad \mu'\frac{d\left(\frac{1}{\mathrm{E}}-\frac{1}{\delta}\right)}{dy}=\mathrm{Y},\quad \mu'\frac{d\left(\frac{1}{\mathrm{E}}-\frac{1}{\delta}\right)}{dz}=\mathrm{Z},$$

si l'on fait

$$\mu'\frac{d\left(\frac{1}{S}-\frac{1}{\delta}\right)}{dx}=\mathrm{X}',\quad \mu'\frac{d\left(\frac{1}{S}-\frac{1}{\delta}\right)}{dy}=\mathrm{Y}',\quad \mu'\frac{d\left(\frac{1}{S}-\frac{1}{\delta}\right)}{dz}=\mathrm{Z}',$$

$$\delta f=(f)+\delta\varphi,\qquad \delta h'=(h')+\delta e',\qquad \delta i'=(i')+\delta\iota',$$

$$\delta l=(l)+\delta\lambda,\qquad \delta h=(h)+\delta e,\qquad \delta i=(i)+\delta\iota,$$

(f), (h'), etc. étant les valeurs de δf, $\delta h'$, etc. qui proviennent de la simple substitution de

$$\mu'\left(\frac{x}{3(1+\mu)}+\frac{x'}{1+\mu'}\right),$$

$$\mu'\left(\frac{y}{3(1+\mu)}+\frac{x'}{1+\mu'}\right),$$

$$\mu'\left(\frac{z}{3(1+\mu)}+\frac{y'}{1+\mu'}\right),$$

au lieu de δx, δy, δz; on aura (n° 301)

$$\frac{d\delta\varphi}{dt} = -\,C'X' - D'Y', \qquad \frac{d\delta e'}{dt} = -\,G'X' - H'Y',$$

$$\frac{d\delta i'}{dt} = -\,C''X' - D''Y', \qquad \frac{d\delta\lambda}{dt} = -\,G''X' - H''Y',$$

$$\frac{d\delta e}{dt} = -\,L'Z', \qquad\qquad \frac{d\delta i}{dt} = -\,L''Z'.$$

Partant, on aura

$$\frac{d\delta f}{dt} = \frac{d(f)}{dt} - C'X' - D'Y', \qquad \frac{d\delta h'}{dt} = \frac{d(h')}{dt} - G'X' - H'Y',$$

$$\frac{d\delta i'}{dt} = \frac{d(i')}{dt} - C''X' - D''Y', \qquad \frac{d\delta l}{dt} = \frac{d(l)}{dt} - G''X' - H''Y',$$

$$\frac{d\delta h}{dt} = \frac{d(h)}{dt} - L'Z', \qquad\qquad \frac{d\delta i}{dt} = \frac{d(i)}{dt} - L''Z';$$

et il sera démontré qu'on peut toujours changer X, Y, Z, en X', Y', Z', dans les valeurs de $d\,\delta f$, $d\,\delta h'$, etc. pourvu qu'on ajoute $d(f)$, $d(h')$, etc.

(312). Soit $d\delta f = \Psi\,dt$; ce que nous dirons de cette formule pourra s'appliquer à toutes les autres : on aura $\delta f = \int\Psi\,dt$, si l'intégrale doit commencer au point où δf est nul. Supposons qu'à un autre point donné de l'orbite on soit obligé d'employer X', Y', Z', à la place de X, Y, Z, et que Ψ' soit ce que devient Ψ par ce changement ; on aura

$$d\delta f = d(f) + \Psi'\,dt,$$

et, intégrant, $\delta f = (f) + \int\Psi'\,dt +$ constante :

et si $\int\Psi'\,dt$ doit commencer au point où finit $\int\Psi\,dt$, et qu'au même point (f) devienne (f'), la constante est égale à l'intégrale $\int\Psi\,dt$, étendue jusqu'à ce point, diminuée de (f'); c'est-à-dire qu'on aura

$$\delta f = (f) - (f') + \int\Psi\,dt + \int\Psi'\,dt.$$

Supposons ensuite que, dans un autre point de l'orbite, on veuille changer X', Y', Z', en X, Y, Z, et désignons par (f'') ce que devient (f) à ce point, nous aurons $(f'') - (f) + \int\Psi\,dt + \int\Psi'\,dt$, l'intégrale $\int\Psi'\,dt$ étant étendue jusqu'à ce point, pour ce qu'y devient δf. Mais lorsqu'il s'agit de X, Y, Z, on a seulement $\delta f = \int\Psi\,dt$ + constante, laquelle constante est égale à ce que devient δf au

point dont il s'agit, puisque là doit commencer cette derniere intégrale $\int \Psi \, dt$; donc

$$\delta f = (f'') - (f) + \int \Psi \, dt + \int \Psi' dt + \int \Psi \, dt,$$

en remarquant que le premier $\int \Psi \, dt$ commence au point de l'orbite
où δf est nul; qu'il s'étend jusqu'au point où X, Y, Z, se changent
en X', Y', Z'; que $\int \Psi' dt$ commence au point précédent, et s'étend
jusqu'à celui où X', Y', Z', redeviennent X, Y, Z; enfin que le second
$\int \Psi \, dt$ commence à ce dernier point pour s'étendre indéfiniment.

(313). Dans le point de l'orbite où il faut changer X, Y, Z, en
X', Y', Z', on a (n° 307)

$$\frac{1}{\delta} = \frac{1}{\Delta} + \frac{xx' + yy' + zz'}{\Delta^3} - \frac{\Delta'^2}{2\Delta^3} + \frac{3(xx' + yy' + zz')^2}{2\Delta^5} - \frac{3(xx' + yy' + zz')\Delta'^2}{2\Delta^5} - \text{etc.}$$

partant $\dfrac{1}{S} = \dfrac{1}{\Delta} + \dfrac{xx' + yy' + zz'}{\Delta^3}$, et

$$\frac{1}{S} - \frac{1}{\delta} = \frac{\Delta'^2}{2\Delta^3} - \frac{3(xx' + yy' + zz')^2}{2\Delta^5} + \frac{3(xx' + yy' + zz')\Delta'^2}{2\Delta^5} + \text{etc.}$$

Donc si l'on fait, pour abréger,

$$- \frac{3\Delta'^2}{2\Delta^5} + \frac{15(xx' + yy' + zz')^2}{2\Delta^7} - \frac{15(xx' + yy' + zz')\Delta'^2}{2\Delta^7} + \text{etc.} = \gamma,$$

$$- \frac{3(xx' + yy' + zz')}{\Delta^5} + \frac{3\Delta'^2}{2\Delta^5} - \text{etc.} = \Gamma,$$

on aura

$$X' = \mu'(\gamma x + \Gamma x'), \quad Y' = \mu'(\gamma y + \Gamma y'), \quad Z' = \mu'(\gamma z + \Gamma z');$$

et γ, Γ, seront des quantités d'autant plus petites que la distance de
la comete au soleil sera plus grande que la distance de la planete au
soleil; en sorte que si le rapport $\dfrac{\Delta'}{\Delta}$ est seulement $\frac{1}{3}$ ou $\frac{1}{4}$, on pourra
se contenter des premiers termes, et intégrer ensuite par les mé-
thodes d'approximation dont nous avons si souvent fait usage. Pour
cet effet on mettra, au lieu de x, y, Δ et dt, leurs valeurs

$$\Delta \cos.\varphi, \quad \Delta \sin.\varphi, \quad \frac{2g}{1 + h' \cos.\varphi}, \quad \text{et} \quad \frac{\Delta^2 d\varphi}{\sqrt{[2g(1 + \mu)]}},$$

φ étant l'anomalie vraie de la comete comptée du périhélie, $2g$ le
demi-parametre du grand axe, et h' l'excentricité; par ces substitu-

tions, les valeurs de $d\delta f$, $d\delta h'$, etc. seront composées de différents termes de cette forme $\Omega \cos.\varphi^m \sin.\varphi^n d\varphi$, m, n, étant des nombres entiers positifs. On mettra ensuite dans Ω, pour x', y', z', leurs valeurs en cosinus et sinus d'un angle $v = \mathrm{T}\,\frac{\sqrt{f^3}}{\sqrt{a^3}}$ (n° 303), et Ω sera de cette forme $a + b \sin.v + c \cos.v + e \sin.2v +$ etc. les coëfficients a, b, c, etc. étant constants. Ainsi $\Omega \cos.\varphi^m \sin.\varphi^n d\varphi$ sera composée de termes tels que $a \cos.\varphi^m \sin.\varphi^n d\varphi$, absolument intégrables, et d'autres termes de la forme $\cos.\varphi^m \sin.\varphi^n \cos.n'v d\varphi$, ou $\cos.\varphi^m \sin.\varphi^n \sin.n'v d\varphi$, où n' est un nombre entier comme m et n. Mais (n° 42)

$$d\mathrm{T} = \frac{2dt\,\sqrt{[2(1+\mu)]}}{f\sqrt{f}}\,;\quad \text{donc } dv = \frac{2\Delta^2 d\varphi}{\sqrt{(ga^3)}}\,;$$

donc si l'on fait, pour abréger,

$$\frac{\sqrt{(ga^3)}}{2n'} \cdot \frac{\cos.\varphi^m \sin.\varphi^n}{\Delta^2} = \Phi\,,$$

les termes dont il s'agit deviendront

$$\Phi n' dv \cos.n'v,\quad \Phi n' dv \sin.n'v,\quad \text{ou } \Phi d\cdot\sin.n'v,\quad -\; \Phi d \cos.n'v,$$

qu'en intégrant on peut changer en ceux-ci :

$$\Phi \sin.n'v - \int \sin.n'v\,d\Phi,\quad - \Phi \cos.n'v + \int \cos.n'v\,d\Phi.$$

Ces aires de courbes $\int \sin.n'v\,d\Phi$, $\int \cos.n'v\,d\Phi$, sont nécessairement moindres que le produit de l'abscisse totale par la plus grande ordonnée qui est 1 ; c'est pourquoi si l'on désigne par F l'abscisse totale, elles seront comprises entre les deux limites $+$ F et $-$ F : d'ailleurs F et Φ seront généralement beaucoup plus petites que $\int \cos.\varphi^m \sin.\varphi^n d\varphi$, à cause de $\frac{\sqrt{(ga^3)}}{2n'\Delta^2}$, qui doit être fort petite dans la partie supérieure de l'orbite où la distance de la comete au soleil est beaucoup plus grande que la distance de la planete au soleil. Mais pour avoir la valeur de F, ou la valeur totale de l'intégrale $d\Phi$, pour toute la partie supérieure de l'orbite, il faudra prendre les éléments $d\Phi$ toujours avec le même signe, et F sera la différence entre les deux valeurs extrêmes de Φ, à moins qu'il ne se trouve entre ces valeurs des plus grands et des moindres ; car alors, pour avoir F, il faudra prendre le double de la différence entre la somme de toutes les plus grandes valeurs de Φ et la somme de toutes les plus petites, en regardant les plus grands négatifs comme des moindres, et les plus petits négatifs comme des plus grands, et ajouter ou retrancher la différence des valeurs extrêmes de Φ, suivant que cette quantité ira en diminuant ou en augmentant.

(314). Nous avons $\Delta = \dfrac{2g}{1 + h' \cos.\varphi}$, d'où $\cos.\varphi = \dfrac{1}{-h'}\left(1 - \dfrac{2g}{\Delta}\right)$;

et $\Phi = \dfrac{\sqrt{g a^3}}{2 n'(-h')^m}\left(1 - \dfrac{2g}{\Delta}\right)^m \dfrac{\sin.\varphi^n}{\Delta^2}$: or $\dfrac{1}{\Delta^2}\left(1 - \dfrac{2g}{\Delta}\right)^m$ a pour différentielle

$$- 2\left(1 - \dfrac{2g}{\Delta}\right)^{m-1}\left(1 - \dfrac{(m+2)g}{\Delta}\right)\dfrac{d\Delta}{\Delta^3},$$

qui est négative tant que Δ est plus grand que $(m+2)g$; dans la même hypothese $\cos.\varphi$ est négatif et ne change pas de signe, tandis que $\sin.\varphi$ est positif en-deçà de l'aphélie, et devient négatif au-delà. Donc $\dfrac{1}{\Delta^2}\left(1 - \dfrac{2g}{\Delta}\right)^m \sin.\varphi^n$, lorsque n sera impair, ira en diminuant jusqu'à l'aphélie où elle sera nulle; au-delà de positive elle deviendra négative, et continuera de diminuer. Lorsque n sera pair, cette même quantité $\dfrac{1}{\Delta^2}\left(1 - \dfrac{2g}{\Delta}\right)^m \sin.\varphi^n$, après avoir diminué jusqu'à l'aphélie, augmentera au-delà en demeurant toujours positive. Donc tant que Δ sera plus grand que $(m+2)g$, la quantité Φ n'aura qu'un seul *minimum*, au point où $\varphi = 180°$, et ce sera lorsque n sera un nombre pair. Il pourroit arriver qu'ayant F, les limites $+$ et $-$ F ne fussent pas assez petites pour qu'il fût permis de négliger les quantités qu'elles renferment. On les resserrera davantage en faisant $\dfrac{\sqrt{(g a^3)}}{2 n'\Delta^2}\dfrac{d\Phi}{d\varphi} = \Phi'$; car, à cause de $\dfrac{\sqrt{(g a^3)}}{2 n'\Delta^2}$ qui est très petit, Φ' sera beaucoup plus petit que Φ; les différentielles $\sin.n'v\,d\Phi$, $\cos.n'v\,d\Phi$, deviendront

$\Phi'\sin.n'v \cdot n'dv$, $\Phi'\cos.n'v \cdot n'dv$, ou $-\Phi'd.\cos.n'v$, $\Phi'd.\sin.n'v$,

qu'on peut transformer comme il suit :

$$- \Phi'\cos.n'v + \int\cos.n'v\,d\Phi', \quad \Phi'\sin.n'v - \int\sin.n'v\,d\Phi'.$$

Ayant raisonné sur les aires $\int\cos.n'v\,d\Phi'$, $\int\sin.n'v\,d\Phi'$, comme sur celles du n° précédent, si l'on dénote par F' l'intégrale totale de $d\Phi'$, et que les limites $+$ F', $-$ F', ne soient pas assez resserrées, on fera de nouveau $\dfrac{\sqrt{(g a^3)}}{2 n'\Delta^2}\dfrac{d\Phi'}{d\varphi} = \Phi''$; et continuant toujours de la même maniere, on resserrera tellement les limites que l'erreur qu'on commettra, en négligeant les intégrales qu'elles renferment, sera aussi petite qu'on voudra. Voilà comme on pourra déterminer δf, $\delta h'$, etc. la seule variation δl présentera une difficulté de plus, à cause du terme $\frac{3t\sqrt{[2(1+\mu)]}}{f^2\sqrt{f}}\, d\delta f$ qui entre dans la valeur de $d\delta l$ (n° 299).

(315). Nous avons vu (n° 313) que $d\delta f$ est composé de termes de cette forme $\cos.\varphi^m \sin.\varphi^n d\varphi$ indépendants de l'angle v, et de termes tels que

$$\cos.\varphi^m \sin.\varphi^n \cos.n'v\, d\varphi, \quad \cos.\varphi^m \sin.\varphi^n \sin.n'v\, d\varphi :$$

les premiers étant multipliés par t seront encore intégrables ; quant à ceux-ci,

$$t\cos.\varphi^m \sin.\varphi^n \cos.n'v\, d\varphi, \quad t\cos.\varphi^m \sin.\varphi^n \sin.n'v\, d\varphi,$$

ayant mis pour $d\varphi$ sa valeur $\frac{\sqrt{(ga^3)}}{2\Delta^2}\, dv$, et ensuite Φ au lieu de $\frac{\sqrt{(ga^3)}}{2n'} \frac{\cos.\varphi^m \sin z^n}{\Delta^2}$, ils deviendront

$$t\Phi n'dv \cos.n'v, \quad t\Phi n'dv \sin.n'v,$$

$$\text{ou} \quad t\Phi d\cdot\sin.n'v, \quad - t\Phi d\cdot\cos.n'v.$$

On fera $\int td\cdot\sin.n'v = V$, $\int td\cdot\cos.n'v = U$,

et, intégrant par parties, on les changera en ceux-ci :

$$\Phi V - \int V d\Phi, \quad - \Phi U + \int U d\Phi, \text{ où}$$

$$V = t\sin.n'v - \int\sin.n'v \frac{dv\sqrt{a^3}}{2\sqrt{[2(1+\mu)]}} = t\sin.n'v + \frac{\sqrt{a^3}\cos.n'v}{2n'\sqrt{[2(1+\mu)]}},$$

$$U = t\cos.n'v - \int\cos.n'v \frac{dv\sqrt{a^3}}{2\sqrt{[2(1+\mu)]}} = t\cos.n'v - \frac{\sqrt{a^3}\sin.n'v}{2n'\sqrt{[(2(1+\mu)]}}.$$

Nous traiterons les intégrales $\int V d\Phi$, $\int U d\Phi$, comme nous avons fait n° 313 ; et, conservant à F la même dénomination, nous dirons que ces aires sont comprises entre les limites V_1F et $-V_1F$, U_1F et $-U_1F$, V_1, U_1 étant les plus grandes valeurs de V, U, dans la partie supérieure de l'orbite. Mais ces plus grandes valeurs seront déterminées par les équations $dV = 0$, $dU = 0$, dont la première donne $\cos.n'v = 0$, et l'autre $\sin.n'v = 0$; donc V et U auront la même quantité pour plus grande valeur, et cette quantité sera la valeur de t qui répond à toute la partie supérieure de l'orbite. Si on ne trouvoit pas ces limites assez approchées, on introduiroit Φ' au lieu de Φ, et ainsi de suite, jusqu'à ce qu'elles fussent assez resserrées pour que l'erreur qu'on commettroit, en négligeant les intégrales intermédiaires, devînt insensible.

(316). Le premier ouvrage où l'on calcula avec quelque exactitude les altérations que les orbites des cometes peuvent éprouver par l'action des planetes, fut celui que M. Clairaut publia en 1760 à l'occasion de la comete de 1682 dont Halley avoit annoncé le retour pour la fin de 1758, ou le commencement de 1759. Pour donner une idée des méthodes du géometre françois, nous prendrons le demi-grand axe de l'orbite pour l'unité, et nous nommerons e l'excentricité, r la distance de la comete au soleil dans un point quelconque de son orbite, φ l'anomalie vraie ; et nous prendrons, pour l'équation de l'orbite non altérée, $\frac{1}{R} = \frac{1 + e\cos.\varphi}{1 - e^2}$. Partant l'équation (11) du n° 30 donnera $h^2 = K(1 - e^2)$, et

$$\frac{1}{r} = \frac{1}{R} + \sin.\varphi \int \Omega \cos.\varphi \, d\varphi - \cos.\varphi \int \Omega \sin.\varphi \, d\varphi.$$

où l'on pourra se contenter (n° 55) de

$$\Omega = \frac{1}{K(1 - e^2)} \left[W \frac{r\,dr}{d\varphi} + \Psi r^2 - \frac{2 \int W r^3 d\varphi}{1 - e^2} \right];$$

et parcequ'il suffira aussi de prendre

$$\left[1 + \frac{2 \int W r^3 d\varphi}{K(1 - e^2)} \right]^{-\frac{1}{2}} = 1 - \frac{\int W r^3 d\varphi}{K(1 - e^2)},$$

on aura (n° 29) $dt = \left[1 - \frac{\int W r^3 d\varphi}{K(1 - e^2)} \right] \frac{r^2 d\varphi}{\sqrt{[K(1 - e^2)]}}.$

Nous nous contenterons encore de $r = R(1 + \rho)$,

ρ étant $= R(\cos.\varphi \int \Omega \sin.\varphi \, d\varphi - \sin.\varphi \int \Omega \cos.\varphi \, d\varphi)$.

Si, au lieu de φ, on vouloit introduire l'anomalie de l'excentrique θ (n° 42), on auroit

$$R = 1 - c\cos.\theta, \quad d\varphi = \frac{d\theta \sqrt{(1 - c^2)}}{R};$$

et, négligeant les quantités de l'ordre c^2 dans les termes affectés de W et Ψ, on pourroit se contenter de mettre, au lieu de φ, $\cos.\varphi$, $\sin.\varphi$, ces valeurs

$$\theta + c\sin.\theta, \quad \frac{\cos.\theta}{R} - e, \quad \frac{\sin.\theta}{R}:$$

partant, faisant, pour abréger, $\theta - e \sin.\theta = T$, $\frac{\int WR^2 d\theta}{K\sqrt{(1-e^2)}} = \sigma$,

$$\frac{1}{1-e^2}\left[\frac{e\sin.\theta}{K\sqrt{(1-e^2)}} W + \frac{\Psi}{K} - \frac{2\sigma}{R^2}\right] = \omega,$$

$$(\cos.\theta - e)\int \omega\, d\theta \sin.\theta - \sin.\theta \int (\cos.\theta - e)\,\omega\, d\theta = \rho'$$

on auroit $r = R\,(1 + \rho')$

$$t\sqrt{K} = T + 2\int R\rho'\,d\theta - \int R\,\sigma\, d\theta.$$

(317). M. Clairaut n'entreprend point de tirer des équations précédentes des formules analytiques qui expriment les inégalités du mouvement des cometes pour un temps quelconque, comme il avoit fait pour la lune. Il partage l'orbite en plusieurs portions ; et, pour la partie inférieure, il a recours aux quadratures des courbes méchaniques, dont on trouve des tables toutes calculées dans les ouvrages de Cotes et de Stirling *(de Methodo differentiali Newtoniana, auctore R. Cotes; de Interpolatione serierum, auctore J. Stirling).* Voici comme ces tables peuvent se déduire du théorême du n° 16.

Soit y l'ordonnée d'une courbe dont l'abscisse est x, et U, U′, U″, etc. les valeurs de y, $\frac{dy}{dx}$, $\frac{d^2y}{dx^2}$, etc. lorsque $x = 0$; on aura

$$y = U + U'x + \frac{U''}{2} x^2 + \text{etc.}$$

$$\text{ou } y = U - U'x + \frac{U''}{2} x^2 - \text{etc.}$$

selon que x est positif ou négatif. C'est pourquoi si Y et Y1 sont deux ordonnées prises de part et d'autre de U et à égale distance, on aura, pour les aires renfermées entre U et Y, entre U et Y1,

$$Ux + \frac{U'}{2} x^2 + \frac{U''}{2.3} x^3 + \text{etc.}$$

$$Ux - \frac{U'}{2} x^2 + \frac{U''}{2.3} x^3 - \text{etc.}$$

et pour l'aire totale comprise entre Y et Y1,

$$(S)\cdots 2x\left(U + \frac{U''}{2.3} x^2 + \frac{U^{IV}}{2.3.4.5} x^4 + \frac{U^{VI}}{2.3.4.5.6.7} x^6 + \text{etc.}\right).$$

d'où il suit que si l'on nomme S1, S2, S3, etc. les aires totales produites sur la même base par les ordonnées $\frac{d^2y}{dx^2}$, $\frac{dy}{dx}$, etc. on aura

$$S1 =$$

$$S_1 = 2x\left(U'' + \frac{U^{IV}}{2.3}x^2 + \frac{U^{VI}}{2.3.4.5}x^4 + \text{etc.}\right),$$

$$S_2 = 2x\left(U^{IV} + \frac{U^{VI}}{2.3}x^2 + \text{etc.}\right),$$

$$S_3 = 2x\left(U^{VI} + \text{etc.}\right),$$

etc. et par conséquent

$$U^{VI} = \frac{S_3}{2x} - \text{etc.}$$

$$U^{IV} = \frac{S_2}{2x} - \frac{S_3}{12}x + \text{etc.}$$

$$U'' = \frac{S_1}{2x} - \frac{S_2}{12}x + \frac{7S_3}{360}x^3 + \text{etc.}$$

etc. de plus, la valeur de $\int \frac{dy}{dx}\,dx$, ou de $\int dy$, prise depuis Y jusqu'à Y_1, étant égale à $Y_1 - Y$, on aura

$$S_1 = \frac{d(Y_1 - Y)}{dx}, \quad S_2 = \frac{d^3(Y_1 - Y)}{dx^3}, \quad \text{etc.}$$

et, ayant fait ces substitutions, il en résultera que

$$S = 2xU + \frac{d(Y_1 - Y)}{6\,dx}x^2 - \frac{7\,d^3(Y_1 - Y)}{360\,dx^3}x^4 + \frac{31\,d^5(Y_1 - Y)}{15120\,dx^5}x^6 - \text{etc.}$$

C'est pourquoi si l'on suppose l'abscisse totale divisée en un nombre n de parties chacune $= x$, et une suite d'ordonnées

$$Y, U, Y_1, U_1 \ldots\ldots U_{n-1}, Y_n ; \quad \text{à cause de}$$

$$Y_1 - Y + Y_2 - Y_1 + \ldots\ldots + Y_n - Y_{n-1} = Y_n - Y,$$

on aura, en nommant E l'aire totale comprise entre Y et Y_n, et faisant, pour abréger, la somme des ordonnées intermédiaires

$$U, U_1 \ldots\ldots U_{n-1} = V, \quad \text{on aura, dis-je,}$$

$$E = 2xV + \frac{d(Y_n - Y)}{6\,dx}x^2 - \frac{7\,d^3(Y_n - Y)}{360\,dx^3}x^4 + \text{etc.}$$

(318). L'abscisse totale étant toujours divisée en un nombre n de parties chacune $= x$, si l'on mène les ordonnées $U, U_1 \ldots\ldots U_n$, et qu'ayant fait, pour abréger, $U + U_n = u$, la somme des ordonnées intermédiaires $U_1, U_2 \ldots\ldots U_{n-1} = v$, on nomme σ l'aire comprise entre U et U_n, on aura

$$\sigma = \left(u + \frac{v}{2}\right)x - \frac{d(U_n - U)}{12\,dx}x^2 + \frac{d^3(U_n - U)}{720\,dx^3}x^4 - \text{etc.}$$

En effet U, U', U'', etc. étant, comme dans l'article précédent, les valeurs de y, $\frac{dy}{dx}$, $\frac{d^2y}{dx^2}$, etc. lorsque $x = 0$, si l'on nomme A, A1, A2, etc. les aires produites sur la base x par les ordonnées y, $\frac{dy}{dx}$, $\frac{d^2y}{dx^2}$, etc. on aura cette suite d'équations :

$$A = Ux + \frac{U'}{2} x^2 + \frac{U''}{2.3} x^3 + \frac{U'''}{2.3.4} x^4 + \text{etc.}$$

$$A1 = U'x + \frac{U''}{2} x^2 + \frac{U'''}{2.3} x^3 + \text{etc.}$$

$$A2 = U''x + \frac{U'''}{2} x^2 + \text{etc.}$$

$$A3 = U'''x + \text{etc.}$$

etc. et, éliminant U', U'', etc.

$$A = Ux + \frac{A1}{2} x - \frac{A2}{12} x^2 + \frac{A4}{720} x^4 - \text{etc.}$$

ou, ce qui revient au même,

$$A = Ux + \frac{U1 - U}{2} x - \frac{d(U1 - U)}{12\,dx} x^2 + \frac{d^3(U1 - U)}{720\,dx^3} - \text{etc.}$$

Pour en tirer l'aire totale, il faudra mettre pour U la somme de toutes les ordonnées, moins la derniere, et pour $U1 - U$, cette suite

$$U1 - U + U2 - U1 + \cdots\cdots + Un - Un - 1,$$

qui n'est autre que $Un - U$; on aura de cette maniere la même valeur de σ que ci-dessus.

(319). Soit r l'abscisse totale, on aura $x = \frac{r}{n}$, et

$$\sigma = \left(u + \frac{v}{2}\right) \frac{r}{n} - \frac{d(Un - U)}{12\,dx} \frac{r^2}{n^2} + \frac{d^3(Un - U)}{720\,dx^3} \frac{r^4}{n^4} - \text{etc.}$$

on a aussi

$$\sigma = \frac{v}{2} r - \frac{d(Un - U)}{12\,dx} r^2 + \frac{d^3(Un - U)}{720\,dx^3} r^4 - \text{etc.}$$

Au moyen de ces équations, si on élimine $\frac{d(Un - U)}{12\,dx}$, on en tirera

$$(n^2 - 1)\,\sigma = \left(nu + \frac{n-1}{2} v\right) r - \frac{n^2 - 1}{n^2} \frac{d^3(Un - U)}{720\,dx^3} r^4 + \text{etc.}$$

Cela posé, en n'admettant que trois ou quatre ordonnées, et n étant $= 2$ ou $= 3$, on a, en négligeant le terme qui a pour diviseur 720

et les suivants , pour l'expression de l'aire, dans le premier cas,
$\frac{v + 4u}{6}$ r; dans le second cas, $\frac{v + 3u}{8}$ r.

Pour trouver l'expression de l'aire dans la supposition de cinq ordonnées, on nommera u la somme de la premiere et de la derniere,
v celle de la seconde et de la quatrieme, w l'ordonnée du milieu, et,
calculant comme pour trois, on aura

$$\sigma = \frac{u + 4w}{6} \, r - \frac{d^3(U4 - U)}{4.720\,dx^3} \, r^4 + \text{etc.}$$

Mais en regardant cette aire comme partagée en deux parties par
l'ordonnée w, et nommant A, a, les deux aires, sur la base $\frac{r}{2}$, dont
la somme est σ; $y1$, $y2$, les ordonnées dont la somme est v; on tire
de la même formule

$$A = \frac{U + w + 4y1}{6} \cdot \frac{r}{2} - \frac{d^3(w - U)}{4.720\,dx^3} \cdot \frac{r^4}{16} + \text{etc.}$$

$$a = \frac{w + U2 + 4y2}{6} \cdot \frac{r}{2} - \frac{d^3(U4 - w)}{4.720\,dx^3} \cdot \frac{r^4}{16} + \text{etc.}$$

et par conséquent

$$\sigma = \frac{u + 4v + 2w}{12} \, r - \frac{d^3(U4 - U)}{64.720\,dx^3} \, r^4 + \text{etc.}$$

Avec les équations que nous venons de trouver, on éliminera

$$\frac{d^3(U4 - U)}{64.720\,dx^3} \, r^4,$$

en négligeant les termes suivants , et on aura pour l'expression de
l'aire

$$\frac{7u + 32v + 12w}{90} \, r.$$

Il n'est pas nécessaire de pousser plus loin ces calculs.

(320). Ces méthodes pourront être employées utilement, lorsque
la distance de la planete à la comete sera assez grande, et que les
variations de cette distance seront très régulieres ; dans les autres
cas, on aura recours à celle que nous avons expliquée n°s 33 et suivants. Mais revenons à l'ouvrage dont nous devons donner une idée.
M. Clairaut fait usage des quadratures méchaniques dans les trois
premiers signes d'anomalie excentrique, à compter du périhélie, et
dans les trois derniers; avec cette seule différence, que, dans ceux-ci,

σ et R approchant toujours, l'un de ses plus grandes valeurs, l'autre de ses plus petites, et ω, où entre $\frac{\sigma}{R^2}$, devenant très considérable, il croit nécessaire de calculer par des aires qui procedent en sens contraire de la marche de la comete. Or θ' étant l'anomalie de l'excentrique, prise dans un sens opposé à celui du mouvement de la comete, et $R'\sigma'$, ω', ρ'', ce que deviennent R, σ, ω, ρ', en mettant θ' pour θ; si l'on désigne par f' ce que devient σ', et par a', b', ce que deviennent $\int\omega' \sin.\theta'd\theta'$, $\int\omega' (\cos.\theta' - e)\, d\theta'$, que nous nommerons P', Q', pour abréger, lorsque $\theta' = 90°$; il faudra substituer, dans les formules du n° 316, $\sigma' - f'$ à σ'; partant, $\omega' + \frac{2f'}{R'^2}$ à ω': et, à cause de

$$\int \frac{\sin.\theta'd\theta'}{R'^2} = - \frac{1}{eR'}, \quad \int \frac{(\cos.\theta' - e)\, d\theta'}{R'^2} = \frac{\sin.\theta'}{R'},$$

lesquelles deviennent $-\frac{1}{e}$ et 1 au point où $\theta' = 90°$; il faudra substituer à P', Q', ces valeurs,

$$P' - a' - \frac{2f'}{e}\left(\frac{1}{R'} - 1\right), \quad Q' - b' + 2f'\left(\frac{\sin.\theta'}{R'} - 1\right):$$

on aura de cette maniere

$$\rho'' = (\cos.\theta' - e)(P' - a') - \sin.\theta'(Q' - b') + 2f'(1 - \sin.\theta').$$

De plus, ayant écrit $t\sqrt{K} = T' - 2\int R'\rho''d\theta' - \int R'\sigma'd\theta'$,

au lieu de la formule du n° 316, si l'on nomme A', B', F', les valeurs de

$$\int (\cos.\theta' - e)\, P'R'd\theta', \quad \int \sin.\theta'Q'R'd\theta', \quad \int \sigma'R'd\theta',$$

au point où $\theta' = 90°$; à cause de

$$\int(\cos.\theta' - e)\, R'd\theta' = (1 + e^2)\sin.\theta' - \frac{3e}{2}\theta' - \frac{e}{4}\sin.2\,\theta',$$

$$\int \sin.\theta'R'd\theta' = - \cos.\theta' + \frac{e}{4}\cos.2\,\theta',$$

$$\int(1 - \sin.\theta')\, R'd\theta' = \theta' + \cos.\theta' - e\sin.\theta' - \frac{e}{4}\cos.2\,\theta',$$

qui deviennent $1 + e^2 - \frac{3e}{2}90°$, $-\frac{e}{4}$, $90° - e + \frac{e}{4}$,

lorsqu'on fait $\theta' = 90°$, il faudra substituer à

$$- 2\int R'\rho''d\theta', \quad - \int R'\sigma'd\theta', \text{ ces quantités}$$

$$2\left[\mathrm{A}' - \int(\cos.\theta' - e)\,\mathrm{P}'\mathrm{R}'d\theta'\right] + 2a'\left[(1 + e^2)(\sin.\theta' - 1) + \frac{3e}{2}(90° - \theta')\,\frac{e}{4}\sin.2\theta'\right] - 2\left(\mathrm{B}' - \int\sin.\theta'\,\mathrm{Q}'\mathrm{R}'d\theta'\right) +$$
$$2b'\left[\cos.\theta' - \frac{e}{4}(\cos.2\theta' + 1)\right] + 4f'\left[90° - \theta' - \cos.\theta' + e(\sin.\theta' - 1) + \frac{e}{4}(\cos.2\theta' + 1)\right],$$

$$\mathrm{F}' - \int\sigma'\mathrm{R}'d\theta' - f'\left[90° - \theta' + e(\sin.\theta' - 1)\right],$$

et on aura

$$t\sqrt{\mathrm{K}} = \mathrm{T}' + 2\mathrm{A}' - 2\int(\cos.\theta' - e)\mathrm{P}'\mathrm{R}'d\theta' - 2\mathrm{B}' + 2\int\sin.\theta'\mathrm{Q}'\mathrm{R}'d\theta'$$
$$+ \mathrm{F}' - \int\sigma'\mathrm{R}'d\theta' - \left[2a'(1 + e^2) + 3ef'\right](1 - \sin.\theta') +$$
$$3(ea' + f')(90° - \theta') - \frac{ea'}{2}\sin.2\theta' + (b' - 2f')\left[2\cos.\theta' - \frac{e}{2}(\cos.2\theta' + 1)\right].$$

(321). Lorsque le mouvement de la planete perturbatrice ne sera pas assez rapide, par rapport à celui de la comete, pour produire de grandes et de fréquentes irrégularités dans la suite des forces Ψ et W, on pourra beaucoup abréger les calculs numériques très pénibles que la méthode précédente exige, en représentant ω par une suite de termes tels que $\mathrm{A}\,\theta^\lambda$, λ étant un nombre entier positif, ou zéro, et A un coëfficient indéterminé. Dans cette hypothese ρ' renfermera une suite de termes de cette forme,

$$\mathrm{A}\left(\cos.\theta\int\theta^\lambda\sin.\theta d\theta - \sin.\theta\int\theta^\lambda\cos.\theta d\theta\right) + \frac{e}{\lambda + 1}\mathrm{A}\int\theta^{\lambda + 1}\cos.\theta d\theta.$$

Or des deux équations

$$\int\theta^\lambda\sin.\theta d\theta = -\theta^\lambda\cos.\theta + \lambda\int\theta^{\lambda - 1}\cos.\theta d\theta,$$
$$\int\theta^\lambda\cos.\theta d\theta = \theta^\lambda\sin.\theta - \lambda\int\theta^{\lambda - 1}\sin.\theta d\theta,$$

il est facile de tirer

$$\int\theta^\lambda\sin.\theta d\theta = -\theta^\lambda\cos.\theta + \lambda\theta^{\lambda - 1}\sin.\theta + \lambda(\lambda - 1)\theta^{\lambda - 2}\cos.\theta$$
$$-\lambda(\lambda - 1)(\lambda - 2)\theta^{\lambda - 3}\sin.\theta - \lambda(\lambda - 1)(\lambda - 2)(\lambda - 3)\theta^{\lambda - 4}\cos.\theta + \text{etc.}$$

$$\int\theta^\lambda\cos.\theta d\theta = \theta^\lambda\sin.\theta + \lambda\theta^{\lambda - 1}\cos.\theta - \lambda(\lambda - 1)\theta^{\lambda - 2}\sin.\theta$$
$$-\lambda(\lambda - 1)(\lambda - 2)\theta^{\lambda - 3}\cos.\theta + \lambda(\lambda - 1)(\lambda - 2)(\lambda - 3)\theta^{\lambda - 4}\sin.\theta + \text{etc.}$$

ces deux suites ayant pour dernier terme, l'une $\pm\,1\,.\,2\,.\,3\dots\,\lambda$ multiplié par sin.θ, ou cos.θ, l'autre $\pm\,1\,.\,2\,.\,3\dots\,\lambda$ multiplié par cos.θ, ou sin.θ, selon que λ est impair ou pair ; ce terme, dans l'une, a le signe $+$ lorsque λ est un des nombres $1, 2, 5, 6, 9, 10$, etc. et le signe $-$ pour tous les autres nombres ; dans l'autre, le dernier terme a le signe $+$ pour les nombres $1, 4, 5, 8, 9$, etc. et le signe $-$ pour tous les autres. Donc

$$\cos.\theta \int \theta^{\lambda} \sin.\theta\, d\theta - \sin.\theta \int \theta^{\lambda} \cos.\theta\, d\theta = - \theta^{\lambda} + \lambda\cdot(\lambda-1)\cdot\theta^{\lambda-2}$$
$$- \lambda\cdot(\lambda-1)\cdot(\lambda-2)\cdot(\lambda-3)\cdot\theta^{\lambda-4} + \text{etc.}$$

laquelle a pour dernier terme $\mp\,1\,.\,2\,.\,3\dots\,\lambda\theta$, ou $\pm\,1\,.\,2\,.\,3\dots\,\lambda$, selon que λ est impair ou pair, le signe $-$ étant pour les nombres $1, 4, 5, 8, 9$, etc. et le signe $+$ pour les nombres $2, 3, 6, 7$, etc. Lorsqu'on aura l'expression de ρ', on la multipliera par $R\,d\theta$, ou par $(1 - e\cos.\theta)\,d\theta$, pour en tirer celle de $\int R\rho'd\theta$: ainsi toutes les intégrations que la méthode des suites paraboliques exige ne présenteront aucune difficulté ; nous ne nous y arrêterons pas davantage.

(322). M. Clairaut fait usage d'une méthode particuliere pour les six autres signes d'anomalie excentrique, ou pour déterminer l'altération de la partie supérieure de l'orbite. Elle ne differe point, quant au fond, de celle que M. d'Alembert a employée dans les mêmes circonstances (*Opuscules mathématiques*, tome II), et qui consiste à imaginer autour de la comete une espece de satellite qui est attiré vers le soleil par une force, en raison directe de la somme des masses du soleil, de la comete et de la planete perturbatrice, et inverse du quarré de la distance de la comete au soleil, sans qu'il puisse être dérangé d'aucune autre maniere sensible. Faisons passer par le soleil et par la planete perturbatrice une droite AD dans laquelle doit se trouver le centre de gravité C des deux astres ; en regardant le soleil comme étant immobile en A, le centre de gravité et la planete perturbatrice décriront autour du point A des ellipses dans le même temps : de plus, M et M″ étant les masses du soleil et de la planete, le point C est attiré vers A par la force $\frac{M+M''}{\overline{AD}^3}$ AC, qui devient $\frac{M''}{\overline{AC}^2}\left(\frac{M''}{M+M''}\right)$, à cause de $\frac{AC}{AD} = \frac{M''}{M+M''}$, donnée par la propriété du centre de gravité ; c'est pourquoi, si l'on imagine un satellite m qui décrive autour de la comete M′ une ellipse égale et semblable à celle décrite par le point C autour du soleil, ce satellite sera poussé vers la comete par une force $\frac{M''}{mM''^2}\left(\frac{M''}{M+M''}\right)$, et il participera à tous les mouvements de cet astre dans l'espace absolu, c'est-à-dire qu'il sera animé par des forces égales et parallèles à celles qui agissent sur la comete. Or le point m étant dans le plan du triangle $MM'M''$, dont les côtés passent par le soleil, la comete et la planete perturbatrice, si, de ce point, on tire des parallèles mp, mq, à $M'M''$, $M'M$, qui rencontrent MM'' en p et q, il sera poussé, suivant mq, par la force $\frac{M'+M}{\overline{mq}^2}$, et, suivant mp, par la force $\frac{M''}{\overline{mp}^2}$; quant à la force $\frac{M''}{mM''^2}\left(\frac{M''}{M+M'}\right)^2$, elle est évidemment détruite par une autre force égale $\frac{M''}{\overline{AC}^2}\left(\frac{M''}{M+M'}\right)^2$ qui agit en sens contraire. Mais $\frac{M'+M}{\overline{mq}^2}$ se décompose en deux autres, $\frac{M'+M}{\overline{mq}^3}mM$, $\frac{M'+M}{\overline{mq}^3}Mq$, et $\frac{M''}{\overline{mp}^2}$ se décompose en celles-ci, $\frac{M''}{\overline{mp}^3}pM$, $\frac{M''}{\overline{mp}^3}mM$, qu'il faudra encore décomposer suivant mM, et perpendiculairement à cette ligne. Dans tous les cas, mM est considérablement plus grand que mM', ou Mq, et, à cause de $\overline{mq}^2=\overline{mM}^2+\overline{mM'}^2+2\,mM\cdot mM'\cos.mMM''$, on peut se contenter de $\frac{1}{\overline{mq}^3}=\frac{1}{\overline{mM}^3}\left(1-\frac{3\,mM'}{mM}\cos.mMM''\right)$. Ainsi on aura, suivant mM, la force $\frac{M+M'}{\overline{mM}^2}\left(1-\frac{3\,mM'}{mM}\cos.mMM''\right)$; suivant Mq, la force $\frac{M+M'}{\overline{mM}^3}Mq\left(1-\frac{3\,mM'}{mM}\cos.mMM''\right)$, ou simplement $\frac{M+M'}{\overline{mM}^3}Mq$, qui, décomposée suivant mM, et perpendiculairement à cette ligne, donne $\frac{M+M'}{\overline{mM}^3}Mq\cos.mMM''$, et $\frac{M+M'}{\overline{mM}^3}Mq\sin.mMM''$. Il reste à décomposer, suivant mM, et perpendiculairement à cette ligne, les deux forces $\frac{M''}{\overline{mp}^3}pM$, $\frac{M''}{\overline{mp}^3}mM$; c'est-à-dire qu'il ne nous reste que $\frac{M''}{\overline{mp}^3}pM$, qui donne, suivant mM, la force $-\frac{M''}{\overline{mp}^3}pM\cos.mMM''$, et perpendiculairement à mM, la force $-\frac{M''}{\overline{mp}^3}pM\sin.mMM''$. Lorsqu'il s'agit de la partie supérieure de l'orbite, où la comete est fort éloignée du soleil, Mm est fort grande relativement à Mp, et à plus forte raison relativement à M q, ou à m M'. Nous négligerons les termes affectés de l'une ou l'autre de ces quantités, et, de la réunion de toutes les forces, il résultera ces deux-ci :

$$\frac{M+M'}{\overline{m\,M}^2} + \frac{M''}{\overline{m\,p}^3}\; m\,M - \frac{M''}{\overline{m\,p}^3}\; p\,M \cos. m\,MM'',$$

$$- \frac{M''}{\overline{m\,p}^3}\; p\,M \sin. m\,MM''.$$

Mais en prenant sur MM'' un point C pour le centre de gravité du soleil et de la planete perturbatrice, on a MC, ou $m\,M' = \frac{M''}{M+M''} MM''$; de plus, $p\,M = MM'' - p\,M'' = MM'' - \frac{M''}{M+M''} MM'' = \frac{M}{M+M''} MM''$; donc $M'' . p\,M = \frac{M''}{M+M''} M . MM'' = M . m\,M'$; et les deux forces précédentes se réduiront à une seule

$$\frac{M+M'}{\overline{m\,M}^2} + \frac{M''}{\overline{m\,p}^3}\; m\,M, \text{ qui agit suivant } m\,M.$$

Enfin m M étant considérablement plus grand que M p; à cause de $\overline{m\,p}^2 = \overline{m\,M}^2 + \overline{M\,p}^2 - 2\,m\,M . M\,p \cos. m\,MM'$, on pourra se contenter de $\overline{m\,M}^3$ au lieu de $\overline{m\,p}^3$; et le satellite fictif sera seulement tiré vers M par la force $\frac{M+M'+M''}{\overline{m\,M}^2}$.

Ainsi lorsque la comete est dans la partie supérieure de son orbite, il n'y aura qu'à chercher l'ellipse décrite autour du soleil par le satellite en vertu de la force précédente, et mener ensuite par chaque point m de cette ellipse une droite m M', parallele à M M'', et $= \frac{M''}{M+M''} MM''$; de cette maniere on aura le lieu de la comete.

(323). Les rapports des masses des planetes à celle du soleil sont des éléments importants dans la théorie des perturbations des cometes; ils entrent dans les équations différentielles mêmes, et sont la base de tout le calcul. Quant à la masse de la comete, on ne pourra jamais la déterminer; mais, comme il est naturel de la supposer très petite vis-à-vis celle du soleil, on pourra la négliger. Lorsque les planetes ont des satellites, il est facile de calculer les rapports de leurs masses à celle du soleil. En effet, nommant S la masse du soleil, P la masse d'une planete principale, r la distance moyenne de cette planete au soleil, θ son temps périodique, on a P + S, ou simplement S $= \frac{r^3}{\theta^2}$;

ct si

et si cette planete a un satellite dont la distance moyenne à la planete soit ρ, et son temps périodique τ, on a aussi $P = \frac{\rho^3}{\tau^2}$. Donc

$$\frac{P}{S} = \left(\frac{\rho}{r}\right)^3 \frac{\theta^2}{\tau^2}.$$

De plus, le diametre de la planete étant e, si on la considere comme une sphere, son volume sera proportionnel à e^3; et nommant D sa densité, on aura $D = \frac{1}{\tau^2}\left(\frac{\rho}{e}\right)^3$.

Nous allons appliquer ces formules aux planetes qui ont des satellites.

(324). Pour la terre, $\theta = 365^j\, 6^h\, 9'\, 11''$; le mois périodique de la lune, ou $\tau = 27^j\, 7^h\, 43'\, 11'$: de plus, $\frac{e}{r}$ est le sinus de la parallaxe horizontale du soleil, $\frac{e}{\rho}$ le sinus de la parallaxe horizontale de la lune qui répond à sa distance moyenne à la terre ; et si on nomme ρ', ρ'', celles de ces distances qui répondent à o et à 180° d'anomali^e, $\frac{e}{\rho'}$, $\frac{e}{\rho''}$, seront les sinus des parallaxes correspondantes. Par la propriété de l'ellipse, $\rho = \frac{\rho'+\rho''}{2}$; donc $\frac{e}{\rho} = \frac{2}{\frac{\rho'}{e}+\frac{\rho''}{e}}$. Mais les tables de Mayer donnent $\frac{e}{\rho'} = \sin. 54'\,13''$, $\frac{e}{\rho''} = \sin. 60'\,29''$, et par conséquent $\frac{e}{\rho} = \sin. 57'\,10'',3$; c'est la parallaxe sous l'équateur : on en retranchera $7''\frac{1}{2}$, et on aura, à la latitude de $45°$, $\frac{e}{\rho} = \sin. 57'\,3''$. En prenant la parallaxe du soleil de $8'',5$, on a $\frac{e}{r} = \sin. 8'',5$; donc $\frac{\rho}{r} = \frac{\sin. 8'',5}{\sin. 57'\,3''}$. On mettra les valeurs de $\frac{\theta}{\tau}$, $\frac{\rho}{r}$, dans l'équation $\frac{P}{S} = \left(\frac{\rho}{r}\right)^3 \frac{\theta^2}{\tau^2}$, et on trouvera pour la masse de la terre, exprimée en partie de celle du soleil, cette fraction, $\frac{2}{365561}$.

Pour jupiter, on prendra $\theta = 4332^j\, 8^h\, 28'$; et, choisissant le quatrieme satellite pour lequel $\tau = 16^j\, 16^h\, 32'\, 8''$, on trouvera un rapport $\frac{\theta}{\tau}$ aussi exact que celui qu'on a trouvé pour la terre. Mais on n'aura pas $\frac{\rho}{r}$ avec le même degré d'exactitude ; si on le prend

$=$ sin.$8'\,16''$, la fraction $\frac{1}{1067}$ sera la valeur de la masse de jupiter en partie de celle du soleil.

Pour saturne, $\theta = 10761^{\text{j}}\,20^{\text{h}}\,33'\,41''$; et, choisissant le quatrieme satellite, $\tau = 15^{\text{j}}\,22^{\text{h}}\,41'\,23''$: donc si l'on prend $\frac{\rho}{r} = $ sin.$2'\,59''$, on aura $\frac{1}{3358}$ pour la valeur de la masse de saturne, en partie de celle du soleil. M. Clairaut, dans sa *Théorie des cometes*, suppose ce rapport $= \frac{1}{3021}$, ce qui fait la masse de saturne beaucoup trop considérable ; quant à jupiter, il prend $\frac{1}{1067}$ pour le rapport de sa masse à celle du soleil, comme nous l'avons trouvé.

(325). On déterminera le rapport des densités de jupiter, de saturne, à celle de la terre, au moyen de la formule $D = \frac{1}{\tau^2}\left(\frac{\rho}{e}\right)^3$, où $\frac{\rho}{e}$ exprime la distance du satellite à sa planete principale en demi-diametres de cette planete, et on aura les trois densités de la terre, de jupiter et de saturne, entre elles, comme les nombres 1 ; $0,20155$; $0,11215$, ou à-peu-près, en raison inverse des distances moyennes. En effet, d, d', d''', étant les distances moyennes de saturne, jupiter et la terre, si l'on suppose $\frac{1}{d'''} = 1$, on a à-peu-près $\frac{1}{d'} = 0,19228$, $\frac{1}{d} = 0,10482$. Il faut en conclure que, s'il y a une loi entre les densités des planetes, et si cette loi suit la raison inverse des distances, en nommant d'', d^{IV}, d^{V}, les distances de mars, vénus et mercure, on doit avoir les densités de ces planetes respectivement égales à

$$\frac{1}{d''} = 0,65630, \quad \frac{1}{d^{\text{IV}}} = 1,38250, \quad \frac{1}{d^{\text{V}}} = 2,58331.$$

Mais ces densités sont exprimées en parties de celle de la terre ; il faudra les multiplier par les cubes des diametres, exprimés pareillement en parties de celui de la terre, pour avoir les masses correspondantes, exprimées aussi en parties de la masse de la terre. Or les diametres apparents de mars, vénus et mercure, vus de la distance moyenne du soleil à la terre, étant $11''\,,4$; $16''\,,7$; $7''$, si on les divise par $17''$, diametre de la terre, vu du soleil, dans la supposition que la parallaxe de cet astre est de $8''\tfrac{1}{2}$, on a les nombres suivants $0,67059$; $0,98235$; $0,41176$, pour les valeurs de ces diametres, exprimées

en parties de celui de la terre. Les cubes de ces nombres, étant multipliés respectivement par les densités, donneront les masses en parties de celle de la terre ; et, ces masses étant multipliées ensuite par
$\frac{1}{365361}$, rapport de la masse de la terre à celle du soleil, on en tirera,
pour les rapports des masses de mars, vénus et mercure, à celle du
soleil, les nombres suivants : $\frac{1}{1846082}$, $\frac{1}{278777}$, $\frac{1}{2025810}$.

(326). Nous ne dirons rien de Herschel ; lorsqu'on connoîtra
mieux la distance moyenne et le temps périodique d'un des satellites qu'on vient de lui découvrir, on déterminera le rapport de la
masse de cette planete à celle du soleil, indépendamment de la loi
du n° précédent. Quoi qu'il en soit, avant d'entreprendre le calcul
des perturbations qu'une comete a dû éprouver, il faut bien s'assurer
de ses éléments, que l'on ne peut déduire que des observations qui
en ont été faites. Newton, dans le troisieme livre de *la Philosophie
naturelle*, proposition 41., se propose le problême suivant : *Déterminer, par trois observations données, la trajectoire d'une comete
dans une parabole.* Newton regardoit ce problême comme très difficile ; dans ces derniers temps plusieurs analystes célebres se sont
proposés d'éclaircir et d'étendre sa solution. Mais cette partie de l'astronomie, dans laquelle on détermine les éléments des orbites d'après
les observations, ne doit point entrer dans notre plan. Elle est traitée
avec toute l'étendue et la clarté dont elle est susceptible, dans l'ouvrage de M. Duséjour, qui a pour titre, *Traité analytique des mouvements apparents des corps célestes*, dont le premier volume vient de
paroître. Il nous reste encore à donner une idée des méthodes d'approximation de MM. d'Alembert et le Mis. de Condorcet ; nous commencerons par celle de M. d'Alembert, que nous appliquerons à
l'équation (A) du n° 270.

(327). En ne poussant pas l'approximation au-delà des quantités
de l'ordre α, pour abréger, nous aurons à intégrer

$$(A) \cdots\cdots \frac{d^2y}{dt^2} + m^2y + n + \alpha p y^2 = 0,$$

de laquelle on tire, en la multipliant par $2\,dy$, et intégrant ensuite,

$$(B) \cdots\cdots \left(\frac{dy}{dt}\right)^2 + m^2y + 2\,ny + \frac{2\alpha}{3}\,p y^3 = c.$$

Conformément à la méthode dont il s'agit, il faut différentier deux
fois la premiere équation, et substituer dans les termes de l'équation

du quatrieme ordre, qui seront affectés de α, au lieu de $\frac{d^2y}{dt^2}$, $\left(\frac{dy}{dt}\right)^2$, leurs valeurs, tirées des équations (A) et (B); ce qui donnera

$$\frac{d^4y}{dt^4} + m^2 \frac{d^2y}{dt^2} + 2\,\alpha p\,(c - 3\,ny - 2\,m^2y^2) = 0.$$

Avec celle-ci, et l'équation (Λ), on éliminera $\alpha p y^2$, et on aura

$$\frac{d^4y}{dt^4} + 5\,m^2 \frac{d^2y}{dt^2} + 4\,m^2\,(n + m^2y) + 2\,\alpha p\,(c - 3\,ny) = 0,$$

équation linéaire qui a pour intégrale complete de l'ordre immédiatement inférieur,

$$\sigma\,\frac{d^3y}{dt^3} - \frac{d\sigma}{dt}\frac{d^2y}{dt^2} + \left(\frac{d^2\sigma}{dt^2} + 5\,m^2\sigma\right)\frac{dy}{dt} - \left(\frac{d^3\sigma}{dt^3} + 5\,m^2\frac{d\sigma}{dt}\right)y + (4\,m^2 n + 2\,\alpha c p)\int\sigma\,dt = \text{constante},$$

σ étant donné par

$$\frac{d^4\sigma}{dt^4} + 5\,m^2\frac{d^2\sigma}{dt^2} + (4\,m^4 - 6\,\alpha n p)\,\sigma = 0.$$

Soit $\sigma = e^{\lambda t}$; cette valeur satisfera, pourvu que λ soit donné par l'équation du quatrieme degré,

$$\lambda^4 + 5\,m^2\lambda^2 + 4\,m^4 - 6\,\alpha n p = 0.$$

On en tire

$$\lambda^2 = -\frac{5}{2}\,m^2 \pm \sqrt{\left(\frac{9}{4}\,m^4 + 6\,\alpha n p\right)} = -\frac{5}{2}\,m^2 \pm \left(\frac{3}{2}\,m^2 + \frac{2\,\alpha n p}{m^2}\right).$$

Les quatre valeurs de λ seront imaginaires, et pourront être représentées par

$$\pm\sqrt{-1}\left(m - \frac{\alpha n p}{m^3}\right), \quad \pm\sqrt{-1}\left(2\,m + \frac{\alpha n p}{2\,m^3}\right).$$

Ainsi en faisant, pour abréger, $m - \frac{\alpha n p}{m^3} = \mu$, $2\,m + \frac{\alpha n p}{2\,m^3} = \nu$, on aura

$$y = -\frac{4\,m^2 n + 2\,\alpha c p}{4\,m^4 - 6\,\alpha p n} + \mathrm{H}\sin.\,\mu t + h\cos.\,\mu t + \mathrm{I}\sin.\nu t + i\cos.\nu t,$$

où $\mathrm{H}, h, \mathrm{I}, i$, sont les constantes arbitraires ; et il faut remarquer que, si l'équation du quatrieme degré avoit des racines réelles, la valeur de y renfermeroit des termes qui augmenteroient avec la quantité t. Si je n'avois pas négligé les termes affectés de α^2, l'équation du quatrieme ordre, outre le terme affecté de α, auroit renfermé un terme affecté de α^2; je l'aurois différentié deux fois, et j'aurois substitué dans les termes de l'équation du sixieme ordre affectés de α, α^2, au lieu de $\frac{d^2y}{dt^2}$, $\left(\frac{dy}{dt}\right)^2$, leurs valeurs, tirées des équations (A) et (B). J'aurois eu de cette maniere trois équations, du second, du quatrieme, et du sixieme ordre, au moyen desquelles j'aurois éliminé αy^2, $\alpha^2 y^3$, et je serois parvenu à une équation linéaire du sixieme ordre. Pour intégrer, j'aurois à résoudre une équation du sixieme degré, dont il faudroit que toutes les racines fussent imaginaires pour que la valeur de y ne renfermât que des sinus et cosinus d'angles multiples de t, etc.

(3a8). Pour intégrer la même équation,

$$\frac{d^2y}{dt^2} + m^2y + n + \alpha p y^2 = 0,$$

en suivant la méthode de M. le Mis. de Condorcet, on la multipliera par le facteur $A\,dt + B y\,dt + C\,dy$, où les indéterminées A, B, C, sont seulement fonctions de t; après quoi on lui donnera la forme suivante :

$$d\left[(A + By)\frac{dy}{dt} + \frac{C}{2}\left(\frac{dy}{dt}\right)^2 + \left(nC - \frac{dA}{dt}\right)y + \tfrac{1}{2}\left(m^2C - \frac{dB}{dt}\right)y^2\right.$$
$$\left. + \frac{\alpha pC}{3}y^3\right] - \frac{dC + 2B\,dt}{2}\left(\frac{dy}{dt}\right)^2 + \frac{1}{2}\left(\frac{d^2B}{dt} - m^2dC + 2(m^2B\right.$$
$$\left. + \alpha pA)\,dt\right)y^2 + \left(\frac{d^2A}{dt} - n\,dC + (nB + m^2A)\,dt\right)y' +$$
$$nA\,dt - \frac{\alpha p}{3}(dC - 3B\,dt)y^3 = 0.$$

On fera $dC + 2B\,dt = 0$,

$$\frac{d^2B}{dt} - m^2dC + 2(m^2B + \alpha pA)\,dt = 0;$$
$$\frac{d^2A}{dt} - n\,dC + (m^2A + nB)\,dt = 0;$$

on en tirera $dC = - 2B\,dt$,

$$\frac{d^2B}{dt} + (4m^2B + 2\alpha pA)\,dt = 0,$$
$$\frac{d^2A}{dt} + (m^2A + 3nB)\,dt = 0.$$

Soit $B = \alpha p\mathfrak{C}$, la seconde équation donnera $2A = -\frac{d^2\mathfrak{C}}{dt^2} - 4m^2\mathfrak{C}$, et on aura, pour déterminer $\mathfrak{C}$, l'équation du quatrieme ordre,

$$\frac{d^4\mathfrak{C}}{dt^4} + 5m^2\frac{d^2\mathfrak{C}}{dt^2} + (4m^4 - 6\alpha np)\mathfrak{C} = 0.$$

Puisque B et C sont de l'ordre α, on pourra négliger, dans la premiere équation, les termes dans lesquels ces lettres sont multipliées par α, et intégrant, on aura

$$(A + By)\frac{dy}{dt} + \frac{C}{2}\left(\frac{dy}{dt}\right)^2 + \left(nC - \frac{dA}{dt}\right)y + \tfrac{1}{2}\left(m^2 C - \frac{dB}{dt}\right)y^2 + \int nA\,dt = \text{const.}$$

Mais $\mathcal{C}$ a quatre valeurs qui sont, sin. μt, cos. μt, sin. νt, cos. νt; ainsi l'équation précédente donnera quatre équations, avec lesquelles on trouvera y en sinus et cosinus d'angles multiples de t. Nous ne nous étendrons pas davantage sur ces deux méthodes; elles ont été bien discutées par M. le Mis. de Condorcet, dans un savant mémoire sur les méthodes d'approximations, imprimé parmi ceux de l'académie des sciences pour 1771.

(329). Nous avons donné, dans les mémoires de l'académie des sciences pour 1783, une méthode d'approximation pour résoudre les équations différentielles de tous les ordres, que nous nous contenterons d'appliquer à celles du second ordre représentées par $\frac{d^2 y}{dt^2} + \mu = 0$; où μ est fonction de y, t, et $\frac{dy}{dt}$. Si l'on fait $\frac{dy}{dt} = z$; à cause de $dz = \frac{dz}{dt}\,dt + \frac{dz}{dy}\,dy$, au lieu de l'équation différentielle du second ordre, on aura une équation aux différences partielles du premier $\frac{dz}{dt} + z\frac{dz}{dy} + \mu = 0$, dont nous représenterons l'intégrale complete par $B + F : K = 0$. En différentiant cette intégrale deux fois, l'une par rapport à y, l'autre par rapport à t, et éliminant la fonction arbitraire, il vient

$$\left(\frac{dK}{dy}\frac{dB}{dz} - \frac{dK}{dz}\frac{dB}{dy}\right)\frac{dz}{dt} - \left(\frac{dK}{dt}\frac{dB}{dz} - \frac{dK}{dz}\frac{dB}{dt}\right)\frac{dz}{dy} + \frac{dK}{dy}\frac{dB}{dt} - \frac{dK}{dt}\frac{dB}{dy} = 0.$$

En comparant cette équation à la proposée, on en tire

$$\left.\begin{aligned}
\frac{dK}{dz}\left(\frac{dB}{dt} + z\frac{dB}{dy}\right) - \frac{dB}{dz}\left(\frac{dK}{dt} + z\frac{dK}{dy}\right) &= 0,\\
\frac{dK}{dy}\left(\frac{dB}{dt} - \mu\frac{dB}{dz}\right) - \frac{dB}{dy}\left(\frac{dK}{dt} + \mu\frac{dK}{dz}\right) &= 0.
\end{aligned}\right\}\ \ldots\ldots(\lambda)$$

(330). Nous supposerons

$$B = mz + m_1 + \frac{m_2}{z} + \frac{m_3}{z^2} + \frac{m_4}{z^3} + \text{etc.}$$

$$K = Mz + M_1 + \frac{M_2}{z} + \frac{M_3}{z^2} + \frac{M_4}{z^3} + \text{etc.}$$

et, ayant fait ces substitutions dans la premiere des équations (λ), il faudra qu'elle ait lieu indépendamment de z. C'est pourquoi si l'on fait, pour abréger,

$$m \frac{dM}{dt} - M \frac{dm}{dt} = n, \quad m \frac{dm_1}{dt} - M \frac{dm_1}{dt} = n_1,$$

$$m \frac{dM_2}{dt} - M \frac{dm_2}{dt} - m_2 \frac{dM}{dt} + M_2 \frac{dm}{dt} = n_2,$$

$$m \frac{dM_3}{dt} - M \frac{dm_3}{dt} - m_2 \frac{dM_1}{dt} + m_2 \frac{dm_1}{dt} - 2 m_3 \frac{dM}{dt} + 2 M_3 \frac{dm}{dt} = n_3,$$

$$m \frac{dM_4}{dt} - M \frac{dm_4}{dt} - m_2 \frac{dM_2}{dt} + M_2 \frac{dm_2}{dt} - 2 m_3 \frac{dM_1}{dt} +$$
$$2 M_3 \frac{dm_1}{dt} - 3 m_4 \frac{dM}{dt} + 3 M_4 \frac{dm}{dt} = n_4,$$

etc. on en tirera

$$M \frac{dm}{dy} - m \frac{dM}{dy} = 0, \quad M \frac{dm_1}{dy} - m \frac{dM_1}{dy} = n,$$

$$M \frac{dm_2}{dy} - m \frac{dM_2}{dy} - M_2 \frac{dm}{dy} + m_2 \frac{dM}{dy} = n_1,$$

$$M \frac{dm_3}{dy} - m \frac{dM_3}{dy} - M_2 \frac{dm_1}{dy} + m_2 \frac{dM_1}{dy} - 2 M_3 \frac{dm}{dy} + 2 m_3 \frac{dM}{dy} = n_2,$$

$$M \frac{dm_4}{dy} - m \frac{dM_4}{dy} - M_2 \frac{dm_2}{dy} + m_2 \frac{dM_2}{dy} - 2 M_3 \frac{dm_1}{dy} +$$
$$2 m_3 \frac{dM_1}{dy} - 3 m_4 \frac{dm}{dy} + 3 m_4 \frac{dM}{dy} = n_3,$$

$$M \frac{dm_5}{dy} - m \frac{dM_5}{dy} - M_2 \frac{dm_3}{dy} + m_2 \frac{dM_3}{dy} - 2 M_3 \frac{dm_2}{dy} +$$
$$+ 2 m_3 \frac{dM_2}{dy} - 3 M_4 \frac{dm_1}{dy} + 3 m_4 \frac{dM_1}{dy} - 4 M_5 \frac{dm}{dy} +$$
$$4 m_5 \frac{dM}{dy} = n_4,$$

etc.

(331). On aura de plus

$$\frac{dB}{dy} \frac{dK}{dz} - \frac{dB}{dz} \frac{dK}{dy} = n + \frac{n_1}{z} + \frac{n_2}{z^2} + \text{etc.}$$

et si on convient de se servir de (mM) pour représenter

$$\frac{dm}{dy} \frac{dM}{dt} - \frac{dm}{dt} \frac{dM}{dy},$$

et ainsi des autres quantités de même forme, on trouvera

$$\frac{dB}{dy}\frac{dK}{dt} - \frac{dB}{dt}\frac{dK}{dy} = (mM)z^2 + [(m_1M) + (mM_1)]z + (m_2M)$$
$$+ (m_1M_1) + (mM_2) + [(m_3M) + (m_2M_1) + (m_1M_2)$$
$$+ (mM_3)]z^{-1} + [(m_4M) + (M_3M_1) + (m_2M_2) +$$
$$(m_1M_3) + (mM_4)]z^{-2} + \text{etc.}$$

Il suit donc de la seconde des équations (λ), que si, en développant μ, nous pouvons lui donner cette forme,

$$az^2 + 6z + \gamma + \frac{\delta}{z} + \frac{\epsilon}{z^2} + \text{etc.}$$

nous aurons cette autre suite d'équations,

$$(mM) = an,$$

$$(m_1M) + (mM_1) = an_1 + 6n,$$

$$(m_2M) + (m_1M_1) + (mM_2) = an_2 + 6n_1 + \gamma n,$$

$$(m_3M) + (m_2M_1) + (m_1M_2) + (mM_3) = an_3 + 6n_2 +$$
$$\gamma n_1 + \delta n,$$

$$(m_4M) + (m_3M_1) + (m_2M_2) + (m_1M_3) + (mM_4) = an_4$$
$$+ 6n_3 + \gamma n_2 + \delta n_1 + \epsilon n,$$

etc. Ces équations, et celles du n° précédent, vont nous servir à déterminer m, M, m_1, M_1, etc.,

(332). En effet, e étant le nombre dont le logarithme est l'unité, si l'on prend t_1, T_1, t_2, T_2, etc. pour représenter des fonctions de la seule variable t, on en tirera

$$m = Mt_1, \quad M = e^{\int a\,dy}T_1,$$

$$m_1 = t_1M_1 + (N_1)\ldots\ldots t_2 - \frac{dt_1}{dt}\int M\,dy,$$

$$M_1 = T_2 + \int\left[6M - \frac{dM}{dt}\right]dy,$$

$$m_2 = t_1M_2 + (N_2)\ldots\ldots \frac{1}{M}[t_3 + \int n_1\,dy],$$

$$M_2 = e^{-\int a\,dy}\left\{T_3 + \int e^{\int a\,dy}\left[\gamma M + \frac{1}{M\frac{dt_1}{dt}}\left[(m_1M_1) + \right.\right.\right.$$
$$\left.\left.\left.\frac{dM}{dt}\left[aN_2 + \frac{dN_2}{dy}\right] - 6n_1\right]\right]dy\right\},$$

$$m\,3$$

$$m3 = t_1 M3 + (N3) \ldots\ldots \frac{1}{M^2} \left[t_4 + \int \left[n_2 + M_2 \frac{dm_1}{dy} - m_2 \frac{dM_1}{dy} \right] M\, dy \right],$$

$$M3 = c^{-2\int a\,dy} \left\{ T_4 + \int e^{2\int a\,dy} \left[\delta M + \frac{1}{M \frac{dt_1}{dt}} \left[(m_2 M_1) + (m_1 M_2) + \frac{dM}{dt} \left[2\alpha N3 + \frac{dN3}{dy} \right] + \alpha N_2 \frac{dM_1}{dt} - \alpha M_2 \left[M_1 \frac{dt_1}{dt} + \frac{dN_1}{dt} \right] - \epsilon n_2 - \gamma n_1 \right] \right] dy \right\},$$

$$m4 = t_1 M4 + (N4) \ldots\ldots \frac{1}{M^3} \left[t_5 + \int \left[n_3 + M_2 \frac{dm_2}{dy} - m_2 \frac{dM_2}{dy} + 2 M3 \frac{dm_1}{dy} - 2 m3 \frac{dM_1}{dy} \right] M^2 dy \right],$$

$$M4 = e^{-3\int a\,dy} \left\{ T5 + \int c^{3\int a\,dy} \left[\epsilon M + \frac{1}{M \frac{dt_1}{dt}} \left[(m3\, M_1) + (m_2 M_2) + (m_1 M3) + \frac{dM}{dt} \left[3\alpha N4 + \frac{dN4}{dy} + 2\alpha N3 \frac{dM_1}{dt} - 2\alpha M3 \left[M_1 \frac{dt_1}{dt} + \frac{dN_1}{dt} \right] + \alpha N_2 \frac{dM_2}{dt} - \alpha M_2 \left[\frac{dt_1}{dt} M_2 + \frac{dN_2}{dt} \right] - \epsilon n3 - \gamma n_2 - \delta n_1 \right] \right] dy \right\};$$

etc. il n'est pas nécessaire de pousser plus loin ces séries pour découvrir l'ordre qu'elles doivent suivre. Ainsi la proposée aura pour intégrales de l'ordre immédiatement inférieur,

$$M z + M_1 + \frac{M_2}{z} + \frac{M3}{z^2} + \frac{M4}{z^3} + \text{etc.} = a,$$

$$a t_1 + N_1 + \frac{N_2}{z} + \frac{N3}{z^2} + \frac{N4}{z^3} + \text{etc.} = b,$$

a et b étant les constantes arbitraires.

(333). Si, faisant abstraction des termes qui proviennent des perturbations, et qui sont beaucoup plus petits que les autres, on avoit

$$M z + M'_1 = a,$$

et, pour intégrale finie complete,

$$a t_1 + N'_1 = b,$$

les formules précédentes donneroient pour conditions

$$\frac{dN'_1}{dt} + \frac{dt_1}{dt} M_1 = 0, \quad \frac{dM'_1}{dt} = \gamma'M,$$

γ' étant la partie de γ indépendante des termes dont nous venons de parler. Les deux équations précédentes ne sont autres que celles-ci :

$$\frac{dt_2}{dt} + \frac{dt_1}{dt} T_2 + \int \left[\left(\mathfrak{C} - 2 \int \frac{d\alpha}{dt} dy \right) \frac{dt_1}{dt} - \frac{2}{T_1} \frac{dt_1}{dt} \frac{dT_1}{dt} - \frac{d^2t_1}{dt^2} \right] M\,dy = 0,$$

$$\frac{dT_2}{dt} + \int \left[\frac{d\mathfrak{C}}{dt} - \int \frac{d^2\alpha}{dt^2} dy + \int \frac{d\alpha}{dt} dy \cdot \left(\mathfrak{C} - \int \frac{d\alpha}{dt} dy \right) + \frac{1}{T_1} \frac{dT_1}{dt} \left(\mathfrak{C} - 2 \int \frac{d\alpha}{dt} dy \right) - \frac{1}{T_1} \frac{d^2T_1}{dt^2} \right] M\,dy = \gamma'M,$$

qui exigent que $\mathfrak{C} - 2 \int \frac{d\alpha}{dt} dy$, et

$$\frac{d\mathfrak{C}}{dt} - \int \frac{d^2\alpha}{dt^2} dy + \int \frac{d\alpha}{dt} dy \cdot \left(\mathfrak{C} - \int \frac{d\alpha}{dt} dy \right) - \frac{d\gamma'}{dy} - \alpha\gamma',$$

soient fonctions de la seule variable t. Ainsi nommant ρ et σ ces deux fonctions, on aura

$$\frac{dt_2}{dt} + \frac{dt_1}{dt} T_2 = 0;$$

$$\frac{dt_1}{dt} \left(\rho - \frac{2}{T_1} \frac{dT_1}{dt} \right) - \frac{d^2t_1}{dt^2} = 0,$$

$$\frac{dT_2}{dt} = \gamma'M - \int \left(\frac{d\gamma'}{dy} + \alpha\gamma' \right) dy,$$

$$\sigma + \frac{\rho}{T_1} \frac{dT_1}{dt} - \frac{1}{T_1} \frac{d^2T_1}{dt^2} = 0.$$

(334). Ayant déterminé T_1, T_2, t_1, t_2, par ces équations, on aura la partie de la valeur de y, qui est indépendante des perturbations. Nommons-la T, et supposons $y = T + x$; x sera une très petite quantité relativement à laquelle nous pourrons ordonner les deux séries qui doivent entrer dans l'intégrale complète. Mais pour trouver ces séries, il est nécessaire que M_2, M_3, etc. N_2, N_3, etc. soient des fonctions de x et t, qui deviennent nulles lorsque $x = 0$, et nous les rendrons telles au moyen des arbitraires t_3, t_4, etc. T_3, T_4, etc. que nous déterminerons par-là. Il ne sera plus question que de résoudre des problêmes du genre de celui-ci :

Étant donné l'équation $Z = U$, où U est une fonction de t, x, z, qui devient fonction de t seul lorsque $x = 0$, trouver la valeur de z, et même d'une fonction donnée Z de z, en t et x, par une suite ordonnée relativement aux puissances de x.

Nous parviendrons à la formule qui résout ce problème par une méthode analogue à celle dont nous avons fait usage n° 20.

(335). Nous nommerons S la valeur de Z qui répond à $x = 0$, et S_1, S_2, S_3, etc. ce que deviennent

$$\frac{dZ}{dx}, \quad \frac{d^2Z}{dx^2}, \quad \frac{d^3Z}{dx^3}, \text{ etc.}$$

lorsqu'on fait $x = 0$, et $Z = S$; nous aurons

$$Z = S + xS_1 + \frac{x^2}{1.2} S_2 + \frac{x^3}{1.2.3} S_3 + \text{etc.}$$

Cela posé, si nous prenons l'équation plus générale $z = \varphi : U$,

et que nous supposions

$$dU = \frac{\delta U}{dz} dz + \frac{\delta U}{dx} dx + \frac{\delta U}{dt} dt,$$

où il est clair que la caractéristique δ ne doit point être confondue avec la caractéristique d, nous aurons, en la différentiant deux fois, l'une par rapport à x, l'autre par rapport à t, ces deux équations,

$$\frac{dz}{dx} = \left(\frac{\delta U}{dz} \frac{dz}{dx} + \frac{\delta U}{dx} \right) \varphi' : U,$$

$$\frac{dz}{dt} = \left(\frac{\delta U}{dz} \frac{dz}{dt} + \frac{\delta U}{dt} \right) \varphi' : U.$$

En éliminant la fonction arbitraire, et faisant, pour abréger,

$$\frac{\delta U}{dx} : \frac{\delta U}{dt} = V, \text{ on aura } \frac{dz}{dx} - V \frac{dz}{dt} = 0;$$

partant $(1) \ldots \ldots \ldots \frac{dZ}{dx} = V \frac{dZ}{dt}$.

Soit fait encore, pour abréger,

$$\frac{\delta V}{dx} - V \frac{\delta V}{dt} = V_1,$$

$$\frac{\delta V_1}{dx} - V \frac{\delta V_1}{dt} = V_2,$$

$$\frac{\delta V_2}{dx} - V \frac{\delta V_2}{dt} = V_3,$$

nous aurons

$$Q q \text{ ij}$$

$$\frac{dV}{dx} = V_1 + V\frac{dV_1}{dt},$$

$$\frac{dV_1}{dx} = V_2 + V\frac{dV_1}{dt},$$

$$\frac{dV_2}{dx} = V_3 + V\frac{dV_2}{dt}, \text{ etc.}$$

Mais l'équation (1) étant différentiée par rapport à x, on en tire

$$\frac{d^2Z}{dx^2} = V\frac{d^2Z}{dx\,dt} + \frac{dV}{dx}\frac{dZ}{dt},$$

et mettant pour $\frac{d^2Z}{dx\,dt}$, $\frac{dV}{dx}$, leurs valeurs,

$$\frac{d^2Z}{dx^2} = V^2\frac{d^2Z}{dt^2} + 2V\frac{dV}{dt}\frac{dZ}{dt} + V_1\frac{dZ}{dt};$$

donc (2) . . . . $\dfrac{d^2Z}{dx^2} = \dfrac{d\cdot V^2\frac{dZ}{dt}}{dt} + V_1\frac{dZ}{dt}.$

Je continue de différentier, et je trouve

$$\frac{d^3Z}{dx^3} = V^2\frac{d^3Z}{dt^2\,dx} + 2V\frac{dV}{dx}\frac{d^2Z}{dt^2} + \left(2V\frac{dV}{dx} + V_1\right)\frac{d^2Z}{dt\,dx} +$$

$$\left(2V\frac{d^2V}{dt\,dx} + 2\frac{dV}{dt}\frac{dV}{dx} + \frac{dV_1}{dx}\right)\frac{dZ}{dt}.$$

On en tire, en mettant pour $\frac{d^3Z}{dt^2\,dx}$, $\frac{d^2Z}{dt\,dx}$, leurs valeurs données par l'équation (1), et pour $\frac{d^2V}{dt\,dx}$, $\frac{dV}{dx}$, $\frac{dV_1}{dx}$, leurs valeurs données par les équations qui suivent,

$$\frac{d^3Z}{dx^3} = V^3\frac{d^3Z}{dt^3} + 6V^2\frac{dV}{dt}\frac{d^2Z}{dt^2} + 3V^2\frac{d^2V}{dt^2}\frac{dZ}{dt} + 3VV_1\frac{d^2Z}{dt^2}$$

$$+ 6V\left(\frac{dV}{dt}\right)^2\frac{dZ}{dt} + 3V_1\frac{dV}{dt}\frac{dZ}{dt} + 3V\frac{dV_1}{dt}\frac{dZ}{dt} +$$

$$V_2\frac{dZ}{dt}:$$

ainsi

(3) . . . . . . $\dfrac{d^3Z}{dx^3} = \dfrac{d^2\cdot V^3\frac{dZ}{dt}}{dt^2} + 3\dfrac{d\cdot VV_1\frac{dZ}{dt}}{dt} + V_2\frac{dZ}{dt}.$

On trouvera de la même maniere

$$(4)\ldots\ldots\ldots\ldots\ \frac{d^4Z}{dx^4} = \frac{d^3\cdot V^4\,\frac{dZ}{dt}}{dt^3} + 6\,\frac{d^2\cdot V^2 V_1\,\frac{dZ}{dt}}{dt^2} +$$

$$4\,\frac{d\cdot V V_2\,\frac{dZ}{dt}}{dt} + 3\,\frac{d\cdot (V_1)^2\,\frac{dZ}{dt}}{dt} + V_3\,\frac{dZ}{dt},$$

etc.

C'est pourquoi, si nous nommons E_1, E_2, E_3, etc. ce que deviennent les valeurs de

$$\frac{dZ}{dx}, \ \frac{d^2Z}{dx^2}, \ \frac{d^3Z}{dx^3}, \text{ etc.}$$

données par les équations (1), (2), (3), etc. lorsqu'on fait $x = 0$, et $Z = S$, nous aurons

$$Z = S + x E_1 + \frac{x^2}{1.2}\,E_2 + \frac{x^3}{1.2.3}\,E_3 + \text{ etc.}$$

pour la valeur de Z tirée de l'équation $z = \varphi : U$.

(336). Je terminerai ce chapitre par une remarque relative aux équations de condition dont nous avons fait si souvent usage dans la théorie des fluides ; et, pour me faire mieux comprendre, je proposerai ce problême très simple : Trouver quel doit être q pour que

$$q\,(dx + dz) - q^2\,(x + z)\,(dy + dz)$$

soit une différentielle exacte. On a les trois équations

$$\frac{dq}{dy} - 2q\,(x + z)\left(\frac{dq}{dy} - \frac{dq}{dz}\right) + q^2 = 0,$$

$$\frac{dq}{dz} - 2q\,(x + z) - 1]\,\frac{dq}{dx} + q^2 = 0,$$

$$\frac{dq}{dy} + 2qx\,\frac{dq}{dx} + q^2 = 0 :$$

or on résout les deux premieres en supposant

$$y + z - \frac{1}{q} = \varphi : [\,q^2\,(z + x)\,],$$

quelle que soit la fonction arbitraire, tandis qu'il faudra la faire nulle, si l'on veut satisfaire en même temps à la troisieme ; ainsi, de ce que deux des trois équations de condition sont satisfaites, il n'en faut pas conclure que la troisieme doive l'être nécessairement. Par exemple, il pourroit se faire que les deux équations du n° 219 eussent lieu dans une certaine hypothese, sans que cette même supposition satisfît à la troisieme. Nous ferons la même remarque relativement aux équations (*c*) dont on a fait usage n° 246 ; et généralement, lorsque le problême dépendra de satisfaire à trois équations telles que celles dont il s'agit, il ne suffira pas d'en avoir vérifié deux pour en conclure que l'intégrale convienne aussi à la troisieme.

RÉSUMÉ GÉNÉRAL.

Toutes les questions qu'on proposera sur le système du monde pourront être mises en équations ; ces équations pourront toujours être résolues par approximation : et si la quantité qu'il s'agira de trouver, telle que le rayon vecteur de l'orbite, ne doit point contenir d'arcs de cercle, on aura différents moyens de les faire disparoître ; sinon il sera démontré que cette quantité doit renfermer des termes qui croissent avec le temps ; c'est-à-dire que les phénomenes qui en dépendent sont assujettis à des inégalités qu'on a nommées *séculaires* pour les distinguer des autres qui ont des périodes plus ou moins longues.

FIN.

TABLE SOMMAIRE.

CHAPITRE PREMIER.

Exposition abrégée du Systême du Monde.

CHAPITRE II.

Du mouvement progressif d'un corps sollicité par des forces quelconques.

CHAPITRE III.

CHAPITRE III.

Des différents mouvements qu'un corps, sollicité par des forces quel-
conques, peut prendre autour de son centre de gravité, et des iné-
galités que la figure de ce corps peut produire dans le mouvement
progressif.

Rr

CHAPITRE IV.

De l'action mutuelle des corps, lorsqu'elle résulte des attractions de toutes les parties qui les composent.

CHAPITRE V.

Des changements qui peuvent arriver à la figure des corps par leur action mutuelle.

CHAPITRE VI.

Remarques sur les méthodes d'approximation dont on fait usage dans l'Astronomie physique.

(*) Les n°s 269, 270, sont répétés par erreur ; ce n° 269 est à la page 234.

Fin de la Table.

EXTRAIT DES REGISTRES

DE L'ACADÉMIE ROYALE DES SCIENCES.

Du 28 mars 1787.

Nous avons été nommés par l'académie pour lui rendre compte d'un ouvrage de M. Cousin, qui a pour titre : *Introduction à l'étude de l'Astronomie physique*.

Newton a joui pendant long-temps de la gloire d'avoir parcouru seul une carriere immense, et ce n'est qu'environ cinquante ans après la premiere édition de ses *Principes* que les géometres ont pensé à ajouter quelque chose aux découvertes de ce grand homme. Alors on a commencé à traiter avec la précision et la généralité convenables des questions pour lesquelles Newton n'avoit pu employer que des principes précaires ou insuffisants. D'abord les difficultés se sont multipliées. Il a fallu inventer des méthodes nouvelles, soumettre au calcul le mouvement des corps solides, celui des fluides, et perfectionner à la fois le calcul intégral et la dynamique. Enfin après quarante ans de travaux, à compter des fameuses pieces sur le flux et reflux de la mer, les principales questions de l'astronomie physique se sont trouvées discutées et approfondies, non seulement celles que Newton avoit traitées, et qu'il n'avoit pu résoudre complètement, mais beaucoup d'autres qui, par l'accord étonnant de la théorie avec l'observation, concourent toutes à mettre le principe de la gravitation universelle au rang des vérités les plus incontestables. Nous n'entrerons point dans le détail des découvertes successives qui ont amené la science au point où elle est maintenant ; mais nous ne pouvons nous empêcher d'observer avec M. Cousin que c'est principalement à l'académie des sciences, et aux sujets des prix qu'elle a proposés, qu'on doit les grands progrès de l'astronomie physique. Si la France n'a pas posé les premiers fondements du système du Monde, elle peut se flatter du moins d'avoir contribué, plus que toute autre nation, à développer ce système dans toutes ses parties, et à constater sa vérité d'une maniere invincible.

Les théories nouvelles étant éparses dans un grand nombre de mémoires, il étoit à desirer, sur-tout pour les jeunes géometres, qu'on les rassemblât toutes sous un même point de vue, et que, par le choix et l'ensemble des méthodes, on diminuât, autant qu'il étoit possible, la difficulté de chaque question. M. Cousin, qui s'occupe de ces objets, et qui en fait depuis long-temps la matiere de ses leçons au college royal, étoit un des géometres les plus propres à rendre ce service aux sciences, et c'est ce qu'il a fait dans l'ouvrage dont nous allons rendre compte.

Cet ouvrage est divisé en six chapitres. Le premier contient une exposition abrégée du système du Monde. On y donne une idée du mouvement des planetes et de leurs inégalités. Ce chapitre est terminé par quelques théorêmes d'analyse nécessaires pour l'intelligence de ce qui suit.

Le second chapitre traite du mouvement progressif d'un corps animé de forces quelconques. M. Cousin, pour se mettre à la portée d'un plus grand nombre de lecteurs, rappelle les principes de méchanique nécessaires pour parvenir aux équations du problême considéré dans toute sa généralité. Ces équations, mises sous la forme convenable, et appliquées au cas de la nature, donnent l'ellipse pour l'orbite non altérée des planetes. Les loix de Képler en sont une suite. Mais il s'agit sur-tout d'examiner l'effet des forces perturbatrices. M. Cousin entre donc en matiere et donne les équations différentielles du problême des trois corps, avec les moyens généraux de les intégrer. Il indique brièvement l'application qu'on en peut faire pour déterminer l'action de vénus sur l'orbite terrestre, et il passe tout de suite à la théorie de la lune. Cette théorie étant extrêmement importante, M. Cousin la traite avec tout le soin et l'étendue qu'elle peut avoir dans un ouvrage destiné à beaucoup d'autres objets. Il suit à-peu-près la méthode de MM. Clairaut et d'Alembert; mais il donne aussi une idée de la méthode ingénieuse sur laquelle M. Euler a calculé ses nouvelles tables. M. Cousin traite ensuite la théorie importante des inégalités séculaires des planetes, en la déduisant de la variation des constantes arbitraires qui représentent les éléments de l'orbite. Il en fait l'application au mouvement moyen, et prouve qu'en vertu de l'action mutuelle des planetes l'altération de ce mouvement est nulle; résultat très intéressant que M. de la Place a annoncé le premier comme extrêmement approché, et que M. de la Grange a achevé de démontrer d'une maniere rigoureuse. Enfin ce chapitre est terminé par les quatre intégrales du premier ordre, qui renferment le principe de la conservation des forces vives et celui des aires; équations d'où M. de la Place a conclu que les inclinaisons des orbites et leurs excentricités sont toujours renfermées dans des limites peu étendues.

Le troisieme chapitre a pour objet le mouvement des corps de figure quelconque autour de leurs centres de gravité, et l'influence

du

du mouvement de rotation sur le mouvement progressif. L'auteur, suivant le plan qu'il a adopté, commence par exposer les propriétés des axes principaux. Il se sert ensuite du principe des vîtesses virtuelles, généralisé par M. de la Grange, pour parvenir aux équations du problême. Ces équations, étant appliquées au mouvement du sphéroïde terrestre, conduisent aux résultats de M. d'Alembert sur la précession et la nutation. Il n'est pas aussi facile d'intégrer les équations d'où dépend la libration réelle et physique de la lune. Mais, en suivant les profondes recherches de M. de la Grange sur cet objet, M. Cousin parvient, comme ce grand géometre, à ces deux conclusions remarquables et confirmées par l'observation : 1°. que le lieu moyen du nœud descendant de l'équateur lunaire coïncide avec le lieu moyen du nœud ascendant de l'orbite; 2°. que, pour expliquer pourquoi la lune nous présente toujours la même face, il n'est pas nécessaire de supposer que la vîtesse de rotation initiale de la lune soit précisément égale à sa vîtesse moyenne autour de la terre. Les mêmes formules mettent à portée de décider si les termes que la non sphéricité de la lune introduit dans le mouvement de rotation peuvent expliquer l'équation séculaire qu'on a cru remarquer dans son moyen mouvement : mais, comme il ne se trouve aucun terme de cette espece, on en conclut que la théorie de l'attraction ne rend point compte des équations séculaires du moyen mouvement. L'existence de celle-ci devient d'autant plus douteuse, qu'un examen plus approfondi de la théorie de jupiter et saturne a fait voir à M. de la Place que les inégalités qu'on attribuoit aux moyens mouvements de ces planetes sont dues à deux équations très considérables, jusqu'à présent inconnues, et dont la période est d'environ 919 ans. Supposant donc qu'il y ait une accélération réelle dans le mouvement moyen de la lune, il faut en chercher la cause soit dans la résistance de l'éther, soit dans l'inégale activité de la pesanteur sur les corps à raison de leur vîtesse. M. Cousin termine le chapitre III par le résultat de ces deux hypotheses, dont la premiere a été discutée par M. l'abbé Bossut dans sa piece qui a remporté le prix de l'académie sur ces objets, et dont la seconde a été traitée par M. de la Place.

Le chapitre IV traite de l'attraction des sphéroïdes et de la figure des planetes. M. Cousin donne les formules générales qui déterminent l'attraction d'un corps de figure quelconque, et celles qui établissent l'équilibre d'une masse fluide sollicitée par des forces quelconques. Il applique les unes et les autres aux sphéroïdes elliptiques, et en déduit les théorêmes de Maclaurin sur la figure de la terre. Il considere aussi quelle doit être la valeur des forces pour qu'il y ait

S s

322

équilibre dans le cas où le sphéroïde elliptique, toujours peu différent d'une sphere, ne seroit pas un solide de révolution. Mais comme
la supposition de l'homogénéité, dans ces différents cas, est trop particuliere, M. Cousin considere le problême en général, et parvient aux
résultats du livre de la *Figure de la Terre* de Clairaut. Enfin M. Cousin
fait aussi un exposé de la méthode qu'a suivie M. de la Place dans les
mémoires de l'académie, année 1775.

Le chapitre V est destiné principalement à l'importante question
du flux et reflux de la mer. M. Cousin détermine d'abord la hauteur
des eaux sans avoir égard à leur inertie ni au mouvement des astres
attirants. Mais comme cette théorie ne rendroit pas compte de plusieurs phénomenes des marées, et particulièrement du peu de différence qu'il y a entre les deux marées d'un même jour, il est nécessaire de déterminer en général les oscillations d'un fluide de peu de
profondeur qui recouvre un noyau solide peu différent d'une sphere,
en ayant égard au mouvement des corps attirants et à celui de la
planete autour de son axe. Cette question, extrêmement épineuse,
est d'autant plus importante qu'elle sert à décider si l'équilibre de la
planete elle-même a de la stabilité. M. Cousin présente sur cette matiere les résultats de M. de la Place tels qu'on les trouve dans les mémoires de l'académie, années 1775, 1776, et 1777. Il les fait précéder
d'une théorie générale du mouvement des fluides, qu'il applique à
quelques problêmes d'un autre genre. Enfin M. Cousin termine ce
chapitre en démontrant cette proposition remarquable de M. de la
Place : que, dans les phénomenes de la précession et de la nutation,
les eaux de la mer ont la même influence que si elles étoient solides.

Dans le chapitre VI il est question des méthodes d'approximation
et de la théorie des cometes. L'astronomie physique dépend entièrement du calcul intégral, et il importe sur-tout de perfectionner les méthodes d'approximation. Celle des substitutions successives ayant le
défaut d'introduire souvent des arcs de cercle qui nuisent à la longue
à l'exactitude des résultats, M. Cousin fait voir comment on peut les
éviter lorsqu'ils ne sont pas nécessaires, soit par les méthodes que
M. de la Grange a exposées dans le tome III des mémoires de Turin,
soit par la variation des constantes arbitraires dont M. de la Place a le
premier fait mention dans les mémoires de l'académie, année 1772,
1re. partie. Enfin, pour compléter ces recherches sur le système du
Monde, M. Cousin a cru devoir donner un extrait des méthodes de
MM. Clairaut et de la Grange pour calculer les perturbations des cometes. Il a suivi sur-tout la piece de ce dernier qui a remporté le prix
de l'académie en 1781.

Le grand nombre d'objets que nous venons de parcourir, leur im-
portance, le choix des méthodes, et leur liaison, ne nous permettent
pas de douter que l'ouvrage de M. Cousin ne soit très utile à ceux
qui voudront approfondir l'astronomie physique, ou même en reculer
les bornes. Nous croyons que M. Cousin, en se livrant à ce travail, a
d'autant mieux mérité des sciences et de l'académie, que la géométrie, peu cultivée maintenant dans le reste de l'Europe; semble avoir
choisi son principal asyle dans cette capitale, et qu'il importe de ne
pas laisser perdre à l'académie la partie la plus solide de sa gloire.

Au Louvre, ce 28 mars 1787.

Signés, BOSSUT, LE GENDRE.

*Je certifie le présent extrait conforme à l'original et au jugement
de l'académie. A Paris, ce* 30 *mars* 1787.

LE M⁹. DE CONDORCET.

Extrait des Registres du College royal de France.

Du 4 mars 1787.

Messieurs le Monnier et le Fevre de Gineau, qui avoient été
nommés pour examiner l'*Introduction à l'étude de l'Astronomie physique,* par M. Cousin, en ayant fait leur rapport, l'assemblée de
messieurs les lecteurs et professeurs royaux a jugé cet ouvrage digne
de l'impression, et a fait part de son privilege en commandement à
M. Cousin. En foi de quoi j'ai signé le présent certificat. A Paris, ce
4 mars 1787.

GARNIER, inspecteur.

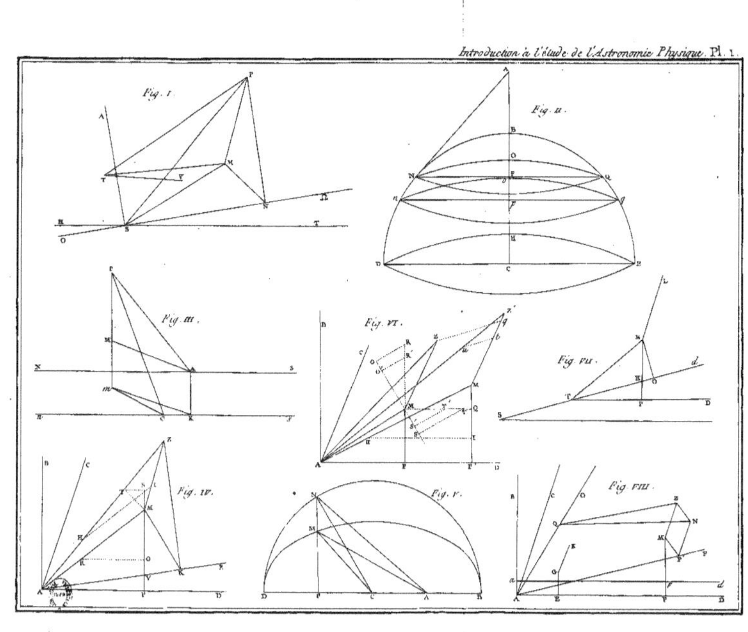

Introduction à l'étude de l'Astronomie Physique. Pl. 1.
Fig. I.
Fig. II.
Fig. III.
Fig. IV.
Fig. V.
Fig. VI.
Fig. VII.
Fig. VIII.

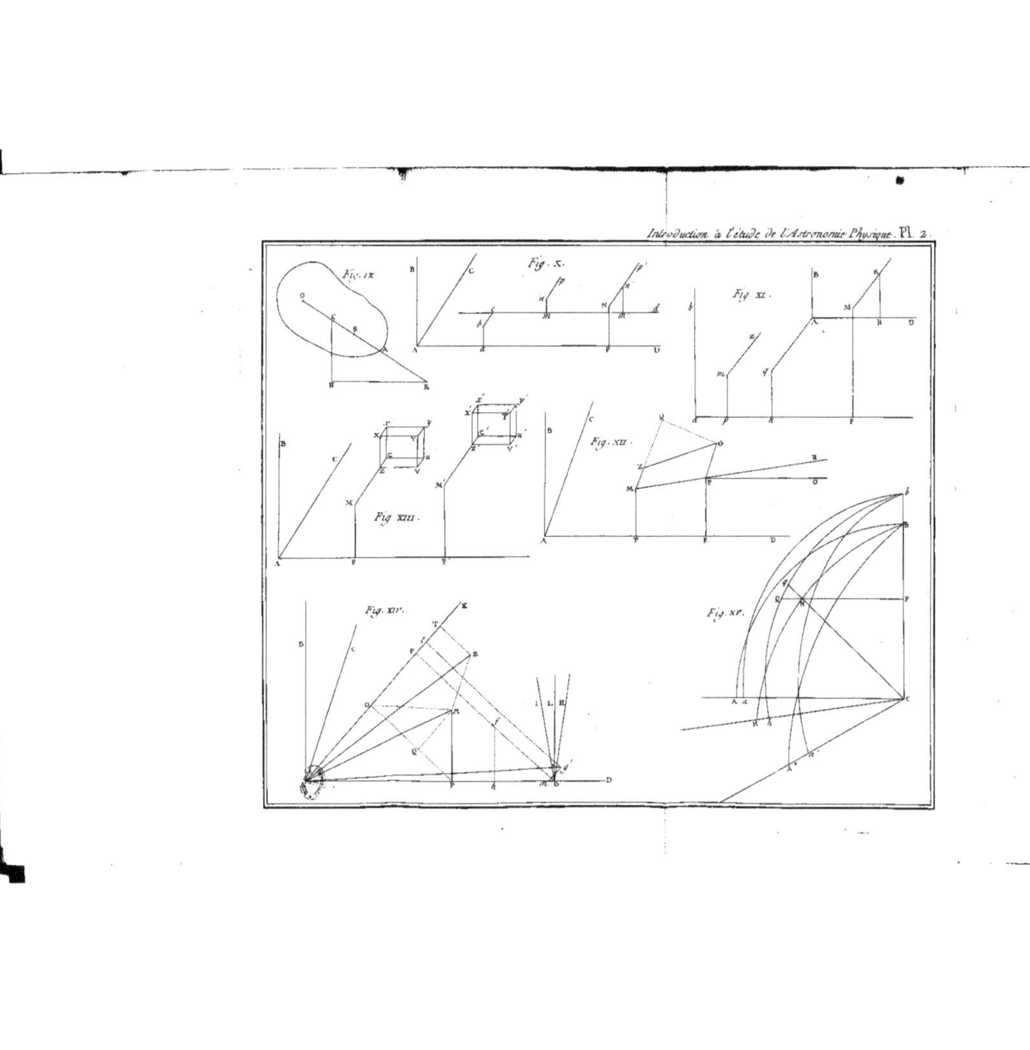
Fig. IX.
Fig. X.
Fig. XI.
Fig. XII.
Fig. XIII.
Fig. XIV.
Fig. XV.